钱学森文集

中文著作系列

Creating · Systematology

创建系统学

（典藏版）

Hsue-shen Tsien

钱学森 著

上海交通大學出版社

SHANGHAI JIAO TONG UNIVERSITY PRESS

内容提要

系统学是研究系统一般规律的基础学科。对于系统学和系统科学，钱学森提出了许多创新的学术思想与重要观点，提炼了很多重要的科学概念，建立了新的系统方法论。本书集中反映了钱学森在这一方面的学术成果。全书共分两篇，讲话与论文篇汇集了钱学森47篇讲话与论文，书信篇收录了就系统学与系统科学研究，钱学森致77位（组）同志的130余封信函。附录的5篇论文，前4篇都是在钱学森指导下完成的，反映了他对系统学的思考，但他未署名；第5篇是于景元研究员专为本书新版撰写的。

图书在版编目（CIP）数据

创建系统学/钱学森著. —上海：上海交通大学出版社，2023.2（2024.11重印）
ISBN 978-7-313-27370-3

Ⅰ.①创… Ⅱ.①钱… Ⅲ.①系统工程—文集 ②系统科学—文集 Ⅳ.①N94-53

中国版本图书馆CIP数据核字（2022）第160701号

创建系统学
CHUANGJIAN XITONGXUE

著　　者：钱学森
出版发行：上海交通大学出版社　　地　　址：上海市番禺路951号
邮政编码：200030　　电　　话：021-64071208
印　　制：苏州市越洋印刷有限公司　　经　　销：全国新华书店
开　　本：787 mm×1092 mm　1/16　　印　　张：27.75
字　　数：585千字
版　　次：2023年2月第1版　　印　　次：2024年11月第2次印刷
书　　号：ISBN 978-7-313-27370-3
定　　价：138.00元

序

在钱老丰富多彩的科学生涯中，系统工程和系统科学是他最重视的研究领域之一。从20世纪70年代末开始，他花费很大心血，把主要精力集中在系统工程的推广应用和系统科学理论的探索与研究上。1978年发表在《文汇报》上的《组织管理的技术——系统工程》一文和1990年发表在《自然杂志》上的论文《一个科学新领域——开放的复杂巨系统及其方法论》，代表了钱老系统工程和系统科学思想发展的两个阶段，都是具有里程碑性质的工作，对系统工程和系统科学的发展具有重要意义和深远影响。

1978年《文汇报》上的那篇文章是由钱老、我和王寿云联合署名的。文章发表时，全国科学大会刚召开不久，那是媒体首次发表中国学者阐述有关系统工程思想的文章。但事实上，钱老对系统工程的思考和认识远不是始于1978年。1963年我国制定第二个科学规划时，他就提出要搞系统工程。而再早还可追溯到20世纪50年代后期，他主持国防部五院工作时就建立了总体设计部，这个部门的工作实际上就是航天系统工程。钱老在美国很长一段时间是在加州理工学院喷气推进中心(JPC)工作。曾担任过加州理工学院喷气推进实验室(JPL)主任的匹克林(William Pickering)教授，在20世纪60年代写过一篇JPL系统工程发展史的文章，里面提到该实验室系统工程研究工作的发展，发源于钱老在加州理工学院JPC工作时期。从以上这些可以看出，钱老提出的一些根本性科技发展问题，都是经过较长时间深思熟虑的。

到了1978年，记得是4月30日，我给钱老写了封信，请示系统工程这件事现在是不是可以提上议事日程。钱老就此与我书信来往，并多次见面讨论，不久就写成了那篇发表在《文汇报》上的文章。这篇文章对中国系统工程的发展起到了推动作用。现在许多人，包括一些领导同志，脱口而出的一个名词就是系统工程，媒体上更是经常出现。有些人担心提得太多，可能会把系统工程的概念搞乱了，这当然值得注意。但我觉得，至少可以说，那些专家和领导同志都认为，他们现在抓的工作，或者说要解决的问题，如果要用一个词来表达的话，那么系统工程就是一个恰当的概括。

然而，钱老并不因为在系统工程方面做了不少开创性工作就止步不前，而是一直孜孜不倦地向前走。1978年的文章发表不久，在北京系统工程学术讨论会的讲演中，他提出了建立系统学的问题。后来，他就有个想法，要通过举办系统学讨论班这样的方式来开展系统科学的研究工作和培养系统科学的研究队伍。讨论班的形式也是钱老当年在美国从事科研工作常用的方法。从 1986 年 1 月起，在钱老的倡议和指导下，开始了“系统学讨论班”的学术活动，他亲自做了关于建立系统学的第一次学术报告。这个讨论班坚持了多年，雷打不动。每次他都参加，一方面认真听取别人的报告或发言，和与会人员平等地讨论，同时他也系统地阐述自己的体会和观点。在这个讨论班的基础上，钱老又把系统学的研究推进了一大步。系统学是研究系统结构与功能（系统的演化、协同与控制）一般规律的科学，这是系统科学的基础理论。事物常有两个方面，一个是事物的结构，另一个是其属性。而事物的主要属性之一是复杂性。钱老正是抓住这一特点，提出了开放的复杂巨系统概念。与此相应，他还提出了处理复杂巨系统的方法论，即“从定性到定量综合集成法”以及它的实践形式——“从定性到定量综合集成研讨厅体系”。这是从整体上研究和解决问题的方法。按照我国传统说法，把一个复杂事物的各个方面综合起来，达到对整体的认识，称之为集大成。古人之集大成完全是靠人脑，是有限的。而在当今的信息时代，有了计算机和信息网络这一套技术，通过人・机结合和人・网结合，完全可以做到集其大成。其结果必能迸发出新的思想火花，得到一个升华的新的认识，所以他提出集大成得智慧。钱老把这套方法称为“大成智慧工程”。这些进展代表了钱老系统工程和系统科学思想发展的第二个里程碑。

从系统工程的提出开始，钱老就很重视方法论问题。早期他提得比较多的是定性与定量相结合的方法。后来他根据毛主席《实践论》的观点，即人认识客观世界的规律是从感性认识到理性认识，于是便更准确地提出从定性到定量综合集成法。看起来这只是文字上有一点差异，而事实上这是非常不同的两种思路。从科学发展的过程来看，这个方法论是把还原论与整体论结合起来，既超越了还原论也发展了整体论，是系统学的一种新的方法论。其理论基础是思维科学；方法基础是系统科学与数学；技术基础是以计算机为主的现代信息技术；哲学基础是马克思主义实践论与认识论；实践基础是系统工程的实际应用。

钱老不仅是位科学家，还是位思想家。大科学家到了晚年常常会讲些哲学问题，而且一般物理学家讲得较多，比如爱因斯坦、玻尔等。化学家就很少。而作为工程技术专家可能极少见。钱老毕竟是从工程技术学科走过来的，所以他总是强调实践，强调在理论的指导下，把具体的东西做出来，即使他到了哲学层次，还是没有忘记科学技术的底蕴。

这本书所收集的是钱老在系统科学思想发展的第二阶段上所发表的讲话、论文和书信，其中绝大部分是从未发表过的。从这些讲话、论文和书信中，可以看出他的系统科学思想发展的历程，其理论和方法研究的深度和广度。

出版这本文集是为了把钱老创建系统科学理论与方法的原始创新思想奉献给广大读者，以引起更多人的兴趣和研究，把我国系统工程和系统科学事业更快地发展起来。

展望新世纪系统工程、系统科学的发展，我想用古人的两句诗来表达我的想法：“江山代有人才出，各领风骚数百年。”中国古代整体论的思想曾创造了辉煌的中华文化；而还原论从牛顿开始，领了数百年风骚。钱老将两者结合起来，提出了系统论。我相信系统论思想和系统科学在21世纪一定会有更大的发展！

在写这个序时，我非常高兴。为表达我对钱老的敬意，特赋诗一首，作为这篇序的结束语。

水龙吟

——祝贺学森先生九旬华诞

思如天马行空，真知灼见常相透。
工程智慧，厅称研讨，以人为首。
洞察毫微，纵观经纬，虑深谋久。
看新声时创，风骚先领，常三载，超前走。

素喜亲书函牍，几曾经，假他人手
桐阳论学，春风满座，十年相守。
万卷胸中，千行笔底，有谁堪偶，
喜欣逢盛世，金樽玉酒，为先生寿。

中国工程院院士　许国志

2001年8月21日

编辑说明

钱学森是一位杰出的科学家、思想家。他在辉煌的科学生涯中，曾建树了应用力学、喷气推进理论、工程控制论、物理力学和我国火箭、导弹及航天事业的许多丰碑。同时出于对祖国建设事业的关切，他又将先前研究的工程控制论，结合中国导弹和航天器系统的研制和管理经验，提炼成系统工程理论，并运用于军事运筹、农业、林业……乃至整个社会经济系统等各个方面，为祖国现代化建设发挥了重要作用。

1991 年 10 月，在国务院、中央军委授予他"国家杰出贡献科学家"荣誉称号仪式上的讲话中，钱老说："我认为今天的科学技术不仅仅是自然科学工程技术，而是人认识客观世界、改造客观世界整个的知识体系，这个体系的最高概括是马克思主义哲学。我们完全可以建立起一个科学体系，而且运用这个科学体系去解决我们中国社会主义建设中的问题"。并说："我在今后的余生中就想促进一下这件事情"[1]。

事实上，钱学森的这项研究工作早在 20 世纪 70 年代末就开始了，当时他即将从国防科研一线领导岗位上退下来。从那时起，他把主要精力集中在系统工程的推广应用和系统科学理论的探索和研究上。这 20 多年的时间是钱学森系统思维、系统思想非常活跃的时期。一方面是面向社会实践的应用；另一方面是面向理论的创新。把理论和实践紧密结合起来是钱学森从事科学技术研究的一贯特点。在大力推动系统工程应用的同时，他提出了一个清晰的现代科学技术体系结构，并具体论述了系统科学体系结构。指出系统科学如同自然科学、社会科学、思维科学、数学科学等一样，是现代科学技术体系中的一个科学技术部门。在系统科学体系中，处在应用技术层次上的就是系统工程，这是直接用来改造客观世界的工程技术；处在技术科学层次上，直接为系统工程提供理论方法的有运筹学、控制论、信息论等；而处在基础理论层次上的便是系统学(systematology)。系统学是研究系统一般规律的基础科学，这是一门尚待建立的新兴学科。1979 年，钱老在一次学术报告中，就提出了建立系统学的任务[2]。

为了建立系统学，钱学森一方面推动系统工程的应用，另一方面采取了讨论班的方式。20 世纪 80 年代中期，在他亲自倡议和指导下，开始了"系统学讨论班"的学术活动。每次讨论会钱老不仅都要参加，还发表自己的看法和观点，与大家平等地讨论问题。这种学风就是他一直大力倡导的学术民主。用书信与有关人员讨论学术问题，也是钱老进行学术交流的重要方式，这里既有著名的专家、学者，也有一般的科技人员。

在以上这些学术活动和交流中，对于系统学和系统科学，钱学森提出了许多创新的学术思想和重要观点，提炼了很多重要的科学概念，建立了新的系统方法论。所有这些对创建系统学和发展系统科学，都具有重要的科学价值和深远的学术影响。

这本文集所收集的正是这段时间他所发表的有关讲话、论文和书信。从这些文字中，可以看出钱学森的系统科学思想发展历程、原始创新思想以及系统理论与方法研究的深度和广度。这些进展也标志着钱学森的系统思想、系统方法、系统理论和系统应用进入一个新的阶段，达到了新的高度。它是钱学森科学精神、科学思想和科学方法的重要组成部分。

这里需要说明的是，1982 年湖南科学技术出版社出版了钱学森等著《论系统工程》一书，1988 年又出版了该书的增订本。这两本书虽以系统工程为主，但其中不少内容已涉及系统学和系统科学的有关问题。在编辑本书时，我们收集的部分论文，重点是 20 世纪 80 年代末到现在已正式发表的，以论文形式发表的讲话也编入此类。而上述两本书内有关的论文就不再收入本书了。至于书中的讲话和书信部分，则是从未发表过的。

为了便于读者理解本书的内容，我们将在下面作扼要说明，并提供一些有关的科学背景情况。

一

讨论班的形式是钱老从事学术研究常用的方法。在他提出建立系统学之后不久，就想以系统学讨论班的方式来开展系统学和系统科学的研究工作，并培养这方面的研究人才和队伍。

1986 年 1 月 7 日，“系统学讨论班”开始了学术活动。参加讨论班的老、中、青三代科技工作者分别来自中国科学院、中国社会科学院、北京大学、中国人民大学、北京师范大学、国防科学技术工业委员会、航空航天工业部和国务院发展研究中心等单位。

在第一次讨论班上，钱老亲自做了关于建立系统学的学术报告。在这次报告中，他从现代科学技术体系结构讲到系统科学体系结构；从系统工程讲到运筹学、控制论、信息论，再到系统学。明确指出了系统学的学科性质是关于一切系统的一般性理论，属于基础科学。关于如何建立系统学，20 世纪 80 年代初他曾提出：“我认为把运筹学、控制论和信息论同贝塔朗菲、普利高津、哈肯、弗洛里希、艾肯等人的工作融会贯通，加以整理，就可写出系统学这本书”[3]。在这次报告中，除了这些内容外，又增加了微分动力体系理论、混沌和奇异吸引子理论、非整几何以及非线性动力系统理论等。从这个发展过程可以看出，钱学森为创建系统学，除了从系统工程实践以及运筹学、控制论、信息论等这些系统科学体系内的技术科学中去提炼、概括以外，还从其他科学技术部门的发展中去提炼，如自然科学中的物理学、化学、生物学等以及数学科学的进展，都为建立系统学提供了丰富的素材。

这些学科虽然不是直接以系统作为研究对象，但却揭示了许多深刻的系统规律，如普利高津与哈肯的系统自组织理论等。钱学森的这一思想后来又扩展到更广泛的学科，如军事科学、社会科学、地理科学等。

正是在钱老这种思想指导下，与系统学有关的学科理论，如动力系统理论、混沌理论、现代控制理论、耗散结构理论、协同学、超循环理论、突变论、模糊数学、人工智能、医学、脑科学、思维科学、数量经济学、定量社会学、生态学、地理科学、作战模拟、军事科学、优化理论等的最新进展，都在系统学讨论班上，组织了学术报告和讨论。每次都由一位主讲人做专题学术报告，然后提问和讨论，最后由钱老做总结性发言。本书所收集的钱老讲话，主要就是他在历次讨论班上总结性发言的精彩部分。作主报告的人，既有著名科学家，如吴文俊、廖山涛、叶笃正、许国志、马世骏等，也有各有关领域的一些专家学者。

从 1986 年到 1992 年的 7 年时间里，每次讨论班钱老都参加。1992 年之后，他因行动不便，就不再参加讨论班的学术活动了。但他不仅继续关注讨论班的学术活动，还组织了由王寿云同志负责的，有于景元、戴汝为、汪成为、钱学敏、涂元季同志参加的小讨论班。这个小讨论班不仅经常要讨论一些问题，有时还在钱老指导下研究一些问题，如信息革命与产业革命问题等。

20 世纪 80 年代末，在讨论班的基础上，钱老明确界定系统学是研究系统结构与功能（系统的演化、协同与控制）一般规律的科学。对于所有系统来说，系统结构和外部环境决定了系统功能；系统结构及外部环境的改变必然引起系统功能的变化。揭示这些规律便是系统学的基本任务。把控制的思想和概念引入系统学是钱老一个很重要的学术思想。系统学不仅要以揭示的系统规律去认识系统，还要在认识系统的基础上去控制系统，使系统具有我们所希望的功能。这正是体现了认识客观世界的目的是为了更好地适应和改造客观世界这一马克思主义的基本原理。

钱老对系统学的上述定义，比他 20 世纪 80 年代初对系统学的认识又深化了一步。以这个概念和思想为核心，形成了简单系统、简单巨系统、复杂巨系统和特殊复杂巨系统（社会系统）为主线的系统学提纲和内容，这就形成了系统学的基本框架。由许国志院士主编的《系统科学》一书（上海科技教育出版社 2000 年版），关于系统理论部分，就是按照这一框架编写的。

钱学森认为，系统学的建立是一次科学革命，它的重要性不亚于相对论和量子力学。从现代科学技术发展趋势来看，如果说量子力学是微观层次（典型尺度约为 10^{-15} 厘米）研究上的科学革命，相对论是宇观层次（典型尺度约为 10^{21} 米）研究上的科学革命，那么系统学则是宏观层次（典型尺度约为 10^{2} 米）研究上的科学革命。宏观层次就是我们人类生活的这个世界。在这个层次上出现了生命和生物，产生了人类和人类社会。复杂巨系统的研究以及国外的复杂性研究都是着眼于这个层次上的。

二

建立系统学必然要涉及一些基本概念和方法论问题。钱老提出的开放的复杂巨系统及其方法论是系统学研究中最重要进展的标志。

钱学森指出，系统科学是从事物的部分与整体、局部与全局以及层次关系的角度来研究客观世界的。能反映事物这个特征的最基本的概念是系统。系统是由一些相互关联、相互作用、相互制约的组成部分所构成的具有某种功能的整体，这是国内外学术界普遍公认的科学概念。这样定义的系统在自然界、人类社会包括人自身是普遍存在的，因而现实生活中存在着各种各样的系统，这样也就有了各种各样的系统分类。例如，自然系统与人工系统，生命系统与非生命系统，物理系统、生物系统、生态系统、社会系统等等。这样的系统分类比较直观，其着眼点是放在系统的具体内涵上，但却失去了对系统本质的刻画。系统很重要的一个特点是复杂性，但复杂性是有层次的，普利高津探索的复杂性是物理化学系统中的复杂性[4]，而美国圣菲研究所(Santa Fe Institute，SFI)科学家们的复杂性研究[5]，却是生物系统、经济系统、人脑系统，乃至社会系统中的复杂性，同为复杂性，但全然不在同一层次上。

正是基于复杂性层次的不同，钱老提出了新的系统分类，其着眼点是系统结构的复杂性。这里，一个是子系统的数量和种类；另一个是子系统之间相互关系的复杂程度(非线性、不确定性、模糊性等)以及系统的层次结构。从这个角度出发，钱老将系统分为简单系统、简单巨系统、复杂巨系统。生物系统、人体系统、人脑系统、地理系统、社会系统、星系系统等都是复杂巨系统。其中社会系统是最复杂的系统了，称作特殊复杂巨系统。这些系统又都是开放的，与外部环境有物质、能量和信息的交换，所以又称为开放的复杂巨系统。

钱学森的系统分类具有极为重要的理论和实践意义。十多年来，复杂性研究引起了国内外一些专家、学者的重视，但至今不同学科、不同领域的专家、学者对于复杂性的认识还不一致。在 1999 年出版的美国《科学》(*Science*，vol.284)杂志上，有一组文章讨论复杂性问题，采用了“复杂系统”一词作为标题，文中说“本专题回避了一个术语上的雷区，部分原因是为了当方法进一步成熟时给定义的稳定留下一些空间，我们渴望避开术语上的争论，采用了一个‘复杂系统’的词，代表那些对组成部分的理解不能解释其全部性质的系统之一”[6]。看来他们也意识到要把复杂性和系统概念结合起来。但在复杂性问题上，钱学森和国外科学家们不同，他不是从复杂性的抽象定义出发，而是从实际出发，从方法论角度来区分复杂性和简单性问题。如果仅从概念出发，不仅难以统一认识，甚至会抓不住事物本质，反而把复杂性简单化，或把简单性复杂化了。如在国外，把一个层次的问题如混沌，即使是混沌中比较复杂的问题，像无穷维的 Navier-Stokes 方程所决定的湍流，自旋玻璃等，他们都叫复杂性问题。但钱老认为，这种复杂性并不复杂，还是属于有路可循的简单性问题。正是从方法论出发，钱老在 20 世纪 90 年代初就指出：“凡现在不能用还原论方法处理的,或不宜用还原论方法处理的问题,而要用或宜用新的科学方法处理的问题,都是复杂性问题,复杂巨系统就是这类问题”[7]。他还进一步指出,圣菲研究所对复杂性的研究,实际上是开放的复杂巨系统的动力学问题。这样,钱老就从系统学的角度,给了复杂性一个清晰和具体的描述。

上述的系统分类还意味着有不同的研究方法。从方法论来看,对简单系统、简单巨系统,都有相应的方法论和方法,也有相应的理论并在继续发展之中。但对于开放的复杂巨系统,包括社会系统,却是个新问题。它不是还原论方法或其他已有方法所能处理的,需要有新的方法和方法论。从这个意义上说,这确实是一个科学新领域。

还原论方法在自然科学领域中取得巨大成功。但“还原论的不足之处正日益明显”[6]。比较早意识到这一点的科学家是贝塔朗菲(L.von Bertalanffy),他本人是位理论生物学家,当生物学研究已深入分子层次,用他本人的话来说,他对生物整体的认识反而模糊了。于是他转向整体论和整体论方法,提出了一般系统论。贝塔朗菲的一般系统论对系统科学的产生与发展做出了重要贡献。但限于当时的科学技术水平,他没有解决整体论方法的具体问题。钱老指出“几十年来一般系统论基本上处于概念的阐发阶段,具体理论和定量结果还很少”[8]。

钱学森是一位自觉应用马克思主义哲学指导自己研究工作的科学家。他在给一位朋友的信中说:“我近 30 年来一直在学习马克思主义哲学,并总是试图用马克思主义哲学指导我的工作。马克思主义哲学是智慧的源泉!”[9]正是因为这个原因,他在学习国外现代科学技术进展的同时,又能去掉他们的种种局限,站得比外国科学家更高一些。

他在毛泽东的《实践论》指导下,从实际出发,不断总结、提炼一些成功的实践经验。20 世纪 80 年代初,在军事系统研究中,他提出处理复杂行为系统的定量方法学是科学理论、经验知识和专家判断力的结合,这种定量方法学是半经验半理论的。后来在“系统学讨论班”上,又继续方法论的探索。这时他特别注意到社会系统、地理系统、人体系统中一些成功的研究。如在社会系统中,由几百个至几千个变量描述的,定性定量相结合的系统工程方法对社会经济系统的研究;在地理系统中,用生态学、环境保护以及区域规划等综合探讨地理系统的研究;在人体系统中,把生物学、生理学、心理学、西医学、中医和传统医学等综合起来的研究等。

钱学森不仅高度重视这些实际案例的研究,还具有从这些成功研究中提炼新概念、概括新理论的超人智慧。20 世纪 80 年代初,他在国防科工委科技委指导了几项复杂武器系统的定量研究;20 世纪 80 年代中,他又对一项关于社会经济系统的研究十分重视。这些研究成为他后来提出“从定性到定量综合集成方法”的重要实践依据。考虑到保密问题,在这里我们仅就关于社会经济系统的研究做较深入的说明,使大家对从定性到定量综合集成法有一个较为具体的感性认识。这也是钱老在讲话中多次提到的一项工作,是我们需要向读者交代清楚的一个实际背景。

这项工作始于 20 世纪 80 年代初,即 1983 年到 1985 年间,当时的航天部 710 所在经济学家马宾的具体指导下，完成了财政补贴、价格、工资综合研究以及国民经济发展预测工作。这是当时经济体制改革中提出的问题。我国的改革开放首先是从农村开始的，然后转向城市。1979年以来，为了提高农民生产积极性，在农村实行了农副产品收购提价和超购加价政策，其结果不仅促进了农业发展，也提高了农民的收入水平。但当时的零售商品(如粮、油等)的销售价格并未做相应调整，而是由国家财政补贴的。随着农业生产连年丰收，超购加价部分迅速扩大，财政补贴也就越来越多，以致成为当时中央财政赤字的主要根源。同时也使财政收入增长速度明显低于国民收入增长速度，财政收入占国民收入的比例逐年下降。这严重地影响了国家重点工程的投资，也制约了国民经济发展的增长速度。

财政补贴产生的这些问题引起了中央领导的极大重视。有关部门也曾提出通过价格调整来逐步减少以至取消财政补贴的建议。但提高零售商品价格，又必须同时提高职工工资，否则将会影响到人民生活水平。而这又涉及财政负担能力、市场平衡、货币发行以及银行储蓄等等。总之，这个问题涉及整个国民经济中的生产、消费、流通、分配等各个领域。问题的困难还在于，究竟零售商品价格调整到什么水平，工资提高到什么水平，才能取消财政补贴又使人民实际收入水平至少不降低。对此，仅有一般的思路显然是不够的，必须定量研究才有可能回答这些问题，从而为决策提供科学依据。

马宾赞赏钱学森大力推动的系统工程，并希望用系统工程方法解决这个问题。但仅靠系统工程专业人员是不行的，需要使经济学家、各有关部门的管理专家、系统工程专业人员等走到一起，相互结合、“磨合”以至融合；从没有共同语言到相互“心领神会”；从实际的经济体制、运行体制、管理体制与机制等各个方面，进行研究和讨论，以明确问题的症结所在，找出解决问题的途径，从而形成对这个问题的定性判断。这种定性判断综合集成了各方面专家的理论、经验知识和智慧。但它毕竟还是经验性设想，因为这种判断是否正确，是否可行，还没有用科学方式加以证明。即便如此，这一步是非常关键的，它是准确把握问题的实质和定量研究的基础。

为了用系统工程方法处理这个问题，必须首先用系统科学的术语来界定有关概念。在此课题中，财政补贴、价格、工资以及直接或间接有关的各个经济组成部分，是一个相互关联、相互影响并具有某种功能的系统。调整价格和工资实际上就是改变和调整这个系统组成部分之间的关联关系，从而改变系统功能，特别要使它具有我们所希望的功能。这就把问题纳入系统框架，进而界定系统边界，明确哪些是系统环境变量、状态变量、调控变量(政策变量)和输出变量(观测变量)，为模型设计、确定模型功能提供定性基础。

系统建模既需要理论方法又需要经验知识，还需要真实的统计数据和有关信息资料，对结构化较强的系统如工程系统，有自然科学提供的各种定量规律，系统建模较为容易处理。但面对这类复杂系统，并没有工程系统那样的定量规律可循，只能从对系统的真实理解甚至经验知识出发，再借助实际统计数据去提炼信息。这个系统建模所需数据量近万个，而且要克服数据口径不统一，时间序列不完整的困难。所有这些都是这类复杂问题定量研究的难点所在。模型是对经济实体的近似描述，不可能也没有必要把实体的所有因素都反映到模型中去，只要抓住主要矛盾去建立模型并满足所研究问题的精度要求，那么模型就是可以信赖的。这个系统建模是以市场平衡为中心设计的。在结构上分为两大部分：一部分是国民收入分配和零售市场；另一部分是各产业部门的投入产出关系。前者由 115 个变量和方程描述，其中包括 14 项环境变量和 6 项调控变量，用来体现外部环境和调控政策。后者是 237 个部门的产业关联矩阵。这个模型可以进行政策模拟，也可以做经济预测，其平均模拟误差和预测误差都在 3%以内，满足经济研究中的精度要求。

运用建立起来的系统模型，按照不同的国力条件(环境变量)，调控变量(价格与工资)不同的调整起始时间，不同的调整幅度，不同的调整方法(一次性调整或多次调整)，在当时的大型数字计算机 B6810 上进行了 105 种政策模拟。并以市场平衡、财政平衡、货币流通和储蓄、职工和农民收入水平为度量标准，寻求最优、次优、满意和可行的政策，从而定量地回答价格与工资能否进行调整以及调整结果如何，何时调整为宜，如何调整最为有利等问题。

这样的定量结果再由经济学家、管理专家、系统工程专家等共同分析、讨论，充分发扬学术民主，畅所欲言。比起开始时的定性判断，这一次毕竟增加了新的定量信息。在专家们进行新一轮信息与知识的综合集成时，其结论可能是：这些测算结果是可信的，也可能是不可信的，或者还有什么地方是要改进的。如果需要改进，再修正模型和调整参数，重复上述工作。第二次测算的结果，再请专家评议。这个过程可能要重复多次，直到各方面专家都认为结果是可信的，再作出结论和提出政策建议。这时的结论已不再是开始所作的定性判断，而是有足够定量依据的科学结论。在这项研究的最后成果中，通过上述步骤，选择了五种政策建议，供中央领导决策参考。这就是钱老在讲话中多次提到的关于经济系统的一项定性定量相结合的研究中的情况。

需要说明的是，这套方法完全是基于实践需要，从实际出发逼出来的，没有人想到其中还蕴涵着什么深刻道理。但钱老看出，这个方法能把多学科理论和经验知识结合起来，把定性研究和定量研究有机结合起来，通过定性综合集成，定性定量相结合综合集成以及从定性到定量综合集成，从多方面定性认识上升到定量认识，解决了目前还没有办法处理的复杂巨系统问题。它体现了人・机结合以人为主的特点。同时钱老也指出了此方法的某些不足，比如在集成专家意见时还是手工作业式的，计算机的其他功能尚未发挥出来。

尤其需要加以说明的是，钱老指出当前这场以计算机、网络和通信技术为核心的信息技术革命，不仅对人类社会的影响将导致一场新的产业革命(第五次产业革命)，而且对人自身，特别对人的思维会产生重要影响，将出现人・机结合的思维方式，人将变得更加聪明。进而不仅将推动思维科学的发展，而且如果把信息革命的成果，如专家系统、知识工程引入这类工作，必将有利于更进一步完善和发展定性定量相结合的综合集成方法，提高集成专家意见的智能化水平。

在以上这些研究进展的基础上，20 世纪 90 年代初，钱老提出了“从定性到定量综合集成方法”和“从定性到定量综合集成研讨厅体系”(以下简称综合集成方法论),并把运用这套方法论的集体称为总体设计部(Department of Integrative System Design)。他多次呼吁成立国家社会主义建设总体设计部,运用这套综合集成方法,对社会主义建设的长远问题进行科学规划和预测,改变目前那种“摸着石头过河”的局面。

应该补充说明的是,这个方法的最初表述是“定性定量相结合的综合集成方法”,后来钱老建议改成“从定性到定量综合集成方法”。这个改动一方面体现了人认识客观世界的规律是从感性认识到理性认识,同时也体现了思维科学中从以形象思维为主的经验判断到以逻辑思维为主的精密论证过程,这也正是一切“精密科学”的共同特点。

综合集成方法论的实质是把专家体系、数据和信息体系以及计算机体系有机结合起来,构成一个高度智能化的人·机结合,人·网络结合的系统。钱老指出,这个系统本身也是个开放的复杂巨系统。它的成功应用,就在于发挥这个系统的综合优势、整体优势和智能优势。它能把人的思维、思维的成果,人的经验、知识、智慧以及各种情报、资料和信息统统集成起来,从多方面的定性认识上升到定量认识。在这里值得指出的是,钱老倡导的方法论是人·机结合,以人为主的路线;而圣菲研究所的科学家们走的是人·机结合,以机器(即计算机)为主的路线。

在应用这个方法时,也需要对系统进行分解,在分解研究的基础上再综合集成到整体,实现 1+1>2 的飞跃,达到从整体上研究和解决问题的目的。这也就是说,综合集成方法其实是吸收了还原论方法和整体论方法各自的长处,同时也弥补了各自的局限性。它是还原论方法和整体论方法的辩证统一,即系统论方法。从这个角度来看,综合集成方法既超越了还原论方法,又发展了整体论方法。综合集成方法作为科学方法论,其理论基础是思维科学,方法论基础是系统科学与数学科学,技术基础是以计算机为主的现代信息技术,实践基础是系统工程的实际应用,哲学基础是马克思主义实践论和认识论。

美国圣菲研究所的科学家们在复杂性研究方法上确有许多创新之处,如他们提出的遗传算法,开发的 swarm 平台,以 agent 为基础的系统建模,用数字技术描述的人工生命等。但在方法论上,虽然他们意识到还原论方法处理不了复杂性问题,但并没有开辟出新的途径,因而感到困惑。方法论是关于研究问题所遵循的途径和路线,在方法论指导下是具体的方法问题。如果方法论不对头,再好的具体方法也只能解决枝节问题,而解决不了复杂性的根本问题。钱学森的“从定性到定量综合集成方法”和“从定性到定量综合集成研讨厅体系”恰恰是从方法论上给出了研究和解决复杂巨系统和复杂性问题的有效途径,这是方法论上的创新。有了这套方法论再结合到具体的复杂巨系统就可以开发出一套方法体系,不同的复杂巨系统,方法体系可能是不同的,但方法论却是相同的。由国家自然科学基金委员会管理科学部与信息科学部联合资助的、由戴汝为院士主持的重大项目:“支持宏观经济决策的人·机结合的综合集成体系研究”,一直受到钱老的关心,该项目就是在这个方法论的指导下,结合经济系统所进行的方法体系研究。

方法论的创新将孕育伟大的科学革命。F·培根创立的还原论方法推动了从 19 世纪到 20 世纪的科学大发展。钱学森深谙西方科学哲学的精髓，又吸取中华民族古代哲学的营养，因而能够把还原论与整体论结合起来，并运用辩证唯物主义，创立了综合集成方法论，综合集成方法论必将推动 21 世纪系统科学的大发展。

三

对于开放的复杂巨系统的研究，钱学森指出，目前还没有形成从微观到宏观的理论，也没有从子系统的相互作用构建出来的统计力学，但有了研究这类系统的方法论，就可以逐步建立其理论。他还明确指出，要建立开放的复杂巨系统的一般性理论，必须从研究一个一个具体的开放的复杂巨系统入手，只有这些研究成果多了，才能从中提炼出开放复杂巨系统的一般理论。当年钱老建立工程控制论就是走的这个路子。

钱老还进一步指出，在开放的复杂巨系统中，实践经验和资料积累最丰富的是社会系统和人体系统。社会科学对社会问题的研究已经有了很长的历史，取得了丰硕的成果，如把社会科学、系统科学、自然科学、数学科学等结合起来，采用综合集成方法进行研究，就会取得新进展，开辟出新的前景。

钱老非常重视社会系统的研究，他根据社会形态的概念，从整体上研究社会主义建设的组织管理问题，提出了社会主义建设的体系结构，这是社会系统研究的一个重要进展。社会形态这个概念是马克思首先提出来的。尽管社会系统很复杂，但如果把社会形态和社会系统结构结合起来，“从宏观角度看，这样复杂的社会系统，其形态，即社会形态，最基本的侧面有三个，这就是经济的社会形态、政治的社会形态和意识的社会形态”[10]。社会形态的这三个侧面是相互联系、相互影响、相互作用的，从而构成一个社会的有机整体，形成了社会系统结构。

从社会发展和文明建设的角度来看，对应社会形态的三个侧面，也有三种文明建设：这就是对应经济的社会形态的经济建设，即物质文明建设；相应于政治的社会形态的政治建设，即政治文明建设；相应于意识的社会形态的思想文化建设，即精神文明建设。结合我国实际情况，钱老提出了我国社会主义建设的系统结构：① 社会主义物质文明建设，包括科技经济建设、人民体质建设；② 社会主义政治文明建设（在中央文件中通常称作民主与法制建设），包括民主建设、法制建设、政体建设；③ 社会主义精神文明建设，包括思想建设和文化建设；④ 地理建设，包括基础设施建设、环境保护和生态建设。以上共四大领域九个方面。在这九个方面中，科技经济建设是基础，是中心，这也符合邓小平同志提出的以经济建设为中心和科学技术是第一生产力的思想。

社会形态三个侧面的相互关系，决定了社会主义三个文明建设之间是相互联系、相互影响、相互作用的。这是从社会系统内部来说的。社会系统的外部环境即地理系统和社会系统之间也是相互联系、相互影响、相互作用的。从系统观点来看，只有当社会系统内部之间以及与其外部环境相互协调时，才能获得最好的整体功能，这就是社会主义三个文明建设以及与地理建设之间，必须协调发展，形成良性循环，才能使我国社会主义建设的速度更快，效率更高，效益更好。反之，如不协调，那么社会主义建设事业就会受到影响，甚至造成巨大损失。

四大领域的建设是变革和建设社会与其环境，并使它们之间协调发展的伟大实践，这是一项极为复杂的大规模工程。既然是工程，是改造客观世界，那就不仅需要理论，还需要技术。钱老指出“我们可以把完成上述组织管理社会主义建设的技术叫作社会工程，它是系统工程范围的技术，但范围和复杂程度是一般系统工程所没有的，这不只是大系统而是巨系统，是包括整个社会的系统”[11]。这里所说的社会工程就是社会系统工程。社会系统工程是组织管理社会系统，使四大领域协调发展，以获得长期的和最好的整体效益的工程技术。

社会系统工程不是已有系统工程方法所能处理的问题，唯一有效的方法是“从定性到定量综合集成方法”和“从定性到定量综合集成研讨厅体系”。这样一来，以社会系统工程为标志，也使系统工程由过去处理工程系统进入处理复杂巨系统的新阶段。这对系统工程的发展具有里程碑式的重要意义。

从我国改革开放和社会主义现代化建设来看，迫切需要社会系统工程，它对决策科学化、民主化和组织管理现代化具有重要意义。这也就是为什么钱老一直大力推动系统工程的应用和建议设立总体设计部的根本原因。他的这些建议受到党和政府的高度重视和充分肯定。

钱老基于社会形态对社会系统的研究，还体现在产业革命与技术革命、科学革命之间关系的系统研究上。他曾指出：“经济的社会形态的飞跃就是产业革命，政治的社会形态飞跃是政治革命，意识的社会形态飞跃是文化革命（不是所谓的‘文化大革命’）。社会形态的变化，飞跃就是社会革命，但社会革命可由不同侧面引起，而且具有不同性质，产业革命、政治革命和文化革命都是社会革命。”[12]并指出：“科学革命是人类认识客观世界的飞跃，技术革命是人类改造客观世界技术的飞跃，而科学革命、技术革命又会引起社会整个物质资料生产体系的变革，即产业革命。在今天，科学革命在先，然后导致技术革命，最后出现产业革命。”[13]

正是从这个角度出发，钱老认为人类历史上已发生过四次产业革命。第一次产业革命发生在原始社会末期，人类从采集、狩猎发展到从事农业、畜牧业等，出现了第一产业，即农业。第二次产业革命发生在奴隶社会，即由于生产的发展，产品有了剩余，出现了商品交换，这就超出了第一产业的范围。第三次产业革命发生在18世纪下半叶，由蒸汽机出现引发的产业革命（即通常所说的工业革命），这次产业革命开创了人·机结合的物质生产体系（这里的“机”是指大型机械），出现了第二产业，即工业。第四次产业革命发生在19世纪，由电力出现引发的产业革命，即生产不再以一个一个工厂为单位，出现了跨行业的垄断公司，并出现了银行、金融、保险等第三产业。第五次产业革命就是目前正在发生的以计算机、网络和通信为核心的信息技术引发的产业革命（即通常所说的信息革命）。这次产业革命开创了新一代人·机结合的物质生产体系，大大提高了物质生产力，同时还开创了人·机结合的精神生产力(这里的“机”是指以计算机为核心的现代信息技术)。在这次产业革命中,还出现了第四产业(科技业、信息业和咨询业等)以及第五产业——文化业。

钱老对第五次产业革命和信息网络建设极为重视,他提出了很多重要思想和观点,并多次指出要用复杂巨系统的思想和方法研究这些问题。例如,他明确指出,信息网络加用户是个开放的复杂巨系统,信息网络建设是一项复杂的社会系统工程。这些思想具有重要的现实意义。

钱老认为,在今天,我们利用第五次产业革命的成果,再加上现代科学技术体系,就可以做到集古今中外科学技术及知识之大成,来解决我们面临的各种复杂问题。他利用古人集大成之思想,提出“集大成,得智慧”,这就是他所提出的大成智慧工程和大成智慧学。这在 21 世纪是可以实现的。

20 世纪科学技术的飞速发展,孕育着 21 世纪的重大突破。根据已经出现的许多苗头,钱老预见,在 21 世纪除了第五次产业革命继续发展外,还将出现由生物工程引发的第六次产业革命和由人体科学(包括医学、生命科学等)引发的第七次产业革命。第五次产业革命在劳动资料方面的进步,第六次产业革命在劳动对象上的拓广,第七次产业革命在劳动者素质上的提高,再加上系统工程、系统科学引起的组织管理革命,所有这些因素融会在一起,必将使社会生产力获得史无前例的巨大发展,由目前发展生产力阶段进入创造生产力阶段。钱老的这些思想具有深远的前瞻性。

钱老在研究社会系统的同时,也在进行理论概括。例如,他曾指出,开放的复杂巨系统的整体行为描述,要用系统状态(system state)这个概念,如有奇异吸引子,即为系统态(system eigenstate)。微观混沌(就其无序意义来说)是宏观有序的基础。社会经济系统的“良性循环”“协调发展”就是一种系统态。我国社会系统的系统态正在从改革前的系统态转化为改革开放后的系统态。

系统学的创建不是走由下而上的路线,即由简单系统、大系统和简单巨系统等的研究而上升到复杂巨系统的研究;而是走自上而下的路线,即首先研究开放的复杂巨系统,找到处理这种复杂巨系统的方法论。然后以此为主干,在各种不同条件下,分支出简单系统、大系统和简单巨系统及其处理方法。也就是从开放的复杂巨系统学来建立系统学,即从繁到简。钱老的这一思想,为创建系统学找到了清晰的结构和思路。他的这些探索在理论上是有深远意义的。

我们在编辑这本文集时,曾下了很大功夫,将钱老在历次系统学讨论班上的讲话,以及与小讨论班 6 人的谈话录音共 40 多盘磁带,整理成文,这是艰巨的工作。但是,出于对钱老的敬仰,韩文明、陈桂英、陈宝庭、杨其眉和顾吉环等五位同志,不辞辛劳,利用业余时间,加班加点,终于完成了录音整理的初稿,为编成此书,做出了重要贡献。我们在此对他们的辛勤劳动,表示诚挚的感谢!同时,我们对历次应邀到系统学讨论班上做学术报告的专家学者们表示感谢。因为钱老多次指出,他的这些即席讲话,也受到他们报告内容的启发。

本书中所收集的钱老讲话、论文和书信是钱学森关于系统科学的原始创新，既展现了钱学森闪闪发光的思想，也体现了钱学森一贯理论联系实际的研究风格和严谨治学的学风。特别是他灵活运用马克思主义哲学的超人智慧，在书中随处可见。

我们多年来跟随钱老研究系统学，亲耳聆听他的教诲，受益匪浅。但是，由于编者水平有限，我们绝不敢说抓住了钱学森思想的精髓。因此，钱学森的论述，包括他的一封封短信，都十分精彩，但我们的编辑难免会有不当，甚至错误之处。希望读者在学习和阅读此书之后，本着对科学负责的态度，给予批评和指正。对此，我们将十分感谢。

2001 年 11 月

注释

[1] 钱学森：《感谢、怀念和心愿》，《人民日报》1991 年 10 月 19 日。
[2] 钱学森：《大力发展系统工程尽早建立系统科学体系》，《光明日报》1979 年 11 月 10 日。
[3] 许国志、王寿云、柴本良：《论系统工程》（增订本）一书“前言”，湖南科学技术出版社，1988。
[4] G. Nicolis，I. Prigogine：《探索复杂性》（中译本），四川教育出版社，1986。
[5] M. Woldrop：《复杂——诞生于秩序与混沌边缘的科学》，三联书店，1997。
[6] R. Gallagher，T. Appenzeller：《超越还原论》，引自《复杂性研究论文集》，戴汝为主编，1999。
[7] 钱学森 1990 年 7 月 16 日致于景元的信。
[8] 钱学森：《系统工程与系统科学的体系》，引自《论系统工程》，湖南科技出版社，1988。
[9] 王寿云等：《钱学森》，引自《中国现代科学家传记》，科学出版社，1991。
[10] 钱学森等：《社会主义文明的协调发展需要社会主义政治文明建设》，《政治学研究》1989 年第 5 期。
[11] 钱学森、乌家培：《组织管理社会主义建设的技术——社会工程》，《经济管理》1979 年第 1 期。
[12] 钱学森：《新技术革命与系统工程——从系统科学看今后 60 年的社会革命》，引自《论系统工程》，湖南科技出版社，1988。
[13] 钱学森：《我们要用现代科学技术建设有中国特色的社会主义》，引自《90 年代科技发展与中国现代化系列讲座》，湖南科技出版社，1991。

目　录

讲话与论文篇

书信篇

附 录

讲话与论文篇

我对系统学认识的历程*

于景元同志今天要我讲讲为什么要研究系统学。我就按照他的要求，讲讲这个问题。

首先，什么是“系统学”？我想把“系统学”一词的英文译作 systematology。讲“系统学”也必然联系到“系统论”，给“系统论”起一个英文名字，我想是不是可以叫 systematics。这里稍微有一点混乱，就是 systematics 在法语里的意思是“分类学”。当然在英语中这个“分类学”并不叫 systematics。关于“分类学”这个词，我问过生物学家，他们的习惯是用 taxonomy。所以，要以英文表达，假使把系统学叫做 systematology，那么，把“系统论”叫做 systematics 大概是可以的。

要讲这个问题，我必须先说一下人类的知识问题。我认为人类的知识包括两个部分。一部分是所谓的科学。而现在要说“科学”的话，应该把它认为是系统的、有结构的、组织起来互相关联的、互相汇通的这部分学问，我把它称为现代科学技术体系。但人类的知识还有许多放不到现代科学技术体系中去的，经验知识就属这种。一年多前，我说这个部分是不是可以叫做“前科学”——科学之前的东西。那也就是说，人认识客观世界，首先是通过实践形成一些经验，经验也总结了一些初步的规律，这些都是“前科学”。还要进一步提炼、组织，真正纳入现代科学技术体系里面去，那才是科学。所以知识有这两部分。当然这样一种关系是不断发展变化的。前科学慢慢地总结了、升华了，就进入科学去了。那么，前科学是不是少了呢？一点也不少。因为人的实践是不断发展的，所以又有新的前科学出现。因此人的整个知识就是这样一个不断发展变化的体系，也可以叫系统吧。

这就说到科学技术，或者科学本身的体系问题。我对这个问题的认识，开始也是很零碎片面的。那时，我只知道自然科学技术，因为我原来是搞工程技术的。自然科学里好像有三个部分：直接改造客观世界的是工程技术；工程技术的理论像力学、电子学叫技术科学，就是许多工程技术都要用的，跟工程技术密切相关的一些科学理论；再往上升，那就是基础科学了，像物理、化学这些学科。这样一个三层次的结构也是在漫长的历史中逐渐形成的。在人类历史上，恐怕原先只有直接改造客观世界的工程技术，或者叫技术，并没有科学。科学是后来才出现的。那时候，科学与改造客观世界的工程技术的关系不是那么明确。科学，或者叫基础科学和工程技术发生关系，那还是在差不多一百年前的事。就是19 世纪六七十年代到 20 世纪初才开始有技术科学，也就是这个中间层次。现在我们说，

---

* 本文是 1986 年 1 月 7 日在系统学讨论班第一次活动时所作的学术报告。

自然科学好像是这么三个层次：直接改造世界的就是工程技术，工程技术共用的各种理论是技术科学，然后再概括，成为认识客观世界的基本理论，也就是基础科学。

后来，我把这样的一个模式发展了，说它不只限于自然科学。自然科学是人从一定的角度认识客观世界，就是从物质运动这样一个角度。当然，人还可以从其他角度认识客观世界，那就属于其他科学了。有社会科学，这是一个很大的部门。再有，原来在自然科学里面的数学。数学实际上要处理的问题是很广泛的，不光局限于自然科学，今天的社会科学也要用数学。所以，我觉得应该把数学分出来，作为一个新的科学技术部门。后来又有了新的发展，比如说联系到系统学、系统论，这就是系统科学，这是一个新的部门。还有思维科学和研究人的人体科学。到这个时候，我说科学技术体系有六大部门：自然科学、社会科学、数学科学、系统科学、思维科学和人体科学。后来看还不行，不是所有的人类有系统的知识都能纳入这六大部门。比如说，文艺理论怎么办？好像得给它一个单独的位置。后来又看到军事科学院的同志，我想军事科学向来是一个很重要的部门，应该是个单独的部门，所以又多了一个军事科学。那就从六个变成八个大部门了。这时候我感到，恐怕将来还有新的部门，所以，我就预先打招呼，说这个门不能关死，还可能有新的。果然到了去年年初，我又提出了行为科学。而行为科学好像搁到以前哪个部门里都不合适。行为科学是讲个体的人与社会的关系，既不是社会，也不是个体的人，所以又多了一个行为科学。到现在为止，我的看法是，科学技术体系从横向来划分，一共有九个部门：自然科学、社会科学、数学科学、系统科学、思维科学、人体科学、文艺理论、军事科学、行为科学[1]。而纵向的层次都是三个：直接改造客观世界的，是属于工程技术类型的东西，然后是工程技术共同的科学基础，技术科学。然后再上去，更基础更一般的就是基础科学。

这样的结构是不是就完善了？恐怕还不行。因为部门那么多，总还要概括吧！怎么概括起来？我们常常说，人类认识客观世界的最高概括是哲学，是马克思主义哲学。所以最高的概括应该是一个，就是马克思主义哲学。从每一个科学部门到马克思主义哲学，中间应该还有一个中介，我就把它叫做“桥梁”吧！每个部门有一个桥梁，自然科学到马克思主义哲学的桥梁是“自然辩证法”；社会科学到马克思主义哲学的桥梁是“历史唯物主义”；数学科学到马克思主义哲学的桥梁是“数学哲学”；思维科学到马克思主义哲学的桥梁是“认识论”；人体科学到马克思主义哲学的桥梁是“人天观”；文艺理论到马克思主义哲学的桥梁是“美学”；军事科学到马克思主义哲学的桥梁是“军事哲学”，至于说行为科学，这个桥梁是什么？应该说是人与社会相互作用的一些最基本的规律，可不可以叫马克思主义的“人学”？

刚才剩下来没有讲的就是系统科学了，现在我要单独讲一下。系统科学到马克思主义哲学的桥梁是“系统论”。就是刚才一开始讲的 systematics，而不是现在流行的什么“三论”。或者叫“老三论”，还有“新三论”等等。我认为这种说法是不科学的。系统科学根本的概念是系统，所以应该叫“系统论”。系统论里面当然包括所谓“老三论”里面的“控制”的概念，也包括“信息”的概念。这些都应该包括进去了。至于说“新三论”，那更怪了，实际上也是我们今天要说的系统学里面的东西，即什么“耗散结构”“协同学”“突变论”这些东西。其实，从科学发展的角度来看，并不是到“新三论”就截止了，不会再有更新的东西了。现在不是还有混沌，还有好多新东西吗？那么，到底有完没完呢？若按“三论”说发展下去，就成了老三论，新三论，新新三论，新新新三论……再下去只能把概念都搞乱了。所以系统科学到马克思主义哲学的桥梁，我认为是“系统论”。那么，系统科学直接改造客观世界的工程技术就是系统工程了。现在看来恐怕还有自动控制技术，这些都是属于系统科学的工程技术，而系统科学里的技术科学，我开始认为是运筹学，后来看还要扩充一下，扩充到像控制论、信息论。实际上，真正的控制论、信息论就是技术科学性质的。系统科学的基础科学是尚待建立的一门学问，那就是系统学。一会儿，我要仔细地讲这个问题。这样，系统科学的工程技术就是系统工程、自动控制等；技术科学层次的是运筹学、控制论、信息论；将要建立的基础科学是系统学，系统科学到马克思主义哲学的桥梁就是系统论。系统科学就是这样一个体系。

最近，我看到哲学家们在讲哲学的对象，或者说马克思主义哲学的对象问题，搞得挺热闹的。在哲学家里面我认识的一个，就是吉林大学哲学系的教授高清海，高清海教授在去年的《哲学研究》第八期上有一篇文章，就是讨论哲学的对象问题。这篇文章我觉得挺好的。后来我给高教授写了一封信，说：一方面你写了一篇好文章，但另一方面，我也觉得，你讨论的这个问题是不是早就解决了？我说的这个科学技术体系，九大部门，九架桥梁，然后到马克思主义哲学。这就说明了马克思主义哲学与全部自然科学、社会科学、数学科学、系统科学、思维科学、人体科学、文艺理论、军事科学、行为科学这九大部门的关系。如果这个关系明确了，那么哲学是研究什么对象的，那不是一目了然了吗？也就是我常常讲的：马克思主义哲学必然要指导科学技术研究，而科学技术的发展也必然会发展、深化马克思主义哲学。因为马克思主义哲学不是死的，它一方面指导我们的科学技术工作，另一方面科学技术工作实践总结出来的理论必然会影响到马克思主义哲学的发展与深化。我这个想法也许有点怪，哲学家们一下子还接受不了。高清海教授已经好几个月还没有复我的信呢！最近，我又找了一位教授，北京大学的黄楠森，又给他提这个问题。我说，我给高清海写信了，他没有复我，我现在又向你请教。你看怎么样？刚写的信还没有回呢！同志们，学问是一个整体的东西，实际上不能分割。我们谈一部分，也必然影响到其他部分，恐怕这就是系统的概念吧！这就说明，所谓的系统学是一门什么学问。在我的概念里，它是一门系统科学的基础科学。我们讲基础科学就是技术科学更进一步深化的理论。我必须说，这样一个认识，我也不是一朝一夕就得到的，中间有一个很长的过程。

第二点，讲一讲我对系统学的认识过程。这个过程也粗略地在纪念关肇直同志的会议上讲过，今天再讲得仔细一点吧！

我必须说，在 1978 年以前，对于什么系统、系统科学、系统工程，什么运筹学这些东西，我也是糊里糊涂的，并不清楚，仅仅是感到有那么一些事要干。所以那时候在七机部五院宣传这个事，但是没有一个条理，1978 年以前就是这么一个状态。开始稍微有些条理是在 1978 年 9 月 27 日，在《文汇报》上我和许国志、王寿云合写了一篇东西。这篇东西的基础，今天向同志们交心，那并不是我的，而是许国志同志的。因为在那年，可能是 7 月份，也许更早一点，5 月份，许国志给我写了一封信。他说，什么系统分析、系统工程，又是运筹学，还有什么管理科学，在国外弄得乱七八糟，分不清它们的关系是什么。他建议把那个直接改造客观世界的技术系统叫系统工程，有各种各类的系统工程。比如，复杂的工程技术的设计体系，今天在座的很多人所熟悉的总体部的事就叫系统工程。至于说企业的管理就是属于管理系统工程等等，有很多这种系统工程。然后他说各种系统工程都有一个共同需要的理论，他那个时候说，这个理论是运筹学。运筹学就是一些数学方法，是为系统工程具体解决问题所需要的。这就是当时在国外弄得很乱的一种情况。比如说，二次大战中先有 operations analysis，后又变成 operations research。把这些东西用到工业管理方面，就变成 management science。然后还有专门分析系统间、系统内部的关系的，叫作 systems analysis。我觉得 systems analysis 好像就是应用的。但是不然，名词很怪。在维也纳还有一个单位叫 IIASA。IIASA 就更怪了，叫 International Institute of Applied Systems Analysis。systems analysis 本来就是 applied，怎么还有 applied systems analysis？所以，外国人也是不讲什么系统的，说到哪儿是哪儿。谁举一面旗帜，他就在那里举起来，可以举一阵子。所以在 1978 年 9 月 27 日《文汇报》上的文章中，我们试图把这些东西搞清楚，把直接改造客观世界的一些工程技术，叫各种各类的系统工程。这些系统工程共用的一些理论或者叫技术科学，就是运筹学。我在 1978 年秋天的认识就停留在这里。归纳起来是两点：一个是我们那时考虑的系统，还只限于人为的系统。自然界的系统，我们没有考虑进去。二是这些人为的系统里，并没有考虑到自动控制，所以对控制论到底如何处理，也没有讲清楚。根据这两点，今天看来，当时我们对于系统的认识是有局限性的。

第三点，大概过了一年，在 1979 年 10 月份，在北京召开了系统工程学术讨论会。那次讨论会是很隆重的，许多领导同志都去了，给系统工程的工作以很大的推动。在那个讨论会上，我个人才把系统的概念扩大到自然界。也就在那个时候，才提出系统这样一个思想是有哲学来由的，并追溯到差不多一个世纪以前，恩格斯在总结了 19 世纪科学发展的时候讲的一些话，他说："客观的过程是一个相互作用的过程"。这就是说，过了一年，我的眼界才有所扩大。也就在那个会上，我的发言就把系统科学的体系问题提出来了，但这个体系是缺腿的。就是说，那时候认识的这个体系只有一个直接改造客观世界的工程技术——系统工程，再加上这些系统工程所需要的共性的理论——技术科学，就是运筹学。但那时也稍微有点变化，就是把控制论引进来了。但什么是基础科学？不清楚！当时我的说法是："建立系统科学的基础科学"。但不知道这个基础科学叫什么。那次也模模糊糊地引了《光明日报》1978 年 7 月 21、22、23 日沈恒炎同志的一篇长文，他的文章用了一个词，就是"系统学"。我也引用了这个词，但是没敢肯定这个系统学就是系统科学的基础科学。那时候有点瞎猜。说系统科学的基础科学是不是理论控制论呢？胡猜罢了。所以在1979年的秋天到冬天，我们仅仅是把系统的概念扩大了，包括到自然界了，并把系统这个思想的哲学根源追溯到马克思主义哲学。其他的问题就不清楚了。只感到有一个必要，有一个空当，就是系统科学的基础科学。但是什么东西？没有很清楚的概念。

在这里，我必须加一段涉及生物学方面的内容。因为到这个时候我开始感到，生物学方面的一些成果要加以研究。比如一些书讲"生物控制论"；也看到一些书，叫作"仿生学"。那时候感到，"生物控制论""仿生学"这些工作，有点把事物太简化了。比如说："生物控制论"里面讲人的血液流通，那个模型太简单了。"仿生学"更是有点急于求成。大概是想搞点东西出来吧，就把自然的系统简化得太过分了。那时候对于生命现象的研究，据我所看到的这些材料，如所谓"生物控制论""仿生学"这方面的工作，老实讲，我是不满意的，觉得太简化了，事实不可能那么简单。

又过了一年，进入第四个阶段了。就是到了1980年的秋天，这时候，我又一次得到许国志同志的帮助。是他寄给我R·罗申(R. Rosen)在*International Journal of General Systems*1979年第5卷的一篇文章。罗申这篇文章是纪念冯·贝塔朗菲(von Bertalanffy)的。此文才使我眼界大开，原来在生物学界早有人在探讨大系统的问题。后来一看，还不只是生物学界，物理学界也早有人在探讨。那么从这儿才给了我一条出路。我闷在那儿没办法的时候，看了这篇文章，并根据它的引注又看了一些文章。才知道冯·贝塔朗菲的工作，有I·普利高金(I. Prigogine)的工作，有H·哈肯(H. Haken)的工作，这些都使我眼界大开。贝塔朗菲当然很有贡献了，他是奥地利人，本来是生物学家，他感到生物学的研究从整体到器官，器官到细胞，细胞到细胞核、细胞膜，一直下去到DNA，还要往里钻，越钻越细。他觉得这样钻下去，越钻越不知道生物整体是怎么回事了。所以他认为还原论这条路一直走下去不行。还要讲系统、讲整体，这可以说是贝塔朗菲的一个很大的贡献。对我们在科学研究中从文艺复兴以来所走的那条路提出了疑问。当然，对于这个问题，恩格斯在一百年前已经提出来过，就是"过程的集合体"这个概念。而且恩格斯很清楚地提出来：科学要进步，也不得不走还原论的这条路。你不分析也不行，不分析你不可能有深刻的认识；当然这时候，恩格斯也指出，只靠分析也不行，还要考虑到事物之间相互的关系。在科学家中，也许冯·贝塔朗菲是第一个认识到这个问题的，后来才有了普利高金、哈肯，他们更年轻了。所以，许国志给我送来这篇文章，使我在认识上大开眼界，才知道生物学里早就提出了所谓"自组织"的概念，在物理学中有"有序化"的概念。正在这时候，又看到M·艾根(M. Eigen)的工作，他是一位德国科学家，又把这个发展了，应用于生物的进化，提出hypercycle，即超循环理论，把达尔文的进化论定量化了。这时大概已经到了1980年的秋天或冬天了。我又得到贝时璋教授的帮助。他给了我更多的资料，使我眼界大开。所以，一个是许国志同志，一个是贝时璋教授，才使我有了这样一点认识。后来在1980年中期的中国系统工程学会成立大会上，我才明确地提出系统科学的三个层次，一个桥梁的体系。而这个时候，我也把自动控制、信息工程纳入直接改造客观世界的系统科学体系，也就是系统工程里面；技术科学也就是包括了运筹学、控制论、信息论，还有大系统理论。而基础科学当然应该叫作“系统学”。“系统学”是什么？没有很多素材，而是要概括地综合冯·贝塔朗菲的一般系统论，H·哈肯的协同学和I·普利高金的耗散结构理论等等。也就是要把各门科学当中一切有关系统的理论综合起来，成为一门基础理论——系统学，这就是系统科学的基础科学。我是到1980年年底达到这一步的。感谢很多同志的帮助，才使我有这一步的认识。

然后，到了1981年，是第五步了。1981年我参加了生物物理学家跟物理学家们组织的叫“自组织，有序化的讨论会”，这我又要感谢北京师范大学的方福康教授，今天他在座。他给我带来了西欧关于这方面最新的情况，可我那时还蒙在鼓里呢！因为我看的书是普利高金的，是讲远离平衡态的统计学，顶多是看到他关于耗散结构的一些理论。当然，我也知道，贝塔朗菲就更差一点了，他还在原理性的话上，就是他的所谓一般系统论。这时候，我也看到哈肯的协同学。我对协同学非常欣赏，在我的脑筋里认为贝塔朗菲和普利高金他们讲的那一套东西，打个比方说，有点像热力学。我在大学里听老师讲热力学，讲温度。这个温度还好办，人还有些感觉嘛。最糟糕的就是熵，熵是什么？简直是莫名其妙。老师也讲不清楚，只有一句话，你若不信，请你按我这个办法算，算出来准对。当时我就是那样硬吞下去的，心里还是觉得疑惑。其实，温度也不好说，你说一个分子，它的温度叫什么。当时就这么糊里糊涂的，反正老师怎么说，我就怎么算，也可以考90分。后来出国了，念研究生，开始学统计物理，统计物理可以得出熵的概念。嗬，原来熵是这么回事。按照统计物理，熵是什么，那很清楚。熵，就是玻耳兹曼(Boltzmann)常数乘上概率的自然对数。这一下，我才眼界大开，世界的道理原来是这么回事！这就是我在大学三年级学热力学时感到莫名其妙的概念，这时候才知道“妙”在什么地方。所以脑筋里一直深深地印着这个统计物理大权威玻耳兹曼。在维也纳玻耳兹曼的墓碑上刻着一个公式，就是刚才说的熵的公式。我在刚才说的1981年初的那个大会上，因为那天下午还有别的事，我要求主持会议的贝老，是不是让我先讲，讲完了我好走。贝老说可以。我就讲了这么一套。大意是说冯·贝塔朗菲和普利高金不怎么样，真正行的是哈肯。讲完以后，贝老给我介绍说，坐在旁边是方福康教授，他刚从普利高金那里回来，得了博士学位。我一想坏了，这下子骂到他老师头上了，这还得了，得罪人了。其实方福康同志跟我说，你说的这些话，普利高金都很同意，他也认为从前他做的那些不够了。他们，就是普利高金、哈肯，还有刚才说的M·艾根(M. Eigen)，现在经常在一起讨论问题，他们的意见也是一致的。我心上的石头才掉下来，也非常高兴。因为客观的东西，真正研究科学的人去认识它，尽管可以由不同的方向、不同的途径，但最后都要走到一起去，因为真理只有一个。我觉得我们做学问应该有这么一个认识。尽管中间经过曲折的道路，也许犯错误，只要我们实事求是，坚持科学态度，真理是跑不掉的，最后总要被我们所掌握，不同的意见终归要统一起来。

这一段还有一个认识的进展。就是生物学界的这些发展使我开始认识到系统的结构不是固定的。系统的结构是受环境的影响在改变的，特别是复杂系统。复杂系统的结构不是一成不变的。那么，系统的功能也在改变。我开始认识到这一点的是大系统、巨系统和简单系统的一个根本的区别，即简单系统大概没有这样的情况，原来是怎么一个结构就是怎么一个结构。这就说到 1981 年初。

大概到 1982 年初，我又学一点东西，知道数学家们在研究微分动力体系。北京大学的廖山涛教授就是这方面的行家，他还有一个研究集体，一直在搞微分动力体系。研究微分动力体系实际上就是研究系统的动态变化，所以微分动力体系又是系统学的一个素材了。到 1982 年的初夏，在北京开过一个名字很长的会议，叫“北京系统论、信息论、控制论中的科学方法与哲学问题讨论会”，这是清华大学与西安交大、大连工学院、华中工学院四个学校组织起来，共同召开的。在这个会上，我把自己直到 1982 年初的认识在那儿总结了一下。

在这以后，又有 1983、1984、1985 三年的时间，这就讲到第七步了，觉得又有一些新的东西要引进系统学的研究。什么新东西呢？很大的一个问题就是奇异吸引子与混沌，即 strange attractor，chaos，这些理论好像要从有序又变成无序，所以是一个很大的问题。另外，用电子计算机来直接模拟自组织、怎么组织起来的，这是第二点。第三点，叫 fractional geometry，就是非整几何，非整维的几何，这是法国数学家 M·曼德布罗（M. Mandelbrot）的工作。第四点，可以说我孤陋寡闻了，在这个时候才知道，早有一个理论，是关于非线性的动力系统理论。在 3 维以上的非线性动力系统会出现混沌现象，这就是所谓的 KAM 理论，它是三个人名的缩写，这三个人就是 Kolmogorov，Arnold，Moser。也就是非线性 3 维以上的体系很容易出现混沌。第五点，既然这样，于是乎，有一个叫罗伯特·肖（Robert Shaw）的人，他说：“混沌是信息源”。总之，有这几点吧，就是奇异吸引子，混沌，还有电子计算机模拟自组织，曼德布罗的非整几何，KAM 理论，还有所谓“混沌是信息源”等等。所有这一切说明，今天在国外这些领域是一个热门，大热门！最近我看到国外有人说“非线性动力体系理论在今天对理论工作者的吸引力，就像一二十年前这些理论工作者被吸引到量子力学一样”。就是说，新一代的理论工作者不去搞量子力学了，那是老皇历，没什么可搞的了，要搞这个非线性动力体系。在座的知道这个消息吗？昨天我碰到一位科学家，我说外国人有这么一个说法，他说不知道。我说，你有点落后于时代了。所以这方面的工作看起来确实关系重大。之所以给同志们如实汇报我从 1978 年以前到现在走过的这条认识道路，结论是什么呢？结论就是，创立系统科学的基础理论——系统学已经是时代给我们的任务。你不把这门学问搞清楚，把它建立起来，你就没有一个深刻的基础认识。我们要把系统这个概念应用到实际工作中去，这方面的应用很多很多，在座的都知道，不用我来讲。那么，在这些应用中，你只能看到眼睛鼻子前面一点点。要看得远，一定要有理论。这个问题我是越想越重要。下面我说点实际问题吧！

我们现在搞改革。对于改革，我们的预见性很有限。所以常说“摸着石头过河”，走一步，看一步。为什么会这样呢？因为我们的预见性很差。我曾经说笑话，我们放人造卫星，如果也是走一步，看一步，那早打飞了，不知飞到哪里去了，没有理论还行啊?！但是现在要建设社会主义，要在中华人民共和国成立 100 周年的时候，即 2049 年使我们的国家达到世界先进水平，这是一段好长好长的路。而且没有多少年了。多少年？65年！65年你要走完这条路，你老在“摸着石头过河”，那可不行。我们不能再犯错误，或者尽量地少犯大错误，不要犯大错误。那我们必须有预见性，这预见性来自什么？来自科学！这个科学是什么？就是系统科学！这个科学就是系统科学的基础理论——系统学。所以我觉得这是一个非常重要的问题。

我再讲一点，就是何以见得有用？在座的同志都是从事这项工作的，你们都可以讲嘛！我讲一点自己的体会。实际上在一开始，已经讲了我把系统科学用到现代科学技术体系里面，已经用了。我用的效果如何呢？就是刚才向哲学家们提的那个问题。我说你们说了半天的哲学对象，我已经解决了嘛！这是不是很有用呢？我觉得是很有用的。再一个，我在国防科工委常常说的，人跟物，或者叫人跟武器装备的关系，现在用一个学术性的名词，叫人—机—环境系统工程。再一个就联系到中医理论。我的看法是，中医是祖国几千年文化实践的珍宝，可是它又不是现代意义上的科学理论。到底中医的长处在什么地方？这就联系到贝塔朗菲对现代生物学的批判。现代西方医学的缺点在于，它从还原论的看法多，从整体的看法少。现在西方医学也认为这是它们的缺点，所以对中医理论，讲整体，很感兴趣。刚才讲的人—机—环境系统工程，中医理论与现代医学要再向前走一步，这些都是人体科学里面的问题，而这方面的问题也必须靠系统科学，系统学。再一点，关于思维，人的思维。人的思维是脑的一个功能，但是人脑是非常复杂的，人脑是一个巨系统，要理解人脑的功能，人是怎么思维的。从宏观去理解，那你必须要有系统学。所以刚才我随便举了几个个人的体会。这些工作重要不重要啊？当然是很重要的！而这些方面的工作要真正在理论上有个基础，都要靠系统学。所以我在这儿如果讲一句冒失的话，我觉得系统学的建立，实际上是一次科学革命，它的重要性绝不亚于相对论或者量子力学。我这样认识，对于我们的社会主义建设，刚才提的建国100周年等等这些问题，它的重要性更是很明显。所以我觉得，建立系统学的问题是我们当前的一个重要任务。

最后必须说明，我也不是所有的问题都清楚了，没有那样的事。现在我还有很多东西没搞清楚。刚才说了混沌，好像是从有序变成无序，那到底是不是这样的？无序变成有序，在一定的情况下，这个有序又可以变成无序，是不是这样？我搞不清楚；罗伯特·肖说的“混沌是信息源”这个提法，我吃不下去，这个结论我没法理解。因为我以前搞过流体力学。流体力学就有一个混沌问题，湍流就是混沌。我要试问罗伯特·肖，你说湍流到底给出什么信息来了？你说是信息源，那湍流是什么信息源？恐怕他也答不上来。还有混沌的一个最简单的例子，就是差分方程 $X_n+1=KX_n(1+X_n)$，假设 K 达到了一个临界值，差分方程一个序列的 X_n 就要出现混沌，这是个很具体的问题。你说这个混沌到底给出了什么信息？恐怕不好回答。看来罗伯特·肖做得好像是这样一种工作：就是假设信息量的含义是像香农(Shannon)做的统计的含义，那么，他具体去算一个出现混沌的系统，可以算出来信息量在增加，那无非是一个公式。我认为要是停留在这一点上，那是数学游戏，没有解决什么问题。你仅仅说根据香农关于信息量的定义把它算到哪一个混沌现象，得出来，这个现象在产生所谓信息，仅此而已。若“请问先生，这个信息是什么？”他也说不上来。所以我觉得信息这个概念现在要好好地研究。我是不怪香农的，香农是一个很有成就的科学家，他也没有说他来解决什么信息产生的问题，香农当时搞这个理论，就是为了解决一个通讯道的问题，他用一个方法可以计算通讯道里面信息的流量。至于流过去的是什么信息，他从来没考虑。你把他的这个理论无边无际地应用到现在所谓的信息论，我看这是后人有点瞎胡闹，那个罗伯特·肖尤其是瞎胡闹，是数学游戏。所以说“混沌是信息源”，现在不能说服我，我搞不清楚是怎么回事。而联系到此，我觉得是信息这个概念问题。虽然我们将来在系统学里也要考虑信息，但信息到底是什么，谁也不清楚。当然，就连鼎鼎大名的N·维纳(Wiener)也说过不负责任的话，他说什么是信息，信息不是物质，也不是精神。到底是什么？这个大教授怎么能随便说话呢？我认为它总是一种物质的运动。但是它又是一个发生点，发生者，也有一个接收者，中间有个信息道。那么，从发生者和接收者来看，它是有含义的，有信息含义。那么他就把这个信息通道里面的物质运动解释为一种信息。很重要的就是有送信的和接信的，他们要有个默契。没有这个默契，就没有信息。古人不是说过“对牛弹琴”的话吗？你这个琴弹得再美妙，岂不知牛不能欣赏你这个高山流水的高尚音乐吗？总之，就是这个信息通道的问题。牛和这个弹琴的人没有信息通道，所以琴音并不能使牛产生美感。所有这些问题我都没有搞清楚。还有非线性过程，再联系到非整几何，许多问题。比如说鞅，什么半鞅、上鞅这些问题，我也搞不清楚。再有今天在座的郑应平同志，他是想把博弈论引入系统理论，我看需要引入，但到底怎么个引入法？我也还搞不清楚。总而言之吧，还有很多问题我都没有搞清楚。也许在座的同志已经清楚了，我要向大家学习。

今天的讲话，我是和盘托出，无非说我这个人是很笨的。我认识一点东西是很曲折的，我就是这么认识过来的。我相信同志们大概比我聪明，认识得比我快。那么系统学的建立就是大有希望的，我向同志们学习。

注释

[1] 钱学森后来又在这个体系中增加了地理科学和建筑科学两个部门，共计11个大部门。

发展地理科学的建议*

这次讨论会是由中国地质学会、中国地震学会、中国天文学会、中国气象学会、中国空间科学学会、中国岩石矿物地球化学学会、中国古生物学会、中国地球物理学会、中国海洋学会、中国水利学会、中国地理学会，这 11 个学术团体联合发起的，充分体现了现代科学技术，特别是“地理科学”综合化的趋势，这也是科学深化的趋势。刚才，程裕淇同志讲了，第一届讨论会是由 6 个学会发起的，这次是 11 个，第三届不知会是多少个学会。这一趋势在今年 9 月份中国科协三届全国委员会常务第二次会议上同志们就指出并强调了的。而且认为，中国科协要促进这方面的工作。因此，让我首先代表中国科协祝贺第二届全国天地生相互关系学术讨论会的召开，祝会议成功。

比起 11 个学会的同志来讲，我是外行。为什么我这个外行竟然敢来讲呢？我觉得这次会议(包括第一次会议)所选择的是一个非常重要的现代科学技术研究课题。

一

我刚才用了“地理科学”这个名词，为什么呢？这是由于在今年 6 月中国科协的“三大”之后，我收到了今天在座的黄秉维同志的来信。看了他的来信，我受到很大启发，觉得“地理科学”这一古老的名词，现在应该把它很好地用起来。我认为，“地理科学”就是一门综合性的科学，地理科学研究的对象就是地球表层。在这次会议的“论文摘要集”中，有两篇就是讲这个问题的。“地球表层”这一概念是借用苏联科学家的建议，指的是和人最直接有关系的那部分地球环境。具体地讲，上至同温层的底部，下到岩石圈的上部，指陆地往下 5 公里～6 公里，海洋往下约 4 公里。地球表层对人的影响，对社会的发展都有密切的关系，地球表层往外的部分和地球表层更深的部分是地球表层的环境。这次“天地生相互关系学术讨论会”的论文摘要集中，绝大部分的文章是研究地球表层的，也有一部分是研究地球表层以外的，即地球表层的环境。这里提出的“环境”这一概念是系统科学的一个概念。从同志们的论文中可以看出，“地球表层”是一个系统，而且是一个非常复杂的系统。在系统科学中，称非常复杂的系统为“巨系统”，不是大系统，而比大系统还要大。地

* 本文是钱学森在 1986 年 11 月“第二届全国天地生相互关系学术讨论会”上的发言，原载于《大自然探索》1987 年第 1 期。

球表层是一个巨系统，这个巨系统不是封闭的，与环境是有交换的，这是当今系统科学中的一个概念。与系统交换的外围就是巨系统的环境。地球表层这一巨系统与环境有物质和能量的交换，这是一个开放系统，其复杂性就在于它是个开放的系统，不是封闭的系统。封闭系统比较简单，开放系统要比封闭系统复杂。所以，我们要研究的对象就是这个巨系统的本身，要研究巨系统的本身，就必须考虑巨系统的环境。我想用“地球表层学”这样一个名词来称呼这门学问。有同志说，也可以用“环境科学”来叫这门学问，我认为不妥，因为它是公认的另外一门学问，内容不是我们在这里说的，用这个词只会制造混乱。总之，今天我讲的主题就是天地生综合研究要进一步向前发展，成为现代化了的地理科学，这是一个重要的问题，它的基础理论学科就是“地球表层学”。

第一，地球表层学是“地理科学”的基础理论学科，要想继续发展，就必须要重视这门学科，只有这门科学的建立，才是真正把我们这 11 个学会及其他十几个、二十几个甚至三十几个学会的研究工作结合到人们最关心的人类生活在地球环境中这一问题。现在大家可以统一成这样一个意见，就是一定要进行综合研究。单独的研究是不行的。我自己也从黄秉维同志的来信中学到了这一点：分割开来研究是不能解决问题的，只能是越搞越乱。因此，一定要进行综合研究。大家也注意到这一问题，最近有不少文章，甚至在地质哲学方面的文章，如 1986 年第 8 期《哲学研究》上，有一篇文章从地质学的角度说明要将自然科学的许多学问综合起来。我觉得，他只是讲了地质运动，从我们研究的问题来看，那仅仅是一部分。所以，我们要考虑的问题是许多学科的综合，涉及的范围还要广阔的多。这是一个基本概念。

第二，我们提出“地理科学”这一重要的学科，其基础学科是“地球表层学”。这与我们常说的数学、物理学、化学、天文学、地球科学、生物学是基础科学的意义是一样的。它是包括许多部门的庞大的“地理学科”的基础理论，我们要把它建立起来。没有理论的指导，其他学科的研究就会遇到困难。所以，我们强调要建立“地球表层学”。这是一门带头的学科。基础理论科学的下面一个层次，就是应用理论学科，现在“地理科学”的应用理论学科已建立了很多，已建立的有生态经济学，现在要想建立的有如城市学，即研究城市体系的一门学问，这是城市规划的理论。我曾建议，为了使地理科学研究定量化，有必要建立“数量地理学”，就是用数学方法，主要是指系统工程、系统科学方法来解决“地理科学”中的问题。数量地理学、城市学、生态经济学等学科，都属于“地理科学”的应用基础学科的层次。而最直接改造客观世界的学问，在“地理科学”中也有，即地理科学的应用技术，如城市规划、环境保护、水资源等都是属于这样的问题。因此，我提出这样一种想法，不知大家是否同意，就是“地理科学”是包括内容很多的一大门科学，根据现代科学近一百年来的发展，可将它分成三个层次：最理论性的层次，就是基础理论学科，我认为这就是“地球表层学”，尚待建立；第二个层次，就是应用理论学科，这发展得较快，有的还需建立，像数量地理学；第三层次，直接用于改造客观世界的应用技术，现在已经很多。能否这样考虑，首先要把“地理科学”建立起来，这是当今科学的一个重要组成部分，它又分为基础理论、应用理论和应用技术。

刚才黄汲清同志对我说，综合研究还具有哲学意义，确实如此。所以，前面我谈的还不全，还要对“地理科学”进行更高一个层次的概括，即地理科学的哲学概括，我现在还说不出它的名字，但要有这么一门学问。我认为黄汲清同志的意见很好，根据马克思主义哲学观点，人类的知识最后要概括到哲学，就是马克思主义的哲学，就是科学的哲学，不是臆想的哲学，不是乱编的哲学。从实践上升到科学的理论，又从经过实践考验的科学理论再上升到、概括到哲学。这一观点，不知哲学家是否接受？最近几年我常宣传这一观点。正因为这样，我认为马克思主义哲学是有道理的，是经过实践考验的，是最科学的。马克思主义的核心就是辩证唯物主义。它联系到各门科学就产生了各种科学的哲学，这些大家已经知道。例如，自然辩证法是自然科学的哲学，历史唯物主义是社会科学的哲学，等等。它们都要有哲学的概括，最后综合起来再概括就是马克思主义哲学，这就是我常宣传的现代科学的体系。马克思主义哲学是现代科学的最高概括。我们研究地理科学也必须用马克思主义哲学来指导。指导并不是说马克思主义哲学就僵化了、凝固了、不动了，变成经典了，不是那个意思。一方面，它指导“地理科学”的研究，另一方面，地理科学的研究、发展又概括出地理科学的哲学，反馈到马克思主义哲学，以发展、深化马克思主义哲学。这一观点我也宣传许多次了。现在，同志们学习十二届六中全会《中共中央关于社会主义精神文明建设指导方针的决议》，我以为我刚才讲的是符合《决议》的精神的问题。

二

最近，我还有一个想法，今天说一下。现在很多地方讲要发展智力，发展创造能力。我想真正的创造能力来源于什么呢？现在研究这个问题的很多，有许多“窍门”，也称“窍门学”吧。天津有一本花花哨哨的很有趣的杂志，叫《智力》，是教你各种各样的窍门的。这在国外也很时兴，什么包教包会，包你三周内会说西班牙语等等，我觉得这样教，即使能讲也是结结巴巴的，也许人家能听懂，但绝对不是高级的、漂亮的西班牙语。这种事情在国外很多，他们很发达，确实有这个需要，教你一个技巧。这种教育是否需要呢？我觉得也要。但是，它不是教人们如何能够进行真正的高级的创造。中国有句古语，“大智若愚”，就是某个人确实有很高的智慧，但看上去倒像个“傻子”，因为那些小窍门的事他不想去做。在座的同志们都知道，达到 20 世纪科学最高峰的著名物理学家爱因斯坦，他在小学、中学直到大学的学习并不十分突出，这就是“大智若愚”。所以，人的智慧是什么呢？我觉得，人的智慧就在于真正掌握了客观世界最基本的原理，只有这样才能站得高，看得远。今天，我们中国人很幸运，因为我们建立了马克思主义哲学是科学的最高概括这样一个观念，我们要取得最高的创造力、最高的智慧，就应该学习马克思主义哲学。

今天讲这句话，在座的不一定都同意，但是我劝同志们想一想这个问题，过去许多年，我一直讲这个问题，对中青年讲了许多次，我是碰壁的。我说大家必须学习马克思主义哲学，科学必须用马克思主义哲学来指导。我看得出，由于我的年龄大，对话的人不好意思直接反驳我，客气地点点头，其实心里没服。不服的原因我也清楚，无非是说，资本主义国家不是没有马克思列宁主义嘛？不是也搞得不错嘛！但是，我还要说，今天我提到更高层次上说，人要有创造性，最高的创造性，要有真正的智慧，必须要有马克思主义哲学。道理很简单，因为这是人类知识最高的、最正确的概括，你掌握了这个最锐利的工具，当然会站得高、看得远。

三

如何建立地球表层学这门科学？我觉得要建立地球表层学这门理论科学，我们一定要运用系统科学的理论。系统科学也分为三个层次。系统科学也是从实践的需要发展起来的，所以它那直接改造客观世界的那部分发展最快，即系统工程。系统工程的理论，即应用理论，发展也比较快，诸如运筹学、信息论、控制论、大系统理论等。在这些系统科学基础上再概括，真正建立系统科学的基础理论——系统学，现在正在努力。这次讨论会的论文摘要集有一篇西北大学地质系张金功同志的文章，涉及用系统科学的方法来考虑地学问题，这是对的。但是，系统学作为一门学科正在形成之中。这并不是说没有材料，材料是很多的，只是还没有形成完整的学科体系而已。这些材料有以下几部分。

(1) 巨系统理论。巨系统理论的一个很重要观点，就是层次观点，层次结构的观点。而且层次具有一定的功能，或系统运动的性质。这些性质或系统层次的功能是与组成该系统的子系统的功能是不一样的，这很重要。整个巨系统又是由许多层次构成的。每个层次都有其功能的特点，很重要的特点就是，这样一个系统的功能不是组成该系统的部分系统所具有的。这是否可称之为辩证法？即由量变到质变。许多系统组成在一起，它的功能就与每个组成部分的功能不一样。

(2) 巨系统结构。如何组成巨系统的层次、结构？这一结构是受环境影响的，它也不是固定不变的，外界环境发生变化，其层次结构也会发生变化。这一方面的学问就是 H. 哈肯教授创立的“协同学”。这对建立地球表层学具有重要的参考价值。

(3) 系统科学理论以前认为，系统内会出现有序化、有结构。有一个耗散结构理论，用熵流的概念来解释有序化。但是，近年来又出现了新问题，就是系统是可以出现有序化、形成结构，但也可以出现另一种现象，就是混沌。混沌看起来好像是无序的、杂乱的。这就比耗散结构理论更深刻了。对这一问题，今天在座的叶笃正教授给我们上过一次课，他讲气象就是混沌。我们对气象是很关心的。叶笃正教授对我讲，外界对大气的输入，影响变化并不大，仅有昼夜的变化、四季的变化，但是气象是瞬息万变的，如何解释？这种现象的解释就是混沌。环境没怎么变化，系统内部却变化很快，似乎是一件怪事。流体力学中的湍流时刻不停地在变化，外部边界条件并未变化，而内部就自己变起来了。这种现象是非常重要的，也就是这些混沌看起来好像是混乱的、非决定性的，但它并不是非决定性的，而是决定性的。如果你把时间分得很细，它还是决定性的。假如气象是非决定性的，那么我们的气象工作者就没法预报了。但是，气象还是可以预报的，可以预报就是决定性的。然而不能将时间放得很长，时间越长就越难预报，长到一定程度就没法预报了，这就是混沌。用这一观点方法去观察研究地球表层的现象，混沌现象就很多。论文摘要集中，由任振球、张国栋、徐道一和徐钦琦 4 位同志合写的文章《多尺度异常事件的群发现象及其宇宙环境》，我认为那里谈的就和混沌有关系。另外，这次会议谈到很多“灾变”，也可能与混沌有关。

所以，我提出地球表层学这门学问要用系统学的一些成果。这些问题请大家认真思考一下。最近，我国出版了两本书，我把它们推荐给大家。一本是诺贝尔奖金获得者 I.普利高津著《从存在到演化——自然科学中时间及其复杂性》(科学出版社，1985)。另一本是由普利高津和助手尼科里斯合著的《探索复杂性》(四川教育出版社，1986)。这两本书谈到的是系统科学理论的最新成果。建议大家学习。同志们可以将系统科学和自己所研究的东西结合起来、系统化。我认为，这两大厚本《第二届全国天地生相互关系学术讨论会论文摘要》是“零金碎玉”，仍然是点滴的东西，还没有捏合在一起，形成强大的学问。我们如何将这些“零金碎玉”汇聚成真正的珍宝。这珍宝我认为就是“地球表层学”，我们要用刚才我所说的系统科学的方法来建立这门基础科学。大家如果能将天地生的研究与系统学的研究两者结合起来，我觉得那将是一件了不起的事情。我们就是要建立起和人类、社会的发展有密切关系的“地理科学”的基础理论——地球表层学，这个建议是否正确，请同志们讨论。

四

对开展工作的建议。以下建议也许不合适，仅供同志们参考。

(1) 两次天地生学术讨论会，确实收集了很多方面的材料，非常重要，这些材料在过去往往是不被重视的。但是，这方面的工作是否还可以广阔一点。这次会议的论文摘要内好像没有涉及“地震云”，这是否是一个重要问题？为什么我会想到地震云呢？因为我想到了天外来客——“飞碟 UFO”，材料很多，我认为“飞碟”不是天外来客，它就是地球上的东西，也是我们天地生的一种现象，也可以考虑。“飞碟”和“地震云”一样，材料很多。另外，《科学美国人》(1980，8 期 80 页)有一篇文章说在澳大利亚南部 6.8 亿年前的前寒武纪沉积岩中发现了类似树木年轮的纹。在有人类记载之前，人们不知道太阳黑子的活动情况，直到近 100 年来才注意到太阳黑子的活动和变化。而现在在 6.8 亿年前的沉积岩中保存了近两万条纹，其意义是重大的。这给我一点启发，就是搞天地生研究，除了古书记载外，还要到广阔的领域中去吸收资料。

(2) 建立地球表层学，就必须进行理论分析。我在前面讲的理论分析的观点，材料并不完善，还应该不断地吸收系统学的新成果，要进行讨论。像今天这样大规模的讨论会有好处，也有不足。不足之处就是时间相隔太长，两届间隔了三年(第一届在 1983 年 11 月，第二届 1986 年 11 月)，这样太长了。此外，我们还要多举行一些小型的讨论会，最好每周一次，而且是请各家发言，集各家之精华。我觉得北京地区可以搞一个这样的组织。

(3) 在中国搞纯理论研究是不行的，要想得到资助，就要解决社会主义现代化建设中的一些重大问题。现在有许多问题需要解决，如地震、气象、水资源等都是一些很重大的问题。天地生综合研究，只有解决一些具体的实际问题，才能得到国家领导人的支持，事情才好办。

最后，我认为我们做的工作是重要的。如果我们真正能把刚才讲的做起来，那么，对科学的发展又是一个极大的推动。因为，它要解决的正是人类社会所面临的重要问题，因此，它的影响是深远的，对社会主义现代化建设有着重要的作用。

社会主义建设的总体设计部*

同志们要我来讲“吴玉章学术讲座”的第一讲，我感到很光荣，但又感到自己能力有限，困难不少；可是我也想借这个机会来表示我对吴玉章同志的敬意。至于我实际讲得如何，请同志们评价；有不妥当或错误的地方，请同志们指正。

我的讲题是“社会主义建设的总体设计部”。我定了这个题目以后，心里想，我这么说会不会引起误会呀？人们会不会问：还要不要党的领导、国家的领导了？所以我就赶快加了一个副标题，这个副标题就是“党和国家的咨询服务工作单位”。意思是叫总体设计部也没什么了不起的，因为这本身就是一项咨询服务工作。

关于总体设计部是领导的咨询服务工作单位这一点，在我们国家，早就在一个比较小的范围内实践过。什么小的范围呢？就是在研究制造原子弹、氢弹和导弹这项事业中，一开始我们就认清了它的复杂性，必须是在党和国家领导下进行，所以这两项工作，每一项任务都有一个总体设计部，由总设计师、副总设计师领导，总设计师、副总设计师的工作要依靠总体设计部。总设计师最后定下来的方案，总设计师要签字，但仅仅是作为总设计师经过科学的论证和大量的实验提出来的自己的建议，最后，还得由部门的领导拍板定案。同志们可能知道，在那个时候，领导这项工作的是周恩来总理，日常事务由聂荣臻同志负责。他们是领导，我们这些人呢，只是技术咨询服务工作者。但是那个时候，这样一个部门是明确的，称为总体设计部，就是总设计师、副总设计师这么一个体系。这几句话也就是说，我们今天讲社会主义建设的总体设计部不是没有依据的，不是没有实践经验作为基础的。对这个题目，我在过去十多年里，大概也写过三十多篇东西，今天叫我来讲，我就把这几年来写的、想的一些问题总起来讲一讲。

今天的中国和世界以及我们看得到的21世纪的发展

首先我向同志们汇报一下：从1987年3月中旬到4月初，我去英国和联邦德国做了一次短期访问，留给我一个很深的印象，就是我们中国还穷。比起他们来，我们穷。可以拿数据说明：我们的广东省跟联邦德国在面积和人口上都差不多，广东省的面积是21.2万平方公里，联邦德国面积是24.9万平方公里；人口呢？广东省(前几年吧，因为我没有

---

* 本文是1987年5月15日在“吴玉章学术讲座”上的发言，原载于1988年2月《中国人民大学学报》。

今年的数字)近年的人口数是6 075万,联邦德国人口是6 143万。所以,就面积和人口讲,广东省和联邦德国差不多,区别在哪儿?区别就是国民生产总值。按国民生产总值这个口径来算,那么广东省前几年大概是300亿人民币,折合成美元大概是80亿美元;而联邦德国是14 000亿西德马克,折合美元大概是7 600亿美元。按照这个比例,如果广东省是1的话,联邦德国就是95,也就是说大概联邦德国要比广东省阔100倍。再有就是国家来比了,按照世界银行在1987年4月6日公布的1985年国民生产总值的数字,你也可算出人均国民生产总值。这样算下来,如果中国是1的话,那么意大利是20;英国是27;法国是30;联邦德国是35;日本是36;美国是53(1985年)。这一点,大家应该记住:中国穷。认识到这个穷是很重要的。因为我们是唯物主义者,物质基础还是基本的问题。当然,不仅仅是物质,还有精神,还有社会制度。所以我在英国的时候,就跟英国皇家学会会长Potter爵士(他是得"诺贝尔奖金"的化学家)说:"我们中国有一点比起你们英国来我们是不能忘记的,那就是我们还穷。"他也说得很好:"你们中国我也去过,印度我也去过,你们人民还能生活嘛,不是满街满巷的要饭的。可是在印度,却不得了,到处都是乞丐。"他的话是实事求是的。当时我也想了,我不好作为一个中国人向他这位英国爵士宣传共产主义,不大礼貌吧!所以我仅仅说了:"您说的这话是对的。"我心里想,大家恐怕也清楚,中国跟印度为什么有这么大的区别?一句话:印度是资本主义,我们是社会主义。所以我想我们千万不要忘记我们是走社会主义道路的,这一点是绝对不能忘记的。所以,我觉得党中央的政策、方针:一要坚持四项基本原则,二要改革、开放、搞活,非常正确,这是真理。我们考虑问题必须从这样一个观点出发,应该用马克思主义哲学,用辩证唯物主义、历史唯物主义来看今天和今天的世界,用历史唯物主义来看社会的变化。

同志们当然知道,社会的变化可以是缓慢的变化,有时前进,有时有错误还倒退一点,而总的是前进的。但是这个前进也不是平稳的,有时候发现变化是飞跃性的、急剧的,用我们的语言叫作革命。社会上的一切事物都有革命的变化。譬如说:在科学方面,从地心说转变到日心说,这是一个科学革命;牛顿力学的出现也是科学革命;到了20世纪初,又出现了相对论,出现了量子力学,这都是科学革命。科学革命就是人认识客观世界的飞跃。那么人认识了客观世界,还要改造世界,这就有一个技术问题。技术也是有飞跃的、急剧的变化的,这就叫技术革命。在人类社会历史发展中,也有多次的技术革命。在远古的时候,甚至在还没有科学的时候,也有技术革命。譬如说:人学会了用火,那就是技术革命,现代原子能技术就是一个技术革命。所以说有过多次的技术革命。科学革命和技术革命,这是人认识客观世界和改造客观世界的飞跃,而它必然地影响生产力的发展。我们知道,生产力的发展又引起了社会结构的多方面的变化。要是用马克思的话来讲,这种社会变化叫作社会形态的变化,而社会形态的急剧变化或飞跃就是社会革命。这个变化又可分为三个方面来讲:经济的社会形态的飞跃,这是产业革命;政治的社会形态的飞跃,这是政治革命;意识的社会形态的飞跃,这是文化革命(这是真正的文化革命)。从这样一个观点来看,产业革命也有过多次了,不像从前书本上讲的好像只有在西欧18世纪末，19世纪初的那一次叫产业革命。那一次的产业革命，实际上是大工厂的出现，大工业的出现。但是在人类社会历史上，是有过多次产业革命的。譬如说，人从采集果实、打猎，到人种地、种庄稼、搞畜牧业，人从完全依靠自然、变成部分的自己搞生产，这就应该说是一次产业革命。后来在奴隶社会的后期，又出现了商品生产——就是人不光为自己的消费而生产，还为交换生产了，这也应该说是经济的社会形态的一次飞跃发展，这又是一次产业革命。刚才说的农牧业的出现，大概说的是人类历史上一万年前的事情，而商品的出现大概是三千年以前吧。这样说来，西欧18世纪末的那一次，实际上是第三次产业革命了。到了上世纪末，本世纪初，出现了垄断资本主义，实际上按我们现在的话讲，就是横向联合，工厂不是作为独立的单位来生产，而是工厂的集体、企业的集体组织起来进行生产，甚至生产的体系是跨国的。这个现象在资本主义世界当然引起政治方面很多很反动的东西，列宁著名的论断“帝国主义是资本主义的最高阶段”主要是抨击了这一点。列宁在那时恐怕还没有时间顾得上研究经济的社会形态的变化对生产力发展所起的作用。如果我们注意到这一点，本世纪初的那一次就是第四次产业革命，现在所谓的信息社会等等，实际上是第五次产业革命。这样讲，我觉得有一个好处，就是看看我们中国，因为长期在封建制度的控制下，又有一百多年的半封建、半殖民地的历史，生产没有发展起来，我认为其重要原因就是生产、社会管理上的问题，也就是经济体制和政治体制的问题。从前习惯了的一套管理叫微观管理，计划经济已经管到每一个厂里去了。实际上，这是一种很落后的管理方法，完全的微观管理。而今天，这么复杂的经济体制，再用微观管理的办法，是不行的。领导人再聪明也管不了。所以，一定要从微观管理转到宏观管理，微观上要搞活，宏观上来控制、调节。

这样的变化必然涉及政治方面的变化，当然，这个变化是社会主义制度自我完善的过程，不是一个阶级推翻一个阶级的变化。这样来认识现在的政治体制改革，就是政治革命了。有了这些变化，我们就会发现人的思想意识跟不上了。1986年年底出现了学生闹事，其根本原因就是人的思想认识跟不上时代的发展。在我们国家，许多封建的影响还很显著。像温州，万元户有了钱，怎么花呀？修坟去了。把祖孙三代的坟都修好了。这叫寿坟。坟里面空的，但外面修得很好看。这样干，你说他怎么想的！所以，确实需要在思想认识上来一个大的飞跃，这就是观念的转变。当然一说观念要转变是不是说得有点像“全盘西化”了？我要申明，我所讲的转变是从非马克思列宁主义的观念转变到马克思列宁主义的观念。所以简单地讲一下，就可使我们清楚地认识到我们面临的任务是多么艰巨。

上面还是说历史，假如要说当今世界和今后的发展，就请大家想一想，我们今天的世界跟过去的世界有什么不一样？有没有不一样的地方？当然不一样的地方很多，有没有在关键问题上不一样的？在这个问题上，我想提供一些看法：我认为大家要注意战争问题。关于战争的问题，从前我们国家总是说战争不可避免，所以我们总是准备快打、大打、打核战争，你老念叨着：“战争是政治手段的继续。”（德国战略理论家 Karl von Clausewitz 语）这句话，说透了，就是和平手段不能解决的问题用战争来解决。当然我们也看到了战争好像从长矛、大刀到枪炮、炸弹，到飞机、军舰、潜艇，最后到核武器、战略核武器，好像愈来愈厉害，好像战争就是越打越厉害。这对不对呢？这也对的，是越打越厉害。到了今天，我们就应该看到另一个特点，就是战争武器发展得越来越厉害，破坏力愈来愈大，大到一个临界点了，什么临界点呢？就是核武器的破坏力，核武器作用的距离都是全球性的，就是打大的核战争的破坏是全球性的，就是没有一个胜利的国家，胜利的国家自己也全部破坏了。在过去几年，在国外也提出一个所谓“核冬天”的概念，就是说要打起大的核战争，所产生的烟雾能把太阳遮起来，全球气候的温度就要下降，下降到冬天，就是你没死，也没有吃的了。当然这是不是“核冬天”，是不是气温真的降到那样低，国外还有争论，因为这不容易计算，全球的气象模型要建立起来也不是很容易的。有的说不是“核冬天”，是“核秋天”，那核秋天也不行啊，老是秋天，也不长庄稼啊。这是说核大战，但科学技术还会引出新的更厉害的武器。美国在宣扬他搞的所谓“战略防御倡议”（叫 SDI），最近美国有人讲：“你说的是战略防御倡议，光是防御吗？你搞的那些也是可以进攻的，比如说那些强激光炮，要在天上转，还要对准某个城市，光烧就烧坏了，都放火了。”所以美国搞的“战略防御倡议”，就不光是防御，还有进攻。就是说，把战争搬到天上了，整个空间都是战场，那么这样的战场，请问，还有什么安宁之处？

所以，要打核战争，打大战，也只有美苏两国有资格打了，他们也是用打大战，打核战争来威慑对方的，他们自己真正准备打的仗变了，是打局部战争。这就是美苏战争思想的变迁。美国从第二次世界大战结束到 1952 年，就是核武器全部研制出来以前这段时期，美国战争的思想是想打常规的世界大战。而从 1945 年到 1953 年，苏联也是准备打常规的世界大战。这以后，核武器研制出来了，两家都变了，美国在 1953 年到 1960 年准备打全面的核战争；苏联也差不多，稍微晚一点，1954 年到 1964 年，他的战争思想也是核战争，但是慢慢就变了。美国从 1961 年到1968 年就变成了打各种类型的战争了，就是核战争、常规战争、大仗、小仗、各种类型；苏联也是从 1965 年到 1970 年中期准备打各种类型战争。从 1968 年到 1980 年，美国变成了准备打战区目标和局部的战争，大仗他不准备打了，大仗是做样子，吓唬人的威慑力量，真正准备打的是战区的和局部的战争；苏联在 70 年代中期到现在，准备打以核战争为后盾的局部战争，所谓核战争为后盾就是以核战争为威慑的局部战争。美国到 80 年代又更明确了一步，他准备打中、低强度战争，特别是低强度战争。以上是从美国和苏联在他们公开发表的文章中看到的战争思想变迁。

从这里我们可以看到：真正打大的核战争，谁也不敢打。我觉得从这个高度来研究战争就很有意思了。原来照马克思主义的原理，任何事物都有发生、发展，然后到衰亡，直至消灭。以前看战争好像不是这样，愈打愈厉害，愈打愈大，现在看，就看出苗头了，Karl von Clausewitz 那句话也可变成历史了。非战争不能解决的问题也不一定用战争来解决，我觉得这样一个认识是我们应该考虑的。当然这样说并不等于我们不要国防力量了，我们还要国防力量，因为小仗还是要打的，天天在打，我们南方战场不是还在打吗？我们不能解除武装。我们还要建设一支国防力量,防止中等规模的战争,我们也要加强不要让大仗打起来的力量——世界和平力量。

在这样一个情况下,我们来看一看21世纪。我们要看到20世纪战争趋势还要继续下去,当然除核武器外,还会出现其他问题。譬如说,美国的所谓SDI武器,将来科学技术发展,还会有更厉害的武器,但是你要看到越来越厉害的武器反而使世界规模的大战难以打起来,因为破坏力太大,没有战胜国了,这就是我们党中央讲的:"我们看到下世纪,中国还要和全世界爱好和平的力量在一起,我们有可能防止大规模的战争打起来。"这样一个情况是人类历史以前从来没有的。战争没有消灭,还有战争,我们还要建设一定的、足够的、强大的国防力量,这个国防力量不是为了打,而是为了不打,但是得有这个国防力量,不然和平还维持不了。但是世界很可能不发生大的战争,如果照这样发展,世界的一体化就更表现出来了。最近看到一条消息[1],说现在的世界贸易越来越重要了,世界经济对出口的依赖程度越来越大,世界贸易占世界国民生产的比例在1962年是12%,到1984年增加到22%,这是国与国之间相互依赖的程度在增加。

刚才说过,我们现在还很穷,人家是我们的几十倍,要是我们看将来的60年,如果将来60年人家还用1%的年递增速度,60年后就是现在的1.83倍,现在如果差40倍,60年后40×1.83就变成73倍了。1%的年平均递增率很小了,若年平均递增率为1.5%,60年就是2.44倍,现在的40倍,就变成97.6倍,那么说到建国100周年的60年后,我们希望人均国民生产总值4 000美元,是现在的十几倍,我们增加了十几倍,人家又上去,比起人家来我们还是穷的。所以,我们说我们到中等发达国家水平,而不敢说到发达国家水平,我们这60年要赶的距离是很大的。如果我们搞得很好,可能世界大战打不起来。在这样一个条件下,我们来看一些重要问题。

第一个问题,就是人才与智力问题。现在各国都很注意这个问题,都说21世纪是智力战的世纪,我只是说,在这一点上我们中国人并不怕,我们中国人民是聪明的。假如今天一个对一个,我们中国人是可以打胜的,问题不在中国人本身,而在其他,这个问题很重要。刚才讲的温州,有了钱不去发展生产,而去盖坟,这太愚蠢了。但是我们中国人又不是生来就笨的,这类问题一定要解决,而且解决是有希望的。

第二个问题,就是还要强调科学技术的重要性。举个例讲,电子计算机将会影响我们整个经济和社会的活动,对这点我们在50年代是估计不足的,但是30多年的发展给我们明确地指出来了。电子计算机是今天生产力里面的一个非常重要的组成部分。科学技术的发展,生产的发展,没有电子计算机是难以设想的。但现在请注意,还有一个问题,就是智能机——有智能的电子计算机。现在的计算机已很了不起,但是也没啥。因为现在的电子计算机是最笨的机器了。它只会干你告诉它干的事,你没告诉它的事它不会干。现在讲的智能机,你可以告诉它一个题目,不完全告诉它这个题应该怎么去解决,它自己会解决,这就叫具有一定智力的计算机了。现在各国花很大力气搞的就是这件事情,若造出来那不得了,那对生产力的发展,整个社会组织的变化将是一个很大的推动。还有其他方面的发展，如超导体的工作，原来是液氦的温度，现在提高为液氮的温度，用液氮问题要简单得多，现在还在努力，将来用干冰的温度就行了，那就更方便了。再往后干冰也不要了，在常温下它就是超导，那更了不起了。

以上这些科学技术的发展要千万注意，我也说过，这些发展恐怕会引起再次的技术革命。我以前说了，现在的这一次叫第五次，再一次叫第六次。第六次产业革命最重要的一个方面就是关于利用太阳能来生产的农业类型的知识密集型企业。现在我国真正注意到这方面问题的还只是种庄稼、种棉花。地地道道的农业我们抓得很紧，至于说其他类型的利用太阳能，通过生物的生产，我们重视得还很不够。前几天大兴安岭森林着火，这是很糟糕的事了，损失很大，不过最后也引起我们重视林业。再有一个，是草原与草地的利用，我们也很差。其实中国有 60 亿亩草原、草地，北方的草原有 43 亿亩，南方的草地有 13 亿亩，这些数字要比农田的数字（不到 20 亿亩）多得多。假如光是南方的这些草地利用好的话，我们的畜牧业就可以赶上新西兰。再有一个方面，就是沿海地带发展渔业、海草这些生产，我管它叫“海业”。最后还有就是沙漠也可利用，因为沙漠也不是什么也不长的，我管它叫“沙业”。所以绝不只是农业，而是农业、林业、草业、海业和沙业，是五业；而且是知识密集型的企业，现代化的、充分使用了现代科学技术的企业。第六次产业革命就联系到下世纪这些方面的可能发展，这个和生物技术结合起来，它的前途是很远大的。最近看到一条消息：中国科学院水生生物研究所一位副研究员所领导的鱼类基因工程小组，就很成功地改造了鱼类，可大大提高鱼类的生产，这方面的发展前途也是远大的。

另外，我觉得要看到一些由于生产发展了而产生的整个社会的反应，整个社会的文明问题。前不久我们国家曾经公布[2]到 2000 年对农业方面的要求，一个是总产量要提高到 5 000 亿公斤，这个我觉得是重要的。所以不但整个科学技术引起的变化我们都要注意，我们还要想想，我们这个国家到下个世纪到底怎么样？刚才说我们才是中等发达国家的水平，人均国民生产总值是4 000美元，但4 000美元也很多，有很多问题我们应该考虑一下。不久以前我去旁听一个讨论，是关于汽车工业发展战略问题的，我就讲了，我们这个 10 亿人口的国家将来小汽车怎么样啊？美国在 40、50 年代，小汽车已经多得不得了，当时欧洲国家还骂美国人：“你们是傻瓜，小汽车到处跑，建那么多的高速公路，污染。”现在，英国、联邦德国他们也到处是小汽车、高速公路。这是他们。我们怎么样呢？假设我们也那样干起来的话，这可得早做准备，这要多少小汽车，多少高速公路？这样的问题实际上就联系到下个世纪我们的文明建设到底将会怎样的问题。

上面讲了这么多，是想用我所想到的给大家提一提。今天我们国家所处的世界是怎样一个世界，到下个世纪世界又是怎样的一个世界，我们要建设有中国特色的社会主义，这是必须考虑的问题，这将是一个高速发展变化的世界，真是“四海翻腾云水怒，五洲震荡风雷激”！

国家的整体功能以及改革的整体性

从前我提过一个看法，就是国家的功能是一个整体，要全面地讲，大概可把它分为八个方面：

第一方面：物质财富的生产。即我们所说的第一、第二产业。

第二方面：精神财富的创造。包括科技、文教、文艺这些方面，或者叫文化建设。

第三方面：为第一、第二作后盾的后勤服务方面，包括所有的商业、服务业、通信、交通等，在国外叫第三产业。

第四方面：政府行政组织管理。最主要的就是在微观搞活的基础上，政府的行政组织管理是宏观的控制和调节。

第五方面：法制。这方面我们要做的工作很多，建立社会主义法制这是一件很大很大的事情。

第六方面：国际交往。包括国际事务、外交、友好往来、人民团体的往来，也包括国际贸易。国际交往应该是全盘的考虑，不能分散地考虑。

第七方面：国防。刚才已讲，不再说了。

第八方面：我们生活的环境。这个非常重要，这件事现在重视得还很不够(环境保护、三废利用等)。我曾经提出过，我们说环境保护太保守了，现在的科学技术完全有可能为我们创造一个前所未有的好的生活环境，只不过我们没有注意罢了，我们自己给自己搞了一个很糟糕的环境。

总的讲，有以上八个方面，而八个方面又是相互关联的，是一个整体，我们必须认识到，一个国家是一个整体，不可分割。

再就是怎么来管我们这个国家。我刚才也说了，就是要用宏观的方法，不能用微观的方法。对此我曾经在体改委的一次发言中讲了一个科学上的故事，我说：在牛顿力学出来以后，科学家认为宏观无非是物质运动，物质运动的规律现在都已掌握了。牛顿定律好像可以预见所有将来的事情。有这么一件很有趣的事：法国物理学家拉普拉斯写了一本书《天体力学》，写好后，当时拿破仑是皇帝，他就送了一本给拿破仑。拿破仑也不懂力学，但他召见了拉普拉斯，拿破仑问拉普拉斯："你写的这本书里怎么没有上帝?"拉普拉斯回答说："我不需要上帝。"意思是说，力学已经可以预见所有物体的运动，所以我就可以预见世界的发展，用不着什么上帝。那么拉普拉斯的这段话有没有道理？有一点道理，但也不完全。问题在哪里？问题在于拉普拉斯不可能知道所有世界的物质的每一部分的现在位置和现在的速度，比如说，我们这个屋里的空气主要是氧分子和氮分子，那么你在预见今后这个空气整个将来的历史，你必须知道这屋子里空气的每一个氧分子、氮分子的位置和速度，这可能吗？不可能。因为在这个屋子里空气的每一个氧分子、氮分子有亿亿万万个，数不清。这就像要给国家的每个企业都下指令似的。你们能知道任何一个时间里所有的企业的运转情况吗？等他报告上来已经过时了。所以拉普拉斯的话也不可能实现。后来在物理学中就出来另外一个方面了，就是统计物理学。这是本世纪奥地利物理学家玻耳兹曼提出的。而玻耳兹曼当时搞统计物理学，他的同事责难他：你玻耳兹曼怎么搞的，本来客观世界的因果关系是明确的，你怎么搞了一个统计物理学，把这个因果关系给模糊起来了？玻耳兹曼无言回答，后来他精神失常，自杀了。这个故事，实际上就是说，不是说我不能够知道，而是我实际上做不到。我觉得在社会主义国家里，我们的目的是一致的，因此我们可以用微观管理的办法将指令下达到每一个企业，但是问题在于企业的状态不可能每一个瞬间都知道，实际上最后下的指令是糊涂指令。在这样的情况下，与其去微观地下指令，还不如让他自己干，但要在法律规定的范围内去干，这样可以用调节方法来控制市场，现在讲发展计划指导下的商品经济，即微观要放活，宏观要管理。在这样一个指导思想下，我们国家的宏观管理方法就需要改革，过去我们采用的方法有以下几种。

一是经济法。譬如说，我见到什么问题就抓什么，也叫分散处理办法；还有一个，就是抓重点法，认为哪个是重点就抓哪个；还有一个常说的办法叫"摸着石头过河"。我觉得这几个方法面对整个国家这样一个复杂问题，而且又是在急剧变化、发展的社会，要真解决问题恐怕是困难的。我最近讲过："放卫星这是一个很复杂的问题，我们可不能摸着石头过河，就是说，火箭上去了，再测它的位置、速度，等位置、速度测下来，知道它要往哪去了，再看看去的地方对不对，若不对，就再纠正一下，这不就叫摸着石头过河嘛！要是这样干，那卫星不知要放到哪去了。我们是把轨道的可能性都算好了，然后预先设计了控制系统，然后还设计好了万一出现一些不正常的干扰将如何处理的系统。这些都由电子计算机控制，这时才能放卫星。所以我看刚才这几个经验方法恐怕都困难。要说理论方法，现在关于社会主义建设的理论很多，这些理论我认为也都有道理。但我想假设问一下写理论文章的人："你敢不敢签字，我按你说的理论方法去下决心干，出了问题我可是要问你的。"恐怕他不敢签字。若有一个重大国家建设问题，请了专家来讨论，专家们都会说得很有道理的，并且都有一套方案。但很可能专家们最后几句话是："这是我的见解，我可不敢保证你按我这个办法去做一定行，不出问题。"另外还有一种常见到的情况，就是介绍某国在某个历史时期是如何办的，好像很成功，那么我们是不是就可以照他的办呢？这恐怕就说不准了。别国在他的具体条件下，在一定的时期内是一个成功的措施，拿到我国行不行？恐怕借鉴外国的办法也没把握。现在我们国家在发展、改革中所出现的问题，而且正如前面所讲的，是高速发展和变化中所出现的问题，使我们感到确实复杂，老办法是不够用了，除了上述的几个方法外还有另外一个方法应该考虑，这是我要介绍的系统工程。

首先要讲一点历史。在第二次世界大战中，开始某一国的统帅部都感到战争的复杂性，当时就找了一些完全不懂战争的人（搞数学、搞理论的人），请他们想一想有没有科学的办法来处理战争，这就是在第二次世界大战中发展起来的"军事运筹学"。这个方法后来很灵，很解决问题。所以在战后就用到公司、企业的经营管理中，就把以前的"科学管理"换成了"管理科学"。管理科学就是将军事运用上的一些数学方法应用到企业的组织管理中，但这也是不容易的。人要认识一个问题是很不容易的，外国人也是这样。举一个例子，就是鼎鼎大名的福特汽车公司的例子。老亨利·福特原来出身于农民家庭，他16岁跑到底特律当工人。他很聪明，开始搞汽车成功了，之后他看到社会的需要，就开汽车公司。他只是一个很好的技工，他不懂管理，所以他开的汽车公司倒闭了，破产了。但老福特很倔强，他不承认失败，第二次组织汽车公司，但他还是不会管理，结果又倒闭了。第三次又组织汽车公司，这次他吸取了前两次的教训，找了一位组织管理专家来当经理，这位专家用了三项措施，第一要进行市场预测，第二要采取流水作业法，第三要建立销售网。这次办起的汽车公司就成了著名的福特汽车公司了。在这个时候，亨利·福特被胜利冲昏了头脑，他以为他不需要这个总经理了，他以为他自己行了，又用他的老的管理办法，结果，在第一次世界大战以后，福特汽车公司又走向下坡路。到了1930年左右，公司又不行了。亨利·福特这才承认自己那一套方法不行了。到了1945年，他让位给他的孙子，他的孙子跟他爷爷不一样。他是在美国哈佛大学学企业管理的，他接管以后，又请了他的同学帮忙，这样福特汽车公司又上升了，可以和通用汽车公司平起平坐了。但是有意思的是这位后代也被胜利冲昏了头脑，又把他的班子解散了，结果又垮台了。经过这一系列的经验和教训，他们才真正明白，不用现代的管理方法是不行的。大家想想，前后几十年的时间，几次破产，再建，又遇危机，最后才认识到用科学的管理方法，用系统工程是必要的。所以说利用系统工程的方法来管理，是人类的经验、教训总结出来的。

今天外国大的公司都是用系统工程的方法来管理，没有不用这个办法的，并且可以说得很形象，大公司的董事会总在大楼的最高层，而它的咨询机构就紧接在下面一层，大老板靠的就是下面的这一层，关系密切啊。但是我们要问，在资本主义制度下的系统工程方法能不能用到国家管理上呢？可以告诉大家，这不可能，也做不到。因为资本主义国家内各种利益集团在竞争，没有一个共同的目标，所以国家规模的管理不能用科学方法。他们对这个问题的评论，都讲是不成功的。有的说："专家胡说八道。"有的说："总统所讲的根据某某预测而提出的某某计划都靠不住，那是为了下一次竞选用的，数字都是假的。"这很清楚地说明了一个问题，这些科学方法在资本主义国家是没有法子应用的，它只有在大企业中，在企业内部才可以用；到了国家规模它就不能用了。去年在软科学会上我讲了这个问题，我说，我们相信系统工程、软科学这些方法在我们国家的管理上是可以用的，因为它是科学的方法，它与马克思列宁主义、毛泽东思想完全可以结合起来。同志们要看到资本主义国家利用这些方法在管理国家上的失败是必然的，因为他的社会制度是资本主义。这段话是说明在我国完全可以用系统工程这个科学的方法，而且这些科学方法在近半个世纪以来，在更小的范围内如军事作战计划中，企业经营方针的计划中，是成功的。现在我们只是把这些成功的经验用到国家规模，而且这个运用是我们国家——社会主义中国得天独厚的，资本主义国家是不可能用这个方法的，显然是在外国发展起来的一个科学方法，但是我们可以搬来用，与我们的社会主义制度结合起来，与我们的马克思列宁主义、毛泽东思想的理论结合起来。

前年，中央领导同志在全国党的代表会议上就讲过："改革是一项伟大的系统工程。"我觉得这个结论是非常对的。下面我讲一讲具体应该怎么办。

我举一个用系统工程的成功的方法：航天工业部的系统工程中心，在过去几年中，他们给国家做过一些咨询工作，如关于粮油价格倒挂这个问题，他们做出了一个很具体的分析，给国家提出了建议，这个建议得到国务院的赞赏，下面我说说他们是怎么做这个工作的。

第一条，系统工程的这些科学方法、模型都是定量的方法，但是在国家这些复杂的经济问题面前，怎么才算是建立了正确代表客观实际的模型？在系统工程中，电子计算机里要建立一个模型，就是事物之间的模型，这个模型怎么建才能反映事物之间深刻固有的关系？这要靠经验和学问，这叫定性的分析，所以这个中心的成功就在于他们认识到了这个问题，就是光靠电子计算机专家、系统工程理论专家是不行的，还要有真正的有经验的经济学家来参加，他们把这一条叫定性、定量相结合。我觉得这样一个做法是符合辩证唯物主义的。

第二条，就是三个方面的力量要协同。哪三个方面呢？定量的方面就是系统计算、系统科学、电子计算机这方面的专家，这是一方面；然后就是要有经验、有专业知识的经济学方面的专家；第三个方面，数据、资料、情报。他们工作做得有成绩，就在于他们把这三个方面的力量结合起来了。他们利用这些经验对国务院所给的一些咨询课题已经做出了成绩，今天是不是可以考虑把他们这些经验更进一步地扩大、推广到国家的整体设计中？我看可以。

我国在系统科学基础理论上所达到的水平在世界上还是领先的，有了这个理论，有没有计算的工具，这也很重要。我国计算机是在发展两弹工作中搞起来的。今天我国容量最大的运转速度最高的电子计算机，就是所谓的"银河"电子计算机。该机连同它外围设备的水平也是世界上先进的。所以，技术科学的基础我们是具备的，我们做计算机的人还是很有成绩的。另外计算机科学的理论我们也是具备的。

第二个方面就是有经验、有学问的专家，这个我们当然有，在座的就是，还有不在座的。我们多年来搞经济工作和政府工作的专家很多，也包括刚才讲的理论专家，刚才说了让理论专家签字、画押他觉得不好办，但是现在不要签名画押，就请你提意见，提了意见我按你的意思设计出一个模型，算出结果，然后再请你来看看行不行，你若还有意见，我还可以改，改了以后再算，算出结果再报告给你，你还有什么意见，这样不断改，改得你说不出意见来了，所有的专家都说不出意见来了，那就是我们中国最高智慧的结晶了。上面讲的航天工业部系统工程中心这几年工作中所谓三个方面的结合就是这样：他们老是摆出他们的计算结果，向经济领域各方面的专家征求意见，有了意见就改，改了再征求，这样就可以把全部经验、理论、知识综合汇总起来。单项的理论成果，单条的经验是很难概括全貌的。但是一点一滴的东西，汇总成一个整体，而这个整体又有因果定量的计算，这个东西就是完整的了。

第三个方面，数据资料问题，这个问题据我所知，不是没有资料、数据，而是资料、数据太分散。航天工业部系统工程中心却走了一条捷径，即：他们的任务是国家体改委给的，拿着体改委的“令箭”能到处打开门，他们成功了；别人要是没有这个“令箭”，恐怕不行。所以说，不是资料、数据没有，而是怎样让它起作用，我觉得这是一个很大的问题。我们要明确“信息产业”这个概念，因为资料、数据应该是独立出来的，不能锁在哪个部门，受到部门的限制。今天是迎接信息社会的时代，我们应认识到信息也是商品，信息的要求一是准确，二是及时，这就是信息商品的质量，提供这些高质量商品的当然要取得补偿，这样就可建立信息产业。从国际上看，也是如此。原来这些数据、资料也是束缚在哪个部门或公司的，后来的发展，这些部门都独立出来，成为单独的公司，它就是信息资料公司，它提供的就是信息的、数据的、资料的商品。这是说信息资料的收集、整理是一个信息产业。我们国家却是分散的，虽然资料非常丰富，但还没有组织起来。

另外，我也想到每次人民代表大会，全国政协会议，代表们提了很多意见。我在政协会议简报上看到政协委员的意见，如说：“我提的提案得到重视，正式文件都到了国务院有关部门了，有关部门也研究了，而且给了回音，回音也转到了原提案人。但原提案人说：我看了回答，它是不解决问题的。”我觉得这个问题也不怪谁，因为往往一个提案，意见要落实不仅仅涉及一个部门，它要涉及很多部门，其影响也是很多方面。要求一个部门作出回答，很难，更不要说人大代表，政协委员所提的意见，是一得之见。他的意见要是放到整个国家来看，怎么样，就很难说了。去年我在政协说：“我们政协委员提的意见都很好，但是恐怕只能作为零金碎玉，不是一个完整的大器。”那怎么办呢？就要把他提的意见、提案作为一种信息储存起来，当考虑到某个问题时与这个信息有关系，就可从信息库中提取出来，这样我们就真正建立了一个意见信息体系。我想我们社会主义民主是真正的民主，将来我们还不光是人民代表、政协委员提的意见，任何一条人民提的意见我们都要重视。现在往往是有反映，但没法办，等过些日子就忘了。没有集中信息的体系将来在更大范围内考虑，报纸上文章提的意见也都是信息，也要储存到信息库中。我想，这样一个信息体系，那可真是我们社会主义国家的信息产业了。建立这样一个体系，我们刚才说的第三方面的信息资料体系就可搞起来了，这也就是信息产业。

搞这样一个三大方面体系的技术我们国家是具备的，这又说明了我们要做的事情是完全有可能做到的。要做的事就是报告题目——社会主义建设的总体设计部。由于这个总体设计部是国家的或者国务院的，下面的国家部门还可设分设计部。但是，总体设计部与分设计部的关系是密切的。分设计部不能独当一面，不管其他，也不可能独当一面，它必须在社会主义总体设计部总的规划、计划之下来搞它的一部分工作。我想这样一个社会主义建设总体设计部的体系无非是给党和国家提出咨询意见，或者它自己认为哪一个问题要研究，经过研究提出报告，或者接受国家的要求为解决某个问题提出一个咨询报告，这都可以。它的报告经过如刚才说的是既定性又定量的，全面的、科学的分析的结果，当然我们不能保证它绝对不错，但是我想这样一种做法是尽现代科学的可能做的最准确的、最全面的分析。当然，如果国家领导人接受这种咨询的意见，定下来这么办了，实践的结果也只能大部分对，还有小部分不对，因为总体设计部的工作也不可能做到十全十美，但是误差的这部分要比现在的作法小得多。而且有了那样一个分析研究，有这套办法，出现了一些跟预见的不完全一样的，这个改变也可以返回来调整这个模型，做必要的控制和调节，即使有一点差别也是可以解决的。这样的方法是我们现代科学所能做到的最准确的答案。万一实践中有点不一样，也不怕，也比较容易调节过来。这样的做法我们中国还是有经验的。老的经验，远的就是搞原子弹、氢弹的经验。近的就是我刚才举的航天工业部系统工程中心的经验。我们国家还有其他的部门也做了工作，也有成功的经验，许多关于发展战略的研究就属于这个类型。所以我今天讲的就是把这些成功的经验综合起来，把它应用到整个国家规模，而应用到国家规模的可能性，这也是有理论依据的，因为我们是社会主义国家嘛！

社会主义建设理论的发展和人才的培养

最后，我想，在这样的基础上，有了这样的实践，我们对于社会科学、整个科学的发展将是一个很大的促进。譬如说，许多新的学科就可由这种实践逐步地发展起来，像经济学中除政治经济学外的生产力经济学、金融经济学。像行政方面，现在有许多论述叫行政管理学，我想不用"管理"两字也行，就叫行政学。行政，到底它的规律是什么，有没有规律，应该说在我们刚才所设想的体系中它应当是有规律的。行政学，它还是行政日常事务的学问，即办公室自动化。行政学还有它的理论基础，那就是社会主义的行政理论，它应该是政治学。至于说精神财富的创造这个领域(刚才我说叫第四产业)，新的学说也很多。以前我提过，比如说整个文化工作有文化学，科学有科学学；整个文艺工作作为一种社会活动，它的规律就应该是文艺学的规律。联系到人民行为的就是行为学。国家影响人民的行为，我想有两条：一条是做思想政治工作。做思想教育工作，有一个怎么做的问题，现在成了个大问题。不是说给大学生做思想工作，他就听不进去吗？怎么做思想工作，这是一门学问。再一条就是做了还不听，那只能法治了，用法律来管。这些都是行为科学。所有上面讲这些学问都要用系统科学的理论，即系统学，我们要建立并发展系统学。

我想，这样一个社会主义建设总体设计部的体系也不光是一个工作单位，它还可以附设研究生院，培养人才。总的来讲就是科学技术的大繁荣了。

在结束这一讲的时候，我要说："建设社会主义总体设计部"这个概念不但是我们现在建设具有中国特色的社会主义所必要的，我认为不这样搞是很困难的，而且我们看到这个途径有办法可以组织各方面力量来搞。这使我又想起恩格斯在110年前(1877年)讲的一段话："人们自己的社会行动的规律，这些直到现在都如同异己的、统治着人们的自然规律一样而与人们相对立的规律，那时就将被人们熟练地运用起来，因而将服从他们的统治。人们自己的社会结合一直是作为自然界和历史强加于他们的东西而同他们是相对立的，现在则变成他们自己的自由行动了。一直统治着历史的、客观的、异己的力量，现在处于人们自己的控制之下了。只是从这时起，人们才完全自觉地自己创造自己的历史；只是从这时起，由人们使之起作用的社会原因才在主要的方面和日益增长的程度上达到它们所预期的结果。这是人类从必然王国进入自由王国的飞跃。”[3]再读这段话，我认为这是一个科学的预见。在马列主义、毛泽东思想的指引下，又结合现代科学技术，我们现在已经清楚地看到了实现这个预见的途径了。所以我觉得我们应该有信心，我们看到现在的世界，看到2000年的世界，看到21世纪的世界。我们有一条路，我们有办法，我们一定会胜利！

注释

[1]《世界经济五大变化》，《参考消息》1987年4月27日第1版。

[2]《保障农业持续稳步地增长》，《人民日报》1987年3月2日第1版。

[3]《马克思恩格斯选集》，第3卷，人民出版社，1972，第323页。

从实际的巨系统研究中找线索*

下面谈谈我最近的一些想法。

于景元同志在不久前北京市科协组织的关于交叉学科讨论会上对我们建立系统学的目的和过程做了很好的阐述和总结。在这个报告中，于景元同志讲了系统科学和系统学问题的关系和近来的发展。

系统学中最难的难题是巨系统理论。对于这个问题，我们的讨论班作出了贡献。主要有两点：① 讨论班上明确了 H. Haken 的协同学在解决巨系统理论方面上有进展。但也有局限性，根本的问题还没解决。② 探讨简单系统——三维或几维的系统——的混沌现象，并且外推到巨系统的混沌造成了这种情况：微观混沌产生了宏观有序。朱照宣教授带头提出这一创造性观点。他正在写这方面的文章，写出来大家一起讨论。对这个很困难的问题，我们的讨论班还是有这两点贡献的。但问题远远没有结束，系统学，特别是巨系统理论和应用进一步的工作应该怎么办？我们要考虑。我觉得还是一切从实际出发，从实际巨系统的研究中去找线索。

下面谈谈最近想到的关于实际的巨系统问题的想法。

第一个是国家发展战略的问题，即国家的宏观计划问题。这个问题在讨论班上讲过几次，马老等做了报告，北大朱德威教授在讨论班上讲了关于城市与区域规划的问题。这个问题我们还是应该想想。以前我提过，美国人写了一本书 *The positive sum strategy: Harnessing technology for economic growth*（ed. by R. Landau & N. Rosenberg）。九月份的《科学美国人》杂志上，L. C. Thurow 对此书的观点做了严肃的批评。该书的两个主要作者又在十一月的该杂志上面驳了 Thurow 的书评。他们对美国经济依靠科学技术而发展这个问题争论得很激烈。我看这个问题他们可能解决不了。根本问题在于他们认为美国的现行体制是没问题的，争论的是现行体制下如何利用科学技术的进步来促进美国经济的发展。这个问题恐怕很难解决，资本主义制度本身的问题是根深蒂固的，在制度内部无法解决。美国人觉得很困难，承认自己搞不下去了，要想解决问题，应该与日本合作。*The positive sum strategy: Harnessing technology for economic growth* 这本书解决不了问题。他们想解决一个他们解决不了的问题。但这说明了我们在社会主义制度下要解决这个问题应该站得高一点，要看到国家的整体，才能讨论如何建立有中国特色的社会主

* 本文是 1987 年 5 月 26 日在系统学讨论班上的发言，是 2007 年再版时增加的文章。

义。国家发展战略的问题要下功夫研究。我觉得从系统学的观点来看，我们特别应当注意到我们现在面临的是发展速度要求非常快的这一事实。2000 年人均国民生产总产值达到 1 000 美元，2049 年达 4 000 美元。这样的速度是史无前例的。这会引起什么问题，现在研究得不够。比如到 2010 年要完成信息社会的变革或完成第五次产业革命。什么叫信息社会？我想是否可以这么说，那时我国人口 12 亿的一半，6 亿劳动力按第五次产业革命，生产物质生产的第一产业、第二产业占劳动力的 35%，人数为 2.1 亿；服务业，即第三产业占 30%，人数 1.8 亿；其他属于精神财富、文化教育等方面的第四产业占 20%，人数为 1.2 亿。但特别要注意的是信息社会中的信息产业需要大量发展。最近，上海科技情报所的陶会丛做了新信息产业与信息化发展研究的报告，他引用了一些日本人的材料。他说的新信息产业范围大多了，包括文化、教育、服务行业、邮电、通信。我现在提到的是狭义的信息产业，即真正搞情报、资料、数据统计以及这些信息的贮存、提供等的事业。这个事业占 15%，人数为 9 千万。可是即使按这种狭义的产业来说，据我所知，国防工业、国防部门中搞情报的有 10 万人左右，全国若按 4 倍计算，即为 40 万。假设到 2010 年要达到 9 千万，则在 23 年内，人数要增长 22.5 倍，年增长率为 26.6%。之所以特别提到此事，是想说明要完成我国的任务，如 2010 年完成第五次产业革命，我国各行各业中将发生急剧的变化，如信息产业，年增长率为 26.6%。我觉得这样一个问题是非常重要的。我们面临着国家发展非常快这一事实，恐怕人类历史上前所未有。我觉得我们现在所考虑的问题还非常不够，在我们的这个理论中，对于发展非常快的系统，需要有一些新的内容。就是发展变化快的巨系统应有新的内容。

第二个方面的问题就是人体科学研究。人也是一个巨系统。最近我又想了这个问题。以前我提到人体科学研究最典型的现象是整体人的现象。一个是中医。中医研究的是人的整体现象，再有一个就是中国传统的气功，即用意识诱导人体进入与平常不同的状态。此外还有已得到证实的如耳朵认字等人体特异功能。以前我提出对这三方面要进行唯象理论(phenomenological theory)研究，即不考虑其所以然，如机制和更深刻的道理，仅考虑现象怎么系统化。中医理论是一种唯象理论。它已比较成熟，已有大量的医学著作。从现代观点看它们没有做深入的分析，仅考虑各种现象。这一理论有个缺点，所用的语言是古代语言。在 1983 年我指出中医唯象理论需要用现代语言。与我们有关系的是吴学谋的泛系理论。他的理论讲系统的整体，不讲系统的结构层次。所以泛系就是用系统讲系统，但吴学谋用了些现代数学语言。所以一方面，我们觉得从系统学的角度，泛系理论解决不了多大问题。但我想，泛系理论用于中医理论可能是一条通路。中医的唯象理论是比较成熟的，古典的书，现代的语言方法都有了。气功的唯象理论，根据大量的气功实践，做总结也是有可能的。最近想到，人体特异功能的唯象理论也可以建立。它也可以分类。关键是人和动物间电磁场、电磁波的相互作用。上述三个唯象理论都应努力去建立。最近我又想到营养学，这也是巨系统功能受影响的研究。此外中药的范围可以大大地扩大。李时珍的《本草纲目》列了两千多条中草药，但实际上植物种数远远超过此数。

华侨到达美洲后，才知西洋参的药效，入了中药。可入中药的东西多着呢。最近报上介绍的沙蒺、刺梨、猕猴桃等从前都不属中药。中药还可以扩大，那么多西药，是从西医的观点去看。药对人体有作用，也可以用中医的观点来看。首先有这个观点的不是中国人，美国的鲍林提出了关于人体的化学结构正常化的理论。它不是讲药对疾病的病灶的作用，而是讲用药把人的化学结构调整过来。他提出大剂量用 VC，并且自己实践，一天吃好几克 Vc。他提出 Vc 可以缓解癌症。美国的西医界都反对他。但其实他指出的是药可以改变人体的功能，而不是治疗什么瘤，杀什么菌。说了这么多，问题就在于我们如何用巨系统的观点来总结这些经验，变成人体科学的研究，说到系统学，那就是研究巨系统的稳态（或功能态）的调节和转移。巨系统的各种功能态（这是一种暂时的稳态，可以调节，不是绝对固定的），用什么手段从这个功能态转移到那个功能态，这恐怕是我们系统学要考虑的问题。

第三个问题是朱德威教授讲的数量地理学的问题。实际上他讲的是城市区域的发展规划。我认为，若用我们的术语，就是地理系统控制。就是人所居住的区域用系统工程来规划。现在系统工程这个名词得到普遍的应用。很多科学家都说西北荒漠地带的绿化问题要用系统工程方法。上次朱教授谈到了他的难处。地理界的人有丰富的知识，但不懂系统工程，而搞系统工程的人又不懂地理。还有一个难处，就是这方面的工作需要大量的数据信息，而这些数据信息往往分散在各个部门，很难得到。所以那天我说，要同航天工业和信息控制中心三方面的人结合。这个问题现在看来还是大有希望的。由中国科学院和国家计委联合领导的地球物理研究所召开了一个国际地理信息系统的学术讨论会，地理所还设有一个资源与环境信息系统实验室，专门进行航空照片、卫星图像的信息处理，提供地理工作所需的情报信息。地理所处于一个很好的位置，应该横向联合全国在这方面的力量，成为地理信息的总公司。搞这个工作很分散，国家测绘总局、科学院、全国各地都还有人搞，因为有需要。各地领导做规划都需要这种依据，所以是个热门。研究模糊数学的汪培庄教授也在福建永安搞过这方面工作。希望我们搞地理系统工程的在系统学方面要做些什么呢？最近看了一本书的开头，Howard. T. Odum 的《系统生态学》。它讲了地理的各部分，如能源、粮食、资源、人口、水等方面的问题，讲了一些概念和简单的计算方法。但并没有真正把系统联结起来。这个系统太复杂了。我认为我们研究系统学就要继他这本书之后把理论工作做下去。更不用说地球表层学（下到地壳，上到同温层，包括人的复杂系统的运动规律）的基础研究，应该用系统方法。对这个问题，系统学要研究什么呢？恐怕要用生态学的观点，就是不要制造矛盾。要形成良性循环，避免恶性循环。

第四个问题是历史的研究。去年四月，我同两位社会科学家在《历史研究》杂志上发表文章，提出用系统科学使历史研究定量化。我确实感到，我们今天的社会，由于急速的变化，引起了许多问题：如温州的万元户不把钱投入生产，而用于修坟；大城市中青年结婚的消费问题；现在流行的高消费。我们的思想意识，在这么一个高速变化的历史进程中，显得不协调。因此有必要研究人类社会的历史。在急剧的社会变化中，人的思想意识跟不上所引起的思想混乱。资本主义社会刚兴起的时候，肯定也是乱糟糟的。实际上中国历史上明末出现资本主义时，也出现过这种现象。《金瓶梅》说的就是资本主义对封建社会的冲击。我们特别要从系统学理论上指出，大系统在变化非常快时会出现许多变化不协调的现象。这个问题是很有意义的。

第五个问题。最近读了联邦德国一位科学家的书 *Reconstruction of cell evolution-System*，内容是整个地球上从无生命到有生命，然后进一步演化的生命演化现象。这当然也是一个系统，里面有关于过程演化的大量素材，但很少有定量描述。理论没有完全建立起来，这又是系统学的一个可用武之地。

刚才讲到五个问题，但还没讲全。总归说来，系统学、巨系统理论还要继续深入下去，必须从客观世界的实际问题中吸取营养。请会议主持同志在今后针对以上问题找些同志给我们讲讲，给我们启发，使系统学工作再深入一步。我们过去是有成绩的，但还要深入。学问是无止境的。

关于科学决策问题*

由中央组织部、中央宣传部、中直机关党委、国家机关党委、北京市委和中国科协联合举办的司、局级领导干部科学决策知识讲座今天正式开课。我作为中国科协的一个成员在此表示祝贺。

我认为这个讲座开得很及时，要讲的问题也非常重要。在今天要决策，完全靠老一套传统方法是不够了，原因是我们面临的问题空前的复杂。例如今天宦乡同志，这位我尊敬的学者，他就要给我们讲“科学决策与国际环境”。什么国际环境？形象地讲就是“四海翻腾云水怒，五洲震荡风雷激！”这样错综复杂的情况下要决策，光靠脑子想是不够用的了，还要引用现代科学方法，上电子计算机算，所以叫“科学决策”。但要用科学方法，也有个前提，这非常重要。早在9年前，许国志同志、王寿云同志和我写的那篇关于系统工程的文章中，我们就声明：系统工程无非是用现代科学方法代替老的经验做法，只是方法上的革新；如果不在同时改革我们老一套的体制，不变革一下我们的老观念，科学方法是行不通的。现在我们要进行科学决策，最大的障碍就是旧体制和旧观念，官僚主义呵！其实这就是说，决策民主化和科学化是政治体制改革的一个重要课题。小平同志曾明确指出：“党和国家现行的一些具体制度中，还存在不少的弊端，妨碍甚至严重妨碍社会主义优越性的发挥。如不认真改革，就很难适应现代化建设的迫切需要，我们就要严重地脱离广大群众。”对于领导者和领导集体来说，反对官僚主义思想和作风是实现决策民主化和科学化的前提。掌握运用决策科学的过程，就是自觉地同官僚主义、主观主义作斗争的过程。

当然，另一方面也还有科学决策、系统工程方法上的困难。这是由于领导决策不是物理问题，不是化学问题。几年前我就讲，“领导科学”当然重要，要提倡，但由于问题的复杂性，光科学还不够，同时还需要“艺术”，是“领导科学与艺术”。艺术是什么？不是唯心主义，而是经验，不成系统、不成文的经验。这里必须说，在资本主义国家，国家决策背后有财团的影响，那是见不得人的，不能明说，因此资本主义国家的国家决策科学不了。

领导科学与艺术的问题，现在国外科学家也在考虑。什么控制不完全认识的系统啊，什么复杂性工程啊，都是。系统动力学的“开山老祖”Jay W. Forrester 教授对他倡导的方法——用十几、二十几个参量代替社会系统中成千上万变数的模型也担心，他自己提出，

---

* 本文是1987年8月11日在中央、国家机关和北京市司、局级以上领导干部科学决策知识讲座开课仪式上的讲话。原载于《科学决策知识讲座》，人民出版社，1987。

要慎重，要研究模型的可信度。我想 Forrester 教授的担心是对的，老实讲，他的建模方法大概是主观的，不可靠，不可取。

那么用什么办法？我认为：

(1) 参量必须用统计局提供的实在数字参数，少了不行，要几百个、上千个；

(2) 建模过程要用专家经验，反复讨论及上电子计算机试算，才能定下来。

这就是航天工业部 710 所创立的，所谓定性与定量相结合的系统工程方法。

这一套领导决策方法是真正科学的，因为它是实事求是的，从而也是符合马克思列宁主义、毛泽东思想的。它需要三个方面的专家密切配合：

(1) 多年工作经验丰富的同志；

(2) 统计工作同志及统计系统；

(3) 系统工程工作同志，包括电子计算技术专家(要用大型计算机)。

我们的系统工程工作同志决不能代替多年工作经验丰富的同志，也决不能不要统计工作同志的大力协同。我们的工作方法是把三个方面有机地、辩证地结合统一起来。这是社会主义的大协同，是我们的特色，具有中国社会主义特色。这也就是决策的民主化和科学化。但同志们，实现决策的民主化和科学化，关键在各级领导干部。中央党政机关的司、局级领导干部处于重要的工作层次，在实施改革的历史进程中担负着重要的使命，必须认真学习决策科学。去年 7 月，万里同志在全国软科学研究工作座谈会上的讲话中指出："必须在全党和全国范围内，特别是在各级党政领导干部中，进一步加强决策民主化和科学化的再教育和再认识。"这次举办的这样一个讲座，目的就是向司、局级以上领导同志们介绍有关决策理论、程序、方法等知识，以便进一步做好本职工作，当好中央和国务院的参谋和助手，适应经济体制改革和政治体制改革的要求。

因此，这次讲座是一次难得的学习机会。

关于观念和方法问题*

观念和方法的问题是很重要的，因为观念和方法是有决定意义的。

这几年来，我们一直在探讨系统科学的基础科学——系统学的问题。我们认为社会是一个开放的复杂巨系统。什么叫巨系统？就是组成这个系统的成员是成千上亿上几十亿，是个特别大的系统，所以叫巨系统。但是，只说这个系统巨大还不够，它的第二个特点是开放性，不是封闭的。我们这个社会当然是开放的，首先对自然是开放的，有太阳光，也有地球辐射等等。对于世界其他地区现在当然也是开放的，所以叫开放性。复杂性是指什么？是说这个巨系统的组成部分种类非常非常多，不是几种、十几种，而是成千上万种，子系统之间的相互关系也是多种多样的，所以，把它叫作开放的复杂巨系统。对于社会系统的复杂性，我们还要加两个字“特殊”，认为社会是一个开放的特殊复杂巨系统，为什么呢？因为社会系统里一个重要的组成是人，而人是复杂的，他的反映和行为是多种多样的，因此叫“开放的特殊复杂巨系统”。这是我们近来对社会慢慢形成的一个认识，但是这名字太长了，于是就干脆简称它叫“社会系统”。

我们认为社会系统有三个侧面：一个侧面是社会主义物质文明建设，或叫经济的社会系统侧面；另一个侧面是社会主义精神文明建设，实际上就是意识的社会系统侧面。那么，除了物质文明和精神文明之外，在党中央文件中还有一个概念，就是社会主义民主与法制建设，我认为，这就是政治的社会系统侧面，对应于政治文明建设。所以三个侧面是：经济的，政治的，意识的。要研究这么一个复杂的社会系统，过去的许多理论方法恐怕都不行。最老的所谓数量经济学，后来又由此衍化出来的回归法等，这些方法的一个共同毛病是太简化了。那么，近十几年来，外国人又搞了所谓“耗散结构理论”和“协同学”理论，两位大师，一个是比利时的普利高津，一个是德国的哈肯。普利高津还为此得了“诺贝尔奖”，都来我国讲过学，也很轰动。他们的这些理论、还是太简单，因为他们用的参数的数目大概是十几个，整个社会系统就用十来个参数描述，是不能反映社会系统的复杂性的。还有美国人搞的所谓系统动力学，代表人物是麻省理工学院教授福雷斯特(J. W. Forrester)。福雷斯特自己比较客观，他在“系统动力学”这本书的序言中，很谦虚地说，他这套办法到底行不行？还得看。实际上也是太简单，因为系统动力学里用的参数也是那么十来个。所以耗散结构、协同学、系统动力学这些比较现代的理论，他们用十来个参数

* 本文是1987年12月29日在系统学讨论班上的发言。

把整个“特殊复杂巨系统”——“社会系统”里面的问题简化到那样一个程度是不合适的。如果你硬要那么简化，那当然是主观的，也就是唯心主义了，所以是不行的。我看了这些东西以后，觉得我们还是要用马克思主义哲学来指导我们的工作，就是要实事求是，而不能够像他们那样。当然我也不是说耗散结构理论、协同学和系统动力学一点用处也没有，它们在处理简单的巨系统时是可以的，复杂巨系统不行。处理简单巨系统，如德国人哈肯把他的协同学理论，用在物理学的激光器上是很成功的，因为激光器的参数很简单，就那么几个。比利时的普利高津把他的理论用到物理化学现象中也是很成功的，但那都是简单巨系统，不是复杂巨系统，不是社会系统。

那么，社会系统怎么办？大概从1985年起，今天在座的马宾同志，领导于景元他们，因为接受了当时国家计委主任宋平同志下达的任务，解决粮油价格倒挂问题。他们找出一个办法来，当时叫作“定性与定量相结合”的办法。说起来就是实事求是。那个时候把这个任务给了航天部710所，宋平同志知道于景元他们原来是搞导弹控制的，对经济问题一窍不通。一窍不通也有好处，那就实事求是嘛！于是他们把经济界的专家，有关粮油价格问题的专家请来，请他们讲对这个问题的看法。当然专家们讲的也不完全一样，有的强调这一方面，有的强调另一方面。他们听了专家的意见，就试着建立数学模型。这个数学模型因为要包括所有专家的意见，所以是比较复杂的。我记得他们头一次用的就是几百个参数，然后要定量计算，这就需要很多统计数据。因为得到计委主任宋平的支持，他们到统计部门要资料，根据收集的统计数据资料，然后按模型计算。这个计算也很复杂，所以用的是百万次的计算机。算了以后，到底结果对不对？又把专家请来评审。专家又提意见了，说你这个地方大了点或小了点；那个地方高了点还是低了点。然后他们又根据专家的意见修改模型，修改了以后再算，算了以后再请专家评审。这么反复搞了几次，搞到最后，专家们都说差不多了，提不出什么意见了。好！这就是结果，模型就是这样定的。所以，这个模型是很客观的，因为它把很多专家的意见，他们的感受，他们的经验，用一个数学模型综合起来了，综合的结果就变成定量的了。所以，是定性与定量相结合，最后是定量的。最近我给这个方法想了一个名字，叫“定性与定量相结合综合集成法”，“综合集成”就是把专家点点滴滴的意见综合起来。中国有句老话，叫“集腋成裘”，我们最后要把这个“裘”搞出来，就是靠大家的意见，点滴的意见汇总变成一个完整的东西。

我认为这个方法是马克思主义的，因为我们没有把主观的见解硬塞进去，我们是实事求是的。而且还有一条，假设实践的结果说明原先那个模型需要修改，那就再改，所以我们是马克思主义的，是辩证唯物主义的。

第二，这个方法是社会主义的，我在资本主义国家生活过。资本主义社会关于政策，特别是经济政策方面的专家都有后台，都有背景。他们都要为后台老板说话。所以，在那种情况下，没有法子把大家的意见汇总，他汇不了总，因为有矛盾，而且这个矛盾又不能放到桌面上说。而我们党则不一样，我们的专家只有一条——为人民服务，为建设社会主义服务。所以，我们的专家尽管有不同的意见，不同的看法，不同的经验，最后是能够汇总的，所以这个方法是社会主义的。最后应该说这个方法也是中国的，是中国人的方法。一提到这一点我也感到很兴奋，因为这是我们社会主义中国的一个创新。

现在我们还要进一步探索。原来在综合集成的过程中，除了用电子计算机做运算之外，其他的工作，比方如何把专家的意见输入模型，这个过程是靠人的。上次我曾提出可以用现代的人工智能和智能工程，来代替人做这部分工作。所以找了中国科学院自动化研究所的戴汝为同志和他领导的班子，因为他们搞人工智能、知识工程已经有十来年了。这样看来，原来的方法，经过 5 年～6 年的实践，现在还可以进一步发展。我认为，沿这条路子走下去，不单是专家的意见，我们还可以把群众的各种意见，以至于在全国政协民主议政的意见，加上资料库中的信息等等，那可多了，恐怕是千千万万的了，统统把它们综合集成起来。我从前一到政协开会，就发现政协委员牢骚挺多的，有的说我提的建议没影了；有的说有回答，但回答是客客气气的，不解决问题。所以政协委员有三句顺口溜，叫"不说白不说，说了也白说，白说也得说"。他们其实都是很积极的，但也感到苦恼。后来我给大家解释，说党和国家没有采纳你的意见，也许是你只看到了某个地方、某个小局部的某一件事情，所以，当把你的意见放到国家这个大系统里头，到底怎么样？我看你这个提建议的人恐怕也拿不准了，因为那里的情况复杂得很。所以我说，你说的"说了也白说"，可能有点道理。接着我就联系到这个问题，指出现在有希望，我们提出的那个综合集成法如果做下去，我看可以使我们党多少年来一直讲的民主集中制，得以真正实现。因为一旦电子计算机、人工智能、知识工程用上去了，千头万绪的事都可以干。所以我先讲这么一点，这是一个认识问题，观念问题。

社会是一个特殊复杂巨系统*

从去年我们提出社会是一个特殊复杂巨系统以来，已经讨论很久了，而且已经明确，要解决这个社会系统工程问题，完全靠定量的方法办不到，我们现在只能采取定性与定量相结合的方法。

我在全国政协参加大会，听到许多政协委员在会上的发言都很精彩，讲监督工作，讲教育，讲经济效益，决策民主化等等。我感到，他们说的都有一定道理，但没有指出问题的关键所在，因为没有认识到社会系统是特殊复杂巨系统。因此，我们要牢记，研究解决社会问题，就是处理开放的特殊复杂巨系统，要用定性定量相结合的方法。过去搞社会科学，都是定性的认识，所以还不是真正意义上的科学。

前一阵子，我们提出来要搞马克思主义的社会学，什么是马克思主义的社会学呢？就是真正科学的社会学。什么是科学的社会学呢？就是指把社会作为一个社会系统来考虑。我们说社会系统有三大侧面，对应于三个文明建设：经济的社会形态侧面，对应于物质文明建设；意识的社会形态侧面，对应于精神文明建设；还有一个侧面，是政治的社会形态，这就是社会主义的政治文明建设。我看政协委员的发言，常常是只讲一个侧面，或是一个侧面的一个部分。要评价或研究他的意见，不能就意见论意见，要把它放到中国这个大社会系统环境中来考虑，看它能产生什么样的作用和效果，或者还缺哪些方面。可以说，我们过去对社会的研究是不够的，至少是不全面的，因为没有从特殊复杂巨系统这个观点出发。如果要从这个观点出发，至少要把三个大的侧面统一起来，协调考虑。

怎样研究马克思主义的社会学？当然要靠系统科学的方法。另外一个方法是，我从前提过的，即社会行为学。因为最后的方针、政策要看实际效果如何，人民能不能够接受。再好的方针、政策，人民不理解、不接受，这样的方针、政策不仅没有好的效果，甚至还会起相反的作用。我想，应该研究整个社会的问题，也就是今天我们所面临的问题，如治理环境，整顿秩序等，实际对象是今天的中国社会。所以，我们要采用系统学、社会行为学的方法，研究马克思主义的社会学，改变旧的思维方式，方法要有进步。这个问题是我最近参加会议所想到的。

前几年我就有一些感受，觉得政协委员的提案转了一圈又回来了，处理提案的人说了一些客气话，不解决问题。后来我对有的政协委员说，承办提案的部门也有难处，有的事

---

* 本文是1988年1月12日在系统学讨论班上的发言。

他能管，有的不能管，超出他那个部门范围的事就管不了。我前几年说的这个话，现在觉得道理就在于要把这些问题放到社会系统中考虑。所以，我觉得，社会主义建设最大的问题，恐怕就是刚才说的这个问题，即认识要全面，方法要革新，要改革。社会科学要改革，要用社会系统的观点——特殊复杂巨系统这个观点来改革我们的社会科学。

我前几年提的设立国家社会主义建设总体设计部的建议当时也行不通，因为没有理论支持，这个理论有待于我们去努力创造。你们 710 所做了很多很好的工作，但是你们只考虑经济问题是不够的，不能离开精神文明和政治文明的问题，要联系起来考虑。所以，今天说要真正解决社会主义建设所面临的问题，就要革新社会科学，真正让我们的社会科学是科学的，是马克思主义的。假如这些思想能为社会科学界所接受，那就是我们这些系统学书呆子的最好贡献了。

关于国民经济核算体系*

（1）一个国家的社会集体是一个开放的、与世界有交往的复杂巨系统。“巨”是说组成这个系统的子系统数量极大，上亿、十亿；“复杂”是说子系统的种类极多，而且其相互作用又各式各样。尤其是子系统中有人，而人是有意识的，能根据环境信息作出判断，决定行动，不是简单的一定规律的反射。这样的复杂巨系统可以称为社会系统。

（2）国民经济核算体系是能正确反映国家社会系统经济功能状态的统计（即宏观的）参量体系。

（3）怎么叫“能正确反映”？这就要看我们对国民经济有什么目的和要求，所以我们要考虑到：

① 我国社会主义社会建设的目标；

② 核算体系要能正确解决国民经济核算所要求解答的问题；

③ 统计工作能取得最大工作效率。

第 1 点是带原则性的，在资本主义国家，政府为了他们资本家统治者的利益，有时考虑设计一些核算参量以掩盖事实真相，我们当然不能那样干。

（4）国民经济当然不只是关系到社会主义物质文明建设而且还关系到社会主义精神文明建设；精神文明搞好了也会促进国民经济的发展。所以国民经济核算体系也要注意那些与精神文明建设的文化建设、思想建设有关的参量。这个问题比较难，因为过去我们不注意，但现在必须注意！目前一方面教育经费、文化事业费严重不足，另一方面又大建效益低的设施，就与没有关系到文化建设与思想建设的国民经济核算参量有联系。

（5）根据以上认识，建立国民经济核算体系的理论实际是一门系统科学理论，即社会系统理论，所以建立新国民经济核算体系工作应有系统科学、系统工程的专家参加。

---

* 1988 年 8 月 25 日，国务院决策咨询小组和国务院国民经济统一核算标准领导小组联合举行会议，由国务院国民经济统一核算标准领导小组办公室同志汇报了近年来我国国民经济核算体系的改革情况。汇报后，马洪同志讲了话，认为这项工作很重要，希望继续抓好。钱学森同志当天因有其他会议未能参加，他看了汇报材料后，于 8 月 29 日给马洪同志写信，就有关建立新国民经济核算体系问题提出几点意见。本文原载于 1988 年《统计工作简报》第 40 期。

关于分子生物学问题*

我们今天听的关于这方面的研究工作,我觉得还没有真正达到分子水平。为什么这么说呢?因为就是真正到了分子水平,这个问题也是非常复杂的。就说这个“突触”吧,英文叫 synapse,它是真正到了分子水平,但它的作用也是非常复杂的。据说它的作用是通过许多分子,然后分子又通过突触的那个接触膜,影响其作用的。这里起作用的分子是多态的,而多态分子的数量,现在发现有几十种之多。所以,单是神经元本身,从分子水平上看,它所起的作用就是非常复杂的。据我所知,这个问题现在也还没有真正理出头绪来。

所以那位马尔教授把这些问题避开了,从制造模型入手。这个模型能否代表神经元的作用?那很难说。你可以预测模型试验的结果,假设结果和实际的观察有那么一点联系,可以认为有点准确了。但是实际又不是这样,实际的观察又是宏观的,高层次的,受很多其他因素影响的。所以难以做到全面考虑,前后都不着边际,这样做实际是非常困难的。比如说视觉问题,视觉在人的感觉当中是比较复杂的一种。听觉、触觉、味觉是相对比较简单的。视觉是人的感官当中很重要的一部分,做这方面理论研究的人很多,但现在对什么叫视觉,也是众说纷纭。做这个工作很不容易,继续研究下去能不能够给我们带来新的发现,似乎还很难说清楚。

现在世界上为什么对这个问题这么热衷?实际上研究它的目的就是要搞人工智能,所有这些工作都是在为研究人工智能服务的。由于人工智能是高技术,全世界都在争夺。但是,人工智能是很高层次的东西,能不能够通过这些办法获得成功呢?我不敢妄下定论。现在之所以热衷于这些研究,完全是因为人工智能还没有找到解决办法。但是,我认为研究人工智能还缺乏理论基础,哲学家可以有他们的看法,但科学上还没有形成真正的理论。在这种情况下,各国都在人工智能上给予很大投资,研究工作各不相同,于是就出现了一种现象,即凡是有助于解决人工智能的方法都在争着研究。其中一个例子,就是美国这两年很多人都在研究的并行运算,但并行计算能不能解决问题,完全不清楚。也许有这个可能,因为人的大脑是并行运算的,我们就知道这么一点。所以在国外研究并行计算的非常多,因为他们有钱,舍得投资。我觉得这些做法有点像病急乱投医似的,到底行不行没有保证。我们中国也在搞智能机的研究,他们讨论时我就泼凉水,我说不能外国人怎么做,我们就怎么做,外国人的做法到底是否可行,我是怀疑的。我们自己恐怕还要独立

* 本文是 1988 年 10 月 4 日在系统学讨论班上的发言。

思考，独立思考最重要的是要用马克思主义哲学作指导，因为这个问题既涉及物质基础，又有精神的作用，不用辩证唯物主义的方法是不行的。

最近，我总是在想这些问题，对于科学上的难题，必须用辩证唯物主义，也就是要辩证地看问题。而外国人看问题常常不是机械唯物论，就是唯心论，那是要栽跟头的。这几天放假，我在读一本书，今天带来了。书的内容和我们谈的工作没有直接关系，是讲美国的一个老太太，名字叫芭芭娜·麦克林托克(Barbara Mc-Clintock)的故事。她因为研究玉米遗传，提出"转坐子"理论而获得1983年诺贝尔奖，"转坐子"理论是说脱氧核糖核酸这个遗传信息是可变的，排位不是固定的。她的经历也很感人。30岁的时候在美国遗传学界就很有名了，现在是美国遗传学会的副主席，地位很高。在30年代她对发现遗传基因和染色体做了许多很好的研究工作。在那以后，又坚持研究玉米遗传问题，但她没有走分子生物学那条道路。她走的是一条什么样的路呢？大家知道，在本世纪初，亨特·摩尔根第一次提出遗传的基因就是染色体时，曾经引起很多人的反对，说遗传是个很神圣的问题，怎么说它的物质基础就是一个染色体呢？当时的生物学家都认为遗传很神秘，是唯心论者。但是到了40年代，特别是50年代，发现了脱氧核糖核酸和蛋白质的结构，即双螺旋结构以后，于是许多搞生物学、遗传学的人又都走到分子生物学这条道路上来了，掀起了一个研究分子生物学的热潮，大家发了疯似的，以为生物的问题，都是什么脱氧核糖核酸。这又转为机械唯物论了。麦克林托克没有走这条路，她认为还是要向自然学习，所以她只从宏观上研究玉米的遗传问题。那时她已四五十岁了，研究工作非常艰苦，她没有结婚，也没有家，整天在玉米地里，常常一天工作十几个小时。她对玉米的观察非常细致，用她自己很形象的话来说，就是我给玉米出一个题，让玉米回答我。这样，她在40年代就提出了所谓的"转坐子"理论。她认为遗传不是人们说的那么简单，实际上是非常复杂的。当然，那些搞分子生物学的人都反对她，说她疯了。她的文章可以登载，但没有人讨论她的文章，她被排斥在整个遗传学团体之外，全世界的遗传学家都不理解她。但是她的观点是正确的，就是遗传问题不能简单化。用我的话来说就是实事求是，是辩证唯物主义的，既不是唯心论，也不是机械唯物论。到了70年代，她终于胜利了，人们观察到许多其他的现象，证明她的理论是正确的。于是到1983年，她获得了诺贝尔生理学或医学奖。那个时候还有一个笑话，说幸亏她寿命长，活到80多岁，否则就得不到诺贝尔奖了，因为诺贝尔奖奖金是不给过世的人的。我读了这本书，很有感触。觉得她的成功，她的伟大，就在于她避免了机械唯物论，采取实事求是的态度。

近来我还看了一些文章，觉得在西方科学界，机械唯物论很盛行。我们的科学家里也有许多机械唯物论，特别是在研究"人"这方面体现得更为明显。据说下一次我们要请一位中医来讲课。但是许多西医是不接受中医的，特别是做西医理论研究的许多人。而西医著名的临床医生都能辩证地看问题。所以做西医理论研究的人和西医临床医生的观点常常不一致。实际上正是由于西医临床医生能够辩证地看病人，所以他能够从实践经验得出正确的判断。今年我到外地休假和我国的大名医吴阶平在一起，他的思想非常活跃，那可不是机械唯物论。他一辈子看了多少病人啊,他的结论都不是简单看问题得出的,我跟他学到不少知识。由此我才知道,真正有经验的西医临床医生不是机械唯物论,如果是机械唯物论,就当不了好的临床医生。

我最近想了许多问题,对于科学里面真正前沿的问题,我们有许多优势,如果我们真正用马克思主义哲学作指导,一定可以取得成功,因为那是我们的法宝。对待社会系统问题当然不能是机械唯物论,我们的定性定量相结合的综合集成方法就是辩证唯物主义的。所以世界上的一切科学难题,中国人应该有信心攻克,应该比外国人做得好,我们能够取得胜利。对此我是很有信心的。

建立意识的社会形态的科学体系*

马克思曾创立并使用了社会形态(Gesellschaftsformation)这个词来描述一个社会在一定时期的结构和功能状态。马克思还把社会形态的经济侧面称为经济的社会形态(Ökonomische Gesellschaftsformation),而研究经济的社会形态的学问就是政治经济学,马克思的名著《资本论》就是研究经济的社会形态的划时代贡献。社会形态还有其他侧面[1],有政治的社会形态,研究政治的社会形态的学问是政治学,这在目前研究得还不够。还有一般笼统称为思想意识,而应该确切地称为意识的社会形态,这研究得就更不够了,可以说连学科的名字都不清楚。这是一个亟待解决的问题,我们想在这篇文章里谈谈这个问题,希望开展这方面的讨论。

研究意识的社会形态的重要性

我们党在十一届三中全会以后,工作中心转入社会主义现代化建设。十二大提出四个现代化科学技术是关键,教育是基础,社会主义物质文明和社会主义精神文明要一起抓,要提高全民族的科学文化水平。十三大提出要把发展科学技术和教育事业放在首要位置,使经济建设转到依靠科技进步和提高劳动者素质的轨道上来。但我们有些同志对党的这一重要战略思想并不是认识得很清楚的,在实际工作中也没有真正贯彻执行。因此我们觉得需要对社会主义精神文明建设战略地位的思想做更为具体深入的研究和宣传。

我们提出要重视研究意识的社会形态,特别是在我国当前和今后一个时期的意识社会形态问题,要建立意识社会形态的科学体系,是从我们国家的现实、世界的现实,从历史的经验和着眼于未来的发展出发的。

从我国社会主义初级阶段的根本任务是发展生产力来说,从生产力标准来说,人是生产力中最重要的因素,最活跃、最革命的因素。人的作用能否充分发挥出来,发挥得如何,关键在于人的素质,人的思想文化水平。生产工具也是生产力中的重要因素,生产工具的改进提高也要靠文化的发展,靠科学技术水平的提高。生产者、生产工具、生产对象的优化组合,生产对象(土地、森林、矿藏、水力资源等等)的科学开发和合理使用也都是与社会

---

* 本文由钱学森、孙凯飞联合署名,原载于1988年《求是》杂志第9期(1988年11月1日出版)。

的精神文明的发展水平联系在一起的。所以马克思说科学技术越来越成为直接的生产力。据一些国家的分析研究,当代劳动生产率的提高,经济的增长,60%～80%要靠文化的发展,特别是科学、技术、教育的发展。

从生产关系、上层建筑的因素来讲,上层建筑、生产关系对生产力的反作用,就是它可以阻碍或推动生产力的发展。我们现在的政治经济体制改革就是要改革不适应生产力发展的、束缚生产力发展的生产关系和上层建筑,建立适应于生产力发展、能解放生产力的生产关系和上层建筑。对我们国家来说,其中一个重要的问题是科学管理和科学决策的问题。国内外的许多学者都已指出,我国现有的生产力水平并没有完全发挥出来,潜力还很大。有的说,中国现有的工厂企业的生产效率只及日本的1/10,关键在于缺乏科学管理和科学决策;如果提高了科学管理和决策的水平,中国现有的生产力水平即可提高2～3倍,甚至5～10倍。而一个国家科学管理、科学决策的水平,也是与科学文化水平联系在一起的。经济、政治的民主化进程,也是与科学文化的发展进程协同的。靠特权、靠不正当的关系,只会阻碍、破坏生产力发展。

从我们国家的现实来看。现在还有2亿多文盲,约占全国人口的1/4;9年义务教育制还没有完全普及;20～24岁人口中受高等教育的人数所占比例只有1%(而美国为55%,日本30%,苏联为21%,印度为9%)。据26个省、市、自治区对2 000万职工文化水平的调查,初中以下文化程度的占40%左右,中等文化程度的占15%左右(其中约60%达不到应有水平),高等文化程度的只有3%左右。

从我们改革开放中所出现的一些问题来看。中央领导同志在十三大报告中指出:“几年来,偷税漏税、走私贩私、行贿受贿、执法犯法、敲诈勒索、贪污盗窃、泄漏国家机密和经济情报、违反外事纪律、任人唯亲、打击报复、道德败坏等现象在某些共产党员中屡有发生。”从干部官僚主义、以权谋私、违法乱纪,到青少年犯罪、读书无用论再起、教师学生弃学经商;从文艺领域的低级趣味、盲目模仿、非法出版活动猖獗,到经济领域投机倒把、哄抬物价、敲诈勒索、卖伪劣商品;从破坏生态、森林火灾、恶性交通事故的发生,到一些地方食物中毒、肝炎蔓延、性病死灰复燃……如果我们冷静地想一想,这些难道不都与我们有些同志忽视精神文明建设,人的思想文化素养太低有关吗?所以一些有识之士要大声疾呼:世风日下之误国甚于物价上涨。物价纳入正轨并不需要太久的时间,而端正世风,一代难成。更深的忧患恐怕是这种不正之风已侵入思想理论战线、文化学术领域,伪史料、伪科学、错误理论、劣质文化喊得惊天动地响。秦兆阳同志用四句话描绘了当前这种“时风”:“轿子乱抬代替棍子打鬼,桂冠轻赠代替帽子扣人,树未成材即以栋梁相许,禾始抽穗即以丰收相视。”思想理论既可以兴邦,也可以误国。没有正确的科学的理论指导,四化、改革会误入歧途。错误的思想理论会干扰我们四化、改革的顺利进行。只有广大人民群众提高了思想文化水平,摆脱了愚昧无知,才能区别真改革与假改革,真搞四化还是假搞四化,聪明的改革还是愚蠢的改革,我们的四化、改革才能走上健康顺利发展的道路。

从历史的经验看。现在我们社会上出现的这些问题也可以说是社会在新旧体制转变过程中必然要出现的现象，搞社会主义商品经济，上层建筑、意识形态不适应，难免要发生的一些紊乱现象。资本主义发展商品经济也有很长一段时间是这样。马克思、恩格斯1845年—1846年写的《德意志意识形态》曾讲到当时欧洲、德国的情况，思想非常混乱，什么怪东西都出来了。那时正是欧洲、德国从封建社会向资本主义社会的转变时期，人们开始从黑格尔的绝对精神中解放出来，旧的一套不行了，新的还没有完全建立起来。

列宁当年执行新经济政策时，也曾遇到过我们现在的情况，那时官僚主义、贪污盗窃、投机倒把等现象也非常严重。列宁当时思想比较清醒。在执行新经济政策前，列宁就预言，实行新经济政策后资本主义会抬头，但不能因噎废食，办法是怎样把它的副作用控制在最小的范围内。列宁的办法，一是用正确的思想路线、方针、政策来引导；二是用制度、法律、专政机关来打击违法犯罪分子；三是用全民的统计、监督、核算来堵塞官僚主义、投机倒把、贪污盗窃的漏洞。后来列宁感到最重要的还是文化建设。列宁说，官僚主义、拖拉作风、贪污盗窃、投机倒把这些毒疮是不能用军事上的、政治上的改造来医治的，它只能用提高文化来医治。他说，一个有文化、讲文明的人，很少搞官僚主义、贪污盗窃的。列宁说，现在我们一切都有了，政权掌握在我们手里，经济命脉也控制在我们手里，我们也有了正确的路线、方针、政策，那么还缺少什么呢？我们所缺少的就是文化。列宁指出，我们的许多共产党员、干部、国家管理人员没有现代文化，不会文明地工作。所以列宁提出文化革命的任务，就是要扫除文盲，提高广大人民群众的科学文化水平，也就是要实现意识的社会形态的一次飞跃，一次质的变化。他把文化革命和改造旧国家作为当时摆在苏维埃政权面前的两个划时代的主要任务。列宁甚至这样说："现在，只要实现了这文化革命，我们的国家就能成为完全的社会主义国家了"。[2]

如果我们面向世界，面向未来，从世界的现实，用21世界的眼光来看，那么精神文明建设的重要性就更加明显了。当代新的科技革命、产业革命正在深刻地改变着世界的面貌。到下世纪，脑力劳动体力劳动的差别、城乡的差别可能要消亡，第一产业（农业）、第二产业（工业）将会缩小，第三产业（服务业、信息业）、第四产业（文化事业）将要扩大。现在资本主义国家的情况已经发生了很大变化，社会主义国家的情况也已经发生了很大变化。我们这个时代已经与列宁当年所描述的帝国主义时代有很大不同了。核武器产生后，大仗打不起来了，于是世界大战转向经济领域、科技领域。新科技革命把整个世界连成一体，现在正可以说是世界性的经济战、科技战。在这场新的世界大战中我们能否打赢，将取决于我们的科技力量、文化力量。科学文化落后，是竞争不过别人的，是要挨打的，是要被开除球籍的。现在我们与世界先进水平的距离在拉大。苏联也已经认识到自己与世界先进水平的距离越来越大了。许多社会主义国家都在进行改革，就是为了要尽快赶上去。这可以说是继十月革命胜利、中国革命胜利后，社会主义国家的第三次伟大革命。夏衍同志曾讲到"两个70年"：从马克思、恩格斯1847年写《共产党宣言》到1917年十月革命胜利是第一个70年，从1917年十月革命到1987年我们党的十三大提出社会主义初级阶段理论，是第二个70年。我们想再加一个70年，就是到2057年，看我们能否完成社会主义初级阶段的各项任务。这可以说是生死存亡的70年，关键的70年，是社会主义能不能在中国最终胜利的问题。这个问题值得我们深思。但许多人对这一点还不清楚，眼光还停留在眼前的个人小利上。还需要唤起民众，要让人们有历史使命感和紧迫感。团结起来，实现四化，振兴中华，这就是今天激励人们共同奋斗的精神力量。

现代经济的发展主要靠科学技术，未来的21世纪将是智力战的时代。一个国家、一个民族，是否能自立于世界民族之林，是否会被开除球籍，将取决于文化建设的成败。这一点现在已为许多国家的领导人和有识之士所认识。美国前总统卡特说，过去30年里，美国经济的增长主要靠科学技术。R·贾斯特罗认为，美国的财富来源于人的大脑，这是取之不尽的财富。日本前首相福田说，资源小国日本能在短期内成为世界经济大国，主要靠教育的普及提高。铃木前首相提出技术立国的施政纲领，指出只有以此为基础，才能更好地面向21世纪。欧洲共同体制定了加速科技发展的“尤里卡计划”。苏共二十七大戈尔巴乔夫总书记提出了“加速发展战略”，经互会十国制定了加速科技发展的《科技进步综合纲要》，即所谓“东方尤里卡”。苏联科学院院士希里亚耶夫认为，世界科技革命中知识是万能资源。我们国家的领导人和有识之士也一再强调要重视科学文化，重视教育事业。我们党十二大、十三大提出四个现代化科学技术是关键，教育是基础，要把科学技术、教育事业放在首要位置，也就是要确立科技立国、教育立国的战略思想。过去我们忽视科学文化、教育事业，不尊重知识、知识分子，使我们国家大大落后于世界先进水平，这个历史的经验教训我们千万不要忘记。

建立宏观的意识社会形态学科——精神文明学

现在大家很关心意识的社会形态问题[3~5]，但往往受过去思维概念和思想习惯影响，把这个问题称之为“文化”问题，有同志还称这场讨论为“文化热”，甚至在讨论中连“文明”和“文化”也混在一起。我们认为，要真正用马克思主义哲学观点和方法来研究意识的社会形态问题，应该建立起研究意识社会形态的科学体系。它首先是一门宏观的、综合的、高层次的学科，要全面考察意识社会形态的发展演变，是一门意识社会学，我们建议称之为“精神文明学”。精神文明学研究人的意识形态、思想文化的变化和整个社会发展变化的关系，研究意识形态、思想文化发展的规律，研究怎样把社会的科学文化推向一个新的历史阶段。社会上有些阴暗面，随着人们的思想文化水平的提高，会逐渐地被消灭。所以当前存在的许多问题本身并不可怕，可怕的是我们不认识，不清楚，不知道应该怎么去消灭它。而精神文明学应该研究这些问题，这就是它的重要性。当年马克思、恩格斯正是这样研究德意志意识形态的。他们一个个地批判当时出现的错误思想理论，揭开所谓“人道自由主义”“自我一致的利己主义”“真正的社会主义”等等伪科学理论的假面具，在批判旧世界中创造新世界，把人类的思想文化推向了时代的新高峰。

我们在这里称为精神文明学，在国外往往称为“文化学”，其研究主要有两种模式。

一种是西方资本主义国家的理论模式，主要是从人类学、哲学人类学的角度研究文明、文化，从文化起源、文化发展史角度研究文化，从各民族的文化特点、不同文明类型的比较角度研究文化现象。主要理论形态是文化人类学、文化哲学人类学。这种学说在西方可以说源远流长，名家、著作也很多。他们对文化本质、文化类型、文化发展的规律，文化比较研究的方法等，作了许多有益的探索研究。它的一个特点是文化、文明不分，而且具有很浓的人本主义色彩。

另一种是苏联、东欧国家的文化学说，叫作马克思列宁主义文化理论，主要研究马克思列宁主义学说中的文化理论。后来又发展到从哲学层次研究文化现象，叫作文化的哲学。苏联六七十年代发表了许多研究文化哲学的理论文章，哲学教科书中也增添了专论文化的章节。也有用现代系统方法研究文化艺术的系统结构的。随着苏联对人的问题研究的重视，也出现了关于人的研究和文化研究合流的现象。

在我们国家则可以说从鸦片战争、五四运动以来，许多人研究“文化理论”走的是中西文化比较学的路子，很多人的动机是想寻求一条救国救民的道路，但也有两种极端倾向。一种是儒学复兴说，或者叫新儒学、现代儒学。这在东亚一些国家、地区很流行，认为这些国家的兴起主要靠了儒家学说的复兴。现代新科技革命的爆发，又使一些人认为现代科学回到了东方的神秘主义。他们不懂得现代科学，特别是现代系统科学所揭示的系统整体思想，把它看作向古代东方朴素直观整体观的简单回复，而不是在现代科学技术基础上向系统整体观更高阶段的发展。他们不懂得基本粒子世界的理论，把它简单等同于老子的“道”，佛家的“无”。我国“文化大革命”后，随着人们对批孔运动的愤懑，有些人也从一个极端走到另一个极端，又把儒家捧到了天上，认为复兴儒学就能振兴中华。与儒学复兴说相对立的另一种极端论点是全盘西化说，或者叫彻底重建论，认为儒家学说全是糟粕，中国传统文化无可取之处；认为中国之所以几百年来落后，主要是受中国传统文化的束缚，只有全部否定，彻底重建，把西方文化全盘搬来，包括西方的经济制度、政治制度，彻底西化，走西方资本主义道路，才能振兴中华。他们忘记了中国近百年来的历史教训。介于二者之间的还有两种观点：一种是所谓“体用说”，包括西体中用说，中体西用说；另一种是综合创新说，主张综合中外各种优秀文化来创建我们的新文化。

把所有这些见解经过综合归纳，去粗取精，扬弃升华，就可以建立一门阐明人类社会中意识的社会形态的发展规律的科学——精神文明学。精神文明学能搞清社会物质文明与社会精神文明的关系，从而预见未来。这也就解决了郑必坚同志在一次文化问题讨论会上表示的困惑[6]：他感到缺少文化力量，“如果说我们的经济发展有了路数，那么文化和精神发展的路数是不是有了？恐怕还是个问题。”

建立研究思想建设的科学和研究文化建设的科学

我国侧重于文学艺术的文化理论的研究，新中国成立以后开始是受苏联的影响，主要是研究马克思列宁主义的文艺理论。10年“文化大革命”，文化理论的研究遭受一场浩劫。十一届三中全会以后，随着改革开放，西方文化大量涌入，近几年我国文化理论的研究又受西方文化研究的影响很大，发表的一些研究文化的文章许多都是引泰勒的文化定义，走的是文化人类学的路子，也是文化、文明不分，人本主义色彩很浓。最近发表的一篇研究文化学内核的文章，主张文化学就是人化学，就是人学。近几年文学艺术领域掀起的一股性文化热、生殖崇拜文化热、原始文化热，包括各种各样的喊叫音乐、原祖生理性基础的沙哑唱法、舞蹈动作等等，也可以说是这种人本主义文化的“返祖现象”。关于文学主体性的争论，个人至上主义、自我设计理论、绝对自由观念的风靡文坛，一方面固然是对10年“文化大革命”极“左”路线的“反思”，另一方面也是受了西方人本主义、存在主义文化思潮的影响。

现在许多混乱不清的议论，根源在于没有搞清楚文明、精神文明、文化的涵义和界限。其实在我们党中央的正式文件中，早已说清楚了。我们党的十二大报告指出，人类文明包括物质文明和精神文明两大部分，这是人类改造客观世界和主观世界的成果。社会主义精神文明建设又大体可分为文化建设和思想建设两个方面。文化建设指的是教育、科学、文学艺术、新闻出版、广播电视、卫生体育、图书馆、博物馆等各项文化事业的发展和人民群众知识水平的提高，也包括丰富多彩的群众性的文化娱乐活动。思想建设的主要内容，是马克思主义的世界观和科学理论，是共产主义的理想、信念和道德，是同社会主义公有制相适应的主人翁思想和集体主义思想，是同社会主义政治制度相适应的权利义务观念和组织纪律观念，是为人民服务的献身精神和共产主义的劳动态度，是社会主义的爱国主义和国际主义等等。我们觉得也可这样讲：社会主义文化是社会主义精神文明的客观表现，社会主义思想是社会主义精神文明的主观表现。

因此，在研究意识社会形态的宏观基础理论、精神文明学之下，应该有两个方面的学问：一方面是研究思想建设的，另一方面是研究文化建设的。社会主义思想建设的学问，除哲学、美学等学科以外，我们认为还有现代科学技术体系中行为科学[7]这一大部门，包括思想教育的学问如伦理学、德育学、社会心理学、人才学，以及做具体思想教育工作的学问。当然，引导、控制人们行为的还有法学，那也属行为科学。这方面现在已受到重视，正在开展工作，在这里就不再多说了，只指出行为科学也属于研究意识社会形态的科学体系。

研究社会主义文化建设的学问是我们称之为文化学[8]的这门学问。我们提出的文化学，有别于以上的各种文化理论，它是关于社会主义精神财富创造事业的学问[8]，关于社会主义文化建设的学问。这曾引起了一些争论，主要是在名词概念上。我们觉得一是有些同志误解了，把文化学、文艺学等同于过去的文艺理论了；二是有些同志忽视了它的重要性。其实我们现在正缺少这样一门学问，正需要建立这样一门学问。因此，我们觉得有必要对文化学的目的、任务、对象、内容做进一步的论述。

我们提出的文化学的目的、任务，是研究文化和生产力的关系，文化建设和经济建设的关系，意识的社会形态的变化发展和整个社会发展变化的关系，研究社会主义文化建设的规律，研究社会主义文化的组织、建设、领导、管理问题，为社会主义初级阶段文化系统工程提供理论依据。当然最终目的是为了提高全民族的科学文化水平，为四化、为改革服务。

文化学的研究是有一定基础的，基础就是社会主义文化建设各个方面的各自学问，按党的十二大报告中提到的几个方面，就有教育学、科学学、文艺学、出版学、体育学、广播电视学等。但文化学不是要去代替这些学科，也不是把这些学科简单地加在一起，而是要综合所有这些分支学科，成为文化建设的学问。文化学的这些分支学科现在都有人在研究，有许多经验成果可以作为文化学的基础材料。

例如教育学的研究。有的人提出可以把学校教育分为三段：初等教育，6～12 岁，达到初中水平；中等教育，12～18 岁，达到大学二年级水平；高等教育，18～22 岁，达到硕士水平。现在实验已经证明，对小学生可以搞理论思维的培养，可以把入学年龄提前。如果从 4 岁到 14 岁搞十年一贯制教育，使培养的学生达到大专水平，再读 4 年到 18 岁达到硕士水平，这样可以缩短成才时间，提高教育质量。将来随着电子技术的发展，脑力劳动体力劳动的差别要逐渐消灭，每个公民都要达到现在硕士水平。那时的研究生院可能要达到高级研究院的水平，而且是完全开放的，研究生可以自选专业、课程，师生之间也可以互相选择。我们不妨这样来设想中国未来面向 21 世纪的教育。

又如科学学的研究，其中包括科学体系学、科学能力学（有的叫科学组织学）、科学政治学（或者叫科学社会学，研究科学和社会发展的关系）。科学是认识世界、改造世界的学问，过去把它分为自然科学、社会科学、哲学，这还没有讲清楚。对自然科学不能只强调改造客观世界而不重视认识客观世界；只重视应用研究和应用基础研究而忽视基础研究。在社会科学中又没有把应用科学包括在内，不符合马克思主义理论联系实际的观点；而且过去太强调阶级性，有点片面，应该强调真理性，当然这里主要是指相对真理性，而不是什么绝对的终极的真理性。现代科学技术也是世界一体化的，科学文化没有国界，不能关起门来搞。基础科学研究也完全可以利用别国的基础设施。我们可以利用国外科学研究中心的设备，这样可以一下子进入世界现代水平。这里涉及出国研究生的问题，可以把他们的研究工作作为我国整个研究工作的一部分，纳入我们的计划，真正做到世界一体化。

再说文艺学的研究。这里的文艺学不是过去的文艺理论，而是作为文艺社会活动的学问，是关于文学艺术活动的组织、领导、管理、建设的学问。也可以包括文艺体系学、文艺组织学、文艺社会学几个方面。文艺体系学的体系包括小说、杂文；诗词、歌赋；美术（包括绘画、雕塑、工艺美术）；音乐；技术美术（或称工艺设计）；综合艺术（如戏剧、歌剧、电影、电视剧）；服饰、美容[9]。当然这种分法还可以研究。苏联有一位哲学家、美学家卡冈[10]也研究过艺术形态学，也是讲文艺内部结构的。这些问题都可以进一步研究。

还有体育学、新闻学、出版科学等等，都有人在研究。其实社会主义文化建设除了上面讲到的教育、科技、文艺、体育、新闻出版、广播电视六个方面以外，还有建筑园林（古迹）、图书馆博物馆（展览馆、科技馆等）、旅游、花鸟虫鱼[11]、美食[12]、群众团体和宗教[13]

七个方面。这些都有它各自的学问。

文化学要利用这些基础素材，运用系统工程的方法，阐明它们的关系，找出其中的规律，使它们协同运行，发挥最大的社会效用。要搞文化设施、文化环境的系统工程学，把教育、科技、文学艺术、广播电视、体育卫生、群众的文化娱乐活动等等，作为一个相互联系的统一整体的系统工程学，为社会主义文化系统工程提供理论依据。这里对教育、科技、文学艺术、广播电视、体育卫生、群众文化娱乐活动等等的研究不是分门别类去研究，而是作为一个系统整体，一个综合体系来研究。

研究方法

以上我们提出了一个研究意识的社会形态的科学体系，在宏观高度上总揽全局的是精神文明学。下面分两大部分，研究思想建设的是行为科学，研究文化建设的是文化科学。这都不只是一门学问，而是科学的一个部门。在文化科学中，综合全局的是文化学，作为文化学基础的有教育、科技、文艺、建筑园林、广播电视、新闻出版、体育、图书馆博物馆(展览馆科技馆等)、旅游、花鸟虫鱼、美食、群众团体和宗教 13 个方面的学问。这个学科体系要花很大气力去经营发展，但这是我国社会主义建设所必需的。体系有了，最后我们就讲讲研究这些学问的方法问题。

总的讲，是要运用古今中外的历史经验和现实经验，决不要有先入之见，而要实事求是。例如宗教是不是文化？我们国家现在就有几十个少数民族在祖国的大家庭里，而少数民族的文化生活中，宗教常常是非常重要的。这是客观事实，不容忽视。我国的国家机构中就有国务院宗教事务局。再如花鸟虫鱼，这是人民的爱好，也是一项事业，怎么不是文化呢？所以重视历史和实际才能避免主观性和僵化。

至于方法问题，我们有马克思主义的科学方法，也就是辩证唯物主义和历史唯物主义的方法，还有现代系统科学的方法。搞意识的社会形态科学必须要用辩证唯物主义和历史唯物主义的科学方法，以避开唯心主义和机械唯物论这两个泥坑。我们还必须用现代系统科学方法，因为社会主义精神文明建设是一个极为复杂的社会系统工程。马克思讲，人是社会的人，人是生活在具体社会环境里的人。现在有些人要求把生活在中国的人和生活在美国的人一样对待，搞人本主义，这不是历史唯物主义的态度。社会系统非常复杂，像中国这个社会系统就有 10 亿多人口，包括汉族在内的 56 个民族，语言、习惯、思想都不一样。人的行为远比动物复杂，因为人有意识，人更不同于无生物，他受自己的知识、意识的影响，受社会环境影响，所以人类社会系统是一个开放的复杂的巨系统。而意识的社会形态是这个社会复杂巨系统中的一个有机组成部分，它和经济的社会形态、政治的社会形态密切联系在一起，组成一个社会整体(见图 1)。经济的社会形态的飞跃就是经济革命，政治的社会形态的飞跃就是政治革命，意识的社会形态的飞跃就是真正的文化革命。精神文明学要研究人的意识的社会形态的变化和整个社会发展变化的关系，研究精神文明建设发展规律，研究社会主义文化建设和社会主义思想建设的学问。这是一个非常复杂的社会系统工程，一定要用系统工程的观点，运用系统的理论。在意识的社会形态的科学体系中居于精神文明学下的文化科学包括教育、科技、文学艺术等等许多方面。而文化科学中的综合学科、文化学不是去分别研究这些内容，而是要研究它们的关系，把它们作为一个系统整体来研究，研究作为整体的文化的发展规律，研究怎样使它们协同运动，和整个社会协同运动，以发挥最大最好的社会效用。要把教育学、科学学、文艺学、体育学、新闻出版学、广播电视学等等都综合在一起，形成系统化的文化学的科学理论，为中国社会主义初级阶段的文化系统工程提供理论依据。

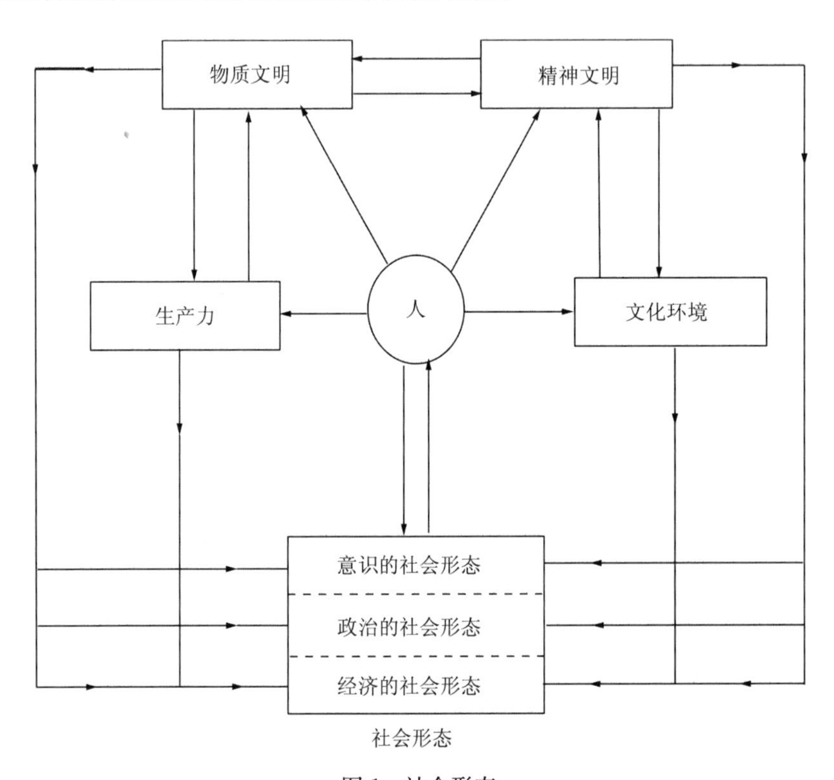

图1　社会形态

注释

[1] 钱学森：《新技术革命与系统工程》，《世界经济》1985年第4期。
[2] 列宁：《列宁全集》第33卷，人民出版社，第430页。
[3] 何新：《文化学的概念与理论》，《人文杂志》1986年第1期。
[4] 张德华：《“文化热”的方法论热点》，《上海社会科学》1988年第2期。
[5] 俞吾金：《论当代中国文化的几种悖论》，《人民日报》1988年8月22日。
[6] 郑必坚：《文化发展问题座谈会上的发言》，《自然辩证法报》1988年第10期。
[7] 钱学森：《谈行为科学的体系》，《哲学研究》1985年第8期。

[8] 钱学森:《研究社会主义精神财富创造事业的学问——文化学》,《中国社会科学》1982年第6期。

[9] 钱学森:《美学、社会主义文艺学和社会主义文化建设》,《文艺研究》1986年第4期,曾提出文艺包括这里的七类外,还包括建筑、园林和烹饪这三类,现在将这三类移出文艺,另立为文化部门。

[10] 莫·卡冈:《艺术形态学》,凌维尧、金亚娜译,生活·读书·新知三联书店,1986。

[11] 在这以前钱学森曾建议把烹饪归入文艺,现在我们受何冀平同志《天下第一楼》话剧及其热烈评论的启发,把它作为文化建设中的一个部门,并称之为"美食"。

[12] 钱学森:《养花是民族文化的一部分》,《花卉报》1986年6月13日。

[13] 罗竹风、黄心川:《宗教》,《中国大百科全书宗教卷》第5页,中国大百科全书出版社,1988。

中医理论对创建系统学的启发*

今天请李广钧教授给我们讲中医问题，讲得很好。现在我要反过来讲，就是说，我们这个讨论班，是系统学讨论班，我们不是研究中医的。对于系统这个概念，我们的认识在逐步深入，现在深入巨系统。巨系统又分两个大的方面，一个方面叫简单巨系统，另外一种叫复杂巨系统。像今天我们讨论的中医问题，是人体系统，属复杂巨系统。当前对于如何处理复杂巨系统，在系统学中还没有成功的理论。

目前理论就发展到这么一个水平。但也不能说，没有理论就什么也不能干了。对于社会系统，710所的于景元他们，在马宾同志的指导下，经过几年努力，发展了一种方法，叫作定性定量相结合的综合集成法。就是把专家的经验，或者说是专家们的直观的、定性的看法与数学和计算结合起来，处理社会经济问题，取得了成功。这里所说的专家经验，是专家们多年在处理各种社会经济问题的过程中积累起来的。你若问他是什么道理？他不一定能回答出来，或者你跟他谈，他可能感到你这里或那里说的不合适，有的地方大了点，或有的地方小了点。这都是他们的直观感受。但他可能说不清楚，为什么这个地方太高了，而另一个地方又太低了，这是所谓定性的认识。当然这些定性的认识要和精确的数学计算结合起来。由于这是处理社会经济问题，所以数学的计算是相当复杂的。这种定性定量相结合的方法，在外国是没有的，是中国人的一种创造，一种创新。这是马宾、于景元他们的创新。

最近我读了一本书，是两个美国人写的，他们是兄弟俩(H. Drefus 和 S. Drefus)，书名是《人的思维与机器》(英文书名是 *Mind over Machine*)，这里所谓的“机器”，是指电子计算机。这两位美国教授批评那些搞计算机的，搞人工智能的人说，将来可以造出比人还聪明的机器。他们认为这是根本不可能的。他举了很多日常生活中的例子，读起来很有兴趣。结论就是人很自然做的一些事情，计算机却做不到。比如说人走路，这是不需要思考的。但是直到现在，搞机器人的大科学家和工程师们根本造不出像人那样走路的机器人。他们又举例说，许多成年人都会骑车，但若问他是怎么骑车的，他讲不出道理。你自己去试着骑，试来试去就会了。他也举了下棋的例子，说他们是搞数学的，下棋时总想搞分析，分析每一步该怎么走，结果他们下棋的水平总也提高不了。所以他们说，下棋时你得丢掉分析的头脑，采取一种直观的思维方法，越到高级的智慧阶段，越是如此。他们在这本书

* 本文是1988年11月1日在系统学讨论班上的发言。

中把人的智慧分成五个阶段。在初级阶段，是靠推理和分析的方法，越到高级阶段，越要靠思维的直观性。但人的直观思维的规律是什么？现在并没有搞清楚。怎么办呢？他们的意见是把人的思维和机器的功能结合起来，也就是定性与定量相结合的办法。

由此，我们回到今天的主题，即中医问题。我认为中医治病比纯粹的直观又进了一步，它是把经验的东西加上古代的哲学，即古代人是怎么看周围世界的，所谓阴阳、五行、八卦等。这就形成中医医师看病的理论基础和思维方法。这种理论古代有文字记载，老师可依此教学生，学生也能学会。当然，中医也有其缺点，这些缺点刚才李老师讲了。尽管中医有那些弱点，但中医也有优势，即总体地辩证地看问题，在这一点上，中医就避免了机械唯物论。我认为，这是中医最大的优点。当然，由于时代所限，它不可能像现代科学那么严密。但这样一些哲学思想结合实践，整理出了一套中医理论。当然我也听说，学中医的学生尽管把理论背熟了，但要他独立行医，诊脉开方，还得老师在旁指点。所以中医要出师也不容易，需要在老师的指导下，通过好几年的实践，看了许多病人以后，才能悟到将中医理论与实际的临床经验结合起来。鉴于这种情况，我认为中医的经验和理论尽管是很宝贵的，但还不是现代意义上的科学。我这句话得罪了不少中医，但事实就是这样的。

尽管如此，我还是认为今天李老师讲的内容，对于我们搞系统学是有深刻启发的，因为我们的情况与此相似。我们搞复杂的社会系统也是没有理论的，只能用定性与定量相结合的办法，要靠专家。假若我们把专家的经验也能像中医理论那样，整理成一种系统的、整体的和辩证的规律，那么，有了这一套规律总比我们每一次都请一大批专家来参加“会诊”要好一些。这就是李老师今天讲课给我的启发。也就是说，当我们处理像社会这种复杂巨系统时，用定性和定量相结合的方法，这种方法再往前走一步，就是把定性的直观的那一套东西，像中医那样，能够整理出一套思考问题的规律来，那也是很有帮助的。因此我们要感谢李老师讲的课。

研究人口问题要从实际出发*

今天我们讨论人口问题，得从实际出发，不能研究一个“理想的”人口问题。我听说县里乡里对违反计划生育政策的人就是罚款了事，生一个是允许的，生第二个要交钱，生第三个就交得更多一点。这对于个体户来说是不成问题的，他们有钱，交得起，因为他们是万元户。没钱的怎么办？为了逃避计划生育就躲到山里去生孩子，政策也管不了他们。所以这不是个单纯的数学问题。如果不考虑到这些情况，研究中国今天的人口问题，就会脱离实际。

现在中国最大的问题是贪官污吏太多，所以需要治理环境，整顿秩序。十年前，实施改革开放不久，那个时候研究人口理论还有点用，到了最近这几年实在困难，干扰的因素太多，而且现在干扰的因素起了很大的作用。我认为，现在研究中国的人口问题，就不能研究一个“理想的”人口问题。作为一个学术问题，最有效的办法就是进行比较，既考虑真正守法的，又要考虑现在出现的这么多不守法的，特别是要把治理环境、整顿秩序这个最突出的问题考虑进去，这才具有现实意义。

现在许多人都认为十三届三中全会的决议非常正确，大家担心的就是能否实现。最近看了一些报纸的报道，我感觉许多领导人还没有深刻认识到这个问题。为什么没有认识到？我们得把这个问题说清楚。在接待外宾时讲的话当然要好听一些，但实际上问题要严重得多。我们在这里讨论，就是要老老实实，是什么情况，就得承认什么情况。

研究人口问题，不能太简单了。如果把现实生活中的复杂的关键性问题都略去了，使得你用数学就能够处理，这就没有多大意思，太学究式了。我在这个讨论班上讲过几次社会行为学的问题，我认为还是应该从宏观统计入手，假设能够提出几条宏观的指导性意见也好嘛。现在的问题是什么都没有，只好摸着石头过河，所以国务院领导做决策也很困难。外国也有很多人在做这项工作，说实话，我对他们的工作不感兴趣。我总是说，理论在逻辑上成立了也只是成功的一半，写论文是可以的，但于事无补。

计划生育问题是一个非常复杂的问题，除去那些违法的事不讲，单说人口问题，其年龄应该是什么样的分布最好？这也很复杂，要结合我们国家生产力发展的水平来考虑。现在某些外国，人口增长率很低，比如瑞典，随之而来的问题是人口趋于老龄化。而老龄化也是个大问题，社会上年老的比例太高，老人自身不能工作，要靠年轻一些的人来养活，

---

* 本文是 1988 年 11 月 29 日在系统学讨论班上的发言。

这个负担很重。我们国家到下个世纪就有老龄化的趋势了，我们(国土面积约)960 万平方公里到底能养活多少人？从科学技术进步的角度来考虑，我觉得能养活的人远远比现在认为的要多。科技进步可以促进生产力的发展，可以大大提高粮食产量。现在研究人口问题，要有长远考虑，如果认为 50 年后的人还像现在这样傻，这个假设就不正确。外国做人口理论研究的人说人口爆炸，我看是危言耸听，为的是宣传他自己的工作。我认为要全面看这个问题，不能就人口论人口，应该与整个国家的发展，科学技术的进步，生产的发展等等联系起来看。从人口的密度来讲，世界上人口密度高的国家和地区比我们多。因此，从长远看，真正的人口问题不是这么简单的一个问题。现在好多文章都讲中国的科学技术力量有很大的潜力，实际上还没有发挥出来。目前台湾很想引进大陆的科学技术力量，新加坡和我们合作也是这个意思。邓小平同志讲了，科学技术是第一生产力。但实际做的并不是这样，根本的问题是我们国家人民的文化素质还不高，认识上也存在问题。

整个国家的系统工程是可以做到的，这个问题我已经讲了多少年了，但许多人不接受，还是在那摸着石头过河，你又有什么办法呢？说什么“改革开放是一个复杂的社会系统工程”，实际就这么一句话，光讲而不落实是没有意义的。持反对意见的人不少，那些反对的人看不见今天科学技术的巨大力量，结果是认识跟不上，总是习惯于自己做的那套方法。我想，我们还是应该在提高认识的基础上多做实际工作，真正能够解决点实际问题。

从定性设想到科学推理*

从前人认识客观世界的一个普遍方法，即所谓的科学推理方法，它在科学发展史上曾起过很大作用。但后来人们发现，单靠科学推理也不行。爱因斯坦就很明确地提出，人要认识客观世界，创立科学的新道理，绝不是一个简单的推理过程能够办到的。当大量事实摆在你面前时，你若不认识它，那是一点办法也没有的，你的推理从何做起？所以，他就提出，通过实践认识到的许多事实，在人的大脑里经过加工，要有一个飞跃，这是一个关键。通过这个飞跃要形成一个设想。有了设想以后，怎么来验证你的设想，这就是逻辑推理问题，有点科学知识的人都会做。但是关键的那个部分，即从事实到设想，这个过程是最难的。看了爱因斯坦这段话以后，我想想自己的科学实践，体会到确实如此。当然提出一个设想不一定就是正确的，很可能是错误的。错了就应该承认，然后再琢磨为什么错，这就又会产生另一个设想，然后你再来验证。科学大师也许有那么几次反复就会对了。像我们这样的人不知道要验证多少次才会正确。关键的问题是，从这些事实的方方面面，你如何思考出一个设想，这可能要靠猜。猜是怎么回事？我在 1984 年就提出，要用形象直感思维来思考问题，而不是单靠逻辑思维。

前段时间在这里听一位医学临床教授李广钧讲课，李教授那天讲，中医有上千年的临床经验，这大量的临床经验，要整理出来，可叫作唯象理论吧。什么是唯象理论？从前我举过一个例子，比如说气体定律，压力乘上体积等于一个常数乘上绝对温度。但是，我想难的地方就是压力、体积和温度这三者是什么关系，通过一个什么结构、什么框架可以把它们联系起来。这种联系就是它们之间的关系。先不讲什么道理，所以是唯象理论。

我想气体定律的结构、框架还比较简单，就这么三个要素，不是加就是乘。门捷列夫的周期表恐怕就难多了，那么多元素，怎么个排法？他悟出一个二维的方法，把元素一个个往里放，放来放去最后放对了。这个二维的问题也还好办。到了医生的临床经验，就不是二维的了。我国古代的医学家创造出阴阳五行和十二干支，这就是二乘五再乘十二，多少维啊？这么一个框架，正如李广钧所讲，这么多的临床经验基本上都可以放到这个框架里去。但是也有临床经验搁不进去，不合适的，所以他说这个框架要调整。他强调临床经验的重要性，遇到这种情况，不是临床经验不对，而是那个理论框架有问题。所以刚开始学中医的人，把书背得滚瓜烂熟，阴阳五行十二干支都背熟了，但到看病时，遇到具体的病

* 本文是 1988 年 12 月 27 日在系统学讨论班上的发言。

人就不知道怎么办了，不适应了。有经验的名医，他不说太多，但他知道有的地方需要灵活一点，学生跟着他学很长时间才能掌握这个本领。我听了这一点很有启发，就是人在一大堆事实面前，怎么样形成飞跃？实际上是要去找一个合适的框架。怎么找到这个框架呢？这就要看各人的素养水平了。素养高的，水平高的，一下子就找到了。没有这个水平，不知道找多少次也找不到。我们所说的定性定量相结合的方法，就是帮助去找这个框架，而且是从传统的单个人思考问题，变成集体智慧的集中，把定性定量两者结合起来，互相促进去找这个框架，最后得出的模型正确了，也就说明你的框架正确了。这就告诉我们怎么认识定性定量相结合的方法，就是人根据经验，寻找合适的框架，然后用数学验证这个框架，把这一套过程有机地结合在一起。而且人也不限于一个人，是专家集体。这就是定性定量相结合方法的优势。我必须说，这个方法是辩证唯物主义的。我也一再强调定性定量相结合是唯一可行的方法。从哲学高度上来看，它的优越之处就在于辩证唯物主义。

把系统学与金融经济学的研究结合起来*

现在我们国家开始实行股份制，这就需要研究金融经济学问题。资本家能控制金融，我们也可以控制金融，通过国家银行来控制。为什么国家要控制？因为我们要为人民、为国家的整体利益服务。在资本主义国家，控制金融的目的是为垄断资本家的利益服务的。从前，美国道格拉斯飞机公司和麦克唐纳飞机公司合并，当时老的道格拉斯公司老板还未死，他说明明他可以直接跟麦克唐纳公司打交道，但是不让他干，一定要通过银行打交道，这就白白损失了好几百万美元，让银行把钱捞走了。所以在美国，真正主宰经济的并不是厂家、公司的老板，而是银行。现在大家争论要不要股份制，我看这不是问题的根本所在。重要的是应该建立一种系统，这个系统能够最有效地发展经济，同时国家又能从宏观上控制经济。因此我们也可以通过金融手段来控制经济，再加上我们这套综合集成方法，那就是最现代化的了。所以不是什么国有私有的问题，问题在于代表中国人民利益的中国共产党，能不能控制这个经济系统。这么一套最先进的方法都有了，你去学习应用就行了。

几年前我就提出要研究金融经济学。在经济学中最早是研究政治经济学，后来有人提出要搞生产力经济学，这也是对的。但我提出搞金融经济学是最现代的东西。我们社会主义中国进行现代化建设，可以由国家用金融手段控制经济，保证我们的经济按人民的需要、国家的需要来发展。所以，在股份制问题上，不能搞那种学究式的争论。

对于现在的问题，大家说得多了。我看根本问题就是缺乏长远考虑，讲的都是燃眉之急的事，最多想到明天，而后天以至再往后的事就没有想了。再一个就是看问题不全面，从局部现象看，你说他没有道理，他也说了一些道理，但这个道理不全面。每年人大会上的政府工作报告给我的印象是内容太多了，都是各部门提出的，把它汇总起来。至于汇总以后有什么矛盾，就没有再深究了。所以，今天我们国家出现的问题，从大的方面说，一是缺乏整体的思考，二是没有长远的考虑，这两个问题是致命的。而考虑这两个问题正是系统学的观点，是我们的优势所在。所以我们宣传它，就抓住了要害。譬如刚才说到的经济过热，急于求成的问题。光说急于求成，那也不见得是坏事，要干得快一点嘛，你能说他不好！至于说投资太大的问题，怎么叫太大，怎么叫太小？问题是该不该投，像盖楼堂馆舍，买小汽车等，为什么投入这么多呢？就是脑子里头没有一个清醒的概念，不知道中国现在处于一个什么位置，哪些投资合理，哪些投资不合理。最近一期新华社编的《世界经济与

---

* 本文是1989年2月28日在系统学讨论班上的发言。

科技》杂志，头一篇登的是华尔街的统计，美国、苏联、日本、欧洲共同体、中国这五个国家和地区的经济比较，你一看就知道我们跟人家差得太远了。所以我说，每一个中国人都应该知道，我们处在什么位置上。不宣传这个东西，头脑就是糊涂的。

我们这个讨论班的一个贡献，就是提出了社会系统的概念，也就是提出了复杂巨系统概念及综合集成方法论。所谓综合集成，是说我们要想办法把很多很多的论文、研究成果、书籍中的一得之见等等，把它综合起来。不能像盲人摸象，你摸着尾巴就说这是大象了。所以我感兴趣的是，现在我们有一个方法，可以把零金碎玉集成起来，至少我们有了个开头，今后可以不断加以完善。在这个基础上可以全面地研究社会系统，研究它的变化、它的动态等。假设我们在这个方面的讨论有点结果，那至少为国家做了一点事。不能像现在这样，只是把零零碎碎的加在一起，就算完成任务了。比如最近讨论中长期科技发展纲要，这个纲要分二十几个题目，分头去做。做完以后加在一起就算研究任务完成了，这样的做法是不行的。当年搞“两弹一星”的经验就是在民主的基础上高度集中。各种意见都可以讲，讲完了以后要集中统一，由中央专委定，有意见也得这么办。现在是爱怎么干就怎么干，你这么干，他那么干，有矛盾也不管，重复也不管，这是我们国家今天最大的问题。再一个就是天天都在解决眼前的矛盾，根本没有时间想下一个五年怎么样，连后年都想不到。这恰好是我们这个社会系统方法可以解决的，我们要做这个工作。

当然，经济问题会有风险。有风险也不用怕，只要你预测到有风险，就可以设置防线。无非是在工作中脑子要灵活一点，想得多一点，远一点。在处理问题时要多点心眼。我看这就是大将军、大丈夫的风度。我们搞综合集成，就得有这种风度。

处理开放的复杂巨系统不能简单化*

巨系统分两大类：一类是开放的简单巨系统。处理这样的系统，现在已经有理论方法，就是用所谓的“协同学”或耗散结构的理论。第二类是开放的复杂巨系统，但是开放的复杂巨系统或者特殊复杂巨系统——社会系统，现在还没有理论方法。

什么是开放的复杂巨系统？我们在这个讨论班上有这么几个例子，比方人的身体，也就是人体，就是一个开放的复杂巨系统。后来觉得人脑也是一个开放的复杂巨系统。国外国内都有一些研究人工智能的人，把人脑看得很简单，提出所谓模拟神经元的计算机系统等等。实际上这样的认识，是把人脑看得太简单了，是错误的。人脑大概有 10^{12} 那么多的神经元。这么复杂的一个系统，你还没搞清楚它的内部结构及其相互联系，怎么模拟呀？由此我相信，说人脑是一个开放的复杂巨系统的观点是对的。所以，开放的复杂巨系统人脑也是一个。还有一个例子，是地理系统，就是人生活的地球环境，包括人在内，这个环境也是一个复杂巨系统，而且也是开放的，因为它跟太阳，跟宇宙之间是有交往的。我们最关心的这个社会，是一个特殊复杂巨系统。为什么要加上“特殊”一词？因为社会的行为都有人参与，而人不简单，人的行为不是简单的条件反射，他有思维，要思考，然后作出判断，这是一个非常复杂的过程，所以我们称它是一个特殊复杂巨系统。

认识这些复杂巨系统是有个过程的，因为我们都曾经头脑简单过，曾经想用简单的方法来处理，但结果不行，碰了钉子。中国到现在还有好多人要简单化处理，恐怕我们国家的好多个部门都是这么个概念。外国也是这样，前不久中国科协安排我见一下民主德国科普协会的第一副主席，叫弗来舍尔，是位博士、教授，现在五十多岁。他到中国来访问，见面时给我一份材料，说他从前对所谓不可逆热力学过程感兴趣，所以那天我就跟他谈这个问题。我说，这个不可逆热力学也为你们一位德国人哈肯发展协同学提供了理论基础。他说有人用这个理论来解决经济问题、社会问题。我说弗来舍尔博士，是有人这么干，哈肯就是这么干的。有人硬要把协同学、系统动力学的方法用到经济研究上，我认为是没有道理的。后来我就给他讲了一大套我们关于开放的复杂巨系统的概念，用定性定量相结合的方法来处理。讲完后，他很佩服，说今天收获不小。所以这位民主德国的科学家经过听我解释开放的复杂巨系统的概念以后，后来他是懂了。

回过头来想一想，我们得到这个认识，也是总结了前人的经验和教训的。比方说对于

---

* 本文是 1989 年 4 月 11 日在系统学讨论班上的发言。

人体，许多西医就把它简单化了。当然有经验的好医生是不会简单化看问题的。给我印象深刻的是解放军总医院的心血管系统专家王士雯，我在那儿住院，有一天，她来查病房，我和她谈起了这些事。她说，一个有经验的大夫和一个刚毕业的医生的重要区别是：刚毕业的医生主要是凭书本上的知识，于是容易犯简单化的毛病。而有经验的医生认为同样是一种病，但人跟人不一样，各人有他的身体条件和生活习惯，这都有关系。你要给他治病，就得考虑这些因素。还有像已故去的名医张孝骞，他也是个西医，但是因为他经验很丰富，看问题就不那么简单化。他查房后对年轻医生写的病历总要给以修改补充，认为他们太简单化了。去年在黑龙江休假时和我国泌尿科的大名医吴阶平在一起，他就认为人是很复杂的，光靠医书是治不了病的。所以这些都说明，能够认识人体是开放复杂巨系统的还只是少数人，恐怕还有很多人在那儿简单化地处理问题。对此我们不能着急，要允许别人有个认识过程。人的认识都是由简单到复杂的，人认识一个客观现象开始总是把它简单化，碰了钉子以后才能逐步地改变认识。所以这样一想，开放的复杂巨系统的概念恐怕有很广泛的意义，从简单到复杂，这是人认识客观世界的一个飞跃。比如关于社会经济问题，在美国，经济学家议论纷纷，各说各的，结果老板们对这些经济学家的预测也不置可否，甚至有的说还不如掷骰子。为什么会这样？就是把开放的复杂巨系统简单化了。今天在中国我们认识到了这个问题，而且创造了解决这个问题的方法，就是所谓定性定量相结合的综合集成法。虽然这个方法没有成熟的理论，但是能解决问题。我从前讲过，应用这个方法有三个要素：一是要有专家的意见，就是经验性的认识。专家的意见也可能有矛盾，但不要害怕，我们要尊重每一位专家从实践经验作出的判断，这是第一个要素。第二个要素就是要有客观实际的数据，不能空来空往。第三个要素就是把这一大堆东西综合集成起来。这就要用系统工程的方法，设计许多模型。因为现象是复杂的，所以不能用简单的模型，要用几百个、几千个参数的大模型才行。把这三个要素结合起来，反复的试验计算，最后就能够把这三个方面真正地糅在一起，成为对这个问题的全面认识。

我们在处理这些问题的方法论上也开辟了一条不同的道路，就是综合集成的道路。借用一个英文字 meta-analysis，它是更高一个层次的分析研究。今天我们不但有了复杂巨系统这么一个概念，而且有处理这种问题的可行办法。当然在具体运用计算机计算的时候，还有很多工作要做。专家的意见、情报、资料和数据在处理过程中怎么引入电子计算机，恐怕就是一个难题。有些定性的东西你得设法把它量化。而你的量化是否合理？回过头来又得听取专家们的意见。但是我想只要我们沿着这条路走下去，那些具体的困难总是可以克服的。

关于 Meta-Analysis 方法问题*

朱照宣教授今天介绍的这几种心理治疗方法是很不一样的，但他把它们组织到一起了。原来我对这个工作抱很大希望，但我脑子里一直有个问题，就是说，我们对复杂巨系统没有什么好的理论方法，唯一可行的就是定性定量相结合的综合集成法。这是现在最好的方法，但它含有经验的成分。那么，怎么样使这一方法进一步发展，达到科学化？看来目前还没有办法。另外，我看到发表的许多文章，在社会系统和人体系统这两个领域里的文章、书籍，发表的意见是最丰富、最多的，但不够科学，因为各说各的。在一篇论文的范围内，可能是言之成理的。但是，这个人的这篇论文跟另外一个人的另一篇论文可能有截然不同的结论。那么问题的症结在什么地方呢？就是你没有抓住要害，真正决定这个问题的那几个要害叫"变量参数"。这是个大问题，你抓不住决定问题要害的变量，怎么能科学化？那么，怎么去抓住这个要害，希望有个方法。即便抓不住它，至少希望能够说明你现在考虑这个问题，抓的这几个变量是靠不住的，那就给我们拉警报了。hedges 那个参量"Δ"，假设一个效果，你计算出这个 Δ 参量大极了，比如是 100，我看你抓的这个效果大概是靠得住的。假设这个 hedges 参量 Δ 都是 1 左右，那就很难说了，比 1 还小就算了。我看这个分析，也许得出这么一个用途，再多的我也说不上了。那么，即使是这么一种情况，我想也算是有用了，也给我们拉了警钟。恐怕这个 Δ，在社会科学里也好，在人体科学里也好，论文很多，问题就是那个 Δ 恐怕比 1 还小。我想，他的这项工作仅仅是这么一个用途，没有更多的用途了。至于说到计算机方面的工作，程序都定了，他当然也只能如此了。但是我想，一个真正懂得研究这个问题的人要做这项工作的话，他会在审查、收集材料的过程中得到启发，而这个启发就不是计算机所能给出的。所以，如果把许多类似领域中的论文集中起来考虑，这项工作还是有一定道理的，至少你可以算算这个 Δ 到底有多大。但是我想，一个有素养的人，有学问的人，看了大量的材料之后，一定可以得到启发，而这个启发不是计算机能给出的，计算机只不过算算 Δ 值而已，更深刻的东西得你自己去思考。所以，这个概括与综合的分析还是有用的。我们在这方面的工作做得太少了，许多人都急于写文章，用大量过去的东西来推敲，那是不能解决问题的。不妨你先按他的方法算一算，在物理实验中，Δ 大极了，恐怕有几万。而在这个心理治疗领域，Δ 就到 1 左右，那就不适合来作判断了。

---

* 本文是 1989 年 4 月 25 日在系统学讨论班上的发言。

社会主义文明的协调发展需要社会主义政治文明建设*

我们之中的两个在《建立意识的社会形态的科学体系》一文[2]中，主要谈了意识的社会形态的科学——精神文明学的问题。但就社会形态的整体来讲，就文明建设的整体来讲，这只是一个侧面。为此，我们想在本文中对社会形态的整体，对文明建设的整体，特别是过去讲得很少的政治文明建设问题谈一点想法，以求教于同志们。

一、社会形态的三个侧面和三个文明建设

在今天，一个国家应该看作是开放的特殊复杂的巨系统，因为其子系统是有意识活动的人，人与人又千差万别，在数量上成万上亿。这个社会系统真可谓复杂极了。但从宏观角度看，这样复杂的社会系统，其形态，即社会形态最基本的侧面则有三个，这就是经济的社会形态，政治的社会形态和意识的社会形态。经济的社会形态是指社会经济制度，主要是社会生产方式，包括生产、分配、交换、消费的方式，经济体制和社会经济关系。政治的社会形态是指社会政治制度，主要是国家政权的性质、形态，包括政党制度、管理体制、军事体制、人事制度、法律制度和社会政治关系等。意识的社会形态是指社会思想文化体系，主要是哲学、宗教、伦理道德观念和教育、科学技术、文学、艺术等等。社会形态是一定历史时期社会经济、政治和思想文化的总称，是一定历史阶段生产力和生产关系，经济基础和上层建筑的具体的、历史的统一。

因此，社会的发展，社会文明的建设也有三个方面，这就是经济建设，即物质文明建设；政治建设，即政治文明建设；思想文化建设，即精神文明建设。我们党在十二大报告中明确地提出了物质文明建设和精神文明建设问题，指出："改造自然界的物质成果就是物质文明，它表现为人们物质生产的进步和物质生活的改善。在改造客观世界的同时，人们的主观世界也得到改造，社会的精神生产和精神生活得到发展，这方面的成果就是精神文明，它表现为教育、科学、文化知识的发达和人们思想、政治、道德水平的提高。"在这个文件中，政治文明建设虽没有明确提出，但实际上有这方面内容。报告说："客观世界包括自然界和社会。改造社会的成果是新的生产关系和新的社会政治制度的建立和发展"。这里"改造社会的成果"，"新的社会政治制度的建立和发展"就是社会政治文明建设。十二

---

* 本文由钱学森、孙凯飞、于景元联合署名，原载于《政治学研究》1989 年第 5 期。

大报告的第四部分“努力建设高度的社会主义民主”实质上也就是讲社会主义政治文明建设的问题。党的十三大把我国的政治体制改革提上日程，十三大报告的第五部分“关于政治体制改革”内容实际上也是讲我国政治文明的建设问题。马克思和列宁也都曾使用过政治文明的概念[1]，但由于我们许多人文明和文化不分，这方面的概念也就比较混乱，所以要加强这方面的基础理论研究。研究社会的学问就是社会学。这方面由于我们过去把社会学看成是资产阶级伪科学，取消了社会学，用马克思主义哲学中的历史唯物主义去代替具体社会学的研究，造成了我国社会学研究的落后。党的十一届三中全会后我们才重建社会学，为了有别于在资本主义国家流行的社会学，也可以鲜明地称之为马克思主义社会学。但这差不多是开创性的工作，是不容易的；就如由郑杭生、贾春增和沙莲香组织中国人民大学社会学研究所同志写的《社会学概论新编》[2]，说是要用马克思主义做指导，但我们看也未摆脱资本主义国家中流行的一套概念的影响。因为社会是开放的、特殊复杂的巨系统，研究社会学必须用系统科学的基础学科系统学[5]的理论和方法，所以马克思主义社会学也是社会系统学。因此，社会学的建设和发展对我们国家来说是一个非常艰巨的任务。

在马克思主义社会学概括下，专门研究经济的社会形态，即物质文明建设的学问就是经济学。这门科学发展较早，但过去我们在一个很长时期中，由于把经济学的对象局限于生产关系，局限于生产资料所有制的形式、分配形式和人们在生产过程中地位关系的研究，而忽视了生产力的研究，忽视了作为整体的社会生产、分配、交换、消费的研究，忽视了经济运行机制的研究，造成了我们物质文明建设的落后，所以研究物质文明建设的经济学也还有许多工作要做。专门研究政治的社会形态，即政治文明建设的学问就是政治学。这门科学的遭遇和社会学一样，过去我们也把它取消了，这使我们对政治的理解，长期只停留在政治就是阶级斗争的简单认识上，这曾给我们带来了许多政治灾难，造成了我们政治文明建设的落后。政治学也是在十一届三中全会后才重新建立起来的，所以政治学的建设和发展对我们来说，也是任务艰巨。专门研究意识的社会形态，即精神文明建设的学问，我们曾建议称之为精神文明学[3]，这在过去也没有，是一门新的学科，现在有些同志正在从事这方面的研究，要把这门科学建立起来，还需要付出巨大的努力。

这样看来，在人类知识最高概括的马克思主义哲学指导下，研究社会的总的学问是马克思主义社会学，下面有三个大的分支科学，就是经济学、政治学和精神文明学，这是社会科学体系中的四门最主要的基础理论科学，这四门基础社会科学理论的建设和发展，对我们国家来说都是任务十分艰巨的，实际上是对社会科学的一次革新；但为建设好我们国家，我们希望中国的社会科学界和自然科学界能结成联盟，为之奋斗。

二、社会形态的整体性和三个文明建设的相互关系

社会形态的三个侧面是互相联系，互相制约和相互作用的，许多方面是互相交错的，

从而组成一个社会的有机整体,即社会系统。其中经济的社会形态是基础,它决定了政治的社会形态和意识的社会形态。意识的社会形态是社会上层建筑中最抽象的部分,它不仅要受社会经济基础的制约,而且要受政治制度的制约,经济对意识社会形态的影响,常常要通过政治关系的中介起作用,对意识形态影响最大最直接的,往往是政治、法律、道德等因素。同时意识的社会形态对政治的社会形态、经济的社会形态又有相对的独立性和能动的反作用。因为人类社会活动的一个特点就是要受意识的支配,人们改造世界必须首先认识世界,人们对客观世界的认识一方面受改造客观世界活动的制约,一方面反过来制约着人们对客观世界的改造活动。列宁说:“人的意识不仅反映客观世界,并且创造客观世界。”[4]这是正确的。人类社会的人造自然就是人类智慧的产物,今天人类的物质文明都是人类意识的创造。邓小平同志说科学技术是第一生产力。因为科学作为观念形态是一种意识形态,而人的意识又是和具体的人结合在一起的,作为掌握了科学技术的人是生产力中最主要的因素。这就说明在当今之世人的文化素质之重要。我们认为这个趋势到下个世纪将更加明显;我们估计在 21 世纪中叶,要求每一个成年人不但要有文化,而且都要有相当高的文化水平,每个公民都要是硕士。从这个前景看,目前我国对教育问题的讨论还显得太局限于眼前了。这也说明意识的社会形态的重要性。

当然政治的社会形态对经济的社会形态也有强大的反作用。恩格斯曾指出,国家权力对于经济发展的三种反作用:“它可以沿着同一方向起作用,在这种情况下就会发展得比较快;它可以沿相反方向起作用,在这种情况下它现在在每个大民族中经过一定的时期就都要遭到崩溃;或者是它可以阻碍经济发展沿着某些方向走,而推动着它沿着另一种方向走,这三种情况归根到底还是归结为前两种情况中的一种。但是很明显,在第二和第三种情况下,政治权力能给经济发展造成巨大的损害,并能引起大量的人力和物力的浪费。”恩格斯还谈道:“还有侵占和粗暴地毁灭经济资源这样的情况;由于这种情况,从前在一定的环境下某一地方和某一民族的全部经济发展可能完全被毁灭。”[5]这些在我们国家也是有切身体会的。所以政治文明建设对物质文明建设有巨大的反作用。

这就向我们提出了一个重要问题,就是如何正确处理社会三个文明建设的关系问题。而社会形态的三个侧面是互相联系、相互制约的,互相适应的,社会三个文明建设也是互相联系、互相制约的。其中物质文明建设是基础,它决定、制约着政治文明、精神文明的建设,同时政治文明、精神文明建设又对物质文明建设产生巨大的反作用,它既可以起推动作用,也可以起阻碍、破坏作用,它们是物质文明建设的精神动力和决定物质文明建设方向的政治保证。如果三个文明建设协调发展,那么社会的建设和发展就会顺利、就快。如果不协调发展,那么社会的建设和发展就会受到阻碍,造成巨大损失,甚至如恩格斯说的“会使一个民族一个国家的全部经济完全毁灭!”从系统科学的观点来说,这就是会使整个社会系统从有序走向无序、混乱、崩溃。因此,应用系统科学理论研究社会系统三大文明建设的关系,研究如何使它们协调发展,以取得最好的整体效益,对社会的建设和发展具有重要意义。这就是社会系统工程,是系统工程中最复杂、最难处理的一类技术问题;但近年来在我国的实践中也摸索出一套解决社会系统工程问题的有效方法了[6]。

三、社会主义三个文明建设的理论与我国社会主义政治文明建设的任务

关于社会主义、共产主义文明建设的理论，马克思、恩格斯、列宁都有过许多论述，其他社会主义、共产主义者，包括一些空想社会主义者也有许多论述，但过去我们这方面缺乏研究，对这个问题忽视了[7]。苏联和东欧国家六七十年代开始重视社会主义新型文明的研究，发表了许多文章和著作。我们国家是在十一届三中全会以来才开始重视这方面的研究。1979 年 9 月 29 日，叶剑英同志在庆祝中华人民共和国成立 30 周年大会上的讲话中，首次比较明确地提出，我们要在建设高度物质文明的同时，建设高度的社会主义精神文明。政治文明没明确提出，但讲到要在改革和完善社会主义经济制度的同时，改革和完善社会主义政治制度。

1982 年 9 月党的十二大，把在建设高度物质文明的同时，一定要努力建设高度的社会主义精神文明，作为建设社会主义的一个战略方针提出来，并对物质文明、精神文明，以及两者的辩证关系，精神文明的思想建设和文化建设两方面作了明确的理论阐述，这是对社会主义文明建设理论的一个重大发展。这一理论成果也写进了新党章，十二大通过的《中国共产党章程》把我国建设成为高度文明、高度民主的社会主义国家作为中国共产党在现阶段的总任务。政治文明虽仍没有明确提出，但十二大报告中明确提到了努力建设高度的社会主义民主问题，并提出社会主义物质文明和精神文明建设都要靠继续发展社会主义民主来保证和支持，指出建设高度的社会主义民主是我们的根本目标和根本任务之一。

1984 年 10 月《中共中央关于经济体制改革的决定》，1985 年 3 月《中共中央关于科学技术体制改革的决定》，同年 5 月《中共中央关于教育体制改革的决定》以及 1986 年 9 月《中共中央关于社会主义精神文明建设指导方针的决议》，实质上是两个文明建设理论上的进一步深入。1987 年 10 月党的十三大把政治体制改革提上日程，明确提出了政治体制改革的七个方面：① 实行党政分开；② 进一步下放权力；③ 改革政府工作机构；④ 改革干部人事制度；⑤ 建立社会协商对话制度；⑥ 完善社会主义民主政治的若干制度；⑦ 加强社会主义法制建设。

我们认为明确地提出社会主义政治文明建设的问题，这会使政治体制改革的内容、方向更为明确、全面。我们建议鲜明地提出社会主义三个文明建设的口号，将比两个文明建设的提法更为完整和全面。针对我国的实际情况和过去对政治文明建设的忽视，要特别注意社会主义政治文明建设的问题。我们还建议进一步深入地研究社会主义三个文明建设的理论，使之形成系统的、完整的、科学的理论体系，以作为我们四化建设和改革、开放的一个理论基础。

四、社会主义文明的目标是人类文明的更高阶段

资本主义文明不是文明的最理想形式，也不是文明发展的最高阶段。在中国的今天，有必要重申，我国人民经过百年以上的苦难和曲折的探索才找到的真理：科学的社会主义。在这节里我们讲讲本来不该忘记的道理，所谓“再认识”，是为了更全面地、从而更清楚地认识资本主义的本质，而不能成为这个问题上的糊涂人。

资本主义虽然使人类文明大大向前推进了一步，资本主义的生产力已经达到了这样的水平，它所产生的社会财富完全可以满足全体社会人员的富裕生活，但资本主义制度恰恰没有能做到这一点，所以贫困、饥饿、愚昧、无知、道德的堕落、暴力对抗、凶杀、抢劫、偷窃、强奸、卖淫等等不文明现象还是存在。不可否认，战后资本主义的发展，也充实和扩大了一些调动人民积极性的做法，生产进一步发展了，工人生活改善了，股份的分散化、社会化，也使一部分人有了一点财产权；议会制、普选制、参与制使资本主义的民主政治前进了一步。但资本主义社会的生产资料和社会财富的绝大部分还是被控制在少数垄断资本家手里，而不是为广大人民群众所拥有；一无所有、一贫如洗、流落街头的穷人还是存在；国家权力还是掌握在少数听命于垄断财团的资产阶级政党首脑手里，广大人民群众并不能决定国家的命运，真正掌管国家的政权。资本主义社会许多不文明现象的存在，其根源就是在生产资料的资本家私人占有制和阶级对抗、阶级剥削和阶级压迫的存在。

社会主义、共产主义就是要达到人类文明的更高阶段，就是要消除资本主义文明中的弊病，因此它必然要消除产生这种弊病的根源，即生产资料的资本家私人占有制和阶级对抗、阶级剥削和阶级压迫的制度。这就是社会主义、共产主义者提出消灭私有制、建立公有制，消灭阶级、建立无阶级社会的原因。因为只有消灭私有制，建立公有制，才能使社会财富为每个人所有，才能保证社会财富的公平分配，才能保证每个人过上富裕的生活，才能消灭贫富不均、贫困和饥饿的社会不文明现象。因为只有消灭阶级，才能消灭阶级统治、阶级剥削和阶级对抗，才能达到真正政治上的平等、民主、自由，每个人才能真正得到解放。当然今天看来，人类要达到消灭私有制、消灭阶级，建立共产主义的文明生活方式，还需要经历很长很长的历史时期；社会主义是共产主义的低级阶段。而且今天来看，就是社会主义文明的建设也还需要经历一个很长的历史时期；今天的一些社会主义国家，都还没有达到社会主义文明的标准。但社会主义文明的目标是人类文明的更高阶段这一点应该是明确的。

人类文明的最高阶段是共产主义的文明，在物质文明方面要达到马克思在《哥达纲领批判》中所讲的“集体财富的一切源泉都充分涌流”，因此社会能做到“各尽所能，按需分配”，所以共产主义文明将使人们奴隶般地服从的分工消失，使脑力劳动和体力劳动的对立也随之消失，劳动不仅是谋生的手段，而且成了生活的第一需要，随着个人的全面发展，生产力也更为迅速地增长起来。社会生产的发展，达到了不仅可能保证一切社会成员有

富足的和一天比一天充裕的物质生活，而且还可能保证他们的体力和智力获得充分的自由的发展和运用。社会生产内部的无政府状态也将为有计划的自觉的组织所代替，所以生存斗争停止了。恩格斯说："于是，人才在一定意义上最终地脱离了动物界，从动物的生存条件进入真正人的生存条件。人们周围的、至今统治着人们的生活条件，现在都受到人们的支配和控制，人们第一次成为自然界的自觉的和真正的主人，因为他们已经成为自己的社会结合的主人了"[8]。这就是人类从必然王国向自由王国的飞跃。

从政治文明方面来说，就是要消灭阶级，从而消灭阶级对抗、阶级统治、阶级剥削和压迫，从而达到国家消亡，社会把国家权力重新收回，人民群众把被剥夺的权力重新收回，真正还政于民，人民真正当家作主，这就是真正的民主。而随着阶级和私有制的消灭，人们也才达到真正的平等，人们在经济、政治、文化上的不平等现象也将最终消灭。《共产党宣言》说："代替那存在着各种阶级和阶级对立的资产阶级旧社会的，将是这样一个联合体，在那里，每个人的自由发展是一切人的自由发展的条件。"[9]这就是真正的自由。当然共产主义的高度政治文明是建立在高度物质文明的基础上的。这是因为社会分裂为剥削阶级和被剥削阶级、统治阶级和被统治阶级，是生产不大发展的必然结果，这种阶级划分是以生产的不足为基础，它将被生产力的充分发展所消灭。在社会生产充分发展的阶段上，某一特殊的社会阶级对生产资料和产品的占有，从而对政治统治、教育垄断和精神垄断不仅成为多余的，而且成为政治、经济、文化发展的障碍。随着社会阶级的消灭，特殊的官僚阶层、官僚主义的恶习、贪污腐化之风，残酷的政治斗争以及不民主不平等的现象等也将最终被彻底消灭。

从精神文明方面来说，在共产主义高度物质文明、政治文明的基础上，共产主义高度的精神文明也可以建立起来了。因为正如恩格斯说的，每个人都有充分的闲暇时间从历史上遗留下来的文化——科学、艺术、交际方式等等——中间承受一切真正有价值的东西；并且不仅是承受，而且还要把这一切从统治阶级的独占品，变成全社会的共同财富和促使它进一步发展。而高度发达的社会生产，又给每一个人提供了全面发展和表现自己全部的即体力的和智力的能力的机会，所以那将是人类科学文化空前繁荣的时代。而随着阶级、私有制的消灭，共产主义思想道德的确立，真正的全人类的思想道德就形成了。人们都懂得，只有维护公共秩序、公共安全、公共利益，才能有自己的利益，于是农奴制的棍棒纪律，资本主义的饥饿纪律，阶级社会的强迫纪律，让位于共产主义的自觉的纪律，"人人为自己，上帝为大家"的可恶信条让位于"人人为我，我为人人"的信条。这就是真正的共产主义的人道主义。

我们可以用马克思的这样一句话来概括："共产主义是私有财产即人的自我异化的积极的扬弃，因而也是通过人并且为了人而对人的本质的真正占有；因此，它是人间作为社会的人即合乎人的本性的人在自身的复归，这种复归是彻底的、自觉的、保存了以往发展的全部丰富成果的。"[10]

不管今天有些人怎么怀疑马克思主义，不管今天有些人怎样批判科学共产主义的学说，马克思、恩格斯提出的人类共产主义文明更高阶段的理想，是真善美的统一，是真正合乎人性的，是真正人道主义的，它确实是人类社会文明的理想境界。这就是为什么一百多年来它吸引了千千万万人的原因，无数的志士仁人为此奋斗、献身的原因。不管今天现实社会主义国家中还有多少不尽如人意、不文明的现象存在，它仍不能掩盖共产主义文明的光辉。这种共产主义的最高文明形态仍是任何一个真正追求人类解放，特别是任何一个真正的共产党人所应该追求的崇高理想。所以我们要坚持四项基本原则，反对资产阶级自由化。

五、我国目前的现实和三个文明建设的现状

那么怎么解释现实社会主义国家中还存在着许多不文明的现象呢？怎么解释现实社会主义国家在经济、政治、文化建设方面，许多地方还不及有些发达资本主义国家呢？

其中有一点是马克思早就指明的，那就是社会主义是共产主义的低级阶段，它在经济、政治、思想、文化方面不可避免地还遗留有许多旧社会的残余和痕迹。而我们国家还处在社会主义的初级阶段，旧社会的残余痕迹当然更多。

但更为重要的原因，是我们在社会主义革命建设过程中的错误造成的。这种错误既有主观的根源，也有客观的根源；既有对马克思主义社会主义的误解，也有假马克思主义假社会主义的歪曲破坏。

首先是许多人没有重视马克思主义唯物史观所十分强调的根本观点，就是资本主义的灭亡，社会主义、共产主义的建立，都是要在社会生产力高度发展的基础上才有可能。正如马克思所说："无论哪一个社会形态，在它们能容纳的全部生产力发挥出来以前，是决不会灭亡的；而新的更高的生产关系，在它存在的物质条件在旧社会胞胎里成熟以前，是决不会出现的。"[11]而我们许多人却出于良好的愿望，总想一步登天，结果是欲速则不达。

其次，许多人没有注意社会主义三个文明的建设。在我们国家社会主义建设的前期，我们是比较重视社会主义精神文明建设的，但忽视了物质文明、政治文明的建设。所以这一时期虽然精神文明表现得比较好，但政治不文明、不民主，造成了许多决策上的失误，特别是造成了阶级斗争扩大化，以及"大跃进"、人民公社化的失误。就是精神文明建设，也由于我们受过"左"的思想的影响，对传统文化及西方资本主义文化的片面批判，而使科学文化发展不快，这就是造成所谓贫穷的社会主义，不民主的社会主义的原因。而改革开放以后，我们许多人重视了物质文明建设，但又忽视了精神文明建设，政治文明建设也还没有真正抓起来，所以改革开放 10 年，我们的物质文明有了很大发展，但精神文明、政治文明建设落后了，造成许多封建主义、资本主义腐朽现象的沉渣泛起。特别应该指出的是，社会主义政治文明的建设，在新中国成立以后的几个时期中都被忽视了。斯大林严重破坏社会主义法制，毛泽东同志就曾经认识到，但没有认真从制度上解决，从而导致 10 年"文化大革命"的错误。这个教训暴露后，我们更深刻地认识到这一点，但仍没有切实从制

度上解决好，所以又造成了这10年改革中的许多失误。政治不文明是我们决策失误和工作失误的一个重要原因，而且许多腐败现象本身就是政治不文明的产物。

当然造成这些错误也有其客观原因。人们的认识要有一个过程，建设社会主义需要整整一个历史时期。中国封建社会的繁荣和发达，是因为它经历了春秋战国四五百年的百家争鸣、以思想文化大发展为前提的，它经历了二千多年的充分发展。西方资本主义的繁荣和发达，是以它经历了文艺复兴四五百年的思想文化解放运动为基础的，它已经历了三百多年的发展。马克思主义产生才一百多年历史，社会主义国家的建设才七十多年历史，社会主义国家的改革才三十多年历史，社会主义还不可能达到它的繁荣和发达时期是必然的。从我们国家来说，我们是从一个半封建半殖民地的社会很快过渡到社会主义的，我们的物质基础，政治文明程度，科学文化的发展都相当落后。二千多年封建专制主义历史遗留给我们的政治不文明的影响是相当深刻的，而我们又没有经历过西欧文艺复兴时期的思想文化大解放运动，没有经历充分发达的资本主义历史阶段，我们国家社会主义三个文明建设的落后是可想而知的，对此我们今天一定要有清醒的认识。

这里也不能忽视那些假马克思主义假社会主义骗子的歪曲、篡改、糟蹋、破坏给我们社会主义革命建设事业所造成的错误和损失。正如列宁说的，在历史上，任何一个翻天覆地的人民运动都不免要带些脏东西，都不免会有些野心家和骗子、吹牛和夸口的人混杂在还不老练的革新者中间，不免有些荒唐混乱的现象，干些糊涂事，空忙一阵，不免有个别“领袖”企图百废俱兴而一事无成的现象。列宁说，在革命已经爆发，闹得热火朝天的时候，什么人都来参加革命，有的是由于单纯的狂热，有的是为了赶时髦，有时甚至是为了贪图禄位，在这时候作一个革命家是不难的。无产阶级要费极大的气力，可以说要用千辛万苦的代价，才能从这种蹩脚的革命家手里“解放”出来。我们在民主革命中，在社会主义革命、建设过程中，难道少吃这些假马克思主义骗子、蹩脚革命家、改革家的苦了吗？我们还要付出千辛万苦的代价才能从这些人手里解放出来。

六、三个文明建设的协调发展需要加强社会主义政治文明建设

历史、现实和共产主义的奋斗目标向我们提出了三个文明建设的艰巨任务，要建设高度的社会主义物质文明、政治文明和精神文明，还需要我们几代人的艰苦奋斗。因此我们需要制定文明建设协调发展的总体战略，而这又首先要求我们对本文前面几节所提的问题深入地研究下去。

关于社会主义物质文明的建设，我们党十二大、十三大已经有了一个经济现代化的建设纲领。这个纲领是我国社会主义建设的经验总结，符合中国国情和世界发展形势，现在需要切切实实地执行，并在实践中进一步完善、发展。关于社会主义精神文明的建设，党的十二大、十三大和党的十二届六中全会在1986年通过的《中共中央关于社会主义精神文明指导方针的决议》都做了明确的阐述，规定了正确的方针，也是我国社会主义建设的

经验总结，是符合中国国情的，现在需要认真去做，并在实践中不断总结经验，逐步提高认识，再反过来指导实践。根据这个情况，本文的最后部分将集中讲讲我们对社会主义政治文明建设的认识。

首先我们要认识到，三个文明建设要协调发展才能互相促进。我们的任务也十分艰巨，我们要克服二千多年封建专制主义高度集权制的深刻影响，跨过资本主义的政治民主制阶段，而达到社会主义的政治文明。这就有几个重要的前提要搞清楚。

有些人说中国需要重新经历一个资本主义的两党制或多党制。当然两党制或多党制比封建集权制要进步。但历史不能走回头路，中国历史的进程已经走到社会主义，已经选择了共产党领导的多党合作制。社会主义的政治文明要高于资本主义，虽然我们过去有过许多政治不民主的现象，但那不是社会主义，而正是违背社会主义造成的。当然，中国共产党人也是人，不是神，要正确地领导全中国人民建设社会主义，少犯错误，任何时候都必须抓好党的建设。

有些人要求马上实现高度民主，实行人民自治，甚至要求绝对自由，这些都是不切实际的。民主建设不可能一蹴而就，全面自治也是共产主义高级阶段的理想，政党、国家消亡后才能实现。现在的生产力水平还没有达到国家消亡的时代，自治只能是一种幻想。有的国家过早提出国家政党消亡，实行工人自治，放权过头，造成分散主义、多中心主义、无政府主义的教训是值得我们认真考虑的。其实，所谓绝对的自由是在任何时代、任何社会都做不到的空话。应该指出，有的人打着民主、自由、自治的旗帜，实际上是鼓吹无政府主义。

还有些人热衷于罢工罢课自由，游行示威自由等等。实际上这些并不是政治文明的表现。这是在过去旧社会里，广大人民群众没有政治自由，只能通过罢工、罢课、游行示威，甚至暴力对抗这种阶级斗争方式来表达自己的意愿，达到争取自己生存权利的目的。社会主义社会需要用更文明的形式来解决人民内部的各种矛盾，实践证明，建立社会协商对话制度是一个好经验，通过这种方法，做到下情上达，上情下达，彼此沟通，互相协商，解决人民内部存在的各种矛盾，包括政府与人民的矛盾。许多社会主义国家的政治实践证明，罢工、罢课、示威游行，甚至暴力对抗，不仅不能解决问题，而且往往给国家政治、经济生活带来更为严重的危机。

有些人说中国需要“新权威主义”，这个“新”字很显眼！中国共产党是领导全中国的核心力量，自然是权威。但中国共产党从马克思主义认识论出发，断言领导的决策只能来源于广大人民群众的实践，所以党的一条基本路线是群众路线：先向人民群众学习，总结他们的经验，然后概括提高为指导工作的方针政策，这也就是民主以后的集中。民主与集中的辩证统一，有什么不对？如果说中国共产党在执行这条基本路线中有缺点和错误，那是个改正和吸取教训的问题，而不是树立什么“新权威”的问题。

实事求是的态度应该是，在中国现实的基础上，一步一步地建设社会主义初级阶段的政治民主制。社会主义政治文明的建设要抓住本质、核心的东西。社会主义民主政治的本质和核心，是人民当家作主，真正享有各项公民权，享有管理国家和企事业的权力。现阶段社会主义民主政治的建设，必须着眼于实效，着眼于调动基层和群众的积极性，要从办得到的事情做起，致力于基本制度的完善。

首先是人民代表大会制的完善。人民代表大会制是我国的根本政治制度，也是体现人民民主的最重要的制度。要使人民代表大会真正成为国家最高权力机关，党和政府的权力不能凌驾于人民代表大会之上，国家大政方针必须由全国人民代表大会民主讨论协商决定，地方的大事要由地方各级人民代表大会民主讨论协商决定。总之，要按《宪法》规定的办。

要保证人民代表大会真正代表人民意愿，就要完善选举制度。人民代表要真正由人民民主选举产生，代表人民。要无记名投票，差额选举。国家领导人要真正由人民民主选举产生。

我们国家历史上已经形成了共产党领导的多党合作制，中国共产党与民主党派是“长期共存、互相监督”，“肝胆相照、荣辱与共”的关系，这曾经起过很好的作用。现在的问题是要完善这个制度，要使各民主党派真正参政、议政、督政，要使人民政协在国家政治生活中发挥更大的作用。

我国一共有 56 个不同的民族，但汉族在人数上占绝对优势，所以其他 55 个民族称少数民族。这是历史形成的，但“大汉族主义”的影响必须认真消除。一定要在政治上实现民族平等，再在经济上及文化上及早实现民族平等。这也就从根本上消除少数“分裂主义”分子活动的余地。

同时要充分发挥工会、共青团、妇联、科协、文联等群众团体在参政、议政、督政方面的作用，发挥它们作为党和国家联系广大人民群众，集中人民智慧的桥梁、纽带作用。要鼓励并促使各种群众团体能够按照各自的特点，独立自主地开展工作，能够在维护全国人民总体利益的同时，更好地表达和维护各自所代表的群众的具体利益。我们应该认识到，随着社会主义建设的发展，群众团体的作用与日俱增，而国家政府的日常事务倒会逐渐减少。到了共产主义社会，国家消亡了，而群众团体还是需要的。

还要完善监督制度。人民代表和政府官员要受人民监督。国家领导人、政府官员要定期向人民代表汇报工作，接受人民代表的监督、质询。人民代表要向广大人民群众定期汇报工作，接受人民的监督、质询。要把公开办事制度和群众举报制度结合起来，并充分发挥社会舆论的监督作用。国家监察部门和党的纪检委要独立行使职权，不受党和国家领导人和各级干部的制约，要做到如列宁说的，任何人的威信都不能妨碍他们提出质问、审查各种文件，并要做到绝对了解情况和使问题处理得非常正确。

还要完善干部的选举、招考、任免、考核、弹劾、罢免以及职责、分工制度，彻底废除领导职务终身制和权力高度集中的现象。要有罢免制，人民有权罢免不称职的政府官员。健全国家公务员制度，彻底改变封建主义裙带关系，任人唯亲，拉帮结派的恶习，真正把德才兼备的优秀人才选拔上来，使政府各级官员真正代表人民利益，为人民办事，作人民的公仆。

社会主义社会党和国家领导管理的一条主要原则是群众路线、民主集中制原则，这是比较明确的，现在的问题是如何贯彻。在社会主义初级阶段，一方面广大人民群众限于知识和文化水平还不可能直接参政，掌管国事。群众的丰富实践经验群众自己也无法概括总结，现在人民对改革中出现的问题议论纷纷，莫衷一是，也是这个原因。就是内行专家的建议，人大和政协的提案，也大都是一个局部的真理，是零金碎玉，很可贵，但尚未组合成能付诸实施的完整方案。另一方面，国家事务千头万绪，复杂到不是哪个领导人能靠个人的智慧和力量，靠听汇报，出主意所能解决的。这就需要：第一，通过比较有文化的人民代言人，把人民群众的意见、经验概括总结成建议和提案；第二，有专职的各级、各部门以至国家的"智囊团"式的咨询参谋团体，运用社会系统工程方法，通过几百上千个参数的电子计算机综合分析，把人民群众的智慧凝聚结晶成决策方案，供负责人或负责集体参考、审定[12]。

社会主义的法制建设也是一个重要方面。这一方面是因为社会主义社会还有阶级敌人和各种坏分子，但我们不能像过去那样，用政治运动、阶级斗争扩大化的方法来处理这种敌我矛盾，而要用国家法治的手段，来解决社会主义社会的各种对抗性矛盾。另一方面，要由人治过渡到法治，社会主义的法治，也必须健全社会主义的法律体系、法治体系。不仅要有法可依，而且要有法必依，执法必严，否则法律也是一纸空文。我们现在不仅法律还不够健全，有时无法可依，而且还存在有法不依，执法不严的现象，人们的法治观念不强，所以真正的法治还没有完全建立起来，这还需要我们做很多的工作。现在有的人宣传这样一种所谓的"法治"观点，说只要法律没有规定不允许做的事我都可以做，都是合法的。这种观点是不正确的，是钻法律的空子。法律当然要规定什么允许做，什么不允许做，但法律也是有限的，也不是万能的，它不可能什么都想到，什么都规定到，它肯定有没有规定到的地方，所以不能说，只要法律没有规定不允许做的事都可以做，还要有其他规章制度和社会主义伦理道德规范来作行为准则。这涉及社会主义精神文明建设的问题。

这样，概括起来，我国社会主义初级阶段的国家政治体系，是以中国共产党的领导为核心的人民政权机构，有五个方面：

（1）人民代表大会及与之协同的人民政治协商会议；

（2）人民团体及群众组织；

（3）政府及各级行政系统；

（4）审判系统；

（5）检察系统。

总的目标是要造成一个又有民主又有集中，又有自由又有纪律，又有个人心情舒畅又有统一意志这样一种生动活泼的政治局面。也就是邓小平同志在《党和国家领导制度的改革》一文中指出的："政治上，充分发扬人民民主，保证全体人民真正享有通过各种有效形式管理国家，特别是管理基层地方政权和各项企业事业的权力，享有各项公民权利，健全革命法制，正确处理人民内部矛盾，打击一切敌对力量和犯罪活动，调动人民群众的积极性，巩固和发展安定团结、生动活泼的政治局面。”[13]这就是高度的社会主义政治文明。

注释

[1] 参看马克思1844年11月《关于现代国家的著作的计划草稿》，《马克思恩格斯全集》第42集，第238页。列宁1920年11月3日《在全俄省县国民教育厅政治教育委员会工作会议上的讲话》，《列宁全集》第39卷，第404页。俄文“kyлбгура”一词可译为“文化”，也可译为“文明”，旧版中文《列宁全集》译为“出版政治读物”，后来的文选和新版译为“政治文化”，最近有些报纸杂志译为“政治文明”。

[2] 郑杭生、贾春增、沙莲香：《社会学概论新编》，中国人民大学出版社，1987。

[3] 钱学森、孙凯飞：《建立意识的社会形态的科学体系》，《求是》1988年第9期，第2～9页。

[4]《列宁全集》第38卷，人民出版社，1975，第228页。

[5]《马克思恩格斯全集》第37卷，人民出版社，1971，第487页。

[6] 于景元：《从系统工程到系统学》，见《论系统工程》钱学森等著，湖南科学技术出版社，1988年2版，第604页。

[7] 中共中央党校1982年编的《马克思恩格斯列宁斯大林论社会主义文明》有200多页，实际上有些重要论述还没有收入。

[8]《马克思恩格斯全集》第20卷，人民出版社，1971，第308页。

[9]《马克思恩格斯全集》第4卷，人民出版社，1958，第491页。

[10] 马克思：《1844年经济—哲学手稿》，人民出版社，1957，第73页。

[11]《马克思恩格斯选集》第2卷，人民出版社，1972，第83页。

[12] 钱学森：《社会主义建设的总体设计部——党和国家的咨询服务单位》，《中国人民大学学报》1988年第1期，第10～22页。

[13]《邓小平文选》，第2卷，人民出版社，1983，第322页。

高层次咨询论证要用有中国特色的系统工程方法*

中国科协交通运输课题进行了两年多，专家们做了大量工作。我最近看了“中国科协中国交通运输发展战略与政策研究课题组”的三本专题研究汇编(听说已出了五本)，这三本汇编中专家们都发表了自己的意见。我觉得有一个问题请你们注意，就是向政府提出的咨询论证建议，要努力做到全面地看问题，科学地分析问题，切不可成为片面的或局部的一得之见。

我们国家在发展中有各种各样的问题，有各种各样的意见。对各种各样的意见如何权衡、如何决策才符合社会主义建设规律和国民经济发展的要求，最后提出对大家来说都满意并符合规律的建议，这必须采用系统工程方法。只有采用系统工程的方法才能解决问题。我记得一年前同“湖南省洞庭湖区整治开发规划”课题组的同志们交谈时就提出了这方面的意见。高层次咨询论证工作如何做？就是要用系统工程的方法。

今年 8 月 7 日江泽民总书记和李鹏总理接见我时，江总书记就提到系统工程“使我们学到一种处理任何工作、思考任何问题的方法。把方方面面都想到，处理得更周密、更完整，这不很好吗?”李鹏总理也讲道：“现代的科学技术，现代的工程项目，已不是牛顿、瓦特、爱迪生的时代，一个人或几个人的小组可以搞研究，搞发明创造，搞个人奋斗了，而是一个大型的复杂的系统工程，要依靠集体，用系统工程的观点和方法来分析、组织这样的工作。”

这里讲的系统工程方法是从定性到定量的综合集成(这是在这次整理发表时修改的，三年前用的词是定性与定量相结合)方法，就是让专家们充分地发表不同的建议与意见，吸收过来，然后在众多专家建议和思路的基础上，综合起来，以专家的智慧建立用上百个参数、几百个参数的模型，再进行运算。具体做法就是：

第一，充分听取各方面有经验专家的意见与建议。

第二，在充分听取专家意见的基础上，把这些思想综合起来，并建成一个大模型。

第三，将统计部门实际的数据输入模型，进行运算。

第四，将运算结果与结论请专家们进行评审，充分听取有经验专家的意见，让专家们评论，并在此基础上进行修改。

---

* 本文是 1989 年 9 月 8 日与中国科协“中国交通运输发展战略与政策研究”课题组同志的谈话，原载于《中国科协报》1993 年 1 月 7 日出版的创刊号上。

第五，根据专家经验和结论，进一步修改模型，再进行运算。

第六，将运算结果再请专家们研究，有意见再改，这样反复多次，直到专家们认为提不出什么意见来了，就定了。

采用这种系统工程的研究方法，对诸如社会主义建设中的大问题作为一个开放的复杂巨系统进行研究，得出来的结论才能令人信服。这种研究方法，就是从定性到定量的综合集成法。

近十年来，我们国家可以说探索出来这样一个成功的方法。航空航天部 710 所用这种方法搞国民经济预测，做出了不少成绩。这是具有中国社会主义特色的一种方法。这种方法，资本主义国家无法用，他们的专家各有后台，要顾及各自老板的利益，无法统一协作；中国不同，是社会主义国家，专家们是爱国的，有共同的奋斗目标，可以把专家们的意见充分地吸收进来。你们可以宣传一下。同志们对这个方法有兴趣，可以查看将在 1990 年第 1 期《自然杂志》发表的、我同于景元和戴汝为写的《一个科学新领域——开放的复杂巨系统及其方法论》，那里讲得更详细。

交通运输也是一个开放的复杂巨系统，它包括铁路、公路、民航、内河、海运、管道等不同运输方式，要协同解决各种交通运输问题。各方面专家都有自己的经验和历史背景，专家们的见解是宝贵的，但不一定全面。我们要用从定性到定量综合集成的系统工程的方法，在众多专家的思路和建议的基础上作出有力的科学论证。

建立社会主义科学技术工作体系*

建国40年来，我们的科技工作者为建设社会主义祖国做出了伟大的贡献。现在，我们要总结过去，展望未来。如何发扬科学精神、献身“科技兴国”事业呢？我认为，首先要认识我们所处的世界，要实事求是。今年8月7日江泽民总书记和李鹏总理接见我的时候，李鹏总理讲了一段话，他说：“现代的科学技术，现代的工程项目，已不是牛顿、瓦特、爱迪生的时代，一个人或几个人的小组可以搞研究、搞发明创造，搞个人奋斗了，而是一个大型的复杂的系统工程，要依靠集体，用系统工程的观点和方法来分析、组织这样的工作。”李鹏总理的这段话，我认为是完全正确的，现在，我想结合导弹、人造卫星的研制谈谈自己的体会。

第一点，50年代后期，我们开始搞国防尖端技术，也就是核弹、导弹、人造卫星。那时是用了大型复杂系统工程的方法来组织的。这套组织我觉得有两个方面的特点：一是统一领导。那时实行统一领导的是中央专门委员会，由周恩来同志主持，日常工作由聂荣臻同志负责。这个统一领导的组织，是非常强有力的。如果中央专门委员会定了某一项任务要由某一个部门来完成，那么就发一个通知给那个部门，通知内容是某一项任务什么时候要完成。什么道理没有说，因为是保密的，那个部门接受了任务，就毫不犹豫地全力去完成，这就是统一领导。

二是具体任务的组织也采用强有力的措施，每个项目都有一个技术负责人，叫总设计师。他对于这项任务要负全部技术责任。当然，他有一个参谋集体，是一个相当强的机构，叫总体设计部，下面还有分系统的设计、研制单位，也由设计师负责，所以在技术上是组织得很严密的。这是所谓的技术指挥线，日常工作也很复杂，因为这是一个探索性的任务，变动也很多。原来的方案进行到中途发生问题就要调整。这就需要有一个专门从事组织、调度工作的组织管理部门。这就是所谓的行政指挥线，从中央专门委员会统一的领导到每项具体任务的技术方面和组织管理方面的配合，那个时候是做得非常好的。真正做到了中央定的一句话：大力协同。

现在，回过头来看，我认为这是因为周恩来同志和聂荣臻同志把解放战争时大兵团作战的好经验用到科研上，用到国防尖端技术上了，而且是结合当时我们国家的实际的，所以是非常成功的，我认为发扬科学精神，献身“科技兴国”事业，就必须总结这一段的经验，

---

* 本文原载于《科技日报》1989年9月29日。

也就是从50年代后期到70年代初我们国家搞国防尖端技术的成功经验，要用到今天中国的实际上来。当然，今天客观的情况不同于那个时期，所以我们要创新，要建立我们社会主义科学技术工作体系。

第二点，我们不要对于今天出现的情况感到不理解。中国人在20多年前能做到的，为什么现在做不到呢？这跟今天中国的社会大环境是有关系的，时代不同了。

我们经常看到党中央的文件上讲，从党的十一届三中全会以后，我国经济建设的战略部署大体分三步走。第一步，实现国民生产总值比1980年翻一番，解决人民的温饱问题，这个任务已经基本实现。第二步，到本世纪末，人民生活达到小康水平。然后第三步，到下个世纪中叶，人均国民生产总值达到中等发达国家水平。第二步是关键的一步，为什么这一步是关键？我认为，因为在走第一步的时候，我们还能沿用旧的轨道和体制，那10年，我们改革得不太多，还是用了过去习惯的一套方法，取得成功了。那么，现在要走第二步，老的轨道和体制就不行了。现在要转到社会主义现代化中国的新轨道新体制上来，要走面向21世纪的大道，这可不容易。我们过去这几年里，有些事没有掌握得很好，为什么？恐怕就是这个道理，老一套不行了，要转到新轨道新体制，到底怎么走？不知道，因为，第一，没有先例可循。资本主义国家的那一套只供参考，不能照搬，因为社会制度根本不同。而所有的社会主义国家，现在都有困难，要说改革，我们还算走在前面的，所以没法跟人家学。第二，我们明确了要坚持四项基本原则，要改革开放，这就要树立新的观念，但这很不容易，完全要靠探索，那么，能一点错误都不犯？要那么想，恐怕就不是马克思主义者了。所以不能保证我们每一步都是对的。这一点实践也证明了。到2000年，我们要把基本体制搞清楚。搞清楚了，到了下个世纪就能进一步发展了。现在是从老的到新的，是最难的。为什么第二步是关键的一步，就是这个道理。我们科技工作者，心里头都要有这么个概念，要勇于探索，看到今天也看到未来。

我们不能怕难，也不会怕难，因为我们有人类智慧的结晶马克思列宁主义、毛泽东思想，它是指导我们工作的理论基础，此外，我认为，我们已经找到了解决复杂系统工程的科学方法。这不是普通的复杂系统，而是开放的复杂的巨系统。这些方法我们已经试用过，很成功，所以，我们科技工作者要有信心，我们走的道路是对的，曙光已经看到了，让我们一起奋斗吧！

基础科学研究应该接受马克思主义哲学的指导*

今年早些时候，我写过一篇讲基础性研究的文字[1]，说明基础性研究包括两类性质不同的研究：基础科学研究和基础应用研究。前者是在探索中认识客观世界，暂时还不知道会有什么应用，自然也不知道会有什么收益；而后者是为了一个方面的应用，必须先下功夫把这个方面的基本规律搞清楚，是有鲜明的目的性的。因为基础科学研究是探索性的，风险大，只有投入，近期无产出，所以任何国家领导机关在确定这样一些研究项目时，自然总会有些犹豫，想把经费转来支持基础应用研究。这是可以理解的。美国、日本、西欧都对高温超导舍得花钱，连对实验结果有争议的常温核聚变各国也都愿意开支研究经费，因为这都是基础应用研究，有可预见的收益。但对基础科学研究，就是在经费比较充裕的美国国家科学基金会(每年约 20 亿美元)，一项申请也往往很难得到专家评审委员会的通过。以致美国 Richard A. Muller 教授向美国国会议员们建议[2]，国家要相信有成就的科学家，让他们自己选题，行政当局少插手。他说可以分四个步骤发放研究费：第一，向全美国的科学家发出询问：谁是他认为最优秀的、现在正在作研究的科学家，提出名单；第二，向以上名单中的科学家再发出用于以上目的的询问，要他们提出名单；第三，把第二步的过程再重复一次，得到第三批名单；第四，给第三批名单上得票较多的前1 000名科学家，每人每年 100 万美元研究费，不限课题，任其使用。Muller 认为，这才能解决基础科学研究的问题，美国国家科学基金会研究经费的一半，即 10 亿美元，应该这么花。

我想类似的问题在我们社会主义中国也不是一点都不存在。支持基础应用研究还容易下决心，要支持基础科学研究就难了。这里面的一个思想就是，搞基础科学研究，没边没缘，谁知道能不能成功？在这篇文字里，我想就这个问题讲一讲个人的看法：近代科学技术经过约四百年的发展，已经成为一个以马克思主义哲学为最高概括的体系[3]，它的演化是有规律的，因此基础科学研究绝不是像早年那样没有指导思想的摸索，而是在马克思主义哲学指导下的探索，所以途径和路牌是有的。现在我就试着讲出来，向同志们请教。

一、决定性与非决定性

A. Einstein 有一句名言：“我不相信上帝是掷骰子的！”他对量子力学把决定性的牛顿

* 本文原载于《哲学研究》1989 年第 10 期。

力学以及相对论力学转化为非决定性的，就曾这样表示了他的不满。那么到底客观世界本身的运动规律是决定性的，还是非决定性的？

其实对这个问题的争议并非自 Einstein 始。早在上个世纪初，大科学家 Laplace 写了本《天体力学》，他呈送给拿破仑皇帝，拿破仑接见了他，皇帝说："教授先生，你的书怎么没有提到上帝？"Laplace 回答说："我不需要上帝！"意思是世界上的一切都由数学理论、数学方程式决定了，这是牛顿力学明确了的。但是到上个世纪末，为了用分子运动论来解释热力学规律，奥地利的 L. Boltzmann 不得不引入非决定性的统计力学。Boltzmann 的理论与热力学完全相符，但出现了一个矛盾，决定性的牛顿力学怎么会引出非决定性的分子运动论？这个问题在当时科学界争议甚烈，Boltzmann 非常苦恼，以致最后自杀！他对创立统计力学是立了大功的，但解决不了决定性与非决定性的矛盾。这一矛盾直到本世纪 60 年代兴起了混沌理论才得到解决。按照这一理论，在分子数量极多，成亿、成万亿的情况下，只要在相互作用中有一点点非线性关系，就一定出现"混沌"。"混沌"看起来是非决定性的——混乱无章，可是实际它是决定性的，混乱无章正是决定性规律引起的；但可以当作非决定性的统计力学问题来处理。

这一段科学史说明，从决定性的牛顿力学演化为非决定性的统计力学是一次科学进步，而用混沌解释了统计力学的非决定性则又是一次科学进步。那么上帝到底掷不掷骰子呢？从上面这段历史看，应该说：如果这个"上帝"指的是客观世界本身，那么"上帝"是不掷骰子的，客观世界的规律是决定性的。但如果这个"上帝"指的是试图理解客观世界的人、科学家，那他有时不得不掷骰子，而且从自以为是地不掷骰子到承认不得不掷骰子也是一个科学进步。后来科学又发展进步了，科学家能看得更深更全面了，"更上一层楼"了，科学家又不掷骰子了，那又是一个进步，是又一次的科学发展。这样我们就把"上帝不掷骰子"和"上帝掷骰子"辩证地统一起来了。客观世界是决定性的，但由于人认识客观世界的局限性，会有暂时要引入非决定性的必要。这是前进中的驿站，无可厚非，只是决不能满足于非决定性而不求进一步地澄清。

决定性与非决定性的问题也存在于人的思维规律理论之中，这就是逻辑学。早在 17 世纪，德国数学哲学家 Gottfried Wilheim Leibnitz 就认为，总有一天数学计算能解决一切争议，一旦遇到不同意见就说：让我们来计算计算吧。这个设想到了本世纪初，数理逻辑有了很大发展，于是又有一位德国数学家 David Hilbert 就认为，一切数学问题都在原则上是可以判决的，是完全决定性的，而且他着手建立这样的数学大厦。但在 Hilbert 晚年，他的这一美好理想破灭了。本世纪 30 年代，Kurt Godel 和 Alan M. Turing 先后用不同方式说明根本不存在这样的体系。他们证明：没有一组有很多个公理和推理准则所组成的体系能解决所有正整数提出的问题，现在美国 IBM 公司的 Gregory J. Chaitin 更进一步证明数论中存在着随机性，要用统计，即非决定性的理论[4]来解决，这也是由于近一百年来数学原理，或称元数学的发展。现在逻辑学家们已跳出经典逻辑，即所谓一阶逻辑的范围，开辟了二阶逻辑等高阶逻辑，称之为模态逻辑[5]。所以思维规律的学问已经大大发展了。现在我们明白：在某些局限性下出现的非决定性问题，在更高层次中又会变为决定性的。这已经是马克思主义的辩证逻辑了。

二、渺观、微观、宏观、宇观、胀观

我们怎么解决量子力学的非决定性呢？第一是要树立解决这个问题的决心。世界上是有这样的科学家的[6]，如提出"隐秩序"的 D. Bohm[7]，他说世界是决定性的，但在量子力学理论中还有没看到的东西，我们要抓"隐秩序"。Bohm 的思想是对的，但他和他的同道都没有成功。我想这个"隐秩序"不能只在微观世界中去找，它藏在比物质世界微观层次更深的一个层次，即渺观层次。什么是渺观呢？

这要从所谓普朗克长度讲起。物理学家们意识到物理学中有三个常量，即万有引力常数 G，光速 c 和普朗克常数 h。它们可以结合成一个长度，即$\sqrt{\dfrac{h\ G}{2\pi C^3}}$。这个长度极小，大约是 10^{-34} 厘米。过去多少年，这只是个有趣的量，并不知道它有什么具体意义。但近年来理论物理学家为了把四种作用力：引力、弱作用力、电磁力和强作用力纳入统一的理论，即"大统一理论 GUT"，提出一个"超弦理论"(superstring theory)，而这里"超弦"的长度正好是大约 10^{-34} 厘米。超弦的世界比今天中子、质子等"基本粒子"的 10^{-15} 厘米世界还要小 19 个数量级！我们称基本粒子的世界为微观世界，那超弦的世界不应该称为更下一个层次的渺观世界吗？

超弦的世界还有一个特点，它不是四维时空(三维空间加一维时间)，它是十维时空，四维之外再加六维。多出来的六维在高一层次的微观世界是看不见的，因为它太细小了。这就使我猜想：微观层次的量子力学所表现出来的非决定性，实际是决定性的渺观层次中十维时空运动的混沌所形成的。本来是决定性的运动，但看来是非决定性的运动。这是因为超弦的渺观世界是十维时空，有六维在微观世界看不见，不掌握，因而有六个因素没有考虑，漏掉了，可以说是因为微观世界科学家的"无知"，造成本来是决定性的客观世界，变得好像是非决定性的了。这才是"隐秩序"，藏在渺观的秩序。对不对，可以探讨。

从渺观到微观差 19 个数量级。我们不妨让微观世界到人们所熟悉的宏观世界之间也差 19 个数量级，而微观世界的典型长度是 10^{-15} 厘米，那么宏观世界的典型长度就是 10^{-15} 厘米 $\times 10^{19}=10^2$ 米。那是一个篮球场的大小。

从宏观世界再往上呢？我们说是宇观世界，这也是大家知道的天文学家的世界。它是不是与宏观世界也差 19 个数量级？如果是这样，那将是 $10^2\times10^{19}$ 米 $=10^{21}$ 米 $\approx10^5$ 光年，10^5 光年是银河星系的大小，正是天文学家的世界！

所以从渺观、微观、宏观，直到宇观，以上构筑方式是成功的。有没有再上面的世界层次？这不能瞎猜，要看有什么事实指向。在大约半个世纪前，天文物理学界的科学家从天文观测发现，我们所在的这个宇宙是在膨胀的，并且倒推到 100 多亿年前，整个宇宙从一个微点开始爆炸！因此这个宇宙学理论的别名是“大爆炸理论”(big bang theory)。时空有了起点！世界在这以前不存在！这一发现无疑是现代科学的进步，打破了古老的静止世界的观点；但也带来了问题：时间有了起点！据说当时罗马教皇就非常高兴，说科学家证明有上帝，是上帝创造了世界！不但罗马教皇高兴，中国的方励之也高兴，他抓住了大爆炸理论关于时间有起点的观点，并以此为依据批评恩格斯，因为恩格斯在《反杜林论》中论述时间没有起点，过去无穷尽，将来也无穷尽。其实罗马教皇和方励之都错了，这在查汝强同志和何祚庥同志的文章中[8]已有详细论述，我不在此重复了。我们应该注意：外国宇宙学家们也认为时间有起点是不合常理的，所以近八九年来，提出了“膨胀宇宙论”(inflationary universe theory)代替“大爆炸理论”，而且对我们所在的这个宇宙起始膨胀的机制提出了设想，也指出我们所在的这个宇宙不过是大宇宙中数不清的宇宙中的一个。大宇宙要大得多。

所以我就提出，在宇观世界之上的再一个层次，就称为“胀观”。胀观比宇观再上 19 个数量级，典型尺度是 10^{16} 亿光年，比我们所在宇宙的现在尺度，即大约几百亿光年要大得多了。

综上所述，我建议在大家公认的世界三个层次，即微观、宏观、宇观之外再加两个层次，一是微观下面的渺观，二是宇观之上的胀观，一共五个世界层次。情况见表。这张表是对前些日子吴延涪同志文章[9]的修正：微观与渺观的交界处大约在尺度 3×10^{-25} 厘米；微观与宏观交界处大约在尺度 3×10^{-5} 厘米，即大分子的尺度；宏观与宇观交界处大约在尺度 3 亿公里，即太阳系的大小；宇观与胀观交界处大约在 3×10^{6} 亿光年。现在有物理理论的只是微观的量子力学及其发展、宏观的牛顿力学和宇观的广义相对论，新设的渺观和胀观还没有严格的理论。没有理论就要创立理论，这就是基础科学的研究方向了。更何况随着研究的深入，还会出现渺观以下的新层次和胀观以上的新层次。所以现在基础科学研究是有方向的，不是无边无际的探索。

<table>
<tr><th>层次</th><th>典型尺度</th><th>过渡尺度</th><th>例</th><th>理论</th></tr>
<tr><td>?</td><td></td><td></td><td></td><td></td></tr>
<tr><td>?</td><td></td><td></td><td></td><td></td></tr>
<tr><td>?</td><td></td><td></td><td></td><td></td></tr>
<tr><td>胀观</td><td>10^{40} 米 $=10^{24}$ 光年 $=10^{16}$ 亿光年</td><td rowspan="5">3×10^{6} 亿光年
3 亿公里
3×10^{-6} 厘米
3×10^{-25} 厘米</td><td></td><td></td></tr>
<tr><td>宇观</td><td>10^{21} 米 $=10^{5}$ 光年</td><td rowspan="3">银河星系
太阳系
篮球场
大分子
基本粒子</td><td>广义相对论</td></tr>
<tr><td>宏观</td><td>10^{2} 米</td><td>牛顿力学</td></tr>
<tr><td>微观</td><td>10^{-17} 米 $=10^{-15}$ 厘米</td><td>量子力学</td></tr>
<tr><td>渺观</td><td>10^{-36} 米 $=10^{-34}$ 厘米</td><td></td><td>超弦?</td></tr>
</table>

续 表

层次	典 型 尺 度	过渡尺度	例	理 论
?				
?				
?				

不仅如此，现在微观研究差不多都是在 10^{-15} 厘米以上，还有微观世界的下半部，直到与渺观交界处的大约 3×10^{-26} 厘米处，量子力学及其发展还大有可为。宇观的上部，直到与胀观交界处的大约 3×10^{6} 亿光年，广义相对论也还大有可为。这也都是基础科学研究的新领域。

在这里要注意的是，以上所提出的基础科学新领域直接作实验或观察都比较难。在微观世界下半部，物理实验可能要用能量超过现在已有或计划中的高能加速器，即大于几十个 TeV。在宇观世界上半部，天文观测所要的仪器也大大超过现在已有或计划中的天文观测设备。不能作实验或直接观测，怎么做理论核实呢？好在今天我们已有计算能力很大的电子计算机和电子计算机系统，而且在不久的将来这种计算设备的能力还会提高。因此理论可以通过复杂的计算，综合成为可以同实验或观察结果相核对的结果，作间接对比。这个方法，即基础科学研究用电子计算机，今天已经在试用，效果是好的。这一方向也是将来基础科学研究要注意的。

三、开放的复杂巨系统的研究与方法论

上面一节是从整体结构层次看基础科学研究的方向，那么是不是在古老的宏观层次还有基础科学研究的重大课题呢？我以为是有的。这就是系统科学涌现出来的一个大领域：开放的复杂巨系统。

一个系统是由子系统所组成的。开放是指系统与系统外部环境有交流。子系统数量少，这个系统称简单系统；子系统数量达到几十、上百，这个系统称大系统。今天的系统科学对于比较简单的小系统和大系统，是有理论方法直接来处理的。如果子系统数量极大，成万上亿、上百亿、万亿，那是巨系统了。如果巨系统中的子系统种类不太多，几种、几十种，我们称之为开放的简单巨系统，那还好办，现在也有处理的方法，这就是近 20 年来 I. Prigogien、H. Haken 等发展起来的耗散结构理论和协同学理论，都把统计力学发展了，他们的理论处理开放简单巨系统很成功，解决了不少重要问题。

但是如果巨系统里子系统种类太多，子系统的相互作用的花样繁多，各式各样，那这巨系统就成了开放的复杂巨系统。对开放的复杂巨系统现在还没有理论，没有从子系统

相互作用出发构筑出来的统计力学理论！那么什么是开放的复杂巨系统？举例说：人体、生物体、人脑、地球环境以至社会。这就是人体复杂巨系统、生物体复杂巨系统、人脑系统、地理系统和社会系统。社会系统尤其复杂。因为社会中的人是有意识的，他的行为不是什么简单的“条件反射”，不是有输入就有相应的输出；人接收信息后要思考，作出判断再行动，而这个过程又受各种条件影响，是变化多端的。所以社会系统可以称之为开放的特殊复杂巨系统。

从开放的复杂巨系统的实例可以看到它的广泛性，它涉及医学、生物学、思维科学、地理科学以及社会科学的理论。但对复杂巨系统目前还没有理论！当然现在也有人很天真，硬要干。这又分两种情况：一是搞耗散结构、协同学一派的人，硬用处理简单巨系统的理论去处理复杂巨系统，包括一批热衷于美国所谓“系统动力学”的中国人，他们当然不成功。二是一下子上升到哲学，空谈系统的运动是由子系统所决定的，因此微观决定宏观，以至提出什么“宇宙全息统一论”[10]。他们没有看到人对子系统也不能说完全认识了，子系统内部也还有更深的、更细的子系统的子系统，以不全知去论不知，于事何补？

现在能用的、唯一处理开放的复杂巨系统（包括社会系统）的方法，是把许多人对系统的点点滴滴的经验认识，即往往是定性的认识，与复杂系统的几十、上百、几百个参数的模型，即定量的计算结合起来，通过研究主持人的反复尝试，并与实际资料数据对比，最后形成理论。在这个过程中，不但模型试算要用大型电子计算机，而且就是在人反复尝试抉择中，也要用计算机帮助判断选择。这就是所谓定性与定量相结合的处理开放的复杂巨系统的方法”[11]。对社会经济问题，经过试用，结果良好。

如上所述，开放的复杂巨系统和社会系统是如此广泛的问题，而现在对它的基础理论还不清楚；但也有一个切实有效的实用方法，其特点是把存在于许多人的、对一个客观事物的零星点滴知识一次集中起来，集腋成裘，解决问题。这一项重要基础科学研究就应该从这样一种实践经验出发，认真总结提高，建立一个基础理论。这可以是系统科学的基础学科，即系统学的重要课题；同时也是科学方法论的重要发展。它是真正的综合集成，不是国外说的综合分析 meta-analysis[12]。

在前面几节中，我提出了对基础科学研究的一些看法。而我之所以能提出这些看法，是从马克思主义哲学中得到启发的。这也就是我说的马克思主义哲学是智慧的泉源[13]。所以基础科学研究应该接受马克思主义哲学的指导：基础科学研究也是一条向前不断流去的长河，是有方向的，不是不可知的。我们应该常常想着毛泽东同志的一句话：“马克思列宁主义并没有结束真理，而是在实践中不断地开辟认识真理的道路。”[14]

注释

[1] 钱学森：《也谈基础性研究》，载《求是》1989 年第 5 期。

[2] 见 *Science* 1989 年 4 月第 21 期，Vol.244，第 290 页。

[3] 钱学森:《关于〈实践与文化——"哲学与文化"研究提纲〉的通信》,载《哲学研究》1989 年第 4 期。

[4] Gregory J,Chaitin: *Randomnss in Arithmetic*,*Scientific American*,1988 年第 7 期,第 52～57 页。

[5] J. Barwise,S. Feferman 编: *Model Theoretic Logics*, Springer(1985)。

[6] 见 P. C. W. Davies,J. R. Brown 编: *The Ghost in the Atom*, Cambridge University Press(1986)。

[7] D. Bohm: *Wholeness and rhe implicate Order*,Routledge and Kegan Paul(1980).

[8] 查汝强:《评"宇宙始于无"》,载《中国社会科学》1987 年第 3 期;何祚庥:《物质、运动、时间、空间》,载《哲学研究》1987 年第 11、12 期。

[9] 吴延涪:《暴胀宇宙论中的哲学问题》,载《哲学研究》1988 年第 1 期。

[10] 王存臻、严春友:《宇宙全息统一论》,山东人民出版社,1988。

[11] 钱学森:《软科学是新兴的科学技术》,载《红旗》1986 年第 17 期。

[12] "综合分析"(Meta-Analysis),近年在国外有所探讨及试用;但也不成熟,方法机械,未能实现综合的真正要求。参见: L. Hedges,I. Olkin,*Statistical Methods for Meta-Analysis*,Academic press (1985);F. M. Wolf: *Meta-Analysis: Qualitative Methods for Research Social*,Sage,Beverly Hille, CA(1986);R. Rosenthal: *Metag-Analysis Procedures for Social Synthesis*,Sage,Beverly Hills,CA (1986);R. Rosenthal: *Meta-Analytic Procedures for Social Research*, Sage,Beverly Hills,Ca(1984);R. Light,D. Pillemer: *Summing UP: The Science of Reviewing Research*,Harvard University Puess, Cambridge,MA(1984).

[13] 钱学森:《智慧与马克思主义哲学》,载《哲学研究》1987 年第 2 期。

[14]《毛泽东选集》第 1 卷,人民出版社,1954,第 295 页。

定性定量是一个辩证过程*

关于复杂巨系统问题的处理，我们提出了定性定量相结合的方法。从马克思主义哲学来理解，定性、定量这本来是辩证统一的。我们这儿说的定性与定量相结合的方法，最后是要定量的。就是说，我们在定量的认识过程中要使用大量定性的东西，目的是最后把模型建立起来，定量。当然，假设你解决一个方面的问题，用这个方法；你解决另一个方面的问题，也用这个方法；当你定量解决了很多很多问题，譬如说关于国民经济中的许多问题以后，你有一个概括的、提高的认识了，这又是从定量上升到定性了，自然，这个定性应该是更高层次的定性认识了。因此定性和定量的关系，是认识过程的一个描述，循环往复，永远如此。我们在这里研究的定性定量相结合的方法，以前我请朱照宣教授查过文献，外国叫什么 meta-analysis。但我觉得外国人的 meta-analysis 的毛病就是机械唯物论。我们的看法是辩证的，从定性到定量，定量又上升到更高层次的定性。所以我觉得照搬他们那个 meta-analysis 恐怕不合适。我们的办法是"集腋成裘"嘛！就是把许多好的东西，点滴的东西综合在一起，成为一个大的结构，正确的结构。所以我想要全面描述的话，就是"定性定量相结合的综合集成法"，简称叫"综合集成"，翻成英文倒是可以借用他们那个词 meta-synthesis，是高层次的综合。

但是我感到，从前我们搞的这一套是手工式的方法，就是先收集专家的意见，建模，计算，完了以后再请专家提意见，再来修改模型等等。这个过程都是手工业式的，就是靠人工的。后来我找了搞人工智能、思维科学的中国科学院自动化研究所的戴汝为，他说，这些东西其实就是人工智能、知识工程，现在正在搞。不久前他从美国回来，我们两人又谈了一次，更明确了。他说就是把人工智能、知识工程这套东西用到定性定量相结合的过程中。而我们收集各种知识的范围还可以扩大，除了专家意见之外，从数据库、知识库里都可以收集，这些用人工是不可能做到的，但是用计算机可以，它可以把信息库储存的东西都搜索一遍，一切有用的都把它集成起来。如果这么干，"综合集成法"就更上一层楼了。要做到这一点，那是很了不起的，人认识客观世界就发展到了一个新的阶段。我们有了这么一个方法，比老的个体单干的办法高明多了。这是真正的现代化的方法，把信息技术、计算机、人工智能和知识工程统统用上了。而且我认为，这真正是社会主义的。因为在社会主义国家，我们的目的就是为了认识客观世界，改造客观世界，最后达到为人民谋幸福。

---

* 本文是 1989 年 10 月 10 日在系统学讨论班上的发言。

但这在资本主义国家是有困难的，因为他们的专家背后都有背景，垄断集团之间的矛盾使他不可能综合集成，这个矛盾他们解决不了。我们既然走到了这一步，那就要继续干下去。我已经问了戴汝为，他愿意来讲一次。关于人工智能、知识工程这套东西他是比较熟悉的。所以我建议下一次请他讲，并请他参加我们的工作，这样我们的方法就再上一层楼了。我看我们是在做一件大事。因为现在很多事都涉及开放的复杂巨系统这个问题。我们说社会主义建设是一项复杂的系统工程，这里面的问题就多极了。昨天，在政协开会，我又宣传了一遍，我说我学习了江泽民同志的讲话，有一条建议：就是江总书记讲了十个方面的问题，这十个方面怎么协同呢？我们有一个方法能解决这个问题，叫"定性定量相结合的综合集成法"——"系统工程法"。

其实，开放的复杂巨系统还不止这些，我们现在认识到的，比如说，人就是一个开放的复杂巨系统。所以，要解决人的健康问题，光用一种医学方法在许多情况下是不够的，要用"开放的复杂巨系统"这个概念，把中医、西医、中西医结合，什么气功，什么针灸统统综合起来，才能解决问题。人的思维也是这样，以前搞的思维科学，搞什么逻辑思维，形象思维，那都是一个方面的问题。人的思维是高度综合复杂的，因为人脑就是一个开放的复杂巨系统。上一次我也讲过 IBM 公司的负责人尼科尔・克莱门蒂说过一句话，他讲我看现在搞神经系统模拟不会有什么成就，因为人脑等于 10^{12} 个克雷(cray)巨型计算机并联起来的功能，现在根本做不到。后来我又看到了心理学家说他们现在可难了，因为那种老方法，就是还原论的方法走不下去了，连人做梦这个问题都解决不了……这种情况可以说是众说纷纭。为什么？就是因为对于这么复杂的问题，还原论的方法走不通。所以，人体科学、思维科学一定要用综合集成方法来解决。社会科学的问题刚才讲到经济问题时已经讲了。行为科学也是一个高度复杂的巨系统。军事科学也是这样，简单化不行，现在国际上就是一个和平演变跟反演变的斗争，这么复杂的问题，简单化行吗？总而言之，我觉得我们现在搞的这套东西是非常非常重要的，一定要干下去。我们这个讨论班应该集中在这个题目上，就是开放的复杂巨系统及其方法论上。

还有一个问题，是开放的复杂巨系统里面"混沌"跟"有序"的辩证统一关系。今年以来在美国科学促进会的会刊《科学》上，陆陆续续一共有 6 篇文章讲混沌，其中 5 篇文章对混沌是肯定的，认为有混沌出现。这 5 篇文章一个是讲地质，一个是讲气象，一个是讲生态，一个是讲物种的演化，一个是讲人的生理，都有混沌。只一篇文章是讲量子力学，说找不到混沌。我看这后一篇文章的观点有问题，量子力学的不确定性本身就是混沌嘛！照我的看法，量子力学是由于更下一个层次的混沌，我叫渺观的混沌，造成量子力学的不确定性。它已经是不确定性了，你怎么还说找不到混沌呢？没有这样的怪事。而我们现在研究的巨系统，非线性的因素几乎是不可避免的，又是巨系统又是相互作用的非线性因素，所以混沌的出现是必然的。有序是以混沌为基础的，低层次的混沌造成高层次的有序，我看这就是混沌和有序的辩证关系。

我从前是搞力学的。在力学中，比如流体，分子运动是混沌的，而更高一层次的平流又是有序的，但这个平流在速度大的时候，又出现混沌，所以是混沌——有序——混沌，这是指在不同的层次。又比如晶体是有序的，但是如果从下一个层次看，你会发现那些原子或电子是跳来跳去的，并不是不动的。所以晶体从更下一个层次看，它又是混沌的，可见有序与混沌是辩证统一的。我觉得我们这个讨论班还要讨论一下混沌与有序的辩证统一关系，这是巨系统里头非常重要的一个部分。

关于将知识工程引入系统学的问题*

戴汝为同志今天给我们讲知识工程问题，他是这方面的专家。我觉得这是一个很有意义的报告，因为我们要研究的当然是开放的复杂巨系统或者是开放的特殊复杂巨系统，我们以前用的叫定性定量相结合的方法。这个方法的特点，就是把很多很多不同的人的定性认识综合起来，后来我们叫“从定性到定量综合集成法”。那么“综合”的结果是什么？综合的最后结果要达到定量的认识。所以这个过程就是从很多很多定性的认识，经过处理变成定量的，定量跟原来的定性不在同一个水平上，是更高一个层次的东西。

我又想，假设这种结果做得很多了，比如说 710 所他们做的关于社会经济问题，做了很多很多。那就又可以更上升一级，对中国的社会经济有一个更概括的认识，这个概括认识又是定性的了。所以这个过程很清楚，就是从低层次的定性到高一层次的定量，然后定量累计起来成了更高层次的定性。这是人认识过程的不断发展，也就是从前毛泽东同志提出的从感性认识到理性认识的循环往复发展。所以我觉得这个中心思想是合乎马克思主义哲学的。定性和定量是在不同的层次，而且是个辩证的过程，这个思想很重要。国外的学者不能领会这个意思，他们总认为定性是定性，定量是定量，是两个不相干的东西，那是不对的。大概也有人把定性和定量放在同一个锅里煮，放在一个水平上去看，这也不对，也解决不了问题。所以这就是一个定性定量的辩证法。

再有一点是我们怎样把定性定量相结合的综合集成法再推进一步。你把专家们找来了，提了许多意见，然后要综合，这个综合没有什么窍门，就是靠人的脑袋瓜，想办法把专家们的意见综合到数学模型里，上计算机运算。算出来的结果如果不对了，无非下一次专家来了又提意见，再改吧！碰来碰去最后碰对了，就算完成了。当然这里头用了一些科学方法，建模是用了系统学的成果，计算是用计算机，不是人来算，因为你那个模型太复杂了，有几百个参数。当然那些统计数据也是用了计算机做统计工作。但是真正核心的问题，即建模过程就要靠人的智慧。这个工作以前做得不错，请的专家是多少？十几位，二十几位吧。假设这个专家还要扩大，你要广泛地征求意见，我看这个综合就难了，光是几百个专家，有千万条意见摆在那儿，怎么综合？我们国家的一个原则是民主集中制，但是实际上我看这个民主也很有限，因为太复杂了。假设所有的意见都要听的话，怎么个集中法？当然我们相信人民群众，他们最有实践的体会，所以智慧要来源于他们，这是对的。

---

* 本文是 1989 年 11 月 7 日在系统学讨论班上的发言。

但是,这个过程不好办。人大代表、政协委员也有牢骚,提了那么多意见根本没有反应。因为你那些千头万绪的意见,怎么综合起来?恐怕人大办公厅和政协办公厅的人也没有办法。由此我就想到了一个问题,就是我们这个"定性定量相结合的综合集成法",要真正做下去,发展下去,繁重的工作不能完全靠人来做。

今天听戴汝为讲的这些内容,给我一个启示,觉得一条可能的出路,是让机器来做人实在累得不得了也没法做的事,即大量的事情让计算机去做,就是他说的知识工程、人工智能这些方法。但是我也要强调指出,不是把整个过程的工作全部交给机器,都交给计算机是没有希望的,还是在人的指挥下来做这个工作。为什么?这个问题我讲过多次了,我不相信计算机能完全代替人脑。所以我说,现在搞的"神经网络"是带引号的,不是真正的神经网络。至少到现在我们还看不到在可以预见的将来,有个机器可以完全代替人的脑袋瓜。其实这也不是我一个人的意见,好多国外做这方面工作的人也说老实话,认为做不到。但是戴汝为今天讲的对我们的工作是有用的,就是把知识工程、人工智能的成就引入我们这个"定性定量相结合的综合集成法"中,使这个方法可以更大更高地发展。当然了,今天戴汝为同志也讲了,除了专家、群众的意见之外,还有知识库里的那些东西。比如说你研究经济问题,可以把所有的,无论什么样的国内、国外的专家讲的东西都可以吸取。如果我们这样认真做下去的话,就可以做到民主集中制,就是通过集中大家的意见,把人的智慧提炼出来。我从前老说国外的学术讨论讲民主,那也就是 30～50 人在一起讨论嘛,有限得很,还有很多你没接触到的呢?所以我觉得,今天讲的内容对我们这个方法的发展是非常重要的,甚至对社会主义建设都是非常重要的。我们党和国家有时犯错误,有失误,问题出在什么地方?一个很重要的原因就是不能全面地考虑问题。有的时候也没法做到全面,总理听了那么多意见,他也没有一套现代化的手段,怎么集中?

至于从学术上讲,实际上我们这儿研究的定性定量相结合的综合集成法,本质上它是科学和经验的结合。如果要真正达到科学化,那要在这个"法"用了多少年以后,我们又悟到了什么大道理,才能再升华出理论,现在还只是个方法而已。我们想借用的也是人工智能、知识工程,那是思维科学里的方法,一个学科借用另外一个学科的方法是很普遍的。现在研究社会科学要用自然科学的方法,我这里讲的是搞系统科学的人跟搞思维科学的人在方法论上结合一下,有好处。

最后我要讲一讲,假设这个方法发展了,有成果了,实际上是思维科学里面的社会思维学。这就是说,我们可能有了一个方法去探索集体思维、社会思维是什么。前几年我讲过,思维科学要重点抓形象思维,但没有什么进展。现在看,社会思维倒可能有点希望,如果社会思维的研究有了进展,对搞形象思维也许有一些引导作用。所以我刚才说要让搞系统科学的人跟搞思维科学的人结合起来突破。定性定量相结合的综合集成法,不但在系统科学里是大事,在思维科学里也是个大事。我觉得这个问题很重要,今天把我的想法全面地说一说。

深化对开放的复杂巨系统的认识*

关于开放的复杂巨系统这个概念，经过系统学讨论班几年的研究、讨论，并逐步深化，现在我们对开放的复杂巨系统已经有了比较清楚的概念。我们能够及时抓住这个概念，非常重要。最近，我、于景元、戴汝为三人写了篇文章，题目叫《一个科学新领域》，准备在明年《自然杂志》第一期上发表。实际上我们是在开创一门新的科学。新在什么地方呢？新就新在我们提炼出了开放的复杂巨系统这样一个概念。它联系的对象是社会、人、人体、人的大脑、人的思维，还有我们所处的环境，都是开放的复杂巨系统。这样一些系统不能用从前已有的科学方法来处理，那是走不通的。因为，开放的复杂巨系统包含了如此众多的复杂因素，必须采取新的科学方法去处理。所以，我们用开放的复杂巨系统解决这些复杂问题，是一个很重要的创新。我们写的那篇文章就是宣传这方面内容的。这是一个重要的方向，工作已经起步，今后我们自己还要进一步加深认识。

加深认识的办法很多，其中之一就是评论别人的东西，外国人的工作。比如王翎同志今天给我们介绍外国人的 meta-analysis，我们要认清楚他们的优点、弱点在什么地方。我认为 meta-analysis 有缺陷，通过对它的深入分析研究，使得我们的认识更正确、更清楚了。所以，我们要感谢这些外国科学家，他们犯错误对我们有好处，提高了我们的认识。至于 meta-analysis 本身那确实是一种比较简单的方法，不能处理这么复杂的对象。他们所依据的统计工作，难以做到准确性，解决不了这类复杂问题，而我们用的从定性到定量综合集成方法，就是在这样复杂的混乱之中，清理出头绪来，保证其准确性。所以王翎同志今天给我们介绍的内容还是有用的，建议你好好写篇文章，拿到讨论班上来征求意见，我看发表出来很有好处。

* 本文是 1989 年 12 月 5 日在系统学讨论班上的发言，原版书中的标题是“一个科学的新领域”。

以科技的发展促进工业的发展*

我们建设社会主义的战略措施是什么？苏联在斯大林时期是发展重工业。但是世界的工业发展史都是从轻工业开始，从纺织工业开始的。但那个时候，苏联下决心不走这条路，抓重工业。我们在建国初期也是抓重工业。今天是20世纪的最后10年，面临的是21世纪，应该怎么搞？我看要根据中国的实际与世界的发展情况，另辟途径。我的建议就是：不是从工业的发展来促进科学技术，而是以发展科学技术来促进工业的发展。我认为中国现在的科学技术力量是不弱的。另外，中国人有个特长，比较聪明、机灵，善于积累，这在搞新技术开发上是很有潜力的。中国的科研力量恐怕有上百万人，再加上国外还有几万人，这么一个力量，如果国家下决心走这条路是完全有根据的。小平同志讲科学技术是第一生产力，我们要抓这个第一生产力，抓科学技术，可以直接面向世界，把新技术开发出来，可以出口，可以卖钱。这就是真正把科学技术作为一个产业。中国把社会主义的科学技术当作产业来考虑，在21世纪打开这个局面。

要解决这个问题必须国家下决心，而且不能像现在这样分头去干。像大规模集成电路，专门有一个公司，公司要设一个谋划的总体部。具体的研究工作可以通过合同下达各单位，但搞大规模集成电路则要有个统一的规划和队伍。过去我们有搞“两弹一星”的经验。现在又有承办亚运会的经验，搞人口普查的经验等。我们搞第四次人口普查也了不起，这种事情世界各国都要5～6年时间才能完成，我们这么大的国家，人口这么多，分布这么广，花2亿～3亿元，只用1年时间就完成了。人家办不到的，我们办到了。只要中国狠抓科学技术，一下子就跨入21世纪，有了这个基础之后，提高国内的生产就不成问题。我想国内的工业生产也是跟农业似的，农业不是叫双层经营制吗？就是联产承包责任制到户，再加一个社会服务体系。将来工业生产也是这样，企业承包，或者是改进的责任制，另外还有一个科学技术服务体系，为各企业改造生产技术服务。在1985年开科技体制会的时候，我就有这个体会，为什么一些大的企业去进口外国的成套技术？因为国内的技术都是零零碎碎的，不成体系，不配套。用这个技术对其他部分有什么影响？没有人做这个研究工作，所以只好引进外国的成套技术。那时，我就形成这么一个概念：必须有一个综合技术开发的总体部。我今天提出的战略不是以工业促进科学技术，而是反过来，以科学技术促进工业发展。

---

* 本文是1990年在系统学讨论班上的发言摘要。

一个科学新领域

——开放的复杂巨系统及其方法论*

近20年来，从具体应用的系统工程开始，逐步发展成为一门新的现代科学技术大部门——系统科学，其理论和应用研究，都已取得了巨大进展[1]。特别是最近几年，在系统科学中涌现出了一个很大的新领域，这就是最先由马宾同志发起的开放的复杂巨系统的研究。开放的复杂巨系统存在于自然界、人自身以及人类社会，只不过以前人们没有能从这样的观点去认识并研究这类问题。本文的目的就是专门讨论这一类系统及其方法论。

一、系统的分类

系统科学以系统为研究对象，而系统在自然界和人类社会中是普遍存在的。如太阳系是一个系统，人体是一个系统，一个家庭是一个系统，一个工厂企业是一个系统，一个国家也是一个系统，等等。客观世界存在着各种各样的系统。为了研究上的方便，按着不同的原则可将系统划分为各种不同的类型。例如，按着系统的形成和功能是否有人参与，可划分为自然系统和人造系统；太阳系就是自然系统，而工厂企业是人造系统。如果按系统与其环境是否有物质、能量和信息的交换，可将系统划分为开放系统和封闭系统；当然，真正的封闭系统在客观世界中是不存在的，只是为了研究上的方便，有时把一个实际具体系统近似地看成封闭系统。如果按系统状态是否随着时间的变化而变化，可将系统划分为动态系统和静态系统；同样，真正的静态系统在客观世界也是不存在的，只是一种近似描述。如果按系统物理属性的不同，又可将系统划分为物理系统、生物系统、生态环境系统等。按系统中是否包含生命因素，又有生命系统和非生命系统之分，等等。

以上系统的分类虽然比较直观，但着眼点过分地放在系统的具体内涵，反而失去系统的本质，而这一点在系统科学研究中又是非常重要的。为此，在注释[2]中提出了以下分类方法。

根据组成系统的子系统以及子系统种类的多少和它们之间关联关系的复杂程度，可把系统分为简单系统和巨系统两大类。简单系统是指组成系统的子系统数量比较少，它们之间关系自然比较单纯。某些非生命系统，如一台测量仪器，这就是小系统。如果子系

---

* 本文由钱学森、于景元、戴汝为联合署名，原载于《自然杂志》1990年第1期。

统数量相对较多(如几十、上百),如一个工厂,则可称作大系统。不管是小系统还是大系统,研究这类简单系统都可从子系统相互之间的作用出发,直接综合成全系统的运动功能。这可以说是直接的做法,没有什么曲折,顶多在处理大系统时,要借助于大型计算机,或巨型计算机。

若子系统数量非常大(如成千上万、上百亿、万亿),则称作巨系统。若巨系统中子系统种类不太多(几种、几十种),且它们之间关联关系又比较简单,就称作简单巨系统,如激光系统。研究处理这类系统当然不能用研究简单小系统和大系统的办法,就连用巨型计算机也不够了,将来也不会有足够大容量的计算机来满足这种研究方式。直接综合的方法不成,人们就想到本世纪初统计力学的巨大成就,把亿万个分子组成的巨系统的功能略去细节,用统计方法概括起来。这很成功,是 I. Prigogine 和 Haken 的贡献,它们各自称为耗散结构理论和协同学。

二、开放的复杂巨系统

如果子系统种类很多并有层次结构,它们之间关联关系又很复杂,这就是复杂巨系统。如果这个系统又是开放的,就称作开放的复杂巨系统。例如:生物体系统、人脑系统、人体系统、地理系统(包括生态系统)、社会系统、星系系统等。这些系统无论在结构、功能、行为和演化方面,都很复杂,以至于到今天,还有大量的问题,我们并不清楚。如人脑系统,由于人脑的记忆、思维和推理功能以及意识作用,它的输入—输出反应特性极为复杂。人脑可以利用过去的信息(记忆)和未来的信息(推理)以及当时的输入信息和环境作用,作出各种复杂反应。从时间角度看,这种反应可以是实时反应、滞后反应甚至是超前反应;从反应类型看,可能是真反应,也可能是假反应,甚至没有反应。所以,人的行为绝不是什么简单的"条件反射",它的输入—输出特性随时间而变化。实际上,人脑有 10^{12} 个神经元,还有同样多的胶质细胞,它们之间的相互作用又远比一个电子开关要复杂得多,所以美国 IBM 公司研究所的 E. Clementi 曾说[3],人脑像是由 10^{12} 台每秒运算 10 亿次的巨型计算机关联而成的大计算网络!

再上一个层次,就是以人为子系统主体而构成的系统,而这类系统的子系统还包括由人制造出来具有智能行为的各种机器。对于这类系统,"开放"与"复杂"具有新的、更广的含义。这里开放性指系统与外界有能量、信息或物质的交换。说得确切一些:① 系统与系统中的子系统分别与外界有各种信息交换;② 系统中的各子系统通过学习获取知识。由于人的意识作用,子系统之间关系不仅复杂而且随时间及情况变化有极大的易变性。一个人本身就是一个复杂巨系统,现在又以这种大量的复杂巨系统为子系统而组成一个巨系统——社会。人要认识客观世界,不仅靠实践,而且要用人类过去创造出来的精神财富,知识的掌握与利用是个十分突出的问题。什么知识都不用,那就回到一百多万年以前我们的祖先那里去了。人已经创造出巨大的高性能的计算机,还致力于研制出有智能行为的机器,人与这些机器作为系统中的子系统互相配合,和谐地进行工作,这是迄今为止最复杂的系统了。这里不仅以系统中子系统的种类多少来表征系统的复杂性,而且知识起着极其重要的作用。这类系统的复杂性可概括为:① 系统的子系统间可以有各种方式的通讯;② 子系统的种类多,各有其定性模型;③ 各子系统中的知识表达不同,以各种方式获取知识;④ 系统中子系统的结构随着系统的演变会有变化,所以系统的结构是不断改变的。我们把上述系统叫作开放的特殊复杂巨系统,即通常所说的社会系统。

系统的这种分类,清晰地刻画了系统复杂性的层次,它对系统科学理论和应用研究具有重大意义。从社会系统的最近研究中,也可以看出这一点。研究人这个复杂巨系统可以看作是社会系统的微观研究。而在社会系统的宏观研究方面,根据马克思创立的社会形态概念,任何一个社会都有三种社会形态,即经济的社会形态、政治的社会形态、意识的社会形态,可把社会系统划分为三个组成部分,即社会经济系统、社会政治系统、社会意识系统。相应于三种社会形态应有三种文明建设,即物质文明建设(经济形态)、政治文明建设(政治形态)和精神文明建设(意识形态)。社会主义文明建设应是这三种文明建设的协调发展[4]。这一结论无论在理论上还是在实践中都有重要意义。从实践角度来看,保证这三种文明建设协调发展的就是社会系统工程。按着系统工程的定义,组织管理社会经济系统的技术,就是经济系统工程;组织管理社会政治系统的技术,就是政治系统工程;组织管理社会意识系统的技术,就是意识系统工程。而社会系统工程则是使这三个子系统之间以及社会系统与其环境之间协调发展的组织管理技术。从我国改革和开放的现实来看,不仅需要经济系统工程,更需要社会系统工程。单纯地进行经济体制改革,不注意另外两个子系统的关联制约作用,经济体制改革难以成功。例如"官倒"、党内某些腐败现象、社会风气不正等等,都对经济体制改革造成了严重影响,以至于不得不来治理经济环境,整顿经济秩序。党的十三届五中全会提出的进一步治理整顿和深化改革,就是社会主义制度的自我完善,是中国社会形态的自我完善。这都说明了单打一的零散改革是不行的。改革需要总体分析、总体设计、总体协调、总体规划,这就是社会系统工程对我国改革和开放的重大现实意义。

从以上列举的开放的复杂巨系统的实例中,可以看到,它们涉及生物学、思维科学、医学、地学、天文学和社会科学理论,所以这是一个很广阔的研究领域。值得指出的是,这些领域的理论本来分布在不同的学科甚至不同的科学技术部门,而且均已有了较长的历史,也都或多或少地用本学科的各自语言涉及开放的复杂巨系统这一思想,如中医理论,但今天却都能概括在开放的复杂巨系统的概念之中,而且更加清晰、更加深刻。这个事实启发我们,开放的复杂巨系统概念的提出及其理论研究,不仅必将推动这些不同学科理论的发展,而且还为这些理论的沟通开辟了新的令人鼓舞的前景。

三、开放的复杂巨系统的研究方法

开放的复杂巨系统目前还没有形成从微观到宏观的理论,没有从子系统相互作用出发，构建出来统计力学理论。那么有没有研究方法呢？有些人想得比较简单，硬要把第一节中讲到的处理简单系统或简单巨系统的方法用来处理开放的复杂巨系统。他们没有看到这些理论方法的局限性和应用范围，生搬硬套，结果适得其反。例如，运筹学中的对策论，就其理论框架而言，是研究社会系统的很好工具。但对策论今天所达到的水平和取得的成就远不能处理社会系统的复杂问题。原因在于对策论中已把人的社会性、复杂性、人的心理和行为的不确定性过于简化了，以至于把复杂巨系统问题变成了简单巨系统或简单系统的问题了。同样，把系统动力学、自组织理论用到开放的复杂巨系统研究之中，所以不能成功，其原因也在于此。系统动力学创始人 J. Forrester 自己就提出[5]，对他的方法要慎重，要研究模型的可信度。但国内有些人对此却毫不担心，"大胆"使用。

另外，也有的人一下子把复杂巨系统的问题上升到哲学高度，空谈系统运动是由子系统决定的，微观决定宏观等等。一个很典型的例子就是"宇宙全息统一论"[6]。他们没有看到人对子系统也不能认为完全认识了。子系统内部还有更深、更细的子系统。以不全知去论不知，于事何补？甚至错误地提出"部分包含着整体的全部信息"、"部分即整体，整体即部分，二者绝对同一"，这完全是违反客观事实的，也违反了马克思主义哲学。

实践已经证明，现在能用的、唯一能有效处理开放的复杂巨系统（包括社会系统）的方法，就是定性定量相结合的综合集成方法，这个方法是在以下三个复杂巨系统研究实践的基础上，提炼、概括和抽象出来的，这就是：

（1）在社会系统中，由几百个或上千个变量所描述的定性定量相结合的系统工程技术，对社会经济系统的研究和应用；

（2）在人体系统中，把生理学、心理学、西医学、中医和传统医学以及气功、人体特异功能等综合起来的研究；

（3）在地理系统中，用生态系统和环境保护以及区域规划等综合探讨地理科学的工作。

在这些研究和应用中，通常是科学理论、经验知识和专家判断力相结合，提出经验性假设（判断或猜想）；而这些经验性假设不能用严谨的科学方式加以证明，往往是定性的认识，但可用经验性数据和资料以及几十、几百、上千个参数的模型对其确实性进行检测；而这些模型也必须建立在经验和对系统的实际理解上，经过定量计算，通过反复对比，最后形成结论；而这样的结论就是我们在现阶段认识客观事物所能达到的最佳结论，是从定性上升到定量的认识。

综上所述，定性定量相结合的综合集成方法，就其实质而言，是将专家群体（各种有关的专家）、数据和各种信息与计算机技术有机结合起来，把各种学科的科学理论和人的经验知识结合起来。这三者本身也构成了一个系统。这个方法的成功应用，就在于发挥这个系统的整体优势和综合优势。

近几年，国外有人提出综合分析方法（meta-analysis）[7]，对不同领域的信息进行跨域分析综合，但还不成熟，方法也太简单，而定性定量相结合的综合集成方法却是真正的

meta-synthesis。

四、综合集成方法的实例

下面，我们以社会经济系统工程中"财政补贴、价格、工资综合研究"为例，来说明这个方法及其应用。这个案例是成功的。

1979 年以来，由于实行农副产品收购提价和超购加价政策，提高了农民收入，这部分钱是由国家财政补贴的。但是，当时对销售价格没有做相应调整，结果是随着农业连年丰收，超购加价部分迅速增大，给国家财政带来了沉重的负担，是财政赤字的主要根源。这样，造成了极不正常的经济状态：农业越丰收，财政补贴越多，致使国家财政收入增长速度明显低于国民收入增长速度，财政收入占国民收入的比例逐年下降。

财政补贴产生的这些问题，引起国家的极大重视，有关部门提出，如何利用价格、工资这两个经济杠杆，逐步减少以至取消财政补贴。然而，调整零售商品价格必将影响人民生活水平；如果伴以工资调整，又涉及财政负担能力、市场平衡、货币发行和储蓄等。这些问题涉及经济系统中生产、消费、流通、分配这四个领域。

财政补贴、价格、工资以及直接和间接有关的各个经济组成部分，是一个互相关联、互相制约的具有一定功能的系统。调整价格和工资从而取消财政补贴，实质上就是改变和调节这个系统的关联、制约关系，以使系统具有我们希望的功能，这是系统工程的典型命题。

为了解决这个问题，首先由经济学家、管理专家、系统工程专家等依据他们掌握的科学理论、经验知识和对实际问题的了解，共同对上述系统经济机制（运行机制和管理机制）进行讨论和研究，明确问题的症结所在，对解决问题的途径和方法作出定性判断（经验性假设），并从系统思想和观点把上述问题纳入系统框架，界定系统边界，明确哪些是状态变量、环境变量、控制变量（政策变量）和输出变量（观测变量）。这一步对确定系统建模思想、模型要求和功能具有重要意义。

系统建模是指将一个实际系统的结构、功能、输入—输出关系用数字模型、逻辑模型等描述出来，用对模型的研究来反映对实际系统的研究。建模过程既需要理论方法又需要经验知识，还要有真实的统计数据和有关资料。

有了系统模型，再借助计算机就可以模拟系统和功能，这就是系统仿真。它相当于在实验室内对系统作实验，即系统的实验研究。通过系统仿真可以研究系统在不同输入下的反应、系统的动态特性以及未来行为的预测等等，这就是系统分析。在分析的基础上，进行系统优化，优化的目的是要找出为使系统具有我们所希望的功能的最优、次优或满意的政策和策略。

经过以上步骤获得的定量结果，由经济学家、管理专家、系统工程专家共同再分析、讨论和判断，这里包括了理性的、感性的、科学的和经验的知识的相互补充。其结果可能是可信的，也可能是不可信的。在后一种情况下，还要修正模型和调整参数，重复上述工作。

这样的重复可能有许多次,直到各方面专家都认为这些结果是可信的,再作出结论和政策建议。这时,既有定性描述,又有数量根据,已不再是开始所作的判断和猜想,而是有足够科学根据的结论。以上各步可用框图表示,如图1。

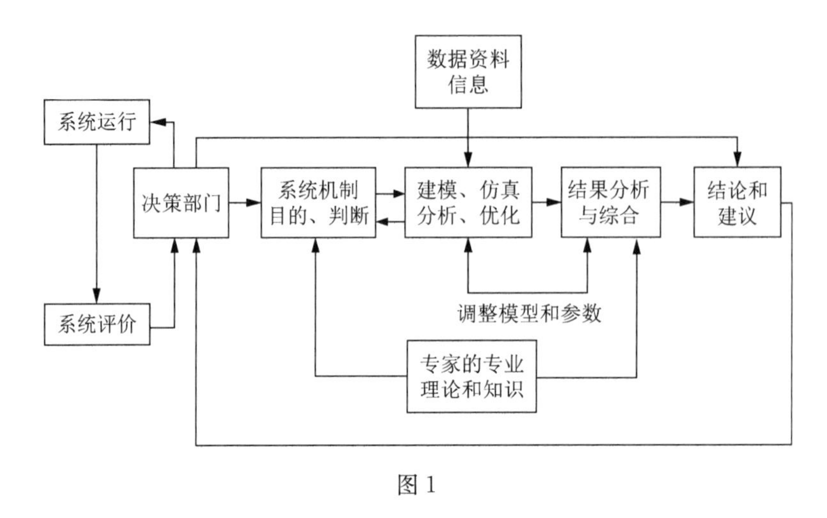

图1

五、综合集成还可以用知识工程

如上所述,综合集成方法取得了很好的效果。在解决问题的过程中,专家群体和专家的经验知识起着重要的作用。在以前,如在前一节所举的实例中,这一综合的过程还没有使用机器,建立模型也是靠人动脑子思考。现在看,我们还可以进一步,在一个系统中加入知识这一极其重要的因素。这就牵涉到知识的表达和知识的处理,实际上就是知识工程的问题了。知识工程是人工智能的一个重要分支,解决问题的办法着眼于合理地组织与使用知识,从而构成知识型的系统。专家系统就是一种典型的知识型系统。专家的一部分作用可以通过专家系统来实现,所以专家系统也自然是系统中的子系统。再进一步分析,在前面关于系统分类的讨论中,开放的特殊复杂巨系统居于最高层次,人作为这种系统中的子系统。人不能脱离社会而存在,随着社会的发展,人类创造各种机器来代替体力劳动与部分脑力劳动,结果具有智能行为的机器必然也是子系统。由人、专家系统及智能机器作为子系统所构成的系统必然是人·机交互系统。各子系统互相协调配合,关键之处由人指导、决策,重复、繁重的工作由机器进行。人与机器以各种方便的通讯方式,例如自然语言、文字、图形等,进行人·机通讯,形成一个和谐的系统。

近年来知识工程领域中的一些专家认识到以往忽视理论的错误倾向,已在探讨知识型系统研究的方法论问题。知识工程中的核心问题是知识表达,即如何把各种知识,如书本知识、专门领域有关的知识、经验知识、常识知识等,表示成计算机能接受并能加以处理的形式,这是必须解决的基本问题。知识型的系统与以往的动态系统不同,它的特点是以知识控制的启发式方法求解问题，不是精确的定量处理，因为许多知识是经验性的，难以精确描述。对于知识型系统，不能像以往的一些控制系统那样建立定量的数学模型，而只能采用定性的方法。如果系统中包括一些可以定量描述的部件，那么也必然是采用定性与定量相结合的方法来进行系统综合。已有许多工作是利用定性物理的概念与建模方法来建立定性模型，进而研究定性推理的[8]。定性建模是一种把深层知识进行编码的方法，关心的只是变化的趋势，例如增加、减少、不变等。定性推理指的是在定性模型上的操作运行，从而得到或预估系统的行为。这里着重的是结构、行为、功能的描述及它们之间的关系。到目前为止，已有三方面代表性的工作，一是 Xerox 公司的 De Kleer 等人从系统的观点出发提出以部件为主(component centered)的模型，认为系统最重要的特性是可合成性，在结构上系统由部件连接而成，系统的行为可由部件的行为推导而得出。他们致力于建立一种能进行解释与预估的定性物理系统。另一是 MIT 计算机科学实验室的 Kuiper 提出以约束为主(constraint centered)的模型。第三是 MIT 人工智能实验室的 Forbus 提出以进程为主(process centered)的模型。他把引起运动和变化的原因等称为进程，致力于建立进程对物理过程影响的理论。知识工程中研究定性建模与推理的动机是研究常识知识，解决常识知识的表达、存储、推理等。很多专家认为定性建模与推理的方法及理论研究很可能是解决利用常识知识的途径。1988 年欧洲人工智能大会把最佳论文奖授予关于定性物理模型和计算模型的论文，说明人们对这方面的研究所抱的希望。

实际上人工智能领域中有许多重要的工作是从系统的角度考虑的。有一种主张把人工智能的研究概括为是对各种定性模型(物理的、感知的、认识的、社会系统的模型)的获取、表达与使用的计算方法进行研究的学问[9]。这是系统科学观点的反映。当前人工智能领域中综合集成的思想得到重视，计算机统筹制造系统(Computer Integrated Manufacture System，简称 CIMS 系统)的提出与问世就是一个例子。在工业生产中，产品设计与产品制造是两个重要方面，各包括若干个环节，这些环节以现代化技术通过人·机交互在进行工作。以往设计与制造是分开各自进行的。现在考虑把两者用人工智能技术有机地联系起来，及时把制造过程中有关产品质量的信息向设计过程反馈，使整个生产灵活有效，又能保证产品的高质量。这种把设计、制造，甚至管理销售统一筹划设计的思想恰恰是开放的复杂巨系统的综合集成思想的体现。

总之，我们把系统的“开放性”和“复杂性”这两个概念拓广之后，对系统的认识就更加深刻，所概括的内容也就更为广泛。这种广泛性是从现代科学技术的发展，尤其是新兴的知识工程的发展中抽象概括而得来的，有着坚实的基础与充分的根据。在我们阐明了开放的特殊复杂巨系统属于系统分类中的最高层次之后，实际上就把系统科学与人工智能两大领域明显地加以沟通。这样一来各种以知识为特征的智能型系统，如互相合作的人工智能系统、分布式人工智能系统以及实时智能控制系统等都属于一个统一的、明确的范畴。这就有利于去建立开放的复杂巨系统的理论基础，这是当代科学发展的必然结果。

六、开放的复杂巨系统研究的意义

从以上所述，定性定量相结合的综合集成方法，概括起来具有以下特点：

(1) 根据开放的复杂巨系统的复杂机制和变量众多的特点，把定性研究和定量研究有机地结合起来，从多方面的定性认识上升到定量认识。

(2) 由于系统的复杂性，要把科学理论和经验知识结合起来，把人对客观事物的星星点点知识综合集中起来，解决问题。

(3) 根据系统思想，把多种学科结合起来进行研究。

(4) 根据复杂巨系统的层次结构，把宏观研究和微观研究统一起来。

正是上述这些特点，才使这个方法具有解决开放的复杂巨系统中复杂问题的能力，因此它具有重大的意义，以下将着重讲讲这个看法。

现代科学技术探索和研究的对象是整个客观世界，但从不同的角度、不同的观点和不同的方法研究客观世界的不同问题时，现代科学技术产生了不同的科学技术部门。例如，自然科学是从物质运动、物质运动的不同层次、不同层次之间的关系这个角度来研究客观世界的，社会科学是从研究人类社会发展运动、客观世界对人类发展影响的角度去研究客观世界的，数学科学则是从量和质以及它们互相转换的角度研究客观世界的[10]……而系统科学是从系统观点，应用系统方法去研究客观世界的。系统科学作为一个科学技术部门，从应用到基础理论研究都是以系统为研究对象的。在宏观世界，我们这个地球上，又产生了生命、生物，出现了人类和人类社会，有了开放的复杂巨系统。而这类系统在宇观世界也是存在的，例如，银河星系也是一个开放的复杂巨系统。这样看来，开放的复杂巨系统概念已经超出了宏观世界而进入更广阔的天地。因此，开放的复杂巨系统及其研究具有普遍意义。但是，正如前面已经指出的那样，过去的科学理论都不能解决开放的复杂巨系统的问题，这也是有原因的，可以从历史中去找。

大家知道，长期以来不同领域的科学家们早已注意到，在生命系统和非生命系统之间表现出似乎截然不同的规律。非生命系统通常服从热力学第二定律，系统总是自发地趋于平衡态和无序，系统的熵达到极大。系统自发地从有序变到无序，而无序却决不会自发地转变到有序，这就是系统的不可逆性和平衡态的稳定性。但是，生命系统却相反，生物进化、社会发展总是由简单到复杂、由低级到高级，越来越有序。这类系统能够自发地形成有序的稳定结构。

两类系统之间的这种矛盾现象，长时间内得不到理论解释，致使有些科学家认为，两类系统各有各自的规律，相互毫不相干。但也有些科学家提出：这种矛盾现象有没有什么内在联系呢？直到本世纪 60～70 年代，耗散结构理论和协同学的出现，为解决这个问题提供了一个科学的理论框架。这些理论认为，热力学第二定律所揭示的是孤立系统(与环境没有物质和能量的交换)在平衡态和近平衡态(线性非平衡态)条件下的规律。但生命系统通常都是开放系统，并且远离平衡态(非线性非平衡态)。在这种情况下，系统通过与环境进行物质和能量的交换过程成为减熵过程，即出现负熵流，尽管系统内部产生正熵，但总的熵在减少，在达到一定条件时，系统就有可能从原来的无序状态自发地转变为在时间、空间和功能上的有序状态，产生一种新的稳定的有序结构，Prigogine 称其为耗散结构。这样，在不违背热力学第二定律的条件下，耗散结构理论沟通了两类系统的内在联系，说明两类系统之间并没有真正严格的界限，表观上的鸿沟，是由相同的系统规律所支配的。所以，Prigogine 在其著作中指出，“复杂性不再仅仅属于生物学了，它正在进入物理学领域，似乎已经植根于自然法则之中”[11]。Haken 更进一步指出，一个系统从无序转化为有序的关键并不在于系统是平衡和非平衡，也不在于离平衡态有多远，而是由组成系统的各子系统，在一定条件下，通过它们之间的非线性作用，互相协同和合作自发产生稳定的有序结构，这就是自组织结构。

现代科学 20 年来的这一成就是十分重要的，它阐明了长期以来困惑着人们的一个谜。但耗散结构理论、协同学的成功，也使得不少人过分乐观，以为这种基于近代科学还原论的定量方法论也可以用到开放的复杂巨系统，这就必然碰壁！

在科学发展的历史上，一切以定量研究为主要方法的科学，曾被称为“精密科学”，而以思辨方法和定性描述为主的科学则被称为“描述科学”。自然科学属于“精密科学”，而社会科学则属于“描述科学”。社会科学是以社会现象为研究对象的科学，社会现象的复杂性使它的定量描述很困难，这可能是它不能成为“精密科学”的主要原因。尽管科学家们为使社会科学由“描述科学”向“精密科学”过渡作出了巨大努力，并已取得了成效，例如，在经济科学方面，但整个社会科学体系距“精密科学”还相差甚远。从前面的讨论中可以看到，开放的复杂巨系统及其研究方法实际上是把大量零星分散的定性认识、点滴的知识，甚至群众的意见，都汇集成一个整体结构，达到定量的认识，是从不完整的定性到比较完整的定量，是定性到定量的飞跃。当然一个方面的问题经过这种研究，有了大量积累，又会再一次上升到整个方面的定性认识，达到更高层次的认识，形成又一次认识的飞跃。

德国著名的物理学家普朗克认为：“科学是内在的整体，它被分解为单独的整体不是取决于事物的本身，而是取决于人类认识能力的局限性。实际上存在着从物理学到化学，通过生物学和人类学到社会学的连续的链条，这是任何一处都不能被打断的链条。”自然科学和社会科学的研究覆盖了这根链条。伟大导师马克思早就预言：“自然科学往后将包括关于人的科学，正像关于人的科学包括自然科学一样：这将是一门科学。”[12]我们称这种自然科学与社会科学成为一门科学的过程为自然科学与社会科学的一体化。可以说，开放的复杂巨系统研究及其方法论的建立，为实现马克思这个伟大预言，找到了科学的和现实可行的途径与方法。

在结束这番讨论的时候，我们还要指出：这里提出的定性与定量相结合的综合集成方法，不但是研究处理开放的复杂巨系统的当前唯一可行的方法，而且还可以用来整理千千万万零散的群众意见，人民代表的建议、议案，政协委员的意见、提案和专家的见解，以至个别领导的判断，真正做到“集腋成裘”。特别当我们引用它把零金碎玉变成大器——社会主义建设的方针、政策和发展战略，以至具体计划和计划执行过程的必要调节调整时(这在本文第四节讲的实例中已见一个小小的开端)，就把多年来我们党提出的民主集中原则，科学地、完美地实现了。其意义远远超出科学技术的发展与进步，这是关系到社会主义建设以至实现共产主义理想的大事了。人民群众才是历史的创造者!

注释

[1] 钱学森等:《论系统工程》(增订本)，系统科学与系统工程丛书，湖南科学技术出版社，1988。

[2] 钱学森:《哲学研究》，10(1989)3。

[3] *New Scientist*, 21 Jan. (1988)68.

[4] 钱学森，孙凯飞，于景元:《政治学研究》，5(1989)。

[5] Forrester, J. W.: *Theory and Application of System Dyncmics*, New Times Press (1987).

[6] 王存臻，严春友:《宇宙全息统一论》，山东人民出版社，1988。

[7] Larry V. Hedges, Inqram Olk: *Statistical Methods for Meta-Analysis*, Academic Press (1985);
Frederic M. Wolf, Meta-Analysis: *Qualitative Methods for Research Synthesis*, Sage (1986);
Robert Rosenthal, Meta-Analytic: *Procedures for Social Research*, Sage(1984);
Richard J. Light, David B. Pillemer, Summing up: *The Science of Reviewing Research*, Harvard University Press (1984).

[8] 王珏，崔祺:《中国计算机用户》，8(1989)22。

[9] 戴汝为:《中国计算机用户》，8(1989)14。

[10] 吴义生编:《社会主义现代化建设的科学和系统工程》，中共中央党校出版社，1987。

[11] 尼科里斯，普利高津:《探索复杂性》，四川教育出版社，1986。

[12]《马克思恩格斯全集》第42卷，人民出版社，1979，第128页。

当前我国科学技术工作中的六个问题*

我们是全国政协科技委员会的委员，在我国社会主义初级阶段以经济建设为中心，坚持四项基本原则，坚持改革开放的总方针中，科学技术应该起什么样的作用，自然是大家很关心的问题，我们要研究。科技委的许多委员对这个问题已经发表了很好的意见。我在全国政协专门委员会《简报》第138期上也提了点看法，现在再讲几点体会，请各位委员批评指正。

一、生产力的构成

经济建设是一个庞大的社会系统工程，这里边生产能力是一个物质基础。但又是什么因素形成生产能力、生产力呢？经典著作里和理论界长期以来，有两种提法：一个是“二因素论”，说生产力有两项，一项是参加生产劳动的人，一项是劳动工具，包括各种机器设备；另一个叫“三因素论”，它除以上提及的两项外，还加上一项，即生产劳动的对象，如材料、零件等等。其实“二因素论”是指生产劳动过程本身，而“三因素论”是指整个生产过程的体系，实质上是一致的。马克思的《资本论》讲政治经济学，是研究生产关系的学问，不直接讲生产力的形成跟社会经济的关系。现在我国出版了好几本专门论述生产力的形成与社会经济发展的生产力经济学的书。我翻了翻，在这些书中，都用了“三因素论”的观点。

不管是“二因素论”，还是“三因素论”，到底什么是生产力中最重要的因素？江泽民同志去年12月19日在全国科学技术奖励大会的讲话中有这样一段话：“11年前，在我们党号召全国人民为实现四个现代化而奋斗的时候，邓小平同志在全国科学大会上，发表了具有深远意义的讲话，精辟地阐述了科学技术是生产力的马克思主义观点。他强调指出：‘四个现代化，关键是科学技术现代化。没有现代科学技术，就不可能建设现代农业、现代工业、现代国防。’小平同志的这篇讲话，为我国在新时期制定发展科学技术的基本方针和政策，奠定了思想理论基础。最近，小平同志在谈到经济发展时又一再指出：科学技术是第一生产力；科学是了不起的事情，要重视科学，最终可能是科学解决问题。”江泽民同志讲：“这些论断，进一步阐明了科学技术的重要地位和巨大作用。”

我想，从人类历史看，是先总结人的生产实践经验，提炼出技术。近代科学的出现是

* 本文是1990年3月17日在全国政协科技委员会全体会议上的讲话，原载于《真理的追求》1990年第1期。

比较晚的，大概在 18 世纪。但现在这种关系——从生产到技术再到科学——是倒过来了，即我们先搞科学研究，从认识客观世界开始，然后利用认识到的规律，来设法改造客观世界，发展技术，最后用于生产。所以，从今天看，科学技术是第一生产力，这是毫无疑问的。外国人也都在说：21 世纪是科学技术的世纪。

二、要重视基础性的研究

既然我们承认，认识客观世界在先，那么基础研究就是非常重要的了。例如从现代电子技术发展历史看，是先有半导体物理这样的基础科学，后来才发展到现在了不起的电子技术及工业，以至于出现今天人们所说的"信息社会"。再如核工业，原先是研究原子核，有了核物理，后来就变成核技术、核工业；而核技术和核工业已成为当今世界非常重要的部门。从生物学方面看，开始时是研究生物，研究细胞，进而研究细胞结构中的分子，建立并发展了分子生物学这门基础科学；现在大家都说，到了 21 世纪，将会迎来生物技术的产业革命。从这种规律看，我猜想，现在的宇宙学跟我们日常生活似乎搭不上边，是基础科学。但很难说，不定哪会儿会冒出一个什么东西来，也许今后某一个时期，关于宇宙学的研究会影响我们整个世界。

我在这里要说一下，基础性研究实际上是分为两个方面的。一个方面是基础研究，就是基础性的探索，即如何来认识客观世界方面的问题。另一个方面就是国家科委所说的"应用基础研究"。我不同意这个词。基础研究就是不讲应用嘛，怎么还有应用基础研究？从字眼上看就是矛盾的。所以我建议，把这四个字的位置换一换，叫"基础应用研究"，意思本来是应用研究，但是为了更好地应用，要把道理搞清楚，所以前面加上"基础"两个字。对于这两个方面，从今天看，真正的基础研究，常常被忽视，因为它没有直接看得见的效益。全世界恐怕都是这样，我们也不例外。我看了最近我国第四次国家自然科学奖中获奖的基础研究名单，在 60 项基础研究中，我只找到一项是真正的基础研究，其他的我看都是我所说的"基础应用研究"，所以在这里我要特别强调基础研究的重要性。

怎么样搞基础研究？从事这方面工作的同志可以考虑。我认为，在基础研究这个领域，世界性合作的阻碍可能要小一些，因为它没有什么直接的用处。所以，我们要重视基础研究，但现在又不可能在这方面投入很多物力，怎么办？加入国际合作是一个办法，像高能物理中高能加速器这类工作，就可以搞国际合作。另一方面，即"基础应用研究"，因为有"应用"的一面，所以比较容易得到支持。大家都知道，现在国际上吵得很热闹的所谓"常温核聚变"，一方面争论很多，有人肯定，有人怀疑，不知道开了多少次会，争论是很多的。但在美国，争议归争议，政府照样给钱。为什么呢？因为太重要了。假如真的搞清楚了，那真是不得了。所以我说基础应用研究，还是比较容易得到支持的，而最难得到支持的是基础研究。但我们从马克思主义哲学的认识论来看，人要改造客观世界，必须先认识客观世界，而且在科学技术的历史上，也多次有过这类例子。

三、科学技术的应用研究和开发要靠国内环境

这也就是说，科学技术并不会自然而然地变成生产力。我记得在中国科协第三届常委会1988年的一次会议上，科协副主席、浙江大学校长路甬祥说：科学技术是生产力，但要注意，科学技术不是自然而然就会变成生产力，很重要的是靠整个社会经济的运行机制。我最近也跟几位同志谈到这个问题，这些同志都认为，既然一方面我们认识到科学技术是生产力，而且是第一生产力，这么重要，那么我们就要请我们的党和政府注意，治理整顿、深化改革的措施，要从长远看，有利于发挥科学技术是第一生产力的作用。这是要真正的全面实现"科技兴国"。所以，我认为，中共中央十三届四中、五中、六中全会的决议非常重要，都跟科技是第一生产力有密切关系，要实现科技是第一生产力，离不开认真学习贯彻这些重要文件，离不开治理整顿、深化改革。从这几年的工作实践看，也是这么一个关系。

现在，"科技兴农"干起来了。在去年12月1日的全国农业综合开发经验交流会上，李鹏总理对农村工作和农业发展的问题，在实现农业的新突破上有一个很好的讲话。李鹏同志讲话的大意是：在科技兴农方面，我们要坚持联产承包责任制，但单靠这一项还不够，还必须发展集体所有制的产前、产中、产后农业技术服务体系；而这又要靠各级党委和政府的重视和引导。最后，当然还有非常重要的第四项，这就是对农民进行科学技术教育、培训。后来我看到一个材料，介绍能做到李鹏同志所讲的这四点，很有意思。说的是江苏省太湖边的昆山县，有一个农户，6口人，有老有小，折合劳力才两个半，但是这个农户承包了60亩地，还有4亩水塘。怎样完成承包的？实际上是靠集体的产前、产中、产后服务体系来完成的，就是打电话请人帮忙，通过有偿服务来进行播种、耕耘、收获的。效果非常惊人，一年收入是17000元，每个劳力收入为6800元。这是今天的水平，如果进一步发展，承包的量增加了，收入还要增多。所以，在农业方面，要走科学技术应用的研究和开发这条路，已经是很清楚的了。

另一方面，"科技兴工"又怎么样？情况就不大一样了。我们国家有一级企业，这些一级企业大概就是用科技搞开发来实现的。前不久，江泽民同志到大庆视察，他说全国都要向大庆学习，但大庆还不是一级企业，道理在哪儿？在价格上，因为大庆的原油价格压得非常低。我也去过大庆，他们告诉我，只要能把原油价格提高一点儿，经济效益就不得了。也就是说，大庆对科学技术是非常重视的。听说，年轻人到大城市上完大学愿意回大庆，而不愿意待在大城市里，因为大庆环境好。但现在一般地讲，科技兴工，还大有问题，据说问题就在投入上。本来准备允许企业把销售额的1%用来开发科技，好像国家没有批准。但是我们知道，国外的企业，尤其是大企业，远不止销售额的1%，像IBM公司为8%，有的甚至达到10%。为什么"科技兴农"我们做到了，但"科技兴工"，除像大庆和一些一级企业之外，还差得很远呢？这是国家治理整顿、深化改革要解决的一个问题。

至于"科技兴林"，是一个林业问题。3月12日是植树节，宣传得很热闹，但是，正如

林业部长所讲的，我们离光辉的前景还有一点遥远。现在全国森林覆盖率只有12%，太低了，那么是不是没有办法呢？办法是有的，比如说，福建的高级工程师季天祐，几年以前提出林业要改造，要用科学技术，并提出要搞第二林业，就是用密植轮伐的办法，种小树，勤伐，每亩能得到造纸的纤维是很多的。另外，国外许多用木头做的东西，实际上并不是直接用原木，比如说刨花板，是可以用细材来做的。季工程师说，只要把我国林地，适应种林的地方，拿出20%，就能满足全国造纸和合成用材的需要，而80%的面积可以说是生态林了，不是要取木材，而是保护生态，保护水资源等等。前几年，造纸学会与林学会联合建议，采纳季天祐高级工程师的建议。田纪云副总理也召开会议说要试点，定了四个试点地区，结果现在只有季工程师自己所在的福建省的试点在搞，其他三个地方没有搞起来。造纸学会和林学会的同志都很清楚，搞不起来，不是因为中国人笨，而是我们的体制，造纸在轻工业部，森林归林业部。据说林业部要召开科技兴林的全国性会议，这是个好消息。但光靠林业部能行吗？所以，根本问题还是国内的环境。

至于说40多亿亩草原的利用，差得就更远了，现在我们的草原正一天一天地衰退下去，掠夺得多，建设投入得太少。

我讲这些，是说我们这些人都是搞自然科学、工程技术的，但要认识到：仅有自然科学和工程技术的知识是不够的，要把科学技术变成第一生产力，还要靠社会科学。所以中国科协有一个促进自然科学和社会科学联盟工作委员会，钱三强同志是主任，我认为这个联盟的工作是很重要的。因为这是大科学技术，不是以前那种概念的科学技术。小平同志讲科学技术是第一生产力，实际上是讲大科学技术，是包括社会科学在内的。但钱三强同志的工作不好做，社科界有些同志恐怕太脱离实际了，老是在书本上钻来钻去，而书本上哪有治理今天中国国内环境的现成答案！所以我们要促一下这个联盟，要联系实际，我们搞自然科学技术的人，在这一点上恐怕是好的，我们知道不能议论来议论去，要跟实际结合，起码同实验连在一起。

第三点就讲这个意思，即科学技术要真正变为第一生产力，还要靠更大的环境。

四、人才问题

这个问题很重要。现在无非是三代人，一是像我们这样的老一点，再有很重要的是三四十岁的人，还有正在学习的二十岁左右的。我希望，青出于蓝而胜于蓝，后一代比我们强。但是这个问题确实很大，我们全国政协也有一个教育文化委员会，他们讨论很热烈。想来想去，我觉得，教育问题真正的要害在认识，也就是说，我们还没有真正掌握马克思主义的教育理论。搞教育理论的人，总是离不开老框框，什么凯洛夫的教育学等等。其实在我国，包括解放前一段时间，甚至更早的时期，我们对教育是有经验的，有成功的经验，也有教训。我们应该用马克思主义的哲学，用辩证唯物主义和历史唯物主义来总结教育上的成功经验和失败教训，真正奠定马克思主义的教育理论。这恐怕是非常重要的，没有理论的指导是不行的。而老的教育理论，我看不能解决我们面临的问题，不够用。

说到21世纪，说到大科学技术，这里面的问题就更多了。比如说大科学技术，就有一个怎样组织的问题，在中国科协最近出的一期《科技导报》，即1990年的第1期上，有赵红州和蒋国华写的一篇文章，题目是《大科学时代更需要科学的帅才》，值得我们看看。因为他们提出了一个科学帅才的问题，就是组织大科学的工作所需要的特殊人才。我想人才问题就讲这么一点意见。

五、要用马克思主义哲学指导我们的工作

科学技术的帅才如何培养？我们谈要发挥科学技术是第一生产力的作用，这是一个复杂的社会系统工程问题。我们这些从事科学技术研究工作的人，怎样找到一个帮助我们考虑问题的工具？我想最重要的是马克思主义哲学。作为中国的一个科学技术工作者，在中国工作，在全国政协科技委员会工作，要解决这个复杂的问题，要立足于很高的制高点，也就是要立足于马克思主义哲学的制高点上，来统揽全局，为党和国家提出如何以科学技术为第一生产力来治理整顿、深化改革的建议。在这么一个复杂问题面前，我们全国政协科技委的同志要认真思考问题，学习马克思主义哲学，做到真正的学术民主，大家有话就谈，然后集中起来，实事求是地解决我们面临的这么大一个问题：把科学技术变为建设社会主义的第一生产力。

六、总体设计部问题

这个问题是不是太难了，能不能办到？我是有信心的，是能办到的。办法就是对复杂的问题要用系统工程的方法。把科学技术变为第一生产力，是一个复杂的社会系统工程问题，所以要用系统工程的方法。十几年来，我一直在建议，党和国家应该有一个作为咨询机构的总体设计部。近来，我越想越觉得有希望。这个总体设计部有没有办法工作？经过几年讨论，有这么一个方法，今天就不多说了，名字叫作定性与定量相结合的综合集成法，是把大家所有的意见、经验，综合起来，"集腋成裘"。这只有我们社会主义国家做得到，因为在中国共产党领导下的中国人民团结一致，政府和人民上下一条心，就是要建设社会主义。搞综合集成法的工具，就是信息技术。前几天，听到一个好消息：中国信息学会已经成立。据报道，通过计算机从事信息的工作人员已达一万多，拥有大量的计算机设备，包括大型计算机和微机。既然有了这个基础，我们已经走上了做好科学决策、科学咨询这条路，那么，说了10多年的总体设计部，我看有希望了。

我就讲这么六点，不对的地方请大家指正。希望大家多出主意，多提意见和建议，使科学技术真正作为第一生产力，在我国社会主义建设中发挥作用。

再谈开放的复杂巨系统*

刚才戴汝为同志的报告讲得很好。戴汝为同志多年从事人工智能、知识系统的工作,去年他听说我们在这里讨论开放的复杂巨系统问题,很感兴趣。因此,他是从人工智能、知识系统的角度来看开放的复杂巨系统问题。我正好相反,不懂人工智能和知识系统,从去年开始向他学习这方面的知识,发现这个问题很重要。我们是从不同角度走到一起来了。我们认为,要解决开放的复杂巨系统问题,要建立从定性到定量的综合集成方法或称为综合集成技术,需要这样的结合,所以后来就和于景元同志我们三个人合写了篇讲这个观点的文字[1]。

但是我要提醒搞人工智能研究的同志,你们考虑问题的层次还太低,包括国外的一些学者,考虑的还是一些简单的问题。什么人工智能,说得很热闹,但具体处理的还是一些非常简单的问题,说不上什么智能。实际上,真正的人的智能,是人大脑高层次的活动,比目前一些人工智能专家考虑问题的层次要高得多。解决这个问题的途径是 1988 年马希文同志在一次讨论会上提出的人与机器的结合,单用计算机之类的机器不行,但人需要机器来帮助。所以,外国人好的东西我们要学习,但我不相信他们能解决开放的复杂巨系统问题,这要靠我们自己的努力。

下面我讲四个问题。

一、什么是开放的复杂巨系统

对开放的复杂巨系统,我们可以说:

(1) 系统本身与系统周围的环境有物质的交换、能量的交换和信息的交换。由于有这些交换,所以是“开放的”。

(2) 系统所包含的子系统很多,成千上万,甚至上亿万,所以是“巨系统”。

(3) 子系统的种类繁多,有几十、上百,甚至几百种,所以是“复杂的”。

过去我们讲,开放的复杂巨系统有以上三个特征。现在我想,由这三条又引申出第四个特征:开放的复杂巨系统有许多层次。这里所谓的层次是指从我们已经认识得比较清楚的子系统到我们可以宏观观测的整个系统之间的系统结构的层次。如果只有一个层

---

* 本文是 1990 年 10 月 16 日在系统学讨论班上的发言,原载于《模式识别与人工智能》1991 年第 4 卷第 1 期。

次，从整体系统到子系统只有一步，那么，就可以从子系统直接综合到巨系统。我觉得，在这种情况下，还原论的方法还是适用的，现在有了电子计算机，从子系统一步综合到巨系统，这个工作是可以实现的。从前我们搞核弹，就是这么干的。因为，核弹尽管很复杂，但理论上仅有一个层次——从原子核到核弹。国外对于这种一个层次的问题，如混沌，即便是混沌中比较复杂的问题，如无限维 Navier-Stokes 方程所决定的湍流[2]，还有我们在这个讨论班上讲过的自旋玻璃，都可以这么处理，他们把这种问题叫复杂性问题。我认为这种所谓的"复杂性"并不复杂，还是属于有路可循的简单性问题。我把这种系统叫简单巨系统。我们所说的开放复杂巨系统的一个特点是：从可观测的整体系统到子系统，层次很多，中间的层次又不认识；甚至连有几个层次也不清楚。对于这样的系统，用还原论的方法去处理就不行了。怎么办？我们在这个讨论班上找到了一个方法，即从定性到定量的综合集成技术，英文译名可以是：meta-synthetic engineering，这是外国没有的，是我们的创造。

二、建立开放的复杂巨系统的理论

要建立开放复杂巨系统的一般理论，必须从一个一个具体的开放复杂巨系统入手。哪些系统属开放复杂巨系统呢？社会系统是一个开放复杂巨系统。除此以外，还有人脑系统、人体系统、地理系统、宇宙系统、历史(即过去的社会)系统、常温核聚变系统[3]等等，都是开放的复杂巨系统。研究问题要从具体资料入手。例如，社会系统中有区域问题，也有国家问题，还要注意国际问题。如新华社编的《世界经济科技》今年第 41 期上刊登日本人的文章[4]，讲的是日本随着经济的发展，将一些劳动密集型产业转移到亚洲"四小龙"，现在"四小龙"又将这些产业向东南亚发展中国家转移。文章说，最后要向中国大陆找出路，因为中国很大，人口众多。所以说，中国的社会主义建设，必须考虑国际的影响。只有从一个一个具体的开放复杂巨系统入手进行研究，当这些具体的开放复杂巨系统的研究成果多了，才能从中提炼出一般的开放复杂巨系统理论，形成开放的复杂巨系统学，作为系统学的一部分。50 年代形成工程控制论就是采用这个办法，从一个一个自动控制技术中提炼出来的。这里我们也要指出：在开放的复杂巨系统中，实践经验和资料累积最丰富的是社会系统和人体系统。前者是关系到国家事务的大问题，后者是涉及人民保健医疗的大问题。

然而，由于开放的复杂巨系统是多层次的，其功能状态变化的可能性是非常广泛的，有可能出现一些超出常规的现象，如人体系统出现的人体特异功能，这是意想不到的，使不少人不能接受，但又是客观存在的。社会主义中国这个社会系统是不是也出现过"特异功能"？60 年代我们搞成原子弹、导弹、人造卫星，世界上有许多人以为不可设想，我看这就是社会主义中国的特异功能。亚运会办得这么好，也是许多人想象不到的。全国第四次人口普查，只用了一年多时间准备和调查登记，这在 11 亿多人口的大国也是超常的。

所以，中国共产党领导的这个社会系统，只要组织得好，是可以作出意想不到的成就，这就是中国这个社会的"特异功能"。我们搞开放复杂巨系统研究的同志，千万要有这个思想准备，不要被自己习惯了的老一套束缚住。

三、要有正确的指导思想

研究开放的复杂巨系统要有正确的思想指导，那就是马克思主义哲学思想的指导。因为研究开放的复杂巨系统，正如我在一开头所讲的，当然要靠计算机，靠知识系统，靠人工智能等技术手段，但又不能完全依靠这些机器，最终还要靠人，靠人的智慧。如果完全靠机器能解决问题，那就不是开放复杂巨系统了。人的智慧是什么？是马克思主义哲学。哲学是人类知识的最高概括。

最近我读了王东同志写的讲列宁的《哲学笔记》的书[5]。书中说，建立马克思主义的哲学体系，马克思、恩格斯做过第一次伟大的尝试；狄茨根做过第二次尝试；列宁的《哲学笔记》的第三次伟大尝试，都未成功。斯大林搞得不好，从哲学上讲，许多东西批错了。而中国革命远比苏联十月革命要复杂得多，中国革命形成的毛泽东思想，处理许多错综复杂问题确有独到之处。陈志良、杨耕、郭建宁三位同志合写的文章[6]，也讲从宏观的、整体的角度处理非常复杂的问题，论述了小平同志思维上的整体性、系统性、宏观性、战略性等等，这是很正确的。毛泽东思想的核心部分就是这些内容，即抓问题的本质，矛盾的主要方面，注意情况的变化等等。这就教导我们怎样看一个复杂问题，怎样看一个复杂巨系统。其中特别要防止的是头脑僵化，自己形成一个概念就一成不变。开放的复杂巨系统可是千变万化的，我们要有这样的认识。

革命战争年代，党中央、毛主席在延安，没有电子计算机，也没有现在那么多的信息，那时作正确决策靠什么？靠指导思想。所以当时特别强调，实践——理论——再实践。一项政策，一个理论，在实践中发现有不对的地方，立即改正。这些指导思想，对于我们研究开放的复杂巨系统是非常重要的。也就是我们要用正确的哲学思想来指导，也要通过实践，不断修改我们的理论，因为我们处理的问题太复杂了。通过这样的办法提出的理论，即定量的模型，和过去相比，要能适用比较长的时间，即使出现失误的话，损失也不要太大。这也是我们研究开放的复杂巨系统的目的。

最后我要附带说一句，吴学谋同志的泛系理论[7]不大好懂，实际上是一种哲学思想，如果其中有什么有用的东西，我们要注意吸取。

四、要用思维科学的成果

从定性到定量的综合集成技术，实际上是思维科学的一项应用技术。研究开放的复杂巨系统，一定要靠这个技术，因为首先要处理那么大量的信息、知识。信息量之大，难以想象,哪一个信息也不能漏掉,因为也许那就是一个重要的信息。情报信息的综合,这是首先遇到的问题。过去我在情报会议上讲过一个词,叫资料、信息的“激活”,即把大量库存的信息变成有针对性的“活情报”。汪成为同志告诉我,外国人也有一个词,英文叫“data fusion”,我看这个词不好,用“information inspiritment”更恰当一些。我们在做定性的工作中,一开始就要综合大量的信息资料,这个工作就要用知识工程,而且一定要用知识工程,因为信息量太大了,光靠手工是无法完成的。还有“人大”、“政协”会上有大量提案,这都是专家意见,都是有根据的,很重要,但也不见得全面,需要将这些意见进行综合,这个也要用知识工程、人工智能,这是我们从定性工作开始时要做的一部分。

所以,从定性到定量的综合集成技术是思维科学的应用技术,是大有可为的。应用技术发展了,也会提炼、上升到思维学的理论,最后,上升到思维科学的哲学——认识论。哲学界现在争论的许多问题,如什么是主体,什么是客体,什么是思维,什么是意识等等,都会有一个正确的答案了。从唯物主义的观点来看,这些问题是很清楚的。人认识客观世界靠什么?靠大脑,而大脑是物质的,是物质世界的一部分。人靠实践来认识客观世界。这不过是人脑这一部分物质,通过物质手段,与更大范围的客观物质相互作用的过程。什么主体,什么客体,什么思维,什么意识,都只不过是讨论研究这一相互作用过程中使用的术语而已。每次所认识的,只是客观世界的很小一部分,所以要再实践,再认识,才能不断扩大我们对客观世界的认识,这个过程是无穷尽的。所以,哲学界争论不休的问题,从开放的复杂巨系统的观点和从思维科学观点来看,都是很清楚的。因此这里讨论的关于开放的复杂巨系统的观点,对于我们认识客观世界哲学,也有重大意义。

注释

[1] 钱学森、于景元、戴汝为:《一个科学新领域——开放的复杂巨系统及其方法论》,《自然杂志》1990年(13卷)第1期,第3~10页。

[2] 如果把分子作为子系统,那么从微观层次的分子运动综合上升到宏观层次的Navier-Stokes方程,是从微观的混沌到宏观的层流有序;然后Reynold数大了,这一层次又不稳定,发生湍流,但全流场,再上一个层次,还是保持一定流形分布的,还是有序。这里宏观层次是可观测的,全流场也是可观测的。下一个层次到上一个层次都是可观测的。每一次综合只隔一个层次,所以这里的问题不属于复杂巨系统,而且下一个层次的混沌正是上一个层次有序的基础。

[3] 常温核聚变是“特异功能”的观点首先由陈能宽同志提出。因为是“特异功能”,所以引起争议。

[4]《西太平洋地区产业结构发生连锁式变化》,《世界经济科技》1990年10月9日(第41期),第1~8页。

[5] 王东:《辩证法科学体系的“列宁构想”》,中国社会科学出版社,1989。

[6] 陈志良、杨耕、郭建宁:《论邓小平的哲学思维方式》,中央党校:《党校论坛》1990年第10期,第1~6页。

[7] 吴学谋:《从泛系观看世界》,中国人民大学出版社,1990;吴学谋:《泛系理论与数学方法》,江苏教育出版社,1990。

要从整体上考虑并解决问题*

我认为，马克思列宁主义、毛泽东思想要求我们从整体上考虑并解决问题。下面就从这个角度讲四个问题。

第一个问题，关于科学技术是第一生产力。中共中央总书记江泽民同志去年12月19日在全国科学技术奖励大会上讲了科学技术是第一生产力的问题。我想科学技术不是自然而然地就成为生产力，要有一个促使科学技术成为第一生产力的环境，或者用马克思的话说，就是社会形态，也就是我们现在常说的国内环境。现在我们的社会形态距理想实在太远了。我不是说一项一项的具体事情，一项一项的成绩是很大的，但是从整体上说，浪费太厉害了，效率太低了。这实在令人担忧。我们一定要治理整顿，深化改革，而这里最重要的是要从整体上考虑，而不是就个别的问题而言。

再有，跟这个问题有关的一件事，就是赵红州和蒋国华在《科技导报》1990年第1期上提出的科学的帅才。我想我们应该有200位左右的科技帅才。科技帅才不但要是一个方面的专家，而且要能看到现代科学技术发展的全貌，并且能够联系到经济、政治和社会来考虑问题。要解决好我下面提到的三个问题，都需要科技帅才。

第二个问题，要研究如何把人造地球卫星技术用于建立21世纪的社会主义中国。要发挥我国卫星技术的优势，但是我觉得这个问题应该从高层次来研究，不能只靠行业的专家们来议论、咨询。行业的专家对自己这一行的知识很渊博，知道别的先进国家过去和现在的情况、经验和成就，也知道我们的差距，因此能提出怎样赶上去的措施和计划。但是，我认为这不是全局。资本主义国家的领导人，在全局的问题上也是不行的，也往往是短期行为，在关系到科学技术的重大决策问题上犯过很多错误，其原因就是没有考虑全局。我觉得在这个问题上，我们首先要考虑到21世纪的世界，还要看到下个世纪中叶我们要搞好社会主义初级阶段建设。第三步的问题，也要看到21世纪后半叶要干的事情。这样，我们才能把问题讲清楚，制订一个最有效的战略和计划。这些事情虽然可能是几十年乃至一百年以后的事情，但是现在就要考虑了。比如说，从现在到下个世纪中叶以后，假如我们要在世界有竞争能力的话，我认为每个中国人都应该是硕士文化水平。现在我们说的九年制义务教育是不够的。但是我觉得总结我们过去的经验，完全可以提高教育的效率。4岁就上学，我看经过14年到18岁，就可以达到硕士水平。比如说数学，过去若干

---

* 本文原载于《人民日报》1990年12月31日第3版。

年中国科学院心理研究所刘静和大姐进行了大约上千个实验班的实验。她在小学就开始教数学，很成功，就是用新的方法。不要看不起小娃娃，小娃娃聪明得很，只要你教得对头，他们的进步是很快的。所以，4 岁上学，18 岁达到硕士水平并不是不可能的事情。当然，还要想到我们的教师队伍等问题怎么办。我想卫星技术可以帮大忙，就是利用电化教育的手段。国家教委副主任朱开轩同志是研究电化教育的。他曾经对我说："电化教育的潜力大得很。"假设我们用先进的技术，像通信卫星应用技术，有些现在认为做不到的事情就可以做到。

关于人造卫星技术怎样为 21 世纪社会主义中国的建设服务的问题，我觉得要研究。我建议，要用社会系统工程的方法来研究这个问题。专家的意见要吸收，要很好地听，但是不能只靠专家的意见。要用从定性到定量的综合集成的方法，最后要定量，要有一个飞跃，从整体上考虑问题。这也就是我说的总体设计部的概念。这是第二个问题。

第三个问题，我觉得在有了这样的工作经验之后，我们可以研究几个大问题。比如，科学技术面向 21 世纪的问题；中国现代化的战略问题等。我举几个例子。第一个例子，就是综合开发能源、化工、冶金、建材的问题。把这几个方面联合起来综合考虑，研究这几个方面综合生产的科学技术。对这些方面的建议很多，比如，原来冶金工业部的副部长、总工程师陆达同志最近就有一个建议，认为现在用高炉炼铁再用平炉、转炉炼钢的方法效率太低了。所以提出不用焦炭，叫作熔融还原炼铁的新技术。江泽民总书记到太原去看过的，李双良创造的钢渣利用也很了不起，他联系到建筑材料等，发挥了多种效能。我们把这些看到的东西，还有许多外国已经进行的一些实验加以总结。还要站得更高一点，把能源、化工、冶金、建材综合起来统一考虑，我想这是 21 世纪的一个发展方向。

第二个例子，开发地下矿藏，现在多半是人要下矿井。从安全、效率等方面考虑，这恐怕不是最先进的方法。虽然多少世纪以来我们祖先就是这么干的，但是从今天的科学技术考虑，恐怕要另外找出更安全、效率更高的办法。有的同志也许会说，人不下去当然行了，可以让机器人下去。但是我觉得，这恐怕还不是最有效的办法。我在前年到大庆市去学习，给了我很大启发。大庆采油的科学技术是可以推广的。结合过去已经有过的、很简单的方法，像地下食盐，用打井，灌水的方法把盐提上来，这个很简单。美国人也做过地下抽取硫磺矿，打井下去，用热水注下，把硫磺化了，提上来。像大庆石油这套开发技术，他们把地下的事情摸得很清楚，然后用物理、化学的方法把石油抽上来，人可以不下去。石油可以这样办，我想其他的矿产也可以这样办。苏联在 50 年代做了很多煤在地下气化的工作。这些都是可以考虑的。我们要研究这个技术，现在就要研究。因为刚才说的这些事情都不是一说就能做到的，还要做大量的工作，要一点点摸索，做试验。这个工作一旦做成了，就会使我们整个的生产技术大为改观。

我再举一个例子，就是地理科学这个概念。这个问题实际上竺可桢这位老前辈早就提过。地理不完全是自然科学，地理是自然科学和社会科学的结合，要考虑社会建设的环境，这就是地理科学的任务。他当时说是地理学，我这里改成地理科学的任务。我们国家要建设，怎样改进生产和生活的环境，这就是地理科学的任务。我提出以后，曾经请教我国的地理学专家们，中国科学院和国家计委的地理研究所原所长黄秉维同志就很赞成。我觉得 21 世纪的世界，是整个集体化了的世界，所以从东亚西太平洋到欧洲大陆桥的问题恐怕就提上来了。从东亚到西欧的大陆桥是要经过我国的。我们应该考虑如何建设这个大陆桥，也就是港口、铁路等。这也是地理科学的一个问题，或者说是我们国家的地理建设的问题。

第四个问题，提到理论的高度去看，就是科学方法问题。这是一个基础性问题。上面讲的这些具体要研究的科学技术问题，可以说都是非常复杂的。我们搞系统学的人，把它称为开放的复杂巨系统。这里有个特点，就是这些系统不能用近代科学都习惯于用的还原论的方法，即培根的科学研究哲学。这个方法是把一个问题进行分解，如果觉得还太大，再分解，一点一点地分解下去，直到问题获得解决。这个方法是可以解决一些问题的。对于认识客观世界的许多深层次的问题，是需要这样解决的。但是像刚才说的那些问题，那么复杂，你把它一分解，要紧的东西都跑了，没有了。现在世界各国也慢慢认识到这个问题。他们也提出所谓复杂性问题，但是我看他们的理论并不高明，因为他们没有马克思主义哲学。他们一说，就说复杂性怎样认识？结果就要人来认识，弄来弄去，就是强调人的主观作用；强调来强调去，就把不以人的意志为转移的客观存在这个物质给丢了。所以，我们现在有一些人叫实践唯物主义，但我看还是坚持辩证唯物主义为好。当然，还有另一个极端，认为复杂也可以分析嘛！用分析的方法也可以把这个系统搞出来嘛！这样认识以后，就向这个方面去努力，结果认为自己已经抓住了整个世界的复杂性，因而有所谓宇宙全息论。这是什么意思呢？是说好像已经抓住了整个世界这么一个复杂结构的道理，因此只需要推论就可以了。这也不对呀！这跟黑格尔的绝对精神一样，成了客观唯心主义了。人认识客观世界是一个无穷无尽的过程。客观世界是不以人的意志为转移的客观存在。人是要通过实践来逐步认识这个客观世界的。复杂性的问题在这一点上就特别突出，任何人通过实践得到的认识是不全面的；要尽量地把许多人的认识综合起来，把它形成一个整体的东西。这一步是毛泽东同志所说的：从感性认识提高到理性认识。但是，即便到了理性认识以后，认识过程并没有完，还要去实践，再来进一步地修改原来的认识。这是一个没完没了的过程。所以我们应该用开放的复杂巨系统的观点，用从定性到定量的综合集成方法来研究整体性的问题。刚才说的地理系统就是这样。地理系统不是现在很时髦的生态系统，比生态系统还要复杂。生态系统只讲了自然环境。其实人在里面已经影响了生态环境，已经把自然环境改造了。人要考虑的是，怎样改造自然环境，使之更适合于人类的生存。所以地理系统就是一个非常复杂的系统。社会也是非常复杂的，社会系统当然是非常复杂的系统。

在科学技术内部，也有一个非常复杂的问题：人本身就复杂得很。为什么会有人体特异功能，说不通呀！但是他有。这就不是一个简单问题，还要研究嘛！还有，最近我跟物理学家陈能宽同志研究过，现在常温核聚变或称“冷聚变”吵得一塌糊涂；对此我们也做了实验，是有的。这也是一件怪事。我说所有这些怪事，只要出现一次，出现第二次，出现几次，就一定要研究。“见怪不怪，其怪自败”，你得研究这个问题。不能因为它怪，就把它否定了，根本不去考虑它了。这些，我觉得从理论上说就是因为它复杂，它超出了我们简单的认识所能理解的范围。

所以复杂性的问题，现在要特别地重视。因为我们讲国家的建设，社会的建设，都是复杂的问题。再说人这个问题不搞清楚，医疗卫生怎么解决？所以我觉得，我们现在要重视复杂性的问题。而且我们要看到解决这些问题，科学技术就将会有一个很大很大的发展。我们要跳出从几个世纪以前开始的一些科学研究方法的局限性。我们既反对唯心主义，也反对机械唯物论。我们是辩证唯物主义者。在这方面，我们是居于优势，千万不要妄自菲薄。实际上，毛泽东思想的核心部分就是从整体上来认识问题，把握住它的要害。我想这也可以说是我们党这么多年来领导中国人民进行革命所积累的经验。也可以说，中国革命所取得的这样一个巨大的成绩确实是了不起的。我们这些经验，经过老一辈革命家的总结，集中成为毛泽东思想，这就是我们最宝贵的财富。而这样一个哲学思想恰恰正是指导我们研究复杂问题所必需的。

对我国科技事业的一些思考*

今天全国政协科技委员会开会，让我讲话。我想利用这个机会，汇报一下一年来对我国科技事业的一些思考，作为各位委员在讨论国民经济和社会发展十年规划和“八五”计划时的背景资料。

一、再谈科学技术是第一生产力

去年 3 月 17 日，我在全国政协科技委员会第一次全体扩大会议上主要是谈这个问题，后来发表在《真理的追求》1990 年第 1 期上。去年年底《人民日报》等报刊发表了我在去年 8 月 14 日的一个发言，实际上也是讲这个问题。这一年来，我总是在考虑这个问题。去年我讲这个问题，是从我们科技工作者在自己实际工作中的深刻体会，来说明邓小平同志提出的“科学技术是第一生产力”的真理性。

为什么这是一个真理呢？又为什么有那么多人还没有理解这一真理呢？马克思主义一般讲生产力有三要素：① 参加生产劳动的人；② 劳动工具、机器等；③ 生产劳动的对象、材料、零件等。这里没有强调讲科学技术。当然，马克思也讲到科学技术是一种独立的生产能力，又说它是一般的社会生产力，但是没有强调它是生产力的重要因素。在一般的历史唯物主义书籍中，讲到生产力的构成因素时，也都只讲上面列举的三条。为什么会这样呢？这要用历史唯物主义的观点去理解。因为在马克思那个时代，科学技术对发展生产力还没有今天这么重要。马克思是在一百多年前逝世的，当时他对科学技术的认识受到时代的局限。马克思是人，不是神，他不能也不可能预见到今天科技成了这么重要的生产力构成因素。马克思讲了科学技术是生产力，但没有提科学技术是第一生产力。其实生产力三要素，无论是参加劳动的人、劳动工具，还是生产劳动对象，无一例外都是以科学技术作为基础的。

我们回顾一下历史。人类的远古时期，有没有生产劳动？当然有。有没有生产力？当然有。但是有没有科学技术？那就说不上了，大概只是生产劳动的经验而已。西方世界到了文艺复兴时期，才出现了科学。到 18 世纪后期，开始出现机器。大名鼎鼎的瓦特，发明了蒸汽机。但瓦特不是科学家，只是一位有经验而聪明的技师。那时虽有科学，但科

* 本文是 1991 年 3 月 22 日在全国政协科技委员会上的讲话，原载于《真理的追求》1991 年第 5 期。

学与技术的关系不那么密切。一直到上个世纪后半期才有新变化,技术与科学发生了较密切的关系。大概在一百年前,才有了培养高级的大学程度的工程师学校。从这一段历史可以看出,马克思活着的时候,不可能将科学技术作为第一生产力来考虑,这是很自然的。这一点要说清楚。在社会科学界,有人在这个问题上喜欢抠书本,我们应帮助他们加深认识。总之,在科学技术是第一生产力这个问题上,是邓小平同志发展了马克思列宁主义、毛泽东思想。

当然,现在谁也不会说科学技术不重要,但真正做到重视起来,落到实处,下力气抓,增加投入,就不那么容易了。科学技术是第一生产力这个问题,我们要从马克思主义发展观的高度上认识。我们认识了,还要做其他同志的工作,使他们的认识也有所提高。这也是我们科技工作者的一项重要任务。

二、我们的生产力同世界先进水平相比,还有相当大的差距

中国原来是一个贫穷落后的国家,41 年的社会主义建设取得了举世瞩目的伟大成就,对此各位委员都有亲身体会,而且是有巨大贡献的。但我们仍然是一个发展中国家。党的十三届七中全会提出的《中共中央关于制定国民经济和社会发展十年规划和"八五"计划的建议》中提到的建设有中国特色的社会主义的十二条主要原则中,第二、三条就是强调要把发展社会生产力作为我们社会主义建设的根本任务。对经济、政治、文化、教育、科技等方面体制的改革和完善,其目的也就是为了发展生产力。我们现在在走第二步,将来还要走第三步。第三步是到 21 世纪中叶,我们要达到中等发达国家的水平。那就是说,再过六七十年,我们也只是中等发达国家的水平。我们要认识到:成绩很大,差距也不小。我们有很多工作要做,科技工作者作为第一生产力的掌握者和运用者,任务很重,也很光荣。

3 月 22 日《人民日报》第一版列表说明我国 80 年代经济和社会发展的成就,讲到谷物、棉花、猪牛羊肉、煤等产品的产量居世界第一位。我们是搞科学的,到底是什么样的第一位?一个很好的衡量标准是:看看我国这些产量在世界总产量中所占的百分比,再看看我们的人口是多少。我们人口占世界人口总量的 22%。这么一看就清楚了。我查了查《1990 年中国统计年鉴》,我们 1988 年的钢产量是世界第四位,但仅占世界钢总产量的 8.68%;我们的原油产量可能是世界第六位,但仅占世界总产量的 4.73%。我们居世界第一位的也有,1988 年产量居世界第一位的有原煤,占世界总产量的 27.64%,这里边可能不十分精确,我们统计的是原煤,人家统计的是洗过的煤。我们的水泥产量也是世界第一位,占世界总产量的 19.64%。但即使居世界第一位的,按人均产量计,也不过是世界的平均水平,还不是世界的先进水平。至于说到发电量,同世界平均水平比,差距就大了,我们占世界 22%的人口,才占有世界发电量的 5.18%;食糖只占 4.49%;猪、牛、羊肉产量占世界的 20%左右,不算少。

在讲到我们成绩时，一定要有清醒的头脑，要把世界的总产量讲清楚，把我们所占的百分比讲清楚。否则，讲我们一些产品的产量是世界第一位，好像到头了。所以要讲我们在世界总产量中所占的份额。

三、我们的措施和办法

第一，要提高对科技是第一生产力的认识。我们成绩很大，差距不小，怎么办？全国政协科技委员会应做点什么工作？我觉得，对于当前我国的科技、经济、政治、国防，要统一起来考虑，要有长远的、宏观的、战略的眼光。现在是一些长远的、宏观的、战略的看法，得不到应有的重视。一年前，我在全国政协科技委员会第一次全体扩大会议上讲过，科技不单纯是一个科技问题，要成为第一生产力，还要依靠很多方面的协调，政治的、经济的、体制结构的，方方面面都要依靠到，协调好，科技才能发挥作用。这就必须有长远的、宏观的、战略的眼光。第一步是认识到科学技术是第一生产力，这就很重要。但我们有些科技工作者对此宣传不够。我们要用“科学技术是第一生产力”来武装人们的头脑，要改变人们陈旧的思想观念。在一些人的思想中，科技不是第一生产力，贷款才是第一，卖不出去才是第一。他们想不到，抓科技才会解决他们的问题。我不怕人家说我们“王婆卖瓜，自卖自夸”，在这个问题上，我们就是要“自卖自夸”，大力宣传我们的观点。

第二，要大力协同，发挥社会主义优越性。不这么做，我们就很难做好工作，很难实现科学技术是第一生产力。《经济参考报》3 月 13 日，刊登了一篇关于长江中上游防护林工程建设考察散记。这篇报道中说，“长防林”的工作要整个社会来办，这是全社会都应来办的“社会工程”。记者将在各地听到的建议归纳为五条：一是国家可考虑吸收水利、农业、财政、商业、国土、环保、能源以及铁路、交通等中央有关部门参加，与林业部门共同组成类似“长防林”工程建设委员会的领导协调机构，以补林业部协调能力有限之不足；二是把“长防林”工程同水利、水保工程、农业综合开发工程以及国土整治、环境治理、扶贫结合起来，在某些具体项目上联合投资建设；三是公路、铁路、水利、电力、矿业等建设工程造成的水土流失或森林破坏，有关部门应予以补偿，或补植造林，或出资治理水土流失；四是通过社会集资和争取国际援助等办法，多渠道筹集资金；五是“长防林”工程获益最大的下游地区的省、市，也应为中上游治理做贡献，或投资，或承包工程项目，或组织物资支援。这五条，很有意思。就“长防林”工程建设一件事，看来是林业部的事，但实际上不只是林业部的事，涉及面很广很广。3 月 16 日，《人民日报》刊登了李铁映同志在全国人口普查总结表彰会上的讲话，我觉得有段话很重要：“这次普查的成功再一次证明了我们党和政府有着强大的凝聚力，可以实施强有力的领导和卓有成效的工作；同时也证明了人民群众对党和政府有极大的向心力，党和政府与人民群众休戚与共，只要党和政府发出号召，任何艰难困苦的工作都是可以胜利完成的。它再一次证明在我们这样一个发展中的社会主义大国，只要发挥社会主义制度的优越性，实现广泛的社会动员，办任何事情都应该并且可以做到多快好省。同时，人口普查的成功再一次证明了科学，特别是软科学的巨大力量。人口普查是一项多工序、多环节的社会系统工程，如果没有现代化的科学工作方法和管理方法是不可能成功的。”从上述报道和讲话看，我们从事科技是第一生产力的工作，千万不可仅仅看到自己的工作，要大力协同，共同努力，才能做好工作。最近报道我们国家批准的高新技术产业开发区已经有 27 个了，这是好的，但是不能各搞各的，如果那样就坏了，还是要大力协同。

第三，建立科学技术业。最古老的产业是农业，后来又逐步有了商业、工业、交通业、金融业等等。既然现在科技是第一生产力，为什么不能有科学技术业？现在一说发展科学技术，就得依靠别人，人家不要你就毫无办法。我国的钨、稀土很丰富，世界第一。我们总是说，某某国家是石油王国，控制着世界石油市场。我国的钨、稀土的储量都居世界第一位，为什么不能影响世界的钨市场和稀土市场呢？总之，人类社会发展到了科学技术是第一生产力的时代，科学技术为什么不能立“业”？陈旧的思想要改变。有了这个新观念，对科技影响就很大。我们科学技术要“进攻”，要表明科学技术是极其重要的力量，以经济建设为中心，不靠科学技术是不行的。

谈地理科学的内容及研究方法*

同志们，今天在座诸位是来参加“地理科学”讨论会的。诸位都是专家，而我可不是搞地理的。为什么今天叫我来就来了？这是因为近8年来，我一直在宣传，建设有中国特色的社会主义需要有一个新的科学技术大部门。这不是一个小的学科，而是一个大的科学部门，即地理科学。它跟自然科学、社会科学是并行的，所以是一个大部门。我这个外行，怎么敢这么说，我是怎么想的？我把这个过程今天先向各位报告一下，然后再讲一点我的想法，作为这次“地理科学”讨论会的一个背景材料。

一

我对地理科学是有一个认识过程的。开始是在1983年，我读到一位中年地理学工作者浦汉昕的文章，讲述环境（那时开始提出要保护环境），他在这篇文章中引用、介绍了“环境”这个词在苏联有种叫法，即“地球表层”，我觉得这个词好。那时我满脑子装的是“系统”概念，看了这篇文章后，觉得我们的环境是一个系统，感到当时一些流行的说法如“生态环境”等还不够。所以，1983年我在《环境保护》杂志上写了“保护环境的工程技术——环境系统工程”一文，在这篇文章里我讲述了当时认识到的所谓环境——人类社会生活的环境，而这个环境就是指“地球表层”，并提出研究整个环境的科学基础就是“地球表层学”。所以，我这个外行完全是从系统的概念出发，认为整个人类存在的环境是一个系统，并认为从一个侧面（或者是气象问题，或者是生态问题）去考虑都是不够的。

1985年，我参加了北京组织的一个研究北京市建设问题的会议，会上我强调了城市建设是一个系统工程，并提出：“会议上很多文章讲城市规划，那么城市规划这门学问靠什么理论？我觉得应该有一门理论，或者叫技术理论的学科。”那天北京市的领导也去了，他讲他的困难是：“外商来北京建公司要装好多电话，我没有那么多钱来装电话。”我说：“这不单是外商来办企业的问题，你这个城市的大系统要建设好。”所以我提出了“城市学”这个问题。作为一门城市发展与规划整体理论的城市学也属地理科学。

我正式提出“地理科学”这个词是在1986年，在“第二届全国天、地、生学术讨论会”上。我提出，地理科学作为科学技术的一个大部门，与自然科学、社会科学、数学科学、系

* 本文是1991年4月6日在中国地理学会“地理科学”讨论会上的发言，原载于《地理学报》1991年第46卷第3期。

统科学、人体科学、思维科学、军事科学、行为科学，还有文艺理论这九大部分并行，在十个科学技术大部门中，地理科学也是一大部门。当时我觉得地理要考虑的问题跟地学（地质学）不一样，因为地学考虑问题的时间概念非常长，最少1万年，动不动就是100万年。青藏高原隆起是最近的一件事，那也是200万年前开始隆起的。而地理要考虑的问题的时间不是那么长，最小的时间是十年、十几年，一般多是几十年、上百年这样的时间。那时我认识到，地理科学跟地学不一样。我的基本思想都是受系统科学、系统学、系统论哲学观点的影响，要没有这种系统观点，我不会有地理科学的想法。

我怎么想到地理呢？这是在读到英国人 Ronald Johnston 编的 *The Future of Geography*（《地理学的将来》）这本书后。作者中大概多是英国教授，他们都感慨万分：英国地理学曾经了不起，而现在不行了。为什么英国人从前地理了不起，现在不行了？道理很简单。大英帝国原是太阳不落的帝国，从前侵略世界其他国家，在全世界逞威风，当然要研究地理学，而现在只剩下联合王国的几个小岛，地理学就无所施展，政府也不支持了。从这本书我更想到，大英帝国不行了，而我们社会主义中国正是兴旺的时候，所以地理学对我们中国社会主义建设是非常重要的。我觉得建设社会主义中国，就一定要在中国发展地理科学。这些方面我必须感谢黄秉维先生给我的多次鼓励，不然，我这个外行也就说说算了，不会再搞下去。

说到这里，同志们也许会问，我怎么没有提到我们中国科学院的老前辈竺可桢先生？在这里我要老实对同志们讲，竺可桢原是科学院的副院长，我在力学所，当然认识他，但那时我知道的东西太少了，跟地学不搭一点儿边，只知道竺可桢先生对物候学很有研究，很尊敬他。唯一记得一次科学院学部在上海开会，有天晚上我跟地学部学部委员们在一起，说了这么一句话："我一见你们搞地学的，就想到野外考察、地质勘探，你们用的方法是不是太落后了？是不是用先进一些的工具？"其他的我就什么也不知道了，当时连竺可桢副院长对于很重要的地理学的论述都不知道。后来我听说他很重视地理学，但是没有看到他到底是怎么说的。直到去年纪念竺老百年诞辰的时候，我才得到了《竺可桢传》这本书，在《竺可桢传》第六章，读到他对地理学很精辟的见解，这是他在1965年一次讲话中说的，竺可桢先生说："地理学是研究地理环境的形成、发展与区域分异以及生产布局的科学，它具有鲜明的地域性与综合性的特点，同时具有明显的实践作用，与国民经济建设的各个部门有着极其密切的关系。"从这个《传》上还可见到竺可桢先生在新中国成立初年就已经讲了地理对社会主义建设的重要性。所以读了之后，我觉得"地理科学"这个概念的提出应该归功于竺可桢先生，而不是我。我只是冒叫一声，还不知道竺老早就提出来了。竺老是前辈，我是后辈。所以"地理科学"这个概念不是我的，是竺可桢的。

我在地理学上并没有下过功夫，所以对诸位地理专家所做的工作并不很清楚。最近读了《河南大学学报》1990年第4期和中国科协学会部汇编的资料，才看到各位专家对"地理科学"的意见，学了不少东西，对我有很大启发。

二

第二个问题就说说“地理系统”的概念,这是根本的。

地理环境是一个地球表层系统,也就是地理系统。地理环境是人类社会、一个国家赖以生存和发展的环境,这个环境有自然的,也有人为的,有为人所改造的自然环境。而这个地理环境是一个人与自然相互密切关联的系统,即地理系统。

现在能够接受“地理系统”这个概念的人大概比较多,因为系统概念已很普遍了。但是今天我要特别指出,光说地理系统是不够的,我们还要问它是什么样的系统,因为现在系统学已经发展到要为系统分类了。系统各有各的特点,而且这个特点影响研究、分析它的方法。比如说最简单的小系统,这个系统的子系统所组成的系统的部门,数量不多,七八个、十来个,这好办,其理论是最成熟的。再复杂一些的系统,即子系统数目增加,比如有几十个、上百个,且子系统都相互关联,每个子系统都有自己的参数,所以这个系统形成的方程的未知数有好几百。这样一个系统称“大系统”,无非子系统数目多了,理论还是比较清楚,用人计算是不行的,但可用大型电子计算机来算。还有一种系统,其子系统多到上万上亿,但是子系统种类不多。比如这个屋子里的空气,有氧、氮等,它们的分子数目多极了,上万亿、上亿亿,但是即使这样的系统,物理学家们还是有办法,因为它的子系统种类并不多,可以用统计物理或统计力学的方法算。这项研究始于上世纪末本世纪初,近20年又有新的发展,把它应用到了非平衡态,形成非平衡态的热力学,这就是著名的诺贝尔奖奖金获得者普利高津的理论。后来这个理论又被更精确地发展,即由西德的赫尔曼·哈肯创建了协同学。但是不论是普利高津还是哈肯,尽管他们所处理的系统的子系统确实很多,可子系统种类并不多,也就是几种、十几种。对于这种系统,这些年我们给它起名叫“开放的简单巨系统”。所谓简单就是指子系统的种类并不是很多,那么用普利高津和哈肯的方法来处理是可以的。

我们现在所讨论的地理系统是什么样的系统?是不是小系统?当然不是。是不是大系统?也不是,它是比大系统大得多的巨系统。那么是不是简单巨系统?不是,是复杂的巨系统。所以我们要讨论的是系统里面最困难的一种,叫“开放的复杂巨系统”。“开放的复杂巨系统”有什么特征?第一,它是开放的。所谓“开放”就是跟系统之外有关联,有交往,既有能量、物质的交往,又有信息的交往,而不是封闭的。例如,地球表层一方面接受从地球以外传来的光和其他各种波长的电磁波,另一方面又从地球表层辐射红外线;此外还有天体运动产生的引力作用;还有各种外来的高能粒子、尘埃粒子、流星,高层大气也有分子溢出。地球表层还接受地球内部运动的各种影响,以及地磁场的影响等。第二,它是巨系统,就是子系统成亿、上百亿、上万亿、上亿亿。第三,它是复杂的巨系统,就是子系统的种类非常之多。人是一种子系统,还有种类繁多的植物和动物,山山水水,以及地下矿产等等。这就形成一个特点,即这个“开放的复杂巨系统”的内部层次、结构多变,而且我们很难分清、确定,今天你看是这样,再过一天又不是这样。这就给我们研究分析地理系统这种“开放的复杂巨系统”造成很多困难。举例说,最近看到长江中上游防护林建设问题就非常复杂。在《经济参考报》3 月 13 日第 1 版有一篇关于长江中上游防护林建设问题的报道,提出这绝不仅仅是林业问题,它涉及的面非常广,水利、农业、财政、商业、国土、环保、能源以及铁路、交通等部门都涉及了。所以这是一个层次复杂多变、内部关系非常错综复杂的系统。

这几年,我们组织了一个讨论班,讨论系统学,在这个讨论班上,我们发现了这个“开放的复杂巨系统”及它的特点。我们还发现对“开放的复杂巨系统”,用标准的科学方法即培根式还原论的方法去处理不行。还原论的方法是,如果要处理的这个问题太复杂,就把它切成几块来研究,如果这些块还复杂,可再切小,如果还复杂,再切小。越切越小。用这种方法处理,你必须知道怎么切合理。这种“开放的复杂巨系统”的层次复杂多变,如果不知道怎么切,乱切就可能把这个问题的本质特征切掉了,就改变了原来问题的性质。比如长江防护林问题涉及那么多部门,如果切块,这块归林业部,那块归财政部,行吗?不知道怎么切,结果互相打架,防护林也就干不成了。我们这个系统学讨论班三年以前开始感觉到这个问题,以老方法来对付这些“开放的复杂巨系统”看来不行。讨论班上一些同志研究过国民经济宏观调节问题,所以第一个认识到的“开放的复杂巨系统”是我们国家的社会经济系统。后来发现,人也是“开放的复杂巨系统”,人是不简单的,所以这些年西医也感到他们过去长期沿用的培根式还原论方法不行了。甚至人脑也是一个“开放的复杂巨系统”,因为人脑的神经细胞约有 10^{12} 个,而且神经细胞有各种各样。地理系统也是“开放的复杂巨系统”。首先要明确:研究的对象是一个巨系统;第二,它是系统里非常复杂的、研究起来非常困难的“开放的复杂巨系统”。在 1990 年 1 月号《自然杂志》上,我们才开始把这个问题讲出来。那篇文章把所用的方法叫“定性与定量相结合的综合集成法”,后来考虑到这个词不怎么恰当,所以最近我们用“从定性到定量的综合集成法”。今年年初又在《科技日报》(今年 1 月 21 日～22 日)上发表了于景元、王寿云、汪成为的文章,具体讲到社会系统与社会系统的环境——地理系统,讲清了这些都是开放的复杂巨系统,要用从定性到定量的综合集成法。

这样一个认识是很重要的,这些概念很新。在这里我要向诸位报告,这是中国人的发明,外国人没有。到底是中国人行还是外国人行?我看中国人行。为什么外国人不行?我看差别在于我们有马克思主义哲学,我们用辩证唯物主义观点看待问题,他们没有。为什么竺老提出“地理科学”这个概念并有了基本思路,却没有提出地理系统(外国人也没有提)?我认为问题在于没有“系统”这个概念,因为直到竺老去世,系统工程、系统学的概念还没有出现。所以这不能怪竺可桢先生,这是后来的发展。

再有,怎样处理地理系统这样“开放的复杂巨系统”?搞地理的人恐怕也很困难。要解决“开放的复杂巨系统”的问题,又没有好的方法,那么只得用老方法,即培根还原论的方法——切块的方法。对搞地理的同志来说,古典地理是一门思辨学问,研究它还只能搞调查，加上议论，需要定量却又没法定量，可是与地理学家同道的地学家们却起劲地搞板块运动、地质力学等，这就给搞地理的带来很大压力：地理怎么样科学化？结果又想不出办法，很为难。我提出“地理科学”这个概念后，得到了黄秉维同志的一些鼓励，他还送一些文章给我看。他说：“地理学太乱了，有各式各样的说法。”这是什么道理呢？我看就是这个道理，搞地理的人确实处在一个很困难的位置上，要处理的对象是一个“开放的复杂巨系统”，而又没有一个现成的研究“开放的复杂巨系统”的方法，结果就搞成这么一个状态，也就是分成小块，一块一块地分，这说明过去工作所遇到的困难。我们理解，各种问题，比如关于环境问题、生态问题等，那些理论多极了。现在看都是好心，但不解决问题。去年 3 月 8 日在英国刊物 *Nature* 上有一篇 James Lovelock 教授（美国人，现在英国）写的文章，他提出的“地理环境”，用“Gaia”来表示，我从字典上查出，这是希腊大地女神的意思，但他那个概念还是自然的环境，人文方面他只是讲到人为破坏自然环境，他还没有把环境看作我们现在所认为的地理系统这样一个概念。中国同志也写了不少这方面的书，我也陆陆续续收到了，看到了，比如迟维钧同志的《生态经济理论方法》（中国环境科学出版社出版）、徐景航和傅国伟二位主编的《环境系统工程》（中国环境科学出版社出版）及《青年地理学家》编委会编的《理论地理学的进展》（山东省地图出版社出版）。这些书都在试图用一些定量的方法，但由于以上原因，他们用的方法就是普利高津或哈肯的方法，而刚才已经说了，用普利高津和哈肯的方法处理地理系统是不灵的。

三

以上是讲我们应该怎样认识地理系统。但“从定性到定量的综合集成法”到底是什么？我在这儿给大家说说这个方法的特点及我们对这个问题是怎样认识的。

什么叫复杂巨系统？第一，我们要研究这个系统，一定要从定性知识出发，除此之外我们没有太多东西，这是我们对于这个问题的感性认识，不能脱离这个实际。我觉得现在的地理学，各门各行地理学讲的道理就属于这一类，它是感性认识，是有见解的，是很宝贵的，因为它是在大量的工作经验基础上形成的。但是它只是定性的，也不全面。第二，光定性还不够，不能停留在感性认识上，我们要上升到理性认识，要努力达到定量。这里我讲一段历史：在七八年前，我们国家开始研究粮油倒挂——收购的价格高，卖出的价格低——这个经济问题，收购价高是为了要调动农民的积极性，但是人民生活又要求不能把粮价一下提高，所以国家的贴补数量相当大，一年大概好几百亿元，后来发展到将近一千亿元，这个问题怎么解决？我记得那时宋平同志（当时任国家计委主任）大概想听听我有什么方法，就说：“讨论这个问题时你来参加。”我不干这行，但为了学习还是去了。参加的人都是经济学专家，各人说各人的看法。他们都有自己的一套理论，讲怎样解决粮油倒挂问题。有意思的是，他们之中有好几位在讲完后有这么一句话：“我不保险按照我这个方法去做准能解决问题。”那些大专家都是这么讲的。所以说定性是不够的，必须要定量。

那么从定性到定量的说法是从哪里开始的？是实际需要逼出来的。问题是什么叫“量”，什么是过硬的量，这个问题不是说说而已，比如说粮油倒挂的问题，这个“量”就是国家统计局的数字，是实实在在的数字。在地理系统中，这个实实在在的数字就是大量的地学活动中野外考察获得的数据，当然还有其他许多，也是统计的量，它不是人为的，必须是实际上可以获得的、客观存在的量。这一点非常重要，因为理论要联系实际。实际的“量”必须是实实在在的，而不是随意制造的。这些量在地理系统恐怕有成百上千，所以绝非是简单问题。一方面是定性认识，也就是地理学家的学问、见解，以及大量地理学文献里的各式各样见解，这是很重要的、很宝贵的，但这只是感性认识，是不够全面的；另一方面，要有实实在在的经过调查统计的数字。现在的问题是怎样才能把这两方面联系起来，只有这样才能做到从定性到定量，从感性认识上升到理性认识。这是辩证统一的认识论，是最难的。

这里可以说说，我所了解到的一些外国人的工作，比如他们去解决社会经济问题，就没有这个方法。怎么办？现在他们也说有处理简单的复杂巨系统的方法，比如普利高津、哈肯的方法。在美国麻省理工学院有一位 J. W. Forrester 教授，他介绍了一种方法——系统动力学，这个方法实际上是从自己的某一个概念出发，来选择或创造一些参数，这是人为的，然后也定量，上机运算，得出的结果算是定量了。我国也有一些同志这样搞，他们也说是定性和定量相结合，先定性，再定量，再上机计算。因此，我说应该把定性、定量相结合改为从定性到定量。有些经济界名家也到处用上述错误的方法，结果只能得出错误的结论。

我们所讲的从定性到定量，到底怎样工作？也就是分为几个步骤？这是在近几年的经济分析中，在我国国民经济专家马宾同志指导下逐步发展起来的，很有成效。第一，明确任务、目的是什么？第二，尽可能多地请有关专家提意见和建议，例如上面讲宋平同志曾经把经济专家请来，议论粮油倒挂。大家意见肯定不完全一样。此外还要搜集大量的有关文献资料，这个工作必须很认真。有了定性认识，在此基础上，要通过建立一个系统模型，加以摸索。在建立模型时，必须考虑到与实际调查数据结合起来，统计数据有多少就需要有多少参数，这是实际的，不能人为制造。比如经济问题，是国家统计局的统计数字，种类很多，有几百个，所以，模型的参数必须要与实际统计数字相结合。这个复杂模型靠人手工计算是不行的，只能用大型电子计算机完成，通过计算得出结果。但这个结果可靠性如何？需要再把专家请来，对结果反复进行检验、修改，直到专家认为满意时，这个模型方算完成。在经济问题上我们摸索出的方法，所谓从定性到定量的综合集成法，是综合了许多专家意见和大量书本资料的内容，不是某一专家的意见，而且是从定性的、不全面的感性认识，到综合定量的理性认识，这个方法已经过实际应用。也许有人会问，应用效果如何？可以这样说，在经济问题上，这些年来受国务院的委托，这方面的同志已经做了不少工作，与其他部门专家的预测相比，他们在经济领域运用综合集成法预测的数字是最准的，是过硬的。所以，可以说，对于这种“开放的复杂巨系统”，开始找到了一个可行的方法，我们把这个方法叫作从定性到定量的综合集成法。可以说我们走上了正确的道路，而这条道路的特征就是从定性到定量，从感性认识到理性认识。这个思想就是马克思列宁主义、毛泽东思想。没有马克思列宁主义、毛泽东思想的人，不可能提出这个方法。所以我们说，解决“开放的复杂巨系统”，要跳出培根式还原论方法，那是机械唯物论的方法，要摆脱这种思想的束缚，必须用马克思主义哲学的方法。

有了以上认识，可以这样明确地理工作者所面临的任务，宣传地理科学，并不是说地理学不行了，地理科学发展还是要依靠过去地理学大量工作的基础，包括专家意见，不能脱离这个基础。要对地理学家的工作及过去使用的方法给予充分重视，这些丰富成果是广大地理学家的贡献，是在座诸位的丰功伟绩。现在我们要更上一层楼，把它综合起来，目前要强调一下综合性的工作，使得这一部门学科的研究取得更大的成就。

四

中国人对自己的环境到底持何看法，这也是地理哲学问题。其中一个核心问题是人对生存环境已经从被动转化到主动阶段，即不是盲目地开发利用资源。今天的科学已经能够使我们认识我们改造客观环境将会有什么样的后果，是好的还是不好的，好的就利用，不好的需要采取措施加以治理。关于这个问题，哲学家有些评论不免带有片面性。去年 4 月《哲学研究》上有一篇题目是“传统地理环境理论之反思”的文章，后来在第 6 期又有一篇题目是“读传统地理环境理论之反思”的文章，批评前者的观点。两人观点不一样。根据地理哲学的观点，人对地理环境可以改造，而且可以克服由于我们的行动所产生的不良后果。我们中国人在中国这块大地上就是要创造一个建设社会主义，并将过渡到共产主义的地理环境。比如不久前，中国林学会曾召开过一次“沙产业讨论会”，意思就是说，中国有这么多戈壁、沙漠，而且还有那么多沙化现象，难道我们就认输了？没有！我们可以改造、治理沙漠。几十年来我国的治沙工作已经证明，人可以改造自然。另外，前几年三峡建坝问题也是一个讨论得很热闹的问题。当时曾提出建立三峡省，我对浦汉昕同志说，你应该到那里看看，三峡省所处的地理位置、气候条件和瑞士差不多，为什么不能把三峡建成为东方的瑞士？我们应该有这个雄心壮志。不久前，我跟中国科学院综考会考察队的同志说，你们考察青藏高原，了不起，青藏高原共有 250 万平方公里，这么高大的高原是世界所没有的，用现在的科学技术，包括高技术和新技术，为什么不能把占国土总面积 1/4 的青藏高原建成 21 世纪的乐土呢？搞地理科学的人就应该有这样一种观点，这就是地理哲学，是辩证唯物主义：人可以认识客观，可以改造客观。哲学是指导我们具体工作的，那么地理工作者就应该有这么一种思想——地理哲学；地理哲学是地理科学的哲学概括。

五

地理科学为社会主义建设服务的工作，属“地理建设”；“地理建设”是我国社会主义的环境建设。刚才提到《科技日报》年初那篇文章中讲到的就是“地理建设”。这个概念是什么呢？在政协和人大讨论李鹏总理关于“八五”和今后十年计划的报告和纲要时，我们提出了社会主义建设包括社会主义物质文明建设和社会主义精神文明建设，也有整个国家的政治方面的建设——社会主义民主建设和社会主义法制建设。这些建设都要依靠一个环境——社会主义“地理建设”。这个思想已在前面提到的今年年初的文章中讲过，目前正在讨论的李鹏总理报告和纲要中，用的是另外一个词，叫基础设施，但用我们的话说叫“地理建设”。什么是社会主义的“地理建设”呢？它包括交通运输、信息、通讯、邮电、能源、发电、供煤供气、气象预报、水资源、环境保护、城市建设、灾害预报与防治等等，都是我们整个国家、社会所存在的环境，这些都是“地理建设”。但这是非常复杂的多方面的工作。光是长江中上游的防护林一项就涉及那么多的部门，除林业部门外，还有水利、农业、财政、商业、国土、环境、能源，以及铁路、交通等。正如《经济参考报》记者所说的，整个社会都要来办的事叫社会工程。这样一个复杂的事情——地理建设，不能都说是地理科学，否则就太广泛了，就把所有其他学科都吃掉了。地理建设实际上是一个庞大的社会工程，地理科学工作者要起很大很大的作用，但其他学科也要起很大的作用，要共同协作才能搞好地理建设。这并不意味着地理科学应该包括其他所有学科。我们应该想到社会主义物质文明建设也包括很多，不但包括自然科学，还有社会科学。所以讲地理建设，不是说地理科学要把地理建设所需知识全包括进来。这是重要的，因为我们这个会是讨论地理科学的体系问题，应该把整个体系搞清楚，以便使所有学科都承认这个体系。

六

最后我提几点建议，请同志们考虑。提出“地理科学”概念是我们中国人要做的一件大事，而且很紧迫，关系到社会主义建设大问题。在这个问题上，地理科学工作者能否大致统一认识？只要大多数同志认识比较统一就好办了。

至于学科体系，应逐步在实践考验中建立起来，现在有一个大致的体系就可以了。我建议分三个层次：一是基础理论的层次；二是直接应用的技术性层次；三是介于两者之间的技术理论层次。因为现代科学技术大概都有三个层次，最典型的是自然科学这个大部门。有了三个层次概念之后，再看看属地理科学范围内的学科有多少？有几十门。目前已成立学会、研究会的学科就有几十个。这里不排斥任何一门学科，只是大致地排一排，有个位置。

有了这样一个认识和这样一个大致的体系就可以开始工作了，至于细节的调整可以在工作中逐步加深认识，现在一定要把系统的结构搞得很细，一门门都定下来恐怕还欠成熟，现在只要有一个大致的位置就行了。这是第一个建议。

有一个问题是发展地理学科必须抓的，这就是要研究“开放的复杂巨系统”的方法，要掌握并且要发展从定性到定量的综合集成法。现在会用这个方法的人不多，只是刚才说的那些搞经济的人，大概都在航空航天部的 710 所；现在中科院自动化所搞人工智能的部分人也对这个工作感兴趣；还有国防科工委的系统工程研究所，他们也有人对这个方法感兴趣。请大家考虑，要建立地理科学是不是有一个任务，即搞地理科学或有志于搞地理科学的同志，要下功夫来学这个方法，这是没有书的，而且尚未完全定型，还在发展中，是否搞一个研讨班或讨论会，请有关方面的人来讲课，研究一下这个问题，希望有志于此的同志来学习，然后把这个方法用于地理科学。比如 1983 年提出的地球表层学，建立这门学科要运用定性、定量的综合集成法，否则没法建立。这是第二个建议。

第三个建议：这次会议的内容是非常重要的，关系到社会主义建设大局，所以我们应该把讨论的情况、今后工作设想，向党和国家报告。我参加政协会议，想到地理科学，感觉国家对地理科学还不够重视，但比以前好多了，提出要加强基础设施的建设了。我们中国人建设社会主义应该有远大的眼光，看到 21 世纪，不能只看眼前的事情，要看到更长远的环境建设、地理建设。如果同志们和我一样认为地理科学很重要，就应该消除顾虑，大力宣传。这个宣传是对党和国家负责，所以应该把这个思想向国家汇报。尤其是中国科学院地理所还挂靠国家计委，可以向国务院副总理邹家华同志报告，这是应该做的。

关于科学技术是第一生产力的问题*

最近我读了马寅初的《经济论文全集》，很有感受。马寅初是个好人，他原来不是搞经济的，在北洋大学是学矿冶的。到美国后开始学的也是矿冶，学了一年之后，他觉得矿冶是工程技术，不解决当时中国的问题，所以转学经济了。看了他的文章，我觉得他很值得尊敬。那个时候所谓资本主义的经济理论其实也没有什么理论，但他的讲话、文章都是解决实际问题的。他敢于针对旧中国当时的实际情况，提出自己的观点，真是不要命了。那时他很出名，抗日战争胜利后，许多人发国难财，他就提出发国难财的要上特殊税。蒋介石他们听了当然不高兴，就想办法排挤他，让他出国考察。但马寅初很干脆，说现在是国难时期，我不出国。新中国成立后他提出人口问题。大家都知道，明明他是对的，但却受到了批判，直到1979年才恢复名誉，他活了101岁。我看了很感动。像他这样的人，不空谈，能够根据中国实际，从具体问题入手，提出解决问题的方法，真是很了不起。后来我又买了一本陈云同志关于经济问题的书，我觉得陈云同志也很了不起，完全做到了理论联系实际。他总结出来的那15个字："不唯上、不唯书、只唯实、调查、反复、比较"，很好。今天我为什么说这些事情呢？因为我们所考虑的这个科学技术是第一生产力的问题，是中国社会主义建设真正的、根本的大问题，不解决这个问题我们是搞不好社会主义建设的。

有人对此不理解，说除了有第一生产力，是不是还有第二、第三生产力？有人又说马克思没有讲科学技术是第一生产力。这都是在说怪话，不是科学的态度。我们应该知道这些情况，要解决人们心里的疙瘩，要写文章做思想工作，要团结他们。这是个学术问题，但也涉及政治，是建设有中国特色社会主义的问题。

科学技术是第一生产力，这是中国社会主义建设的核心问题之一。我看现在大量的文章都不解决问题，没有说服力。还有几个问题：科学技术到底包括什么？科学技术是第一生力，为什么马克思没有说这句话？经典著作上讲的生产力，一般讲三要素。有人认为是二要素，他们的眼光窄了一点，把生产力看作是一件具体工作的生产能力，不是我们说的社会生产力这个概念，而社会生产力当然是三要素。为什么那个时候对生产力是这样界定的，而不是现在这个提法？科学技术是第一生产力是小平同志对马克思列宁主义、毛泽东思想的发展。虽然马克思没有提到第一生产力这样的高度，现在提了，也是正确的。马克思那个时候没有提，也不是不正确。这里面有个历史发展的问题，要解决这个问

* 本文是1991年10月12日与王寿云、于景元、戴汝为、汪成为、钱学敏、涂元季6人的谈话。

题恐怕要用历史唯物主义的观点和方法，这是很重要的。我说过，马克思是人，不是神，我说的是老实话，所以不能死抱书本。我从前也讲过，科学技术直接转化为生产力，在马克思活着的时候还不太显著。瓦特是一个聪明的技师，并不是科学家，后来我查了查有关记载，蒸汽机也不是瓦特最初发明的，他是改良了蒸汽机，实际蒸汽机早就发明了。但他是一个好的技师，通过对蒸汽机进行改良，提高了效率，你说瓦特这么一个了不起的人物，他有多少科学知识？实际上没有多少。所以要求马克思在那个时候说科学技术是第一生产力是不可能的，是不符合当时的现实的。从前我还讲过，科学和工程技术的结合是到了19 世纪下半叶才出现的。真正培养工程师学科学，学物理、化学的学校，是 19 世纪 80 年代出现的。即在 19 世后期发展起来的美国麻省理工学院的教学体系。到了 20 世纪，第一次世界大战以后，逐渐发现原来的体系不完整，科学与技术还结合得不紧，所以出现了加州理工学院的这套教学体系，把科学跟技术更密切地结合起来，要求工程师要有雄厚的理论基础，实际上培养的人是科学家加工程师。第二次世界大战以后，美国普遍采用这样的教学体系，这是历史事实。对这样的历史，要实事求是，用历史唯物主义的观点来看待。

现在比较重视应用研究，因为研究的成果很快就可能被应用，而对基础研究则重视不够。记得 1956 年制订 12 年科技远景规划时，就对基础研究要不要搞有争议，最后是周恩来总理亲自做工作，统一大家的思想，使基础研究得到一定程度的重视。我们共产党人不能眼光短浅，要看到长远。所以我们既要看到近的，又要看到远的。不了解客观世界，怎么改造客观世界？我们的一些文件中常常出现这样的句子："要吸取国外的先进科学技术和生产管理技术"，把这两个概念分开了，似乎科学技术不包括管理，这怎么行呢？我一直宣传，所谓科学技术，是人认识客观世界和改造客观世界有系统的知识，深入讲就是我说的十大部门，三个层次，十座桥梁那一套大的结构，都是科学技术，而且还包括外围的一些东西，即未系统化的经验[1]。所以说科学技术是第一生产力，不仅包括自然科学、工程技术，也包括社会科学，以及自然科学与社会科学交叉的一些学科。我猜想，疙瘩可能就在这里，一说科学技术是第一生产力，就指自然科学和工程技术，没有社会科学的事，搞社会科学的人自然就有气。说科学技术不包括社会科学，这个概念是陈旧的。在马克思那个时代，社会科学还不是严格意义上的"科学"，所以马克思也不可能那么讲。现在时代不一样，新的概念一定要讲得清清楚楚。

注释

[1] 后来钱学森把他提出的现代科学技术体系结构中的十大部门，扩展为 11 大部门。

我们要用现代科学技术建设有中国特色的社会主义*

这次系列讲座，原来分配给我的题目是：关于科技是第一生产力的理论问题。"科学技术是第一生产力"这一马克思主义的论断是邓小平同志提出来的。江泽民同志在今年5月中国科学技术协会第四次全国代表大会的讲话和在庆祝中国共产党成立70周年大会上的讲话都对这一论断做了充分论述。这是我们党对马克思列宁主义、毛泽东思想的重大发展。我们一定要加深理解并在工作中贯彻执行。

因此，在最近一个时期，报刊上讨论科学技术是第一生产力的文章很多，也有一些同志提出了问题，看来是属于对有关科学技术与生产力的认识上有差异。所以我想在以下报告中讲讲有关的背景材料，供大家探讨20世纪90年代科技发展与中国现代化时考虑。这些话实际是我今年10月16日在人民大会堂仪式上发言[1]最后一段话的扩展。

一、关于科学革命、技术革命与产业革命

我最近看到国家科委办的《中国科技论坛》1991年第5期刊登了上海市副市长刘振元同志的一篇文章[2]，其中讲到研究科技史的同志，对科学革命、技术革命和产业革命的关系认识并不一致，国外也有各式各样的说法。比如，前几年，苏联只提"科学技术革命"，不提产业革命；在美国，又有人高唱什么"第三次浪潮"。我认为，我们要按照历史唯物主义的观点来分析这个问题，统一我们的认识。

刘振元同志在文章中讲了产业革命，那么，我们也就从产业革命讲起吧。什么叫产业革命？这是必须首先明确的，因为有人不用产业革命，而用"工业革命"这个词。我认为正确的提法是产业革命，而不是工业革命。从恩格斯的《英国工人阶级的状况》一书中，我们可以搞清"产业"一词的含义。在这本书中，恩格斯分析了18世纪末到19世纪上半叶英国由于蒸汽机的出现而引起整个社会的变化，包括工业、农业等的变化。所以"产业"一词不是指某一个方面的事业，如工业、农业，而是指整个物质生产的事业，其影响涉及全社会。在上古时代，当人们还是靠采集和狩猎为生时，是谈不上物质资料生产的，因而也就不存在什么产业。从这个意义上说，第一次产业革命大约发生在一万年前的新石器时代，

---

* 本文是1991年11月5日在中共中央组织部、中共中央宣传部、中国科协、中直机关工委、中央国家机关工委联合举办的"90年代科技发展与中国现代化"系统讲座上的讲话，后由湖南科学技术出版社1991年12月出版。

即出现了农牧业。第二次产业革命，是开始出现商品经济，即人们不再单纯为个人的生存、个人享用而生产，开始为交换而生产。这在中国，出现于奴隶社会后期，即公元前约一千年。第三次产业革命是蒸汽机出现，这是大家熟悉的。第四次产业革命出现在19世纪末，即生产不再是以一个个工厂为单位，而是出现了跨行业的垄断公司，也就是列宁在《帝国主义是资本主义的最高阶段》一书中讲的情况。第五次产业革命即目前正在发生的，国外有人叫信息革命，全世界将构成一个整体组织生产。

以上我所讲的第三次、第四次和第五次产业革命，就是刘振元同志讲的第一次、第二次和第三次产业革命。我之所以提出五次产业革命，是根据马克思、恩格斯的历史唯物主义来分析的，即物质资料生产方式的变革影响到整个社会发生飞跃。我认为这样分析是符合马克思列宁主义、毛泽东思想的。

产业革命是怎么引起的呢？推动产业革命的当然是生产力的大发展，但又是什么推动生产力的大发展呢？当然是生产技术的大大提高。这就是技术革命。“技术革命”的概念是毛主席1956年、1958年、1967年多次提出的，并指出蒸汽机、电力和核能、核技术的出现是技术革命。我理解毛主席的意思，即人类在改造客观世界的斗争中，技术上的飞跃叫技术革命。按这样的理解，应该说，在古代火的利用，即人类掌握发火、引火、用火的技术，就是一次技术革命。造纸技术也是一项技术革命。在现代，半导体的发现和利用，电子计算机的出现等，都是技术革命。如果拿这个观点来衡量，预防医学的出现也是很了不起的，属技术革命。系统工程在管理技术和方法上的革命作用，也属技术革命。

这样看来，可以说每次产业革命都是由一项或众多的技术革命引起的。那么又是什么引出技术革命的呢？我们认识到技术革命是人改造客观世界的技术飞跃，但人要改造客观世界必须先认识客观世界。在古代，人对客观世界的认识只表达为由总结实践经验所得的感性知识，知其然，不知其所以然。这时现代意义的科学还未出现，所以在古代是实践经验引发技术革命。

在西方世界，16世纪的“文艺复兴”运动引出了现代意义的科学，即人对客观世界的理性认识。科学发展到一定阶段，出现飞跃，即科学革命。按照这样的认识，应该说“日心说”的提出是一次科学革命。后来牛顿力学的创立，氧的发现和燃烧理论的提出等都是科学革命。在本世纪，爱因斯坦提出相对论，同时还有量子力学的创立也是科学革命。应该指出的是，人认识客观世界的飞跃，不限于自然科学，在社会科学中同样有这样的飞跃，也应该是科学革命。按这样的理解，马克思提出剩余价值理论和历史唯物主义也属科学革命。目前正在孕育着的科学革命有物理学上的超弦论，超弦的尺度比基本粒子还小10的19次方，而且所用的时空是10维的。这个理论一旦建立，将把目前发现的一百多种基本粒子统一起来，把强相互作用、弱相互作用、电磁力、引力这四种力统一起来。

综上所说，科学革命是人认识客观世界的飞跃，技术革命是人改造客观世界技术的飞跃，而科学革命、技术革命又会引起全社会整个物质资料生产体系的变革，即产业革命。在今天，科学革命在先，然后导致技术革命，最后出现产业革命。这也就说明基础科学研究的重要性,有了科学发现才有跟上来的社会发展。

二、社会形态与社会形态的飞跃

关于产业革命,马克思曾用过一个词,叫社会形态。马克思用德文表达的"社会形态"这个词,其含义是十分清楚的。经济问题是社会形态的一个侧面,马克思说,经济的社会形态的飞跃是产业革命。我国老的《资本论》版本是从德文翻译过来的,译作"经济社会形态"是比较准确的。后来的版本是从俄文翻译过来的,从德文到俄文,变成了"社会经济形态",于是我们也翻成"社会经济形态",这种译法不很确切。我建议还是回到马克思原来的表达方法,即"经济社会形态"。这样的用词,说明经济是社会形态的一个侧面。社会形态的另一个侧面是社会中人们的意识,按我的认识,可以叫作"意识的社会形态",而不用"社会意识形态"。意识的社会形态的飞跃可以叫"文化革命",毛主席早在1940年就用过这个词[3]。16世纪在西欧的"文艺复兴"是一次文化革命。社会形态的政治侧面可以叫政治的社会形态,政治的社会形态的飞跃是政治革命。人类社会发展中,从原始社会到奴隶社会,从奴隶社会到封建社会,从封建社会到资本主义社会,从资本主义社会到共产主义社会(其初期阶段是社会主义社会),都是政治革命。我们目前进行的政治改革,是社会主义制度的不断自我完善,这不是政治改革。归结起来说,社会形态有三个侧面,分别叫作经济的社会形态、意识的社会形态、政治的社会形态。三个侧面都会不断发生变化,飞跃式的变化即革命,分别是产业革命、文化革命和政治革命。

我们的社会主义现代化建设,有物质文明建设,这属经济的社会形态侧面;精神文明建设属意识的社会形态侧面;关于民主与法制的建设属政治的社会形态侧面,可以叫政治文明建设[4]。按照这样的归类,我们的社会主义建设,分属社会形态的三个侧面,可以叫社会主义的物质文明建设、社会主义的精神文明建设和社会主义的政治文明建设。

社会主义存在的客观环境是地理环境。社会的发展变化首先是受地理环境的影响。比如,据历史考证,西藏在一万年前就有人类的活动,这与中原地区差不多,但为什么后来发展那么慢?艰苦的地理环境恐怕是一个重要原因。另一方面,人对环境也会有影响,人可能破坏环境,也可能建设环境,建设得更适合人类生存,这就是社会主义的地理建设(现在我们的文件中称基础设施),如交通、铁路、水利、通信设施等[5]。据此,我提出我国社会主义的地理建设问题。那就是说,除了社会主义的物质文明、精神文明和政治文明建设以外,还要加上个国家环境的社会主义的地理建设。

三、人认识与改造客观世界的知识,即科学技术体系

过去人们对科学技术体系的认识,发展到今天,20世纪末期是否还适用?比如,在马克思以前,社会科学不成其为科学,到马克思时代,才把社会科学建立在科学的基础之上。

我们国家目前对科学技术体系的认识是分自然科学和社会科学，所以分设中国科学院和中国社会科学院；文化部还有一个艺术研究院。近几年出现了所谓软科学，国家科委有软科学研究指导委员会。什么叫软科学？因为国家科委有国务院各部委职责分工上不能管社会科学，但工作中又遇到一些社会科学问题，怎么办？于是提出个软科学的概念。这都是人为分块建制造成的。

在国外，这种混乱情况更为严重。搞什么政治的、经济的，想怎么说就怎么说，派别很多，一点也不科学。不久前我在中国社会科学院哲学研究所办的《哲学研究》上看到美国的一位大专家叫 George J. Klir 写的一篇文章[6]，叫“二维科学系统”。他说的第一维是自然科学的研究方法，即理论、推导、实验等结合起来的方法；第二维是信息，即社会上有各种各样的说法，这些说法无法统一，只好作为社会信息输入进来，从事他的系统理论研究。我看这位 Klir 教授是在没有办法的情况下乱出点子。

我们怎么办？我们应该用马克思主义哲学的观点来看待这个问题。毛主席就曾说过，我们要更多地懂得马克思列宁主义，更多地懂得自然科学，也就是更多地懂得客观世界的规律，才能搞好革命工作和建设工作。列宁在《青年团的任务》中讲得更多，他说：“如果你们要问，为什么马克思的学说能够掌握最革命阶级的千百万人的心灵，那你们只能得到一个回答：这就是因为马克思依靠了人类在资本主义制度下所获得的全部知识的坚固基础。马克思研究了人类社会发展的规律，认识到资本主义的发展必然导致共产主义，而主要是他完全依据对资本主义社会所作的最确切、最缜密和最深刻的研究，借助充分掌握以往的科学提供的全部知识而证实了这个结论。凡是人类社会所创造的一切，他都有批判地重新加以探讨，任何一点也没有忽略过去；凡是人类思想所建树的一切，他都放在工人运动中检验过，重新加以探讨，加以批判，从而得出了那些被资产阶级狭隘性所限制或被阶级偏见束缚住的人所不能得出的结论。”[7]由此我们应该站得高一些，总揽全局，认识到马克思主义哲学是人类认识世界的最高概括，是人类智慧的最高结晶。在马克思主义哲学指导下，研究各种不同对象，有不同的科学部门。而且我们要认真地思考时代的特征。今天离马克思时代又有一百多年了，世界发展了，科学技术大大发展了。我们还要展望即将来临的 21 世纪。

这样，我们的科学技术体系就不能像老一套那样，只是自然科学和社会科学，而是一个大体系[8]：第一个部门是自然科学、工程技术；第二个部门是社会科学；第三个部门是数学科学，因为不管是研究自然科学还是社会科学，都要运用数学手段，因此，数学不能只属于自然科学，应该成为一个独立的部门；第四个部门是系统科学；第五个是文艺理论；第六是思维科学；第七是军事科学；第八是行为科学；第九是人体科学；第十是地理科学。这十个部门构成一个体系。每一个部门都有一个联系马克思主义哲学的桥梁，即从这个部门的科学研究成果中提炼出来的思想，它要能丰富和发展马克思主义哲学，而马克思主义哲学又是通过这一桥梁来指导这个部门的科学研究。自然科学的桥梁是自然辩证法；社会科学的桥梁是历史唯物主义；数学科学的桥梁是数学哲学；系统科学的哲学概括是系统论；思维科学的哲学概括是认识论；文艺理论的哲学概括是美学；军事科学的哲学概括是军事哲学；行为科学的哲学概括可以叫社会论；地理科学的哲学概括是地理哲学；人体科学的哲学概括叫人天观，即人体与自然环境、社会环境的关系。

每一个科学部门又分三个层次：自然科学技术部门最高的层次是基础科学（如物理学、化学等）；实际应用的是工程技术；在基础科学与工程技术之间的，是技术科学，如应用力学、电子学等都属这个层次。这三个层次，是自然科学经过一百多年发展形成的。我认为这十个大部门都应该有三个层次。比如，社会科学的三个层次怎么分？目前中国社会科学院的研究所都是理论性的，这恐怕不行。社会科学也要形成三个层次的概念，其他几个部门也一样。唯一例外的是文艺，文艺恐怕只有理论的层次，到文艺创作就不是一个科学的问题，而是艺术。

最后要指出的是，我构筑的这个现代科学技术体系，是在马克思主义哲学指导下的系统，凡是不符合马克思主义哲学的，或者还不成其为科学，而只是一些经验性的论述性的东西，都无法纳入这个系统，只能放在这个系统的周围。对于这个系统周围的东西，我们并不排斥它，凡是发现有用的，都应吸收进来。所以这个科学技术体系是个开放的系统，不断演化的，随着社会的进步，内容会发展变化，会有新的大部门出现。所以构筑科学技术体系是长期任务。

四、用科学技术建设社会主义

这里说的“科学技术”就不只是自然科学技术，而是我以上所说的科学技术体系，包括十个大部门，每个部门有三个层次，一座桥梁，通往最高概括的马克思主义哲学。我认为，我这么理解是符合中央精神的。例如，今年 2 月江泽民、李鹏等中央领导同志就曾指出[9]，中国社会科学院要为实现我国第二步战略目标提供理论成果。这就是说，社会科学也要为建设社会主义服务。江泽民同志在纪念中国共产党成立 70 周年的讲话中说：“我们的改革，是一项复杂的、巨大的系统工程，包括经济、政治、教育、科技、文化体制等方面的改革，需要相互协调，配套进行。”由此可见，我们要建设社会主义，所需的科学技术绝非只是自然科学技术。

最近我学习了《陈云文集》，也读了马寅初先生的论文集[10]，才知道马老原来并不是学经济的，而是学矿冶工程的，属自然科学工程技术，后来才转到经济学的，所以他一直是联系实际的。他的博士论文不是讲一般的经济理论，而是讲纽约市的经济情况。新中国成立后，他搞经济研究，一直用理论联系实际的方法。比如他谈人口问题，就是到浙江调查了许多农村后写出的，是从实际中来的，所以是比较客观的、正确的。陈云同志也是一直坚持联系实际，做调查研究，提出“不唯上，不唯书，要唯实”和在调查中要“全面、比较、反复”。陈云同志讲的、马寅初同志讲得都很好。但是我感到，由于历史条件的限制，他们都没有可能用现代科学技术的方法，即用系统科学、系统工程的方法，当然也没电子计算机这个极为有效的工具。如果我们用我上面所说的，由十大部门组成的，在马克思主义哲学指导下的科学技术体系来建设社会主义的话，那么我们就要用这种现代科学技术的方法。在过去差不多10年时间内，航空航天工业部的710所在宋平同志的支持下，用这种现代新方法，也就是把实际调查的材料和系统科学、系统工程方法结合起来，并用电子计算机计算达到定量判断。他们用这样的方法研究国民经济中的问题，所得的结果经过实践考验总是比其他方法更为准确。因为国民经济中的问题都是比较复杂的，因此一定要用系统工程的方法，要用电子计算机。所涉及的参数不是几个、几十个，而是一百、二百个，计算量相当大，光靠人脑是不行的。所用电子计算机，前几年是每秒一百、二百万次的，这还不够，今后要用更高运算能力的机器。现在我们国家有每秒几亿次的计算机，国外近期可以做出每秒万亿次的计算机。用系统工程的方法加上这样的所谓巨型计算机，国民经济中的复杂问题是可以解决的。所以我们今天可以大胆地说，用现代科学技术方法，可以研究、分析社会主义建设中的问题，向中央提出科学决策的主案。

根据这样的想法，前几年我曾建议成立我国社会主义建设的总体设计部[11]。这是中央做决策的参谋班子，用上述科学方法[12]开展研究工作，向中央提出咨询建议。我们这里讲的社会主义建设总体设计部是以马克思列宁主义、毛泽东思想为指导的，对党和国家负责的，绝不是资本主义国家所谓的思想库，那是为垄断资本家服务的，“他们将永远死死拽住政治家的衣袖，焦虑地徘徊在政府与大学之间”[13]。

五、关于科学技术业

150多年前，一些生产发达的国家实现工业化的道路是先从轻纺工业开始的。42年前，新中国刚刚成立的时候，我们没有走资本主义国家的老路，而是审时度势，看到进入20世纪以后，由于主要的资本主义国家已经实现了工业化，世界已经形成了发达的工业国和落后的发展中国家的明显分界，第二次世界大战以后，这种格局更加显明和突出。在这样的形势下，作为一个新生的发展中国家，中华人民共和国要想尽快摆脱落后状态，显然不能重复别人走过的老路。在工业现代化方面，首先要大力发展重工业。事实证明，这一战略决策是明智的。

42年以后的今天，世界有了很大的发展，面向21世纪的挑战，我们的战略决策是什么？今天科学技术的发展大大推动了社会进步，科学技术是第一生产力。国际间的争夺，主要依靠的也是科学技术。基于这样一种形势，我们必须把科学技术工作摆到一个非常重要的位置上。而我国的科学技术力量并不弱，而且中国人聪明，为了充分发挥科学技术力量在社会主义建设中的作用，我建议建立我国的一种第四产业——科学技术业，作为今天的一项重大的战略决策。因为总结过去，中国在那么困难的条件下搞成了“两弹”，其中一条重要的经验是组织得好。现代的重大科学技术都不是一两个人能够干成的，甚至不是一两个单位能干成的，要靠组织，所以组织工作是一个相当重要的问题。美国人现在就自感组织工作不如日本。我们目前也存在一个有效组织问题，科技界单项成果不错，但集体力量的发挥就不够。为了解决科学技术工作分散的问题，迎接21世纪的挑战，我建议请中央考虑建立科学技术业。科学技术业并不是要取代现有的机构，如中国科学院、中国社会科学院、高等院校的科研机构等，而是要把他们的成果组织起来，而且用组织起来的手段协调全国的科学技术工作。这个手段就是组建科技业的公司，它在一个方面或一个领域负责全国的科技发展工作，是垄断性质的公司。比如，在半导体和大规模集成电路领域，建立一个总公司，这个总公司通过合同手段协调全国半导体和大规模集成电路的发展。而合同的招标、签订，按竞争的原则办。科技公司的成果是出新技术、技术专利。这些公司属国家所有，享受国家大、中型企业的政策待遇，其成果不仅面向国内，而且面向国际。去年，我国科技成果出口创汇大约10亿美元，还不到世界科技成果出口的1%，所以这项事业是大有可为的。

要使科学技术成为生产力，使科研成果在生产中得到应用，仅有各个领域的科技公司还不够，因为每一个单项技术要应用到生产中去，还需要有一个中间环节，它根据工厂的需要，吸取可用的成果，将一项项单个成果综合设计成生产体系，并负责培训工厂的技术人员和工人。前几年我曾就此事向航空航天工业部提出建议，最近他们设立了一个航空航天系统工程中心，就是做这种转化工作的。

归结起来讲，今天当我们面向21世纪，面对国际间的激烈竞争，为了建设中国的社会主义事业，必须把科学技术作为第一生产力。具体的办法就是建立科学技术业。科学技术业包括：① 我国现有的科技力量，包括各种科研院、研究所等；② 为了进一步将这些科技力量组织起来，建立各种科技专业公司，组织开发各种新技术，出技术成果，出专利；③ 为了将这些新技术成果尽快在生产中得到应用，要建立各种综合系统设计中心，或者由各部门现有的设计单位承担这一任务。这是我关于建立科学技术业的具体建议，请中央考虑，下决心把这一事业建立起来。

六、关于人才培养问题

中央领导同志曾多次讲到学习的重要性。江泽民总书记在建党70周年的讲话和中央工作会议上的讲话都强调了提高干部水平的重要性。对此，我完全拥护。关于科技人才的培养问题，据我所知，西方发达国家是到上个世纪的下半叶才开始有培训工程技术人才的学校。美国有名的麻省理工学院是上个世纪70年代建立的。它实行四年制，培养工程师。前两年学科学的基础理论，包括物理学、化学等；后两年学专业技术，毕业时作毕业设计。经过这四年的学习，培养出一个能到工厂去负责技术工作的工程师。这样的工程师与瓦特那样的工匠不同，他具有基础理论知识，能适应新的发展并能创造性地工作。这套教育体制后来流行于全世界。我过去上的大学——上海交通大学就是实行的麻省理工学院这套教育制度。后来我到麻省理工学院留学，使我大吃一惊的是，在交大作的实验都与麻省理工学院一样。

到20世纪30年代，这套教育体制的缺陷就逐渐显示出来。当时科学技术发展迅速，用麻省理工学院方式培养出来的人，很难适应这种新的形势。而从本世纪初，德国的哥廷根大学开创了所谓应用力学专业，将基础理论与工程应用联系起来，加强基础理论的学习。后来美国的加州理工学院发展、完善了这套教育体制。具体做法是适当减少了一点工程课程，加强基础理论的教育，而且将学制延长到7年。这样培养出来的学生，科学知识的基础要坚实得多，各种新的发展都能跟上。第二次世界大战以后，这一教育思想已被普遍接受。

经过五六十年的发展，到今天，世界形势又发生了很大变化，而且我们要面向21世纪，加州理工学院这一套教育制度还能适应今天的形势吗？我曾经向中央领导建议要培养科技帅才，那套老的教育体制能培养出帅才吗？我认为是不行的。所谓科技帅才，就不只是一个方面的专家，他要全面指挥，就必须有广博的知识，而且要能敏锐地看到未来的发展。怎样培养帅才？我提出五点建议：

(1) 要学习马克思列宁主义、毛泽东思想。因为马克思主义哲学是人类智慧的结晶，所以，帅才要在学习马克思列宁主义、毛泽东思想上真正下点功夫。

(2) 要了解整个科学技术，即我前面所讲的十个部门组成的科学技术体系的发展情况，即要掌握世界科学技术发展的新动态。杨振宁教授最近提出到图书馆去翻翻，我看这很重要。多到图书馆去看看，从中发现新动向，然后组织人去研究，帅才必须具备这样的素质。怎样才能做到这一点？那就是要了解科学技术整体发展情况。

(3) 要学习世界的知识，如海湾战争、南斯拉夫内战等，要了解它的起因、历史，等等，这样才能迎接世界的挑战。

(4) 当今时代是一个激烈竞争的时代，竞争实际上就是打仗，所以要学习军事科学知识，也包括组织管理方面的知识和才能。

(5) 学点文学艺术，它可以培养一个人从另一角度看问题，避免"死心眼"和机械唯物论。老一辈革命家文艺修养都比较高，是我们的榜样。

当然，帅才还要身体健康。

以上五点，或者说六点，我在中央党校讲过多次，因为中央党校就是培养领导干部，培养帅才的。今天我再次提出来，请中央考虑。

最后我要说的是，建设有中国特色的社会主义是史无先例的艰巨事业。但我们有中国共产党的领导，只要我们用马克思列宁主义、毛泽东思想来总结自己的经验，总结世界的经验教训，我们一定能找到一种科学的方法，用现代科学技术来建设有中国特色的社会主义。这一切应当在90年代有个良好的开端。

注释

[1] 钱学森：《在授奖仪式上的讲话》，《人民日报》1991年10月16日，第1、3版。

[2] 刘振元:《科学技术是第一生产力的理论认识与探索》,《中国科技论坛》1991年第5期,第1～4页。
[3] 毛泽东:《新民主主义论》,《毛泽东选集》第二卷,人民出版社,1991,第696页。
[4] 钱学森、孙凯飞、于景元:《社会主义文明的协调发展需要社会主义政治文明建设》,《政治学研究》1989年第5期,第1～10页。
[5] 于景元、王寿云、汪成为:《社会主义建设的系统理论和系统工程》,《科技日报》1991年1月21、23日,第3版。
[6] G.J.克勒:《信息社会中二维的科学的出现》,《哲学研究》1991年第9期,第44～52页。
[7]《列宁全集》第39卷,人民出版社,1986,第298～299页。
[8] 钱学森、吴义生:《社会主义现代化建设的科学和系统工程》,中共中央党校出版社,1987。
[9]《人民日报》1991年2月24日1版。
[10]《马寅初经济论文选集》(增订本),北京大学出版社,1990。
[11] 钱学森:《社会主义建设的总体设计部——党和国家的咨询服务工作单位》,《中国人民大学学报》1988年第2期,第10～22页。
[12] 钱学森、于景元、戴汝为:《一个科学新领域——开放的复杂巨系统及其方法论》,《自然杂志》1990年第1期,第3～10页。
[13]《世界各国的思想库》,《参考消息》1991年10月21、22、23、24、25、26日,第4版。

用马克思主义哲学来指导系统科学的工作*

一、工作成就实际上是我钱学森 + 大家

刚才六位讲的，我坐在下面听，觉得讲了好多钱学森的事，对我来讲也是新闻，从来没有想到。我干了这些事，我想这道理在于实际上说的这些事都是我们集体的工作。因为，如果我没有跟同志们在一起，受到同志们的工作和意见的启发，那么我也不可能说你们说的这些意见是我钱学森的，这一点我不是在这儿讲客气话。我在今年 10 月 16 日被授奖时，我也是从心里头讲，我做的这些工作都是大家的、集体的工作，我要没有大家的帮助，那我钱学森什么也做不出来。我想科学技术到今天，这恐怕是实际情况。我们做科学技术工作的人，一定要深刻地认识这一点，没有单个人可以干出开天辟地的事，都是大家互相帮助、互相启发，我们才能得到一些新的概念，工作才能够取得胜利。所以，这一点请允许我再强调一下，这是我心里话，不是客气话。为什么我要强调这一点呢？因为我自 1955 年回到祖国以后，我觉得中国学术界这样一点精神有点不够，就是说学术不够民主，这从 1955 年我从美国回到祖国以后，别的都好极了，就是这一点我感到有点儿别扭。科学技术工作到今天，如果我们不是学术真正民主，大家共同讨论来促进，我看，我们要吃亏的。高镇宁同志知道，我在中国科协老讲这个，我们中国要不解决学术民主这个问题不行，而且我说得很清楚，不是什么学术自由，没有什么自由的，你爱怎么说就怎么说，科学要理论联系实际，要与实际校对的，你能胡说八道？所以今天我听了 6 位的发言，说了那么多鼓励我的话，我也受不了，坐在下面听，不是我的，是大家的嘛！我是受大家给我的启发，提出一点意见，当然这也有我的一份，但是实际上是钱学森加大家！

二、用马克思主义哲学来指导系统科学的工作

我们必须以马克思主义哲学来指导我们系统科学的工作，用马克思主义哲学来指导所有的科学工作。这一点我从心里头感受就是这样，我这个人是很诚恳的，因为我在美国的时候也没有很好的机会来学习马克思主义哲学，回到祖国后，那个时候毛主席提倡要学

---

* 本文是 1991 年 12 月 11 日在中国系统工程学会、北京系统工程学会、中国科学院系统科学研究所联合举办的“钱学森系统科学与系统工程学术思想讨论会”上的讲话，原载于《系统工程理论与实践》1992 年第 5 期，是本书“新世纪版”新增加的文章。

马克思主义哲学。我真是下功夫学了，学了后感触很深，从前我在国外，在自己工作实践中也有点儿心得、做学问的窍门，那时候还满自鸣得意的，后来一学马克思主义哲学，我那点是什么玩意儿，那是马克思主义哲学都讲了的，比我高明得多！我是从这么个体会、自己朴素的感受，认为我们搞科学技术也一定要用马克思主义哲学，就是辩证唯物主义，绝不能够搞机械唯物论，也绝不能够搞唯心论，要辩证唯物主义，那么后来自己觉得不行，所以学一点哲学的书，马克思主义哲学的书，越学越感到马克思列宁主义、毛泽东思想确实是指导我们科学技术工作所必需的，我这信念越来越强。我跟在座的同志说老实话，我这些话讲了恐怕有十几年、二十年了，对科技人员讲，不大容易被接受，干什么啊，给我们讲这个。那么今天我为什么又有胆子讲这个呢？我得到鼓励了，不是10月16日给我授奖了，好多领导同志都是说钱学森同志就是用了马克思主义哲学来指导工作，那好了，我得到鼓舞了，我劲头又来了，今天我又来讲这个事，我觉得确实是这样。最近我还写过信给这附近科学院数学所的王元同志，我说，中国搞数学的人，恐怕要解决一个问题，要创立马克思主义的数学哲学，要不然数学怎么发展，往哪儿去？跟着外国人跑！那当然不算有出息的吧！往哪儿去找题目，你没有一个指导思想，行吗？王元同志给我复一封信，挺老实的，说："哎呀，你的这个题目，今天在中国数学界还不大受到重视。"所以，我在这儿要宣传，我们搞系统科学的要用马克思主义哲学，在这儿我想刚才几位同志发言的都讲了，从50年代中开始这么多年了，我的体会那时什么叫系统科学我们也不知道，看了外国什么"运筹学"，什么"控制论"，什么"信息论"，所以我们就赶快学一点，想用那些东西来解决我们一些问题，刚才许国志同志讲了。到后来慢慢范围扩大了，我们也忙着去用这些方法，开始就是系统工程，因为要解决具体问题，所以搞系统工程，这系统工程也是外国人先搞的吧，所以赶快去向外国人学些东西，一直忙着吸取外国的东西，用到中国的实际问题上去，特别开始用到"两弹一星"的工作，因为那个工作是非常复杂的工作，所以这一段时间差不多一直到我们系统工程学会成立的时间，1980年这一段时间，我们是忙着干这个。那么忙着学外国有用的东西，他们还有什么不够的地方，没有去想，来不及。我们赶快学，学了好用，真正想一想系统工程要发展成一个系统科学，有三个层次：基础理论，这是系统学；然后技术性科学就是运筹学、控制论、信息论这些东西；然后实际解决问题的就是系统工程。到这个时候我们才想起来，系统科学有没有哲学，提出来是不是系统科学有理论，这个理论而且要概括成哲学，而这个哲学是马克思主义哲学的桥梁，马克思主义哲学是通过这个桥梁来指导系统科学的工作，系统科学工作实际得到的经验又概括、总结起来，来深化发展马克思主义哲学，通过这个桥梁，这个桥梁就是系统科学的哲学。这个时候社会上叫"三论"，"三论"呼声非常之高，什么"三论"？系统论、控制论、信息论，这个时候我们想，这个信息论、控制论，当时翻译中国字给闹错了，其实是控制学，不是控制论，不是信息论是信息学，但是既然翻错了只好就这样。可是那个是技术科学，别的我不敢说，这控制论我搞过，我就完全把它看作技术科学，就是中间层次的，我从来没有想这个控制论是哲学，所以"三论"是个误解，真正系统科学的这个理论，应该是系统论。这个思想呀，我们系统学讨论班一成立以后，我们就嚷嚷这事，但是大概这三论之说，洋人说过，咱们中国人改不了。洋人说的就是对的？我这个钱学森就是有这么点劲头，什么洋人？中国人比你洋人棒！洋人说错了，我就要批你。要说钱学森有什么特点，这就是特点。我这个腰杆子硬得很，你对了的，我承认你对，你错了的，我就是不客气。我们应该建立系统科学的哲学概括，就是系统论。这个思想这几年来我跟系统学讨论班的同志提过好几次，但是我们系统学讨论班的同志他们也忙，忙着写系统学的这本大作呐，所以顾不到这个问题。但是我今天要宣传这一点，就是我们在中国要建立系统科学的这个体系，我们一定要建立系统科学哲学概括，要搞清楚。我知道今天在座的还有一些搞社会科学哲学的同志，你们是不是帮一手，把这个事带起来，因为任何一门科学没有哲学的指导是不行的，那么刚才几位同志发言里头，我们有些创新的那些东西，都跟系统科学的哲学是有联系的，怎么办呢？要建立哲学的概括，我建议从历史上来考察，只有一个办法。这个办法就是查看现在存在的各种各样说法，吸取里边正确的一部分。什么叫正确，就是合乎马克思主义哲学的那一部分，同时批判他的错误的东西，恐怕你要搞清楚哲学，只有这个办法。我这么说，同志们，你要干这事，要有点勇气，就是，对就是对，错就是错，不客气，做学问只能这样，打马虎眼是不行的。

我记得列宁写过一篇文章，叫《论战斗的唯物主义》，错的就要战斗嘛，我不是跟说这话的同志个人对立起来，要怎么样，不是嘛！就是你的话、你的思想不对，我要说，这没有什么客气的，你说他不对，对他是帮助嘛！你马马虎虎是害了他。

我讲这些东西，就是说现在存在的对于系统的哲学概括，探讨的工作是很多的，不管外国也好，中国也好，很多。我们要建立系统科学的哲学，我们就要认真地来研究分析这些东西，对的，我们就吸收，不对的，我们就要舍去，要批判。批判，就是清理我们自己的头脑。这样干，这就是列宁说的，战斗的唯物主义。为什么要这么干，因为你不把系统科学的哲学搞清楚一点儿，那你系统科学怎么发展？你靠什么指导思想？再发展下去也可能你摔一个大跟斗。

三、系统科学是大有可为的，科学技术要进步，要靠引用系统科学的方法

今天在座的都是跟系统工程学会有关的同志，我想系统工程学会前途无量。实际上系统工程学会，刚才顾基发同志讲了，不光是系统工程，实际上是系统科学。今天开会的地方不就叫系统科学研究所嘛！那么系统科学的方法，我觉得现在要大发展，系统科学要大发展，因为科学技术，我说的科学技术是我建立的体系，十大部门、三个层次，最高概括是马克思主义哲学，中间还有十架桥梁。这个大体系，今天这个大体系你要看一看，很多部门都需要系统科学。刚才于景元同志已经提了，譬如说：地理科学，它就要用系统科学方法；军事科学，刚才王寿云同志提了，军事科学也需要用系统科学方法；行为科学包括法制这些东西，这个也需要系统科学；今天在座的还有戴汝为同志，他是搞思维科学的，思维

科学不也是思维系统吗？也需要用系统科学的方法；实际上所谓模态逻辑，就是个逻辑系统；人体科学，刚才于景元同志讲了，当然需要系统科学的方法，这是个开放的复杂巨系统。社会科学不要说了，当然需要系统科学方法。今天我们国家的社会科学一个大问题，恐怕就是没用系统科学方法，简单化了。最后我还要讲的自然科学，我说自然科学里头有一个好像从前说与系统科学没有关系的高能物理，都是研究基本粒子，最近我看了他们也来了问题，就是高能物理两个能量很高的原子核要对撞，他们来研究这个，就出现新的现象，他们叫 EMC 效应，这个把他们难住了，难在什么地方，就是这个原子核也许并不十分大，譬如说是铁之类东西，这个原子核有多少个粒子，从中子和质子说 50 个，但 50 个中子和质子，每一个中子、质子都有三个夸克，$50 \times 3 = 150$，150 是否到头，没有到头，因为这些粒子要相互作用，夸克也有相互作用，那么叫海夸克，海夸克起码是这些夸克的好几倍，那么多少？150 再乘 4 就是 600，同时要考虑 600 个质子相互复杂的作用，这个不就是复杂巨系统吗？而且是开放的，因为两个粒子对撞，两个原子核对撞，现在 EMC 效应，他们已研究十几年了，还没有解决呐！为什么？因为他们没有一个系统学的概念，所以高能物理里头也出现了系统科学的需要，所以十大门里差不多了，我刚才已经说了七大门都需要系统科学，所以系统科学是大有可为的。科学技术要进步，要靠引用系统科学的方法。我看今天可以这样讲，我觉得我们系统工程学会的同志眼界要打开一点，要看到我们系统工程学会也是系统科学学会，对我们社会主义中国科学技术的发展是大有可为的。最后，我说我在这儿说说容易，但怎么干呢？这个我看许国志理事长，这个事现在让我们秘书长、副秘书长先研究研究罢。怎么具体化？怎么办？今天秘书长、几位副秘书长都在，恐怕你们都要先研究研究。这个系统工程学会今天已不是前几年的状态，要登上一个新的台阶，要对我们社会主义中国科学技术发展做出更大的贡献。

关于第五次产业革命与社会系统工程*

你们6位原来写的关于“科学技术是第一生产力”的文章，联系信息革命，即第五次产业革命，给我以很大启发。我当时就认识到，现在讲科学技术是第一生产力，其集中的表现就是第五次产业革命。这个认识非常重要。因为我们国家已经落后了。第三次产业革命即所谓的工业革命，在英国出现在18世纪末，那个时候我们还处在封建社会。我们真正建设现代工业是在新中国成立以后，所以大概落后了200年。那么第四次产业革命，即大规模组织化的集团生产，西方发达国家在上个世纪下半叶就开始了。我们国家在新中国成立初建立的工业还是比较落后的，每个工厂都是小而全。我刚回到祖国搞导弹时，国防部五院南苑一分院所属工厂里，连螺丝钉都是自己生产的，这个情况使我很吃惊。真正搞现代化生产还是在党的十一届三中全会以后，即全面改革开放以后，出现了以大规模生产为特征的企业集团。所以，我们国家第四次产业革命落后了100年左右。现在的第五次产业革命，或者叫信息革命，当然我们也还落后，但这个落后的程度要小得多，大概是20年吧。

回顾这段历史，我认为，我们搞社会主义现代化建设，就要赶上这个历史进程。有没有这个志气和胆量？我想应该有。我们应该在这一次——第五次产业革命中迎头赶上去。

今年第9期《科学美国人》杂志里面提出一个新的问题，即新的产业革命联系到社会问题，说第五次产业革命涉及改造社会，也涉及改造人，整个社会要变化，人也要变化。这给我很大启发，因而建议你们也读一读这一期的文章。既然我们社会主义中国的第五次产业革命要赶上去，那么用什么方法呢？当然还是用我们的老方法——社会系统工程。社会系统工程一方面要有理论，一方面要有信息资料，还需要人的智慧、专家的意见，然后用“从定性到定量综合集成法”，这个集成过程实际上是计算机跟人的结合。也就是说，我们迎头赶上第五次产业革命的办法，是把信息革命的成果与社会系统工程结合起来。

在《科学美国人》上的一些文章已经讲到，第五次产业革命所提出的问题，在资本主义社会与其社会制度是有矛盾的。这方面的问题，你们要分析、研究。其实道理很明显。从前我们说社会主义好，怎么个好法呢？因为有以党中央为核心的领导，全国一盘棋，调动全体人民的积极性，通力奋战！这就是社会主义的优越性。资本主义能做到全国一盘棋吗？不可能。当然现在我们也有困难，主要是因为受苏联那种国家计划经济体制的影响，

---

* 本文是1991年12月16日钱学森与王寿云、于景元、戴汝为、汪成为、钱学敏、涂元季6人的谈话。

而计划的制订往往跟不上实际情况的变化，有许多主观主义的东西，所以只好下命令，大家硬性执行，实际上违背了客观规律，调动不了大家的积极性。所以，我理解改革的目的，就是要改变过去计划经济条件下那种管理方式，做到微观要放活，宏观要控制。但这里所说的“放”并不是自由经济。目前我们国家宏观控制面临的问题较多，主要是因为信息不及时，不准确。那些统计信息都是靠不住的，甚至地方长官可以修改统计数字。依靠这样的数据作决策怎么行呢？这就是面临的困难。但我们要改变，我们要用第五次产业革命——信息革命的方法和技术，真正做到信息灵通，数据资料准确、及时。如同我们在研究牛顿力学里的分子运动那样，不仅了解它的运动规律，而且可以控制它。这样看来，第五次产业革命是符合社会主义体制的，一切要从这个观点出发，采取的方法就是社会系统工程。

由此我想到，在第五次产业革命中以下几个方面应该引起注意。

一是最近从广播中听到江泽民主席讲活，对社科界寄予厚望。他一再强调社科界要联系实际，要对社会主义建设做贡献。据此我想请社科界考虑这样的问题，如现在我们提出来的农业双层经营制的问题，实际上发达资本主义国家采取的都是双层经营制。我从前看过一个有关美国人种地的材料，这个人叫韩丁，对中国很友好，在中国待过很多年。他回美国后主要从事农业生产，他种的地约合中国亩大约有 600 亩，就自己一个人，采取打电话的方法种地，靠的是社会上农业产前、产中、产后的服务体系。所以说双层经营制并不是我们的发明，其实这就是现在世界上的现代农业。

然后再说商品经济。今天一说商品经济好像完全就是自由买卖，其实资本主义国家是自由买卖吗？不是，政府是要控制的。日本的农产品，政府维持高价，就是不让美国的农产品进口，这叫什么自由商品经济？根本不是，现在全世界根本没有真正的自由商品经济。对这些问题社科界的同志要研究，要了解今天的世界究竟是什么样的。他们成功的经验是什么？成功的经验我们要学，要把那些好的东西，总结出来为我所用。同时看到他们的缺点和不足。我们走了多少弯路，才走到家庭联产承包责任制这种双层经营体制上来，其实人家早就是这样办的了。为什么我们搞经济学的同志就没有看到这种现象呢？这方面的工作要做，做了以后，可以对以第五次产业革命为中心的社会系统工程提供一些参考。

第二个方面，我们国家的统计工作制度要改革，特别是要解决统计工作中的虚假问题。这个问题不解决，那是要出大问题的。关键是体制问题，现在统计工作是在地方政府管制下，很难保证不出问题。统计工作出了问题就跟自然科学做实验一样，如果仪器都不准，实验的结果怎么能正确呢？

第三个问题，是专家和群众意见的收集问题。这一点我们和资本主义国家不一样，我们实行民主集中制。现在，谁要参加过人大、政协等会议都知道，说了等于白说，有的连简报都不登，就是登了简报也没用。这是违背马克思列宁主义、毛泽东思想的。这个体系要变，对于群众的意见，收集起来要建立一个信息库。这个信息库要很好地整理、统计，并便于检索，以供各级领导决策之用，真正做到民主集中。

第四个问题，就是将来要搞的总体设计部，这是个非常复杂的问题，完全靠计算机恐怕不行。最近一期《科学美国人》杂志很有意思，是专门讲人工智能的，它也说现在最高级的人工智能做出来的东西都反映不了实际，对这个问题要下功夫。目前我们对此已有一些认识和解决办法，就是人和计算机结合的智能体系，而且要以人为主。刚才说的这些问题，如果我们没有这么一种智能体系，那么这些复杂问题是无法处理的，光有愿望，也解决不了问题。

由第五次产业革命联想到的这几个方面，总的意思，就是把社会系统工程，从定性到定量综合集成法，跟科学的社会科学，跟人・机智能系统等整个这些东西综合起来，由此而解决社会主义建设中的各种复杂问题，从而促进产业革命的发展。

社会主义建设要有长远考虑*

我国社会主义建设有四个层次。第一个层次是总的方针、政策、战略决策。这些中央制定得很好，如一个中心，两个基本点；坚持社会主义市场经济；两手硬等等，都没有问题，问题是要落实这些方针政策。

还有第二个层次的问题，就是要有长远的观点。我们发展很快，你不能就管到明天，还要看到后天，大后天，下个月和明年的事。王任重在政协曾经讲过：我们共产党不能只考虑 5 年、10 年、15 年，要考虑 50 年、100 年的事。我看现在这样的考虑还很不够，比如教育问题。全世界现在是智力竞赛，教育自然是重要问题。我们的教育有什么目标？我看目标应该是到下个世纪中叶，每一个中国人都具有硕士文凭或硕士水平，这不是空谈。小孩 4 岁入学，实践证明是可以的，然后按照十年一贯制，14 岁可以高中毕业，而那时的高中水平相当于现在的大学二年级，这是做了实验的，完全可以做到的。再加 4 年，18 岁就是硕士水平。对这样一种教育制度，我们应该研究，并做准备。

第三个层次是关于科学研究的问题，特别是基础科学的研究。我看攀登计划，十几个项目中真正属于基础的只有一个，其他都不是，而就是那个基础课题的内容也不十分准确。不是中国人能力不行。在美国有 100 多万华侨和华人，就出了 5 个诺贝尔奖获得者，很了不得，百万分之五啊。可是我们这 11 亿多人口，没有一个获诺贝尔奖的，什么道理？一是认识上不重视；二是只顾眼前利益，当前大家都着重于可以迅速创收的问题研究；三是我们的学风不民主，权威说了算，新的思想出不来，对此我刚从美国回来时就深有体会。前几年我宣传要培养帅才，现在顶多是个将才，没有帅才，没有总揽全局的人才。

第四个层次是老年问题，我现在老了，感受很深。当前，世界人口趋于老龄化，据联合国统计，目前人的年龄分布不像从前是宝塔型，已经变成直桶型的了。现在我们每年出生约 2 000 万人，10 岁以下的儿童将来会有 2 亿，10～60 岁是少、青壮年，我们将来有 10 亿。按现在人的健康发展趋势，下个世纪人可以活到近 100 岁，而 60～100 岁是老年，那就是说中国将来有 8 亿老年人。对于这个问题，还没有引起当今医学的注意。我老了，就感到医生对老年病的办法不多，只能照顾照顾，解决一些表面问题。主要原因是对老年人的病因搞不清楚。外国人采用基因的方法治疗老年病，如帕金森病，老年痴呆症等。为什么同一个基因在有的人身上起作用，在有的人身上就不起作用？可见不单是个基因问题，它涉

---

* 本文是 1992 年在系统学讨论班上的一次发言。

及的是人的整个身体系统。年轻的时候,可以通过自身调节控制。对老年人如何控制,如何延缓衰老却没有注意研究。而等到将来老年人有好几亿,占人口的30%～40%时,问题可就大了。老年人的比例那么大,不能只是吃社会,还得让他能够工作,对国家和社会还可以做出贡献,不研究怎么行呢?

这些都属于长远问题。要预测长远的问题,需要用系统学的方法。这两年来,我们对系统学的研究又有进一步的发展,想法比以前更全面,方法比以前更完善了。我相信这套方法是有效的。如果中央下决心,中国人是可以做到的,并且能够做得很好。我们常常说要抓住机遇,但是还有句话,就是这个机遇是可以创造的,事在人为嘛!对长远的问题也要抓紧才行。

我国社会主义建设的系统结构*

我国社会主义初级阶段的建设是史无前例的。十一届三中全会以后，我们总结了过去的经验教训，提出以经济建设为中心，坚持四项基本原则，坚持改革开放，即“一个中心，两个基本点”的基本路线，贯穿在整个社会主义初级阶段的建设之中，一百年不变。今年年初，邓小平同志在南方谈话中，更发展了这一思想，是今天我们进行社会主义建设的重要理论。

但改革是一项极其复杂的系统工程，各个方面一定要协调进行。为了全面落实和贯彻执行小平同志的重要讲话，我们觉得应该将社会主义建设各个方面的工作，即社会主义建设的各个具体侧面加以系统化，建立我国社会主义建设的系统结构。那么，我国社会主义建设有哪些具体侧面呢？它们的具体内涵是什么？在中央的正式文件中，经常提到的，是两个文明的建设，即社会主义物质文明建设和社会主义精神文明建设。在全国人民代表大会和中国人民政治协商会议全国委员会的文件中，还常提到社会主义民主与法制建设。我们想在这篇文章中就此加以具体论述。

一、关于社会主义的政治文明建设

关于这个问题，我们在文件中常常看到的提法是社会主义民主与法制建设。我们之中一人和孙凯飞同志、于景元同志曾经就此写过文章[1]，我们认为社会主义的民主与法制建设可以叫作社会主义的政治文明建设。这是一个非常重要的社会主义建设侧面[2]。因此，我们再次提出，应更确切地将这个方面的社会主义建设，叫作社会主义的政治文明建设。

现在我们认为，社会主义政治文明建设有三个部分：一是民主建设。这是非常重要的。我们党一贯坚持民主集中制，提倡走群众路线，征求群众意见，在群众的实践和意见基础上，制定国家的方针政策。这种走群众路线的民主建设，还有许多需要进一步完善和改进的地方。二是社会主义的体制建设。随着社会主义建设事业的发展，原来的政体结构就不适应了。当前党和国家正在讨论如何根据“政企分开”的原则，改变中央各部门设置，如何搞好中央和地方的分工，地方各级之间又如何调整结构等等，这都是属于体制建

* 本文由钱学森、涂元季联合署名，原载于《人民论坛》1992年10月号。

设的问题。三是社会主义的法制建设。这个方面已有许多论述,我们就不再多说了。

二、关于社会主义物质文明建设

从前我们理解物质文明建设,好像就是经济建设。当然,在今后很长一个时期,经济建设是物质文明建设中的一个非常重要的中心任务。全国各项工作都要以经济建设为中心,一切都要服从于服务于这个中心!但是,除了经济建设之外,还有没有其他方面的物质文明建设呢?我们现在认为是有的。这就是人民体质建设。因为所有的工作都需要人去做,所以人民的体质是一个非常重要的方面。毛泽东同志早在1952年就为中华全国体育总会成立大会作了题词:“发展体育运动,增强人民体质”。后来又有对卫生部的工作指示:“讲究卫生,减少疾病,提高健康水平”。这都是讲要重视人民的体质。我们认为,这在我国的社会主义事业中,是很重要的。但这方面问题很多,有许多问题还没有得到解决。其实现代科学在如何提高人的体质方面,已经有了许多发展,不仅有治病的第一医学,还有防病、保健的第二医学,再造人体器官,解决人的部分器官失去功能的第三医学等等[3]。随着老年人口的增加,医疗卫生事业就显得更加重要了[4]。

在人民体质建设中,除医疗卫生事业外,控制人口增长的工作也非常重要,也还有人民的饮食问题,这方面,国家要逐步改进人民的食品营养结构[5]及发展我国的食品工业[6]。所以,我们认为,物质文明建设应该包括两个方面,即经济建设和人民体质建设。

三、关于社会主义精神文明建设

我们之中一人和孙凯飞同志在另一篇文字中[7],对此已作阐述。精神文明建设包括思想建设和文化建设。从目前的情况看,思想建设还需加强,不久前江泽民同志在中央党校的讲话中也强调了这个问题。精神文明建设的另一个方面是文化建设。在同一篇文章中[8],曾把文化建设分为十三个方面:① 教育事业;② 科学技术事业;③ 文学艺术事业;④ 建筑园林事业;⑤ 新闻出版事业;⑥ 广播电视事业;⑦ 图书馆、博物馆、科技馆事业;⑧ 体育事业;⑨ 美食事业;⑩ 花鸟虫鱼事业;⑪ 旅游事业;⑫ 群众团体事业;⑬ 宗教事业。

这里要稍加说明的是:饮食也是一种文化,在中国的历史传统中,饮食文化是有丰富内容的,随着对外开放的进一步发展,饮食文化应该引起更大的重视,所以我们提出将美食事业作为我国社会主义文化建设的一个部分。花鸟虫鱼事业也是中国固有的文化,但是人们常常只说花卉,比如中国有个花卉协会,它办了一份会刊《中国花卉报》,实际每一期除了介绍花卉以外,还介绍养鸟、养鱼、养虫,当然是讲的观赏鱼。所以我们认为,确切地说,应该是花鸟虫鱼事业。关于群众团体事业,不是指工、青、妇,那是党直接领导的团体,这里是指其他群众团体,如中国科学技术协会、中国音乐家协会、记者协会等。最后一项是宗教事业，宗教在我们国家恐怕还要存在相当一段时间，做好宗教工作是很重要的，而宗教可以作为文化的一部分。

四、关于社会主义地理建设

地理是社会主义社会存在的环境，有关地理建设问题，有同志曾写文章专门论述这个问题[9]，这里不再细说了。我们要概略提出的是，地理建设是不是可以分为两个方面。一是环境保护和生态建设，这基本上指的是自然环境。对这个问题的重要性，我们要有新的认识。到了20世纪的今天，人类已经认识到，过去我们发展生产，不注意环境的保护，造成了严重的后果，这是十分错误的。不久前在巴西里约热内卢召开的联合国环境与发展大会尖锐地提出了这个问题，使大家的认识有很大提高。明确了我们在搞经济建设，发展生产的同时，要注意环境保护和生态建设问题。

地理建设的另一个侧面是基础设施的建设，这也是很重要的。因为人不仅要利用客观的自然环境，还要建设客观环境，只有这样，人们才能在世界上更好地生活和工作。例如通讯建设，交通运输建设，这都是当年我国社会主义建设的薄弱环节，要大力加强，而且要发展新的技术手段，如高速公路、高速铁路以及高速的水上运输。民航不仅要发展长距离航线，而且要发展近距离的辅助航线。所以，我国基础设施建设的任务还是相当繁重的。

以上讲了四个领域九个方面的社会主义建设，即社会主义政治文明建设，包括民主建设、体制建设和法制建设；社会主义物质文明建设，包括经济建设和人民体质建设；社会主义精神文明建设，包括思想建设和文化建设；社会主义地理建设，包括环境保护、生态建设和基础设施建设。我国的社会主义建设事业，从总体上来说，是不是这样一种系统结构？当然，社会主义建设必须有中心，中心就是经济建设。而社会主义建设的各个方面又必须协调发展，才能获得高的效率。因为社会和社会存在的环境是一个非常复杂的巨系统，一定要用系统工程的方法，才能把各方面工作协调好。而要进行协调，首先必须清楚地认识到社会主义建设的各个具体侧面是什么，不要丢掉了任何一个方面。为此，我们曾经提出，设置专门从事这项工作的总体设计部，来规划、协调这四个领域九个方面的工作。如果协调得好，我们社会主义建设的效率就可大大提高，建设的速度就可以更快一些。当然，以上所讲的仅是我们现阶段的认识，科学的理论必须与实际相结合，这是马克思主义的基本原理，我们应该通过不断的实践，总结出科学的理论，再用理论来指导我们的实践，然后再总结，进一步提高和完善理论，从而不断地推动我国社会主义建设事业的发展。有鉴于此，我们认为，提出和讨论我国社会主义建设的系统结构，是一个重要问题。

注释

[1] 钱学森、孙凯飞、于景元：《社会主义文明的发展需要社会主义政治文明建设》，《政治学研究》1989

年第 5 期,第 1～10 页。

[2] 王任重同志在 1991 年春的一次全国政协会议上还指出,社会主义民主和法制建设比社会主义的两个文明建设更居于统帅地位,是政治建设。

[3] 钱学森:《对人体科学研究的几点认识》,《自然杂志》1991 年第 1 期,第 3～8 页。

[4] 方福德:《未来医学面临的挑战和机遇》,《科技导报》1992 年第 1 期。

[5] 封志明、陈百明:《中国未来人口的膳食营养水平》,《中国科学院院刊》1992 年第 1 期。

[6] 张学元:《食品工业结构与领域辩》,《中国食品报》1992 年 3 月 23 日。

[7][8] 钱学森、孙凯飞:《建立意识的社会形态的科学体系》,《求是》1980 年第 9 期,第 5～9 页。

[9] 于景元、王寿云、汪成为:《社会主义建设的系统理论和系统工程》,《科技日报》1991 年 1 月 21、23 日 3 版。

关于大成智慧的谈话*

今天找大家来，我首先想谈的是要学会运用马克思主义哲学的问题。因为你们这个集体正在研究的问题都涉及人，人的思维和人的大脑，这是一个非常复杂的问题。在西方资本主义国家，相当长的一段时期以来，他们对于人的作用的认识是有许多错误的。在对人脑和人的思维等问题的研究上，尤其有许多机械唯物论的东西。

我讲这一段话的意思，就是我们这个班子搞开放的复杂巨系统，任何时候都不要忘了辩证唯物主义，警惕机械唯物论，警惕唯心主义，不然会走到邪路上去。相反，如果我们抓住了辩证唯物主义，至少方向是正确的，走一步是一步。我之所以反复强调这一点，就是看到当前科技界有一股风，即跟着外国人跑。当然，这些事情也很难免，像计算机软件，用的是英语，所用的符号都是来自英语，在不知不觉的情况下就会受到影响。

在这个前提下，我再讲几个问题。

一、关于建设从定性到定量综合集成研讨厅体系

关于信息和信息网络的高效化。当今世界，信息量之大，是十分惊人的。如果不使信息网络高效化，那就会成为泰山压顶，非把人压垮不可。因此，建设高效能的信息网络，让人能够很方便地提取和使用信息，是一个重要问题。从目前国内外的进展情况来看，这个问题已接近解决。汪成为同志送给我一本《面向对象分析、设计及应用》[1]，我自己有一本*Intelligent Databases*[2]，我觉得这两本书不错。总的来说，就是讲信息系统怎么更实用，更有效，这个观点我是很赞成的。大约10年前，我在国防科工委情报所讲，你们搞什么信息库、资料库，但是对一个使用者来说，这可是茫然大海，怎么把有用的信息找出来？那时我还没有想到用计算机，只是对情报人员说，你们得想办法把“死”的情报资料“激活”了，使它成为可用的信息[3]。当时我也提出“激活”情报、资料、信息的系统工程方法；现在看来，这个工作可以用计算机来做，这可是解决了一个大问题。我想，这是我们搞综合集成研讨厅要解决的第一个问题。

关于综合集成技术。在信息网络大量资料的基础上，还有一个中间步骤：这是为决策咨询用的，是稍小一点的分系统的决策问题，目前流行的说法叫决策支持系统。将来的

---

* 本文是1992年11月13日与王寿云、于景元、戴汝为、汪成为、钱学敏、涂元季6人的谈话。

研讨厅体系，要用到大量的决策支持系统案例的结果。这些结果将来也要建一个库，供决策使用。这样的成果当然比上面说的“信息”层次要高一些，是较高层次的信息库。综合集成技术的第二个方面是怎么样把参加研讨厅的专家意见综合起来。过去遇到这个问题想了一些办法，现在要进一步提高，做得更有针对性。

二、关于大成智慧工程

我们现在搞的从定性到定量综合集成技术，名称太长，也不好译成英文，按照中国文化的习惯，我给它取了个名字，叫大成智慧工程。中国有“集大成”之说，就是说，把一个非常复杂的事物的各个方面综合起来，集其大成嘛！而且，我们是要把人的思维，思维的成果，人的知识、智慧以及各种情报、资料、信息统统集成起来，我看可以叫大成智慧工程。英文翻译为 Metasynthetic Engineering，缩写是 MsE。这个方法，实际上是系统工程的一个发展，目的是为了解决开放的复杂巨系统的问题。用英语表达就是：Metasynthetic Engineering is a development of systems engineering, for solving problems of open complex giant systems，而“从定性到定量综合集成研讨厅体系”，译成英文，可以是“Hall for Work Shop of Metasynthetic Engineering”，缩写是 HWSMsE。

我讲这个问题的目的是要说明，我们今天搞的综合集成研讨厅体系，是要把今天世界上千百万人思想上的聪明智慧和已经不在世的古人的智慧都综合起来，所以叫大成智慧工程（Metasynthetic Engineering）。这是我们按照毛泽东的认识论，结合现代的系统工程和大家的实践经验发展起来的，这可是方法论上的一个大飞跃，大发展。这个方法将使人比过去聪明得多。实际上，我们是把马克思主义的认识论与现代系统工程的方法结合起来了，这是件了不起的事。

三、大成智慧学

前面我讲了大成智慧工程。现在要讲的是，将这一工程进一步发展，在理论上提炼成一门学问，就是“大成智慧学”。它实际上是马克思主义哲学的发展与深化，或者说，是马克思主义哲学发展到一个新的阶段，我们为它取一个朴素名字，叫大成智慧学。

近来我对这个问题有些想法，今天和大家谈谈。

几年前，我在中央党校讲课时，开始提到科学技术体系问题。当时只讲了六大部门，后来又加了两个部门，发展到八大部门，到现在发展成十一大部门。每个部门分三个层次，只有文艺是两个层次；每个部门又有一座桥梁，是这个部门的哲学概括；最后都归于马克思主义哲学。在这个体系的外围还有许多不成其为科学的点点滴滴的经验等，这就是我提出的科学技术体系，所以多年来我一直在宣传：马克思主义哲学是智慧的结晶。

最近看了一本书，陈晋著：《毛泽东与文艺传统》[4]，我深受启示，使我对这个问题又有些新的想法。书上讲，毛泽东的智慧不是来源于科学，而是来源于中国传统文化，毛泽东的许多思想，都是从中国文化提炼出来的。我认为这个看法是对的。大家都知道，毛主席不是学科学的，他知道一些科学知识，但是不多。他对科学的判断，实际上是从文化艺术中吸取的智慧。

中国还有些哲学家，也有这种观点，他们的书过去我看不懂，现在明白了。比如熊十力[5]，他认为人的智慧有两个方面：文化、艺术方面的智慧叫“性智”；科学方面的智慧叫“量智”。这样看来，我过去说的科学技术体系属“量智”；而文化体系属“性智”。由此使我想到，过去我说，要发展、深化马克思主义哲学，需要引入中国古代哲学的精华。张岱年教授同意我的看法。现在看，这个精华就是人类的“性智”，即人根据自己的实践经验，从整体上来看世界。这也是综合集成嘛！在这方面，毛泽东同志给我们作出了范例，他的智慧基本上来源于此，即实践加中国传统文化艺术。从前我只从科学技术方面来讲人的智慧是不够的，还要看到智慧的另一个来源，即传统文化艺术。所以，我过去讲的科学技术体系的概念还要再扩大，变成智慧的体系，这就是我和黄楠森教授以及他的学生王东同志讲的，哲学发展史上的第四次伟大尝试。

由此看来，一个人光有科学技术不行，常常容易犯机械唯物论的错误；光有文化素养也不行。我觉得毛泽东是用传统文化中的精华，诗人的气概，结成伟大的智慧，战胜了机械唯物论和唯心主义，成为中国革命的伟人。但他科学技术懂得太少，那时我们又没有建立起处理开放的复杂巨系统的科学方法论，所以他的失误，在于把事物看得太简单化了，终于无力解决中国社会主义建设的难题，在他的晚年这一点显得更为突出，这是一个悲剧。由此看来，人一方面要有文化艺术修养，另一方面又要有科学技术知识，按熊十力的说法，既要有“性智”，又要有“量智”。这就是大成智慧学，是马克思主义哲学的发展与深化。

四、我们要为建设中国社会主义市场经济努力工作

社会主义建设是一项非常复杂的社会系统工程，这是江泽民总书记在党的十四大报告中讲的。最近我和于景元讨论，我们这个社会系统里有没有混沌？我认为如果真正放活了，在市场经济中，混沌肯定是要出现的。什么样的混沌？我想这个混沌的时间尺度是比较短的，即小于生产周期，没法具体掌握，国家只能对这些混沌给以宏观的调控，使它在一定范围之内。如果将混沌完全消除，其结果会适得其反，又回到完全计划经济的老路上去了。但是，我觉得，在社会主义市场经济中出现的这种混沌，并不等于资本主义国家经济活动中长周期的大起大落，那是资本主义国家体制造成的。对这个问题，在我们社会主义中国，通过国家宏观调控应该能够解决，甚至可以解决所谓 30 年周期的问题。30 年周期在历史上是由于产业革命引起的，我们如果把大成智慧工程建立起来，对这样的问题应该能够预见到，并预先采取措施，加以防止，达到平衡的发展。所以我觉得，在市场经济中

出现混沌是好事，它表示市场搞活了。回顾党的历史，从 1921 年成立中国共产党开始，花了近 30 年时间，中间经过许多曲折，才建立新中国；新中国成立后，搞社会主义建设我们没有经验，开始也是试验性的，又经过许多波折，花了 30 年时间，到十一届三中全会，总结了历史的经验，才认真探索社会主义经济建设的规律；再过 30 年，到 2010 年，大约我们才能摸索到一套怎么建立社会主义市场经济的规律，完成社会主义初级阶段的建设。

近来我学习党的十四大文件，又看了报纸上刊登龚育之、丁关根的文章[6]，有一些体会，即改革也是一场革命。什么叫革命？革命就是天翻地覆的变化。当前我国社会主义建设的形势当然不错，但是问题也相当多，封建意识的影响，愚昧无知，社会丑恶现象等等，也是相当严重的。对这些东西，不革命怎么能行？所以我们也要看到改革的复杂性、艰巨性。前几天我又翻看了 1988 年 7 月我在国防科工委科技委兼职委员座谈会上的讲话，当时所指出的一些问题，今天依然存在。这也是革命过程中的非常规状态，是不可避免的，这就是当前中国的状况。我觉得，造成这些问题的原因是改革在大步前进，但还没搞好。当然，改革也很难，企业要转换经营机制，政府机构的职能要转变，人员要精简，搞小政府，大社会。但精减下来的人怎么办？所以，李鹏总理强调要发展第三产业，我理解，其中一个因素也是要安排人。国家机关工作人员在十一届三中全会时才一千多万，现在有四千万，增加了两倍多，这都是很大的问题。

在这种情况下，我们能办什么事？这些问题都是一个复杂巨系统的协调问题，而现在协调太慢，措施又不得力，为什么？因为没有总体部，没有大成智慧工程，各级领导都在努力工作，但他们没有得力的工具，反映很慢。我们要从这个高度来认识自己的工作，进一步搞好我们这一套复杂巨系统理论及其方法论。

五、关于金融经济学

这个问题我向大家通报一下有关情况。大约 10 年前，我在中央党校讲课时曾说，你们讲基础理论，只说有政治经济学，有人提出还有生产力经济学。我觉得在当今时代，金融是个大问题，应该建立金融经济学。老一辈银行家乔培新同志听到这个意见，很赞成，他召开了一个座谈会，让我讲话。我说，金融在社会主义经济建设中是一个很重要的问题，而现在看到的有关金融的书，都是讲金融工作的，是金融学，而不是金融经济学。金融经济学应该是讲怎么用金融手段来发展经济。后来许多人写了书，也送给我看，我觉得他们讲的都是金融、会计业务之类的，还是金融学，而不是我说的金融经济学，不是高层次的问题。前几年，大连东北财经大学的老校长章梦生，是位老同志，送给我他写的书，这本书有一部分内容是属于金融经济学，讲大范围的金融运动，另一部分仍是金融学。他接受我的意见，不久前又送一份书稿[7]给我看，讲世界金融经济学，世界资金的流动，以及我们怎样利用这个流动来搞经济建设。我觉得这本书是不错的。另外，我又接到南宁广西壮族自治区经济研究中心的一位年轻人罗运贵寄给我的一本书：《货币发行量与 2010 年的中国》[8]。这本书有些新观点，他不同意老是强调政府收支平衡，消除财政赤字等等，应该强调发展经济，可以发行货币、债券，促进经济发展等。我想了一下英国的英镑。英镑是什么意思？原来1英镑的值是1磅重的白银，到今天1英镑值多少？我算了一下，只能买大约1/30磅的白银，也就是说英镑已贬值30倍。所以，我觉得罗运贵的观点很有意思，值得考虑。我介绍他认识章梦生，他们也开始通信讨论问题了。

为什么金融问题这么重要？我看到一个材料，讲美国新的产业，投入最高的是化工医药产业，一个劳动力一年要投资9万美元；而平均美国一个劳动力一年的投资是4万3千美元。由此推算，中国如果要高速发展，需要多少投资？总书记讲我们年递增9%，我说如果搞得好，年递增还可以更高，达到15%，那时我们的年投资不是一千亿元，而是一万亿元，甚至几万亿元。哪来这么多钱？这是个大问题，所以要研究金融经济学，要开拓这一新领域。他们将来研究的成果对我们也有用，有必要在这里向大家通报一下。

注释

[1] 汪成为、郑小军、彭木昌：《面向对象分析、设计及应用》，国防工业出版社，1992。

[2] K. Parsaye, M. Chignell, S. Khoshfian, H. Wong: *Inelligent Databases—Object-Oriented, Deductive, Hypermedia Technologies*, John Wiley, 1988.

[3] 钱学森：《科技情报工作的科学技术》，《国防科技情报工作》1983年第5期。

[4] 陈晋：《毛泽东与文艺传统》，中央文献出版社，1992。

[5] 郑家栋：《熊十力哲学方法论析》，《吉林大学社会科学学报》1992年第4期。

[6] 龚育之：《精髓·前提，哲学基础——论解放思想、实事求是的思想路线》，《经济日报》1992年10月27日，1、2版；丁关根：《学习党的十四大报告的几点体会》，《人民日报》1992年11月11日、12日，第5版。

[7] 章梦生主编：《世界金融经济学》，香港商务中心出版，1992。

[8] 罗运贵：《货币发行量与2010年的中国》，广西民族出版社，1992。

我们要发展“科学技术是第一生产力”的理论*

邓小平同志提出的“科学技术是第一生产力”，这是一个非常重要的命题，我们要用马克思主义哲学的辩证唯物主义和历史唯物主义来深化和发展这一理论，并以此来丰富历史唯物主义的哲学内容。它将引起社会科学领域的一场科学革命。

1955年人民出版社曾经出版了一本译著：苏联康士坦丁诺夫主编的《历史唯物主义》[1]。我早年看过，书中根本没有强调科学技术的作用，这是一个很大的不足。我读过的另一本书，是1983年人民出版社出版的，由肖前、李秀林、汪永祥主编的《历史唯物主义原理》[2]，书中第七章讲了科学技术与生产力的关系。可能是因为这3位编者对科学技术并不在行，所以这第七章是另请人写的。由此使我想到，搞科学技术的人要深化、发展历史唯物主义，我们应该有这个勇气，这是中国人的一项重要任务。今天请你们6位来，就是谈这个问题，下面分几个问题谈。

一、关于科学革命、技术革命、产业革命、政治革命和文化革命

马克思主义哲学认为，客观世界是不以人的意志为转移而存在的，人首先要认识客观世界，才能进而改造客观世界。从这一基本观点出发，认识客观世界的学问就是科学，包括自然科学、社会科学等等。所以，首先要明确“科学”的概念。我在提出科学技术体系时，曾多次强调，科学是人认识客观世界的学问，有十一大部门，其飞跃就是科学革命。

改造客观世界的学问是技术。技术科学应该包括“软科学”。什么叫“软科学”？我认为实际是社会科学的应用。技术的飞跃是技术革命，毛泽东同志曾明确地提出过这个概念。由科学革命、技术革命又会引起经济基础的飞跃，这就是产业革命。产业革命的概念是马克思明确的。产业革命所引起的上层建筑和思想意识、文化领域的飞跃，便是政治革命和文化革命（我这里说的“文化革命”是真正的文化意义上的革命，而不是10年动乱期间的“文化大革命”）。由此可见，今天要建设社会主义，科学技术是第一位的问题。

* 本文是1992年12月11日与王寿云、于景元、戴汝为、汪成为、钱学敏、涂元季6人的谈话。

二、关于产业革命和产业

按照马克思提出的产业革命的概念，我认为：第一次产业革命大约发生在一万年以前，即人从采集狩猎为生，发展到开始搞种植产业和畜牧业，所以第一次产业革命开创了第一产业，即农业。由此引起从原始公社到奴隶社会的社会政治革命。

第二次产业革命出现在奴隶社会后期，即商品的出现，这是由于生产的发展，人不仅为自己的生活、消费而生产，而且还有多余的产品来进行交换，时间在 3 000 年前，由此引起从奴隶社会到封建社会的社会政治革命。

第三次产业革命是经典著作中说的工业革命，这次产业革命是 18 世纪末首先在英国发生，后来到 19 世纪初又发生在欧洲。这次产业革命创立了第二产业，即工业。由此可以看到，什么叫产业？所谓产业，就是由于生产力的发展，某一方面的生产非常突出了，影响到全社会的经济活动，我们就把它称为一个产业。像第二产业，即所谓工业上的制造业，在中国的封建社会不是没有，但它不发达、不突出，那时有所谓“士、农、工、商”，把“工”放在第三位，因为它还没有形成一个大的产业，“商”就更次之了。这是一个非常重要的概念。说第几产业并不是排位次，而是说一种影响全社会经济活动的产业在历史上出现的先后次序。

到 19 世纪末、20 世纪初又发生了一次产业革命，即第四次产业革命。这次产业革命打破了一个一个工厂生产的限制，出现了大规模的、组织起来的、跨国工厂的生产，而且生产活动的规模变成世界性的了。原料从这个国家出来，生产可能在另一个国家进行，而产品向世界输出，发展成世界性产业。第四次产业革命创立了第三产业，即服务业。

现在所说的信息革命，实际上是第五次产业革命，它将创立第四产业和第五产业。第四产业是科技业、咨询业和信息业的总称；科技也不限于自然科学、工程技术，是整个科学技术体系。第五产业是文化业，或称文化市场业，包括文化经纪业等。

这样看来，产业，从第一产业、第二产业、第三产业，直到第四产业、第五产业，在今天都是面向市场的，是经济活动最显著的层次。产业不同于事业，产业不包括国家事务中的党、政、军、文化和群众团体等社会的重要活动[3]。我国在 1985 年还没有社会主义市场经济的概念，所以把第三产业作为一个大口袋，把第四、第五产业全包括在内了[4]，现在应该更正。

按照历史唯物主义的观点，从近代开始，是科学技术决定生产力及生产力的组织，而生产力和组织管理又决定经济，经济基础决定上层建筑。我们要从这个高度来认识小平同志提出的科学技术是第一生产力的重要性。用这样的理论体系来丰富和发展历史唯物主义。1992 年 12 月 10 日《参考消息》上有一篇文章，讲资本主义国家面临的“制度性疲劳”。什么叫制度性疲劳？我看就是第五次产业革命对它们那老一套制度的冲击，是产业革命向人们提出的问题，说明他们那一套制度不能适应第五次产业革命的需要，要调整。

三、关于社会主义市场经济

大家都知道，马克思生活的时代是自由资本主义时代，那个社会的经济是没有宏观调控的，全是自由竞争。用一个学术上的话说，就是社会的混沌度极大，全社会的劳动人民，特别是无产阶级、工人阶级受到残酷的剥削，受害极大。马克思、恩格斯观察、研究了当时的社会现象，产生了科学的社会主义思想，提出用国家计划的手段来调控混沌的经济。这恐怕是国家计划经济思想的来源。现在看来，这是一种带有一定空想成分的东西，因为社会是这么复杂的一个开放的巨系统，信息量之大，变化之快，使得国家的统一计划无论如何是不能适应的。因此中央的计划只能是一种带有主观性的、某种程度上脱离实际的东西。这就是后来苏联的经济建设情况，我们曾经学过，不灵。20 世纪 80 年代初，我在国家计委开会时曾提出国家对经济活动要“宏观控，微观放”。当时我并不懂经济，而是从分子运动论引申过来的，因为在微观上我们不能去控制每一个分子的运动，但用统计力学的方法，可以从宏观上调控分子的集体运动。

以上说的，是马克思在世时，研究了自由资本主义社会，提出了科学的社会主义思想，这是对的。但是，限于那个时代的发展水平，他不可能对这个问题深入研究下去，所以也有一定的局限性。马克思去世后发生了第四次产业革命，这说明在 19 世纪末，资本主义制度本身也意识到要变革，产生了垄断资本主义。当然，这里“垄断”的含义也是相对的，因为在垄断的情况下，还有市场，甚至是世界市场。有市场就有竞争，在垄断财团之间，国与国之间，帝国主义与殖民地之间的矛盾和竞争是非常激烈的，你死我活的。因此垄断也不是随心所欲的，而是相对的，竞争和斗争才是绝对的。但是，垄断的出现，毕竟在公司的集团化，内部的计划性，以及对国家经济的宏观调控作用等方面，比自由资本主义时代有所改善，对此，列宁称之为国家垄断资本主义。用现代的学术语言说，就是降低了经济活动的混沌度。当然，资本主义政治体制的弊端依然存在，并继续起着破坏作用，这就使列宁对垄断资本主义的帝国主义侵略本性看透了，并进行了深刻分析，道出了其腐朽性。但由于当时各种主客观条件所限，使得他还不能进行全面分析，未涉及垄断资本主义比之于自由资本主义有哪些改进。遗憾的是列宁早逝，而后继的斯大林和苏联的理论家们又死抱书本，只看到垄断集团相互竞争的一面，结果走到另一个极端，搞中央计划经济，把经济活动管死了，所以犯了错误。

回顾这一段历史，使我们感到非常遗憾。本来在 20 年代就可总结历史经验，找到正确的道路，结果整整花了 70 年时间，才得出社会主义市场经济的结论，这不能不说是社会主义事业的巨大损失。

至于我们国家，20 世纪 40 年代末革命成功以后，对于怎么建设社会主义，没有经验，所以一开始就学苏联，后来加上我们自己左的失误，也走了一大段弯路。其原因我在 1992 年 11 月 13 日的谈话中已经讲了。但是我想，到 1971 年，有好几件事应该使我们清醒一些，如林彪事件；同时，这时我们也开始认识到，由于战略核武器的破坏力，核大战打不起来；由于世界人民的觉悟，帝国主义的侵略战争不能得逞，美帝国主义的侵朝、侵越战争都宣告失败。由此我们可以看出，战争这个人类历史上的现象，正在走下坡路，只有小的冲突、局部战争不断。这就是事物发展的辩证法：战争的发展否定了它自身。最后一件事是在20世纪70年代初，已看出亚洲四小龙在世界市场的兴起。但是当时，我们对这些现象并未引起重视，又失去20年时间。当然，人们可以说，在20世纪70年代初，我们国内的政治条件并不具备。但是到1978年，十一届三中全会以后，国内的政治条件应该说具备了，但人们的认识跟不上，不觉悟，结果又误了14年！回过头来看，苏联的70年，我们的20年，或者说14年，真是惨痛的教训！教训何在？就是不认识产业革命，不认识第四次产业革命！全面地说，应该是不认识科学革命、技术革命、产业革命、政治革命和文化革命！因此我们必须深化与发展科学技术是第一生产力的理论，充实、发展历史唯物主义。这实在是一件重要的事情。在这里，关键的问题是实事求是，即陈云同志说的“不唯上，不唯书，只唯实”！这是马列主义、毛泽东思想的核心，我们应以此为指导，研究世界的实际。

这里我们还要考虑一个问题。历史唯物主义把政治的社会形态分为原始公社制、奴隶社会制、封建社会制、资本主义社会制，最后达到共产主义社会制。从上一节的讨论看来，在资本主义社会制到共产主义社会制之间还缺一个大的阶段：前四个社会制都是限于一个地区，或限于一个国家，而共产主义社会是全世界一体化的政治的社会形态。今天看，这个缺断可以补上了，就是当今世界的现实：世界已逐渐形成一个大社会了，哪个国家也不能闭关自守，闭关自守只会落后。世界一体化，经济、文化交往频繁。但这只是事物的一个方面；另一方面，国家制度不同：有资本主义，国家垄断资本主义，还有在资本主义制度以前的国家，但又有社会主义的中国等。国家又分发达国家与发展中国家，即“南”与“北”之分。是世界一体，又多极分割，矛盾斗争激烈。这是过渡到人类大同的共产主义世界的必经阶段。历史唯物主义要加上这一新篇章，被苏联理论家丢失了的重要篇章。我想我们要深入研究这门学问，称“世界学”吧？

四、第五次产业革命与中国社会主义建设的关系

中国要建立并发展市场经济，同时还要积极参与世界市场经济，那么，我们的认识就不能停留在第四次产业革命上，要赶上去，实现第五次产业革命！这样，能源、信息、交通及环境建设就是非常重要的问题，这就是社会主义的地理建设，是基础。用信息技术来改造经济，1991年9月号《科学美国人》上只有 Thomas W. Malone 和 John F. Rockand 的一篇文章讲这个问题，还没讲全面。今天给大家提供了10篇《世界经济科技》上的文章复印件[5]，讲得更全面了，可以参考。

说到信息技术，我们国家是差得比较远的，你们将来写文章，一定要大声疾呼。从前

新华社一位同志告诉我，光他们每天收到的信息就不得了，无法处理，大部分锁在柜子里。国防科工委情报所收集来的信息用了多少？恐怕大部分也躺在资料库里，利用率是很低的。国外的信息技术比我们发达，他们掌握我们的信息甚至比我们自己还多。我听说梁思成教授去世后，在美国的华人要开纪念会，写了一份生平事迹，发回国内征求我们的意见，请我们做些补充。有关部门一看，他们掌握的比我们还多哩！什么道理？他们使用了先进的信息技术，很容易把有用的信息提取出来。

再从国家之间的竞争来看，我们知道，人类社会从一开始就有矛盾，解决矛盾的重要办法是战争，先是冷兵器战，后来发展到热兵器战，到二次大战结束时出现了核武器。二战以后，核武器和火箭技术结合，出现了所谓战略核导弹，由于它的破坏力极大，谁也不敢轻易使用，所以变成了核威慑，而真正打的不是核武器，而是常规高技术兵器的局部战争。所以战争这个手段正在衰落。但这并不是说，世界各国之间的矛盾和斗争也在减少。相反，矛盾和斗争还是相当激烈的，只是斗争的方式主要变为市场经济战，这是当今的“世界大战”。我们今天应该研究世界规模的市场经济战，研究怎么打胜这场战争，不然社会主义在世界上就站不住脚。我看，当前我们在世界市场经济战中，很缺乏斗争的艺术和经验，办了许多傻事，吃亏上当。但是，我们党在40年代与国民党斗争时，其斗争艺术是很高明的。国民党那些党政军要人，在想什么，干什么，我们都清楚，所以采取的策略都是有针对性的，针锋相对，恰到好处。但在今天的世界市场经济战中，我们都成了“老好人”，对外国厂家的情况，知之甚少，谈判时往往心中无数，这怎么行？因此，今天我们应该确立这样的认识：世界已经进入第五次产业革命，中国没有别的选择，只能参与到这场产业革命中去，参加国际竞争，主要是世界市场经济的竞争，这场竞争复杂极了。与第四次产业革命相比，那时的世界市场是幼年的，功能不全的。而第五次产业革命形成的世界市场经济，第一是世界规模的；第二是比较成熟的，结构、功能比较全，这是飞跃。所以，世界市场经济虽然在第四次产业革命中已经形成，但到第五次产业革命，它就达到了一个新的高度和水平。我们一定要抓住这一点。而目前，有关经济问题的文章和理论都没有说到这一点。毛病就在于他们的思想还停留在第四次产业革命，而没有进入第五次产业革命。

以上讲的第四产业、第五产业的问题，我们要很好地研究。我想，这一切的理论指导，是辩证唯物主义的大成智慧学，其组织设计方法是大成智慧工程。所以大成智慧学和大成智慧工程要帮助解决建立第四产业、第五产业的问题。这其中有许多问题要研究。如《科学美国人》1992年12月期上有篇文章，讲的是用计算机来做市场实验，怎样找到一个平衡点来设置市场，而不会引起市场的大起大落。这种问题将来都可以用计算机模拟，从中找到目前市场中的问题，并加以解决，这仅仅是一个具体例子。无论第四产业还是第五产业，信息都是一个关键问题，我们一定要抓信息系统，即建立广泛的信息资料库及计算机网络系统。

五、关于市场调节自然资源和人力资源问题

现在报纸上一些文章常讲：市场可以合理调控和配置自然资源和人力资源，这当然是对的。但并不是只有市场在调控资源，还有宏观调控的作用。我现在要说的是，随着科学技术的发展，自然资源和人力资源也不是限定的，而是发展变化的。比如今天采矿，矿井顶多打几百米深。在某些情况下，如果不用人下井，让化学变化在地下进行，把矿产资源变成液体或气体抽上来，那么在这种情况下，矿井可以挖到几千米，甚至上万米。最近看到一条消息，说德国人打深井，到一万米，井下温度是 300℃。如果井深从几百米到几千米，地下资源不是可以成倍、成十倍地增长吗？地上的自然资源也不是限定的，比如，复合材料的发展，在许多情况下已取代钢铁，人类生产活动的发展，可以不受钢铁资源的限制了。科学技术当然也可以开发人力资源，现在，机器人就可以取代一些体力劳动。最近看到一则报道，说英国人正在研究人在地面怎样指挥和控制载人飞船上机器人的工作，这中间发射、接收控制信号有几秒钟时间差，可以通过计算机软件加以补偿，这样一来，人就不一定上天了。因此，我想，在讨论市场可以调节人力资源和自然资源问题时，应该考虑到科学技术的力量。

六、结语

今天找诸位来，谈了这么大的一个问题，加上前次谈的大成智慧工程、大成智慧学，还有思维科学、人体科学等等，需要我们去解决。我们应该感到高兴，因为我们看到了未来。在这里，我想用毛泽东同志讲过的一段话来结束今天的谈话：“人类的历史，就是一个不断地从必然王国到自由王国发展的历史。这个历史永远不会完结。在无阶级存在的社会内，新与旧、正确与错误之间的斗争永远不会完结。在生产斗争与科学实验范围内，人类总是不断发展的，自然界也是不断发展的，永远不会停止在一个水平上。因此，人类总得不断地总结经验，有所发现，有所发明，有所创造，有所前进。”我们正是这样，有教训，有经验，我们要用马克思主义哲学来总结经验，就一定可以“有所发现，有所发明，有所创造，有所前进”。

注释

[1] 康士坦丁诺夫主编：《历史唯物主义》，人民出版社，1955。

[2] 肖前、李秀林，汪永祥主编：《历史唯物主义原理》，人民出版社，1983。

[3] 钱学森：《给编辑部的一封信》，《科协论坛》1989 年第 3 期，第 2～3 页。

[4] 1985 年国务院办公厅批转国家统计局关于建立第三产业统计的报告。

[5] 《世界经济科技》，新华通讯社。

① 1992年9月29日,第44～50页;

② 1992年10月6日,第52～54页;

③ 1992年10月20日,第51～54页;

④ 1992年10月27日,第8～11页;

⑤ 1992年10月27日,第11～15页;

⑥ 1992年10月27日,第15～19页;

⑦ 1992年11月10日,第14～17页;

⑧ 1992年11月24日,第1～8页;

⑨ 1992年11月24日,第9～13页;

⑩ 1992年12月1日,第1～4页。

研究复杂巨系统要吸取一切有用的东西*

现在人们写文章很少有分析、评论别人的东西。为了建立我们自己的理论，对别人的东西一定要进行分析，说明它有什么优点，有什么可取的；有什么不足，不可取的。这个工作现在要做，不做不行。比如说对系统动力学理论，在今年的《系统工程理论与实践》第一期上已经有人对它进行评论，这个人叫郭庆才，是武汉经济研究所的。他把投入产出法结合起来讲。他说，系统动力学提出20多年了，实际上并没有被应用，只有投入产出法一直在用。他讲的系统动力学不足的地方，要认真地分析一下，看看有什么可取的。还有邓聚龙提出的灰色系统，其实，我们的这个方法，即从定性到定量的综合集成法，是真正把灰色系统概念用起来了。我们说的专家意见，每一个专家就是一个灰色系统，我们想办法把所有这些灰色系统的焦点，即其中最明智、最不灰色之点先用起来了，而且解决了灰色系统的灰度问题。还有像吴学谋的泛系论，能解决什么问题？另外在我们讨论的范例中，选的是王兆强的生态序。什么生态序呀？其实生态序就是宏观规律。现在又看到戴汝为同志主办的刊物《模式识别与人工智能》第一期上刊登清华大学赵南元那篇“广义进化论”，也要好好读一读，看对我们的工作有无可取的。还有什么？刚才我已说了几个方面的问题，可能还有别的东西，我们要分析。有可取的，都要把它吸取到我们的理论中来，真正建立大成智慧工程和大成智慧学。要谦虚谨慎，这样我们就可以提高。像刚才讨论的美国圣菲(Santa Fe)研究所的工作，确实有可取的东西。将来我们做社会经济问题，可以用他们那个数学，上计算机计算。计算的结果也算是一个专家意见。所以，虽然不是最后的定论，但它也有一部分用处，特别是对于将来情况的预测。因专家们的意见都是根据过去的经验总结出来的，将来我们的社会发展这么快，专家们有时候也跟不上，怎么办呢？那倒可以参考他这个东西，也作为一个计算机的“专家”，提供出来。

将来我们这套方法建立起来，对于更大的问题，甚至中央设想的决策，都可以上计算机试一下，看看结果到底怎么样。现在有许多政策不敢贸然出台，就是怕惹出什么事来，谁也说不清楚。我们搞的这个综合集成研讨厅，是集大家的智慧。但现在的情况是，开会的时候大家思想不活跃。科学院搞的香山会议是个好形式，但我认为，这种会议很重要的就是主持人怎样引导。如果他尽说些官样话，那就解决不了问题。在我们的讨论中，如果没有混沌就说不出复杂性这个结论，先要“混沌”一下，然后才“有序”，没有这个混沌你的

* 本文是1993年4月24日的发言。

认识上升不了。市场经济也是这样，小范围看是混沌的，整体看是有序的。现在的问题是许多中国人喜欢跟外国人跑，起先不知道什么叫复杂性，一听说外国人在搞所谓复杂性研究，就满城风雨都是复杂性。我看我们这个复杂巨系统理论比外国人的复杂性理论高多了，因为我们这个理论体现了马克思主义哲学思想，我们把自然科学与马克思主义哲学结合起来了。中国的问题在于，搞自然辩证法的就搞自然辩证法，搞科学研究的就搞研究科学，两个不搭边，各说各的。我觉得搞自然辩证法与搞自然科学工程技术的要团结起来。一方面，自然科学、工程技术的成果要吸取到自然辩证法里，来深化并发展自然辩证法，而自然辩证法又一定要作为工程技术和科学研究的指导。

关于系统学的产生和发展*

系统学是从运筹学发展而来的。我对它的认识始于1955年归国途中。当时,我和许国志在同一条归国船上,我们共同谈起运筹学问题,我发现我们有许多共同的认识。许国志在美国是搞数学的,他告诉我美国有人在研究 operations research(运筹学),我说这个问题非常重要。虽然我没有做过这方面的研究,但也听说在二次世界大战中,美国军队参谋部门中的数学家在研究和运用它,据说起的作用相当大。我们共同感到这个问题对新中国的社会主义建设一定会有很大帮助。回国后在科学院成立力学所时,就设置了运筹学研究室,许国志是主任,研究工作就是从那个时候开始的,后来他转到数学所去了。

这就是系统学在我国早期的研究历史。这个道理很清楚,我们是社会主义国家,过去讲搞社会主义建设要有计划、步骤和行之有效的政策。所有这些工作都需要运筹,需要用系统学的观点和方法来解决,系统学的研究工作也就由此开展起来。后来到20世纪80年代,通过大家的共同努力,有了很大的突破,才有今天的成果。经过研究实践,我们将这些研究成果与现代科学技术相结合,把它系统化了,提出了开放的复杂巨系统,现在又上升到大成智慧,是很了不起的。

从那时起到现在已40多年了,目前正处在关键时候,这项工作到底应该如何继续研究下去?请大家思考。我们要通过努力,把整个科技界,包括社科界团结起来,共同奋斗,我相信会取得成功。在这里,我要感谢大家所做的工作。对大家的辛勤劳动,表示敬意!没有你们辛勤的劳动,我就不会悟到开放的复杂巨系统这个概念,这个概念已经成为整个系统科学的核心概念,也使我们的工作有了一个质的飞跃。

---

* 本文是1994年的一次发言。

全国政协要建立信息系统*

全国政协八届一次会议以来，李瑞环主席对政协工作抓得很紧。您原是地矿部部长，我读过您的不少文章，都很受启发。您任政协秘书长后，我从政协的各种文件、简报材料中感到政协工作大有起色。政协工作不容易做，方方面面的事情，比较复杂。周恩来、邓小平、邓颖超、李先念同志都抓过政协的工作，但是日常工作的担子在秘书长身上。

我是政协六、七届副主席。七届换届时，我提出不再担任副主席了，但是大家不同意，又把我选上了。我从前是搞科技工作的，回到祖国后很高兴，一切听党的话。“文化大革命”开始后，弄得我晕头转向。我这才感到自己知识面太窄了，光懂得自然科学技术不行，还要学习哲学、学习社会科学。正好 20 世纪 80 年代中央党校请我去讲课，我就利用那段时间学习了哲学、社会科学。马克思、恩格斯的经典著作我在 20 世纪 60 年代就按照毛主席的要求读了，但当时还没有融会贯通。

我看过您关于找矿方面的文章。您运用唯物辩证法，总结找矿经验与探讨矿产勘查问题，把哲学引申到地质勘查领域，把自然科学和社会科学结合起来，我很佩服。十一届三中全会以来，我们党确定了“一个中心，两个基本点”的基本路线，实行改革开放。邓小平同志讲的解放思想，实事求是，内涵非常丰富，但核心是换脑筋。现在搞得好的地方就是脑筋换得好，结合了社会主义市场经济的实际。

科技人员也有个换脑筋的问题。科学技术作为第一生产力，一定要和市场经济联系。看了您关于矿产资源要有偿开采的文章，我赞成这个提法，这是计划经济思想向市场经济思想的转变。思想从计划经济转向市场经济很不容易。我从前对马克思主义经典著作学得不深，思想转变起来还容易。越是经典的马列主义学者越不容易转变。从前中央党校马列部的一位同志跟我讲，在建国初期他听苏联专家讲课，觉得很耳熟，回去查一下，原来都是从马列原著上成段抄下来的。“文化大革命”时期的教育就是背书。毛主席讲理论要联系实际，但那时就是不联系。过去一讲就照抄马列的本本，可现在有人一讲又照搬资本主义，甚至讲私有化。这都没有把马列主义同中国的实际结合起来，思想没有真正解放。

最近政协常委会开会，我看了常委们的发言。社会主义市场经济的农业讲得还不够，有不少观点还是老一套。现在农业和市场经济结合得好的地方是建立起农贸市场，搞活流通领域。然后组建农村合作股份公司，这是一种新型的农村组织制度，农民可以入资金

---

* 本文是 1994 年 7 月 20 日与全国政协秘书长朱训的谈话。

股、技术股、土地股。公司提供的市场信息,可以提示农民下一年种什么,公司还提供种子、产前、产中、产后服务。农产品搞最低保护价,低于保护价的按保护价付给,高的就按市场价付给,农民不吃亏。现在这样的好典型,河南、山东、广东都有。有的政协常委发言说农业科技力量流失。把流失的科技人员吸收到农村合作股份公司才真正是社会主义市场经济。我认为股份制才是中国社会主义农业的未来。

政协委员也有不联系实际的,有的只听他联系的人的话。农业科技研究人员老一套的也很多,前几天农科院一个同志送来一份材料,讲种植甜高粱怎么好,高粱秆既可榨糖又可喂牛。但他为了发展这一技术,想到的只有要求申请基金资助,这就没有市场经济观念。我们都要学习《邓小平文选》第三卷,就要深入理解什么是市场经济,什么是社会主义市场经济,把邓小平思想贯彻到实际工作中去就会威力无比。如果可以的话,请把我的意见给李瑞环主席反映一下。

最近我认真读了江总书记的几次讲话,讲得很好。干部队伍思想跟不上,有种种具体表现。邓小平同志看得准,提出要换脑筋,中央抓得也紧。我在党校讲干部要学点现代科技知识,党校培养干部别忘了科技是第一生产力,科学技术知识的普及是一件非常重要的事。这件事我讲了十几年,没起多大作用。现在江总书记讲了,大家才重视,非常有意义。领导干部、管理工作人员要学习科学技术知识,科技人员、经济干部要学马列主义哲学,科技发展也要有哲学指导。我们国家经济建设看眼前多,长远少,缺乏辩证的思想。

这次常委会李瑞环主席讲农业,讲长江上游的水调到黄河上游,黑龙江的水南下调内蒙古,这就有长远设想。否则,洪水来了抢一阵,旱了又着急供水,可过后就忘了。这是一个长远性、全面性的问题。我过去也提过调水问题,中国降雨不均,不是旱就是涝,科学地解决就是调。美国做得比较好,密西西比河治理花了很多钱。欧洲的莱茵河、多瑙河都花了很多钱治理。

还有一个问题是铁路交通落后。这就是我讲的地理建设。地理建设包括两方面,一是环境生态保护,环境建设;二是基础设施建设,所以地理建设是自然科学和社会科学的结合。人所在的客观环境是要人来建设的,是人与自然的协调发展。矿产也是这样,人要生存就要找矿,要开发和利用资源。但我国的资源浪费也很大,废料、废气、废水都浪费。我们基本建设落后,环境保护也差得很远,关于这个问题我讲了好几年了。

1988年,我到了大庆,碰上了那里的总工程师王德明,看了大庆研究所,启发很大。大庆油田把钻打下去,再下管把油抽上来。采矿可不可以也这样?人不下去,用化学处理后,把人类需要的资源提取出来,美国开采地下硫磺就是这样办的。其他的矿产能不能这样办?这要开展研究,解决其中的技术问题。我找了温家宝、顾秀莲同志,建议化工部要搞大化工。采矿最大的前景就是人不下井,这样一来,取矿深度可以达几千米甚至上万米,资源开采的范围就扩大了。

政协人才很多,讨论的内容很丰富。党搞人民政协非常正确,政协要真正发动大家,充分调动各方面的积极性,建设有中国特色的社会主义。把政协办好,是了不起的事。

最后我想说的是，我要感谢党、感谢人民，没有中国人民、中国共产党，我还流落异邦。美国人民很好，但美国政治制度不好，贫富差距很大，少数有钱人主宰一切，他们跟我们谈什么人权，真是笑话。

我这个人是活在信息世界，什么都看。关于信息网络建设，中央下决心统一管理是一件好事。整个科学，自然科学、社会科学要融合在一起。建议政协要有一套计算机信息系统，把分散意见整理成完整系统，最近，政协已在这方面做了些工作。政协每次会议都有很多很好的意见，把委员们的意见整理、归纳、综合成几条，提高到一个较高层次上来，供中央决策参考。政协工作很多，如何有序地搞好，是门学问。可否把这门学问叫人民政协学？

开创复杂巨系统的科学与技术*

我收到中国系统工程学会和北京系统工程学会关于召开中国系统工程学会第八届学术年会的通知，但因我不能出席，故写这么几句话，以祝贺学术年会的召开！

系统工程工作是从简单系统开始的，那时，用手算就能解决问题。然后，进一步发展到大系统的系统工程，那就要用计算机了。随着计算机系统能力的不断提高，处理的系统也越来越大，今天已进入诸如 CIMS（计算机综合的生产体系），也有所谓 virtual prototyping（用计算机模拟型号研制）。看来还可以走下去，那是否就前途无量，没有更新型的系统问题了呢？

我和于景元、戴汝为同志在 1990 年初提出了开放的复杂巨系统的概念，它是再大的计算机和计算机网络也处理不了的问题，需要有新的思想和方法。我们把处理开放的复杂巨系统的方法定名为从定性到定量综合集成法，把运用这个方法的集体称为总体设计部。如今将近 5 年，有没有进展？当然有。例如，复杂巨系统的概念已得到大家的注意，这次年会的主题就是复杂巨系统。而且早些时候，在今年 6 月 20 日至 23 日中国科学院召开的香山会议也专门讨论了复杂巨系统。但问题还远未解决，还有许多工作要做。

首先，我们的社会就是一个开放的复杂巨系统，我们对世界各国开放。对社会的分析研究要靠复杂巨系统工程，这方面做得怎么样？请看于景元同志 1994 年 11 月 8 日给我的信所反映的情况：

“钱老：

11 月 3 日简信及所附材料都看到了。

从目前情况看，第五次产业革命（即现在人们所说的信息革命）确实需要深入研究，而我国如何迎接这次产业革命，则问题更多。最近我参加过两次有关‘八金工程’的会议，了解到一些情况，从中可以看出一些问题，主要是：① 还没有从产业革命的角度和层次认识到这场信息革命所带来的巨大影响，国民经济信息化只是它对经济的社会形态的影响，这无疑是很重要的方面，但还不够，它还会影响到社会的其他侧面，如政治的社会形态和意识的社会形态。有无这种认识，将关系到指导思想问题。② 这是一个国家层次的大问题，不能降到部门层次去。国务院虽有一个领导小组，实际是电子部在运作，这就会为这项大工程的组织领导、协调带来许多问题。③ 这是一个社会系统工程问题，急需有一个

* 本文写于 1994 年 11 月 10 日，原载于《系统工程学报》1995 年第 1 期。

总体规划、计划和设计，然后根据国家财力，安排先上哪些，后上哪些，不然就会造成今天想起个‘金关’，明天又想起那个‘金企’，这怎么能行呢？④ 领域专家可能都是优秀的，都有自己看问题的角度。另一个更为复杂的因素是，领域专家们都有自己所在的部门，而部门领导又希望他们能为本部门上项目说话。在这种情况下，就更要加强总体研究，否则，就会造成各执一词，争执不下的局面。迎接第五次产业革命的到来，如果不在总体研究上有所突破，就有可能失去时间，浪费资金，错过机遇，犯历史性错误。以上这些问题不再一次证明总体设计部、综合集成方法和系统工程的重要现实意义么？”

还有一个开放的复杂巨系统是人体，人是对环境开放的，有呼吸、有饮食。而人体是非常复杂的，小到一个个细胞，大到全身。现在医生面对病人这一复杂巨系统，是又了解又不了解。说了解，是指有生理学、神经科学，有西医的病理学，还有中医的病理学。说不了解，主要是说医生治病还要靠经验，名医就是能灵活运用医理与临床经验的大夫。

再举一个开放复杂巨系统的例子是大宇宙。最近在美国的 *Scientific American* 1994 年 11 月号上，有篇美国 Stanford University 物理学教授 Andrei Linde 写的文章，讲大宇宙是由一个个小宇宙组成的，我们所在的这个范围百亿光年的宇宙也是个小宇宙。一个个小宇宙又不是一样的，因为他们生长发展过程各异，它们之中起作用的物质规律也不见得同我们这个小宇宙一样，所以，在他们那里有另外的物理学。那大宇宙不就是个开放的复杂巨系统吗？它对无限开放。因此，天文学中的大宇宙也是尚未得到澄清的学问。

就以上所述看，从人体到社会，再到大宇宙，复杂巨系统的研究还刚刚开始，前途无量！所以中国系统工程学会第八届学术年会是一次重要会议，我衷心祝愿会议成功！祝同志们身体健康！

我们应该研究如何迎接21世纪*

在邓小平同志建设有中国特色社会主义理论的指引下，中国正在进入一个跨世纪的发展时期。每一个关心国家和民族未来发展的中国科技工作者，都应关注和思考如何迎接21世纪的问题。不仅要研究在这段历史时期科学技术可能出现哪些重大的突破和发展，而且还要探索这些科技发展作为第一生产力，对现代中国将发生哪些重大影响和推动作用，从而使我们对迎接21世纪有充分的思想准备。本文作者们在过去的一年多时间里，一直在思考这个问题，现将有关想法写成本篇文字，作为工作档案。

一、关于现代中国的三次社会革命

人类即将送别20世纪，迎来21世纪。20世纪对我们来说，是中华民族觉醒、奋斗并取得胜利，继而开始走向振兴的世纪。

从1921年7月1日中国共产党成立之日起，以毛泽东为代表的中国共产党人，把马克思主义基本原理和中国革命的具体实践相结合，找到了中国革命取得成功的道路，提出通过新民主主义革命走向社会主义的战略。在马克思列宁主义、毛泽东思想指引下，中国共产党领导全国各族人民，经过28年的艰苦奋斗和流血牺牲，终于推翻了压在中国人民头上的“三座大山”，把一个贫穷落后的旧中国变成了社会主义新中国，这是中国历史上最伟大的翻天覆地的革命，可以说，这是现代中国的第一次社会革命。这次社会革命主要是以政治的社会形态的飞跃——政治革命——而引发的社会革命。而政治革命必然引起经济的社会形态和意识的社会形态的变革。所以，这次社会革命的结果是政治上建立了社会主义制度，理论上确立了马克思列宁主义、毛泽东思想的指导地位，经济上打破了半封建半殖民地社会的生产关系，逐步建立起社会主义新型生产关系，使中国劳动人民的积极性得以发挥，社会生产力获得解放。从这个意义上说，现代中国的第一次社会革命是**解放生产力的社会革命**。

以毛泽东为核心的党的第一代中央领导集体，在新中国成立后，又领导全国人民开始了新的长征，积极进行中国社会主义建设和现代化道路的探索，这是一项更为复杂更为艰

---

* 本文由钱学森、于景元、涂元季、戴汝为、钱学敏、汪成为、王寿云同志联合撰写，未发表，1995年1月11日送中央领导同志参阅。

苦的伟大事业。当时唯一能够借鉴的是苏联的社会主义模式,但毛泽东敏锐地觉察到它并非十全十美。他在《论十大关系》和《关于正确处理人民内部矛盾的问题》这两篇著作中指出,社会主义社会的基本矛盾仍然是生产关系和生产力之间的矛盾,上层建筑和经济基础之间的矛盾;我们的根本任务已由解放生产力变为在新的生产关系下面保护和发展生产力。他还提出了许多关于中国社会主义建设的重要理论和观点。党的“八大”明确指出,社会主要矛盾已不再是无产阶级和资产阶级的矛盾,而是人民对经济文化迅速发展的需要同不能满足这种需要之间的矛盾。这样,就自然要把全党的工作重点转移到以经济建设为中心、大力发展生产力上来。所有这些都反映出我们党第一代领导集体,为突破苏联僵化模式,探寻中国社会主义建设道路的正确思想。可以设想,如果真正沿着这条路线走下去,中国的面貌同以后的实际情形将会大不相同。可惜,从 1957 年反右斗争扩大化开始,逐渐发生了“左”的倾向。“以阶级斗争为纲”代替了以经济建设为中心,而且愈演愈烈,一直发展到“文化大革命”的十年动乱,造成了空前的灾难,错过了发展经济的大好历史时机,未能取得本来有可能达到的更大成就。而恰恰在这段时间内,外部世界的一些国家兴起了技术革命,经济上快速发展。有些原来经济水平和我们相差不多的国家和地区,却进入经济起飞阶段,并取得很大成功。

从今天来看,在现代中国的第一次社会革命以及后来对社会主义现代化建设的探索中,无论是成功的经验还是失败的教训,都是十分宝贵的财富,它从正反两个方面为现代中国的第二次社会革命创造了条件。

1978 年,中国共产党十一届三中全会实现了具有深远历史意义的伟大转折,掀开了中国历史的新篇章。邓小平同志根据马克思主义的基本原理,把发展生产力确定为社会主义的根本任务。他指出:“社会主义的本质是解放生产力,发展生产力,消灭剥削,消除两极分化,最终达到共同富裕。”这是对马克思主义理论的重大发展,它为解决中国这样经济文化比较落后的国家如何建设社会主义,如何巩固和发展社会主义等一系列基本问题指明了方向,开辟了道路。正是在这些思想和理论指导下,形成了以经济建设为中心,坚持四项基本原则,坚持改革开放的党的基本路线,从而确立了中国实现社会主义现代化的道路。江泽民总书记指出:“在中国历史发展的这个重要阶段,邓小平同志把马克思主义基本原理同中国实际和时代特征结合起来,继承和发展了毛泽东思想,以开辟社会主义建设新道路的巨大政治勇气和开拓马克思主义新境界的巨大理论勇气,集中全党和全国人民的智慧,创造性地提出了建设有中国特色社会主义理论。”这个理论为我们党举起了一面引导全国各族人民迈向 21 世纪的伟大旗帜,开始了现代中国的第二次社会革命,即**发展生产力的社会革命**。

改革开放是发展社会生产力和实现社会主义现代化的必由之路,是社会主义制度自我完善和发展的正确途径,因而是取得中国第二次社会革命成功的关键。通过经济体制、政治体制、文化体制、科技体制、教育体制等的改革,我国社会生产力有了飞跃发展,取得了举世瞩目的巨大成就。党的十四届三中全会提出建立社会主义市场经济体制,标志着我国的改革开放进入一个新阶段，在改革和发展两个方面，都将上一个新台阶。目前，我国人民正在以江泽民同志为核心的党的第三代中央领导集体的领导下，抓住机遇，深化改革，扩大开放，促进发展，保持稳定，为在本世纪末初步建成社会主义市场经济体制，实现邓小平同志提出的达到小康的第二步发展目标而努力奋斗。到建党100周年时，我们将建成成熟的社会主义市场经济体制，到下个世纪中叶实现第三步发展目标，即基本实现社会主义现代化。到那时，现代中国第二次社会革命的目标和任务才算基本完成。这次社会革命的结果是经济上建立了社会主义市场经济体制，并进入发展生产力的新阶段，大大推动了社会主义物质文明建设；政治上巩固和发展了社会主义制度；思想上坚持和发展了马克思列宁主义、毛泽东思想，创立了建设有中国特色社会主义理论。社会主义精神文明建设和政治文明建设水平都将有更大的提高。一个富强、民主、文明的社会主义中国将屹立在世界东方。

现代中国第一、二次社会革命的成功将充分证明，马克思列宁主义、毛泽东思想和邓小平的建设有中国特色社会主义理论，都是革命和建设的真理，任何时候都必须坚持。但事物总是不断变化和发展的，历史也是不断演进的，20世纪科学技术的飞速发展，正孕育着21世纪的重大突破。根据现在已经出现的许多苗头，可以预料，在即将到来的21世纪，由于信息技术、生物工程和医学、人体科学的发展，将导致相继并在一定时间段重叠出现的人类历史上三次新的产业革命，这三次新的产业革命结合在一起，将开创人类社会生产力创新发展的新阶段，它必将引起经济的社会形态的飞跃发展，同时还要引起政治的和意识的社会形态的变革，最后导致现代中国的第三次社会革命，也是**创造生产力的社会革命**。

概括起来说，现代中国已经经历和将要经历的社会革命是：

第一次社会革命是从政治革命入手，解放生产力的社会革命；

第二次社会革命是以经济建设为中心，发展生产力的社会革命；

第三次社会革命是以新的产业革命为先导，创造生产力的社会革命。

基于以上认识，下面对21世纪将出现的三次新的产业革命以及由此引发的现代中国第三次社会革命做进一步探讨。这些虽是21世纪中叶的事，但我们现在就应在理论上进行探索和研究，为迎接21世纪的到来做好思想准备，以免重犯第一次社会革命以后，即50年代末至70年代中期的挫折和错误。

二、21世纪相继出现的三次新的产业革命和组织管理革命

马克思主义关于科学技术对生产力发展、生产关系变革以至社会革命的重大影响的思想，是唯物史观的重要内容。邓小平提出科学技术是第一生产力的论断，是对唯物史观的新的发展。根据这种唯物史观，我们认为，科学革命是人认识客观世界的飞跃，技术革命是人改造客观世界的飞跃，而科学革命、技术革命又会引起经济的社会形态的飞跃，这

就是产业革命。在人类历史上已出现过第一、二、三、四次产业革命，正面临的是第五次产业革命，还将出现第六次和第七次产业革命。

(一) 第五次产业革命

以微电子、信息技术为基础，以计算机、网络和通信等为核心的信息革命，就是我们正面临的第五次产业革命。

18世纪末，由于蒸汽机的出现所引发的人类社会的第三次产业革命(即一般所说的工业革命)，开创了人·机结合的物质生产体系，由于机器动力的驱动使生产力大为发展。在今天的第五次产业革命中，由于计算机、网络和通信的发展与普及，将使劳动资料的信息化、智能化程度大大提高，这又将开创新一代的人·机结合劳动体系。它标志着现代社会生产已由工业化时代进入信息化时代，世界经济也开始从工业化经济逐步向信息经济转变，知识和技术密集型产业将成为创造社会物质财富的主要形式。因而在产业结构上，除了原来的第一、二、三产业外，又创立了第四产业，即科技业、咨询业和信息业；第五产业，即文化业。在就业结构上，从事一、二产业的人数在劳动就业总人数中所占的比例不断下降，而从事第四产业的人数比例则不断上升。计算机和通信网络的结合和普遍使用，不仅改变着人们的生产方式和工作方式，大大提高了物质生产力；而且改变着人们的研究方式、学习方式、生活方式和娱乐方式，计算机软件也成为人类文化的组成部分之一，开创了人·机结合的精神生产力，从而大大推进了最终消灭人类历史上形成的体力劳动和脑力劳动的本质差别的历史进程。

(二) 第六次产业革命

70年代末80年代初，相继出现了重组DNA技术，动植物细胞大规模培养技术、细胞和原生质体融合技术、固定化酶(或细胞)技术等现代生物技术，开创了工农业生产发展的新途径，为人类解决当今所面临的食物、健康、能源、资源和环境等一系列重大问题提供了强有力的技术手段。

经过多年来的发展，生物技术在农、林、牧、渔业、医药工程、轻工食品等领域，都有了很大发展，取得了一批重要成果，有些已应用到实践之中。如用生物技术产生新的动植物品种，提高粮食和肉、鱼、奶的产量和质量，如培育蛋白质含量高的小麦新品种；抗病、抗虫和富含高蛋白的蔬菜新品种；耐旱、耐盐碱且含高蛋白的牧草新品种；培育抗病、抗寒新鱼种及高级牛、高级羊(羊毛质量高)、超级猪和鸵鸟等等。总之，以微生物、酶、细胞、基因为代表的生物工程，到21世纪将发展为以动植物工程、药物和疫苗、蛋白质工程、细胞融合、基因重组等为核心的生物工程产业，它的产业化将创造出高效益的生物物质，从而引发一次新的产业革命。这次产业革命的实质是以太阳光为能源，利用生物(动物、植物、菌类)、水和大气，通过农、林、草、畜、禽、菌、药、鱼，加上工、贸等，形成新的知识密集型产业，即开创了大农业产业，它包括农产业、林产业、草产业、海产业、沙产业。这不仅是劳动对象的拓广，而且还将以集信息、金融、管理、科技、生产，加上工、商、贸于一体的集团公司体制运作。这样发展起来的第一产业（农业）和第二产业（工业）除生产产品不同外，在生产方式上已无实质性差别，即工业和农业之间的差别消灭了，两者结合起来成为物质资料产业。

此外，从第六次产业革命的内涵来看，它主要不是发生在大城市，而是发生在农村、山村、渔村和边远荒漠地带。随着这一产业革命的发展，这些地方也都将改造成小城镇。目前在我国已有了这样一些苗头，如大丘庄、华西村等。因而，第六次产业革命的另一个直接社会效果是将消灭几千年来人类历史上形成的城市和乡村的差别。

民以食为天，这个伴随人类生存的重要而又不可或缺的问题，到了21世纪，随着第六次产业革命的到来，也将发生革命性的变化，即饮食业革命。由于人体科学的建立和发展，将能确定人在不同年龄、不同性别、不同生活条件下的合理营养需求结构。再加上生物技术大大拓广的饮食原料，完全可以运用营养科学设计出各种人所需要的多种多样的饮料和食品，并采取工业生产方式加工生产，形成真正的快餐业。所谓快餐业就是烹饪业的工业化，即把古老的烹饪操作用现代科学技术和经营管理技术组织得像大规模工业生产那样，形成烹饪产业（cuisine industry）。其运作方式是从原料的生产、初加工到精加工，加上与之相关的供销渠道以及相辅的金融业等结合在一起，形成配套运转的企业或公司集团。这就是21世纪的饮食产业，是人类历史上有关“吃”的一次革命，是第六次产业革命的深化和发展。这次革命的结果，将把人从几千年来的家庭厨房操作中解放出来，大大改变人们的生活方式。

（三）第七次产业革命

人体科学（包括医学、生命科学等）在21世纪将有巨大发展。人体功能的提高，将使生产力三要素中最重要、最活跃的劳动力素质大大提高，其影响将渗透到各行各业，这无疑又将引发一次新的产业革命，这就是涉及人民体质建设的第七次产业革命。

人体的保健和治病，需要靠生物学、生理学、病理学等生命科学提供的科学理论。但这对于确定病人身体状态并设计出改进和纠正到健康状态的治疗措施来说，是不够的，还需要对人体整体状态的了解，即对人体功能态的认识。认识人体功能态目前主要靠实践经验。医生们依靠临床经验，逐渐总结出一套个人“心得”。这是临床医生的感性认识，各有一套，形成不了总的“医理”。以致临床误诊往往成为不可避免的现象。根据尸体解剖，证明误诊率约达1/3；有的医学统计提出，罕见病的误诊率竟高达60%以上。所以对于人体这样一个开放的复杂巨系统来说，单靠传统的还原论方法是不能彻底解决问题的，必须再加上系统科学中发展起来的从定性到定量综合集成方法，把中医、西医、民族医学、中西医结合、体育医学、民间偏方、气功、人体特异功能、电子治疗仪器等几千年来人民防病治病，健身强体的实践经验综合集成起来，总结出一套科学的全面的现代医学，即综合集成医学。这个医学包括治病的第一医学，防病的第二医学，补残缺的第三医学以及提高人体功能的第四医学。这样，就可以真正科学而系统地进行人民体质建设了，人民体质和人体功能都将大大提高。

建立综合集成医学的核心措施，是利用第五次产业革命发展起来的信息技术，建立医疗卫生信息网络。利用这个网络可以做到：

(1) 收集古今中外医案，按病人的身体测试数据及病情和性别、年龄等分类，建立信息资料库；

(2) 能根据输入的病人情况，给出治疗方案的建议；

(3) 能与临床医生进行人・机对话，以便确定治疗方案。

这个网络可以对病人进行完整、有效、快速的测试，而医生则可以用人・机结合方法，对病人实施综合治疗。

在建立和利用这个网络的同时，还要不断使网络扩充和改进，吸收新的医疗经验，加强它的功能。同时，还要培养、培训新型医生，即能与医疗卫生信息网络进行人・机对话的“综合医生”或“全面医生”，他们能依据人・机对话结果确定治疗方案(包括中药、西药、手术、针灸、按摩、推拿等各种手段)。显然，按照这样的医疗方式，就必须改造现有医院的组织体系结构，建立新型医院和新的医疗卫生体制。这就为医疗卫生事业的革命开辟了新的道路。

(四) 组织管理的革命

技术革命以及它所引发的产业革命，对组织管理问题提出了更高的要求。形象地说，这犹如随着硬件的革新，计算机技术的发展，必须有相应的软件跟上才行。系统科学是本世纪中叶兴起的一场科学革命，而系统工程的实践又将引起一场技术革命，这场科学和技术革命在 21 世纪必将促发组织管理的革命。

在本世纪 60、70 年代，我国首先在航天领域倡导系统工程的组织管理，并在实践中取得成功。由此我们又将这一思想推广到社会，提出了社会系统工程的概念。为了实现社会系统工程，我们提出建立国家社会主义建设总体设计部的建议，江泽民总书记在 1991 年“三八”节那天还专门召集政治局常委会议，听取了我们的汇报。总体设计部由多部门、多学科的专家组成，在以计算机、网络和通信为核心的高新技术支持下，对社会主义现代化建设的各种问题，进行总体分析、总体论证、总体设计、总体规划、总体协调，提出具有可行性和可操作性的配套的解决方案，为决策者和决策部门提供科学的决策支持。到 80 年代，我们注意到中央领导同志经常提到改革是一项极其复杂的系统工程。这就是说，社会系统远比任何工程系统复杂得多，运用处理简单系统，甚至简单巨系统的方法，不能解决社会系统的问题。在研究了社会系统、人体系统、人脑系统等的基础上，我们又提出了开放的复杂巨系统概念及其方法论，即“从定性到定量综合集成法”，后来又发展到“从定性到定量综合集成研讨厅体系”的思想。这是把下列成功的经验和科技成果汇总起来的升华：

(1) 几十年来学术讨论会(seminar)的经验；

(2) 从定性到定量综合集成方法;
(3) C^3I 及作战模拟;
(4) 情报信息技术;
(5) 人工智能;
(6) 灵境(virtural reality)技术;
(7) 人·机结合的智能系统;
(8) 系统学;
(9) 第五次产业革命中的其他各种信息技术;
……

这个研讨厅体系的构思是把人集成于系统之中,采取人·机结合,以人为主的技术路线,充分发挥人的作用,使研讨的集体在讨论问题时互相启发,互相激活,使集体创见远远胜过一个人的智慧。通过研讨厅体系还可把今天世界上千百万人的聪明智慧和古人的智慧(通过书本的记载,以知识工程中的专家系统表现出来)统统综合集成起来,以得出完备的思想和结论。这个研讨厅体系不仅具有知识采集、存储、传递、共享、调用、分析和综合等功能,更重要的是具有产生新知识的功能,是知识的生产系统,也是人·机结合精神生产力的一种形式。

系统科学、系统工程和总体设计部,综合集成和研讨厅体系紧密结合,形成了从科学、技术、实践三个层次相互联系的研究和解决社会系统复杂性问题的方法论,它为管理现代化社会和国家,提供了科学的组织管理方法和技术,其结果将使决策科学化、民主化、程序化以及管理现代化进入一个新阶段。

面向21世纪,三次产业革命,再加上系统科学、系统工程所引发的组织管理革命,将把中国推向第三次社会革命,出现中国历史上从未有过的繁荣和强大。

三、现代中国的第三次社会革命

根据马克思提出的社会形态概念,我们认为,任何一个社会都有三种社会形态,即经济的社会形态、意识的社会形态、政治的社会形态。这就是一个社会的三个侧面,它们相互联系,相互影响并处在不断变化之中。飞跃式变化就是我们常说的革命。相应于经济的社会形态的飞跃是产业革命,相应于意识的社会形态的飞跃是文化革命,而相应于政治的社会形态的飞跃则是政治革命。社会革命是指整个社会形态的飞跃,所以,产业革命、文化革命、政治革命都是社会革命。

结合我国社会主义现代化建设,相应于这三种社会形态有三种文明建设,即物质文明建设(经济的社会形态),包括科技经济建设、人民体质建设;精神文明建设(意识的社会形态),包括思想建设和文化建设;政治文明建设(政治的社会形态),包括民主建设、法制建设和政体建设。国家和社会的发展还要受到所处地理环境的影响,我国社会系统环境建设就是社会主义地理建设，包括基础设施建设、环境保护和生态建设。这样，我国社会主义现代化建设包括了上述三个文明建设和地理建设，共四大领域，九个方面。其中科技经济建设是中心。这就是我国社会主义现代化建设的系统结构。

到21世纪中期，中国大地出现的第三次社会革命，不仅是第一、第二次社会革命的继续和发展，而且迎着现代科技革命的新潮流，在三次新的产业革命的推动下，脑力劳动和体力劳动差别、城乡差别、工农差别在逐步消失。人的思想觉悟，科技文化知识，身体状况和人体功能都会有很大提高，各种创造发明将层出不穷，使中国进入创造生产力的新阶段。这不仅极大地促进了社会主义物质文明建设、精神文明建设、政治文明建设，而且使三个文明建设之间以及地理建设进入协调发展时期，这必将使中国由社会主义初级阶段进入发达阶段。综合起来可以看出，现代中国第三次社会革命的主要特点是：

（一）社会主义物质文明建设将有巨大发展

经过第五次产业革命在劳动资料方面的迅速进步，第六次产业革命在劳动对象上的拓广，第七次产业革命在劳动者素质上的全面提高，再加上组织管理革命所提供的科学的组织管理，所有这些因素融合在一起，就能更有效地把生产力中各要素有机结合起来并合理配置，使生产的效率和效益将有飞跃发展，社会生产力发生史无前例的巨大进步，科技经济建设、人民体质建设都进入一个新阶段，社会物质财富也将大大丰富起来，人民的生活水平也将有很大的提高。如果说中国第一次社会革命使中国人民站立起来了，第二次社会革命使中国人民发展起来了，那么第三次社会革命将使中国人民更富裕起来、更充实起来、更聪明起来和更文明起来了。

在第三次社会革命中，人的主导作用将充分发挥；既是体力劳动者，又是脑力劳动者，既是科技人员，又是文艺人。人的聪明、才智都将得到充分发挥，而且积极性也将空前高涨。在这个阶段上，真正实现和发挥科学技术是第一生产力的巨大作用，持续的技术创新成为推动经济发展的主要动力和源泉，科技业将成为国民经济的带头和主导产业，实现把整个国民经济建立在依靠持续的科技进步和高水平劳动者素质的基础之上。

整个经济进入发达的社会主义市场经济阶段，这将是一个完善、灵活和充满生机的体制。宏观上国家调控，微观上是集团公司管理和经营。为最大限度地满足人民的需要，不仅要跟踪市场，还能把人民潜在需要明朗化，并与各种高新技术相结合，以更新的产品去创造市场。这就是说，在创造生产力阶段，生产不仅具有快速、准确跟踪市场的能力，而且还有超前预见去创造市场的能力。

在就业结构上也发生了很大变化：直接从事物质资料生产（一、二产业）的人员将减少，占一线就业人员的20%左右，从事服务业（三、四、五产业）的人员占40%左右，从事科学技术的人员占15%左右，从事文学艺术人员占15%左右，政府、解放军及事业（包括教育）人员占4%，而从事司法的人员占6%，形成一个小政府大社会的组织结构。中国发达的社会主义市场经济，生产的数量、质量、速度和效益都将大大超过我国的过去，也将高于其他国家,走在世界的前列。

(二) 社会主义政治文明建设将更加完善

新的三次产业革命推动政体建设、法制建设和民主建设,将引起一次政治的社会形态的变革。这场变革的核心是建立起与创造生产力相适应的生产关系和上层建筑。这种生产关系和上层建筑,不仅能适应和推动创造生产力的发展,而且随着这种生产力的发展,具有自我调整、自我组织的能力,以适应和推动生产力的持续发展。

管理国家、管理社会,总的原则是“宏观控,微观放”。按照这个原则,在政体建设上,将弱化政府的直接控制,强化人民自己各种组织的作用,尊重人民,相信人民是历史的创造者。在弱化直接控制的同时,要加强政府的间接调控,要从总体上研究和解决社会系统的新问题,这就要用系统科学、系统工程、从定性到定量综合集成法及综合集成研讨厅体系,并用总体设计部作为决策的咨询和参谋机构,中央、地方和部门都有自己的总体设计部,构成一个总体设计部体系,这就保证了决策科学化、民主化、程序化,使国家和社会的管理进入现代化阶段。同时,大大发展起来的计算机、通信网络技术,使我们有可能建立起人民意见反馈网络体系、中央集权的行政网络体系和全国法制网络体系,把它们和综合集成研讨厅体系结合起来,就能把我党传统的一些原则、方法,如从群众中来,到群众中去,民主集中制等科学、完美地实现了。这样,国家的宏观调控就可以做到小事不出日,大事不出周,最难最复杂的问题也不出月,就能妥善而有效地解决,正确而又灵敏。随着法制系统工程的实施,法制建设的发展,国家和社会各个领域都将法制化,我国将成为一个发达的法制国家,以保证社会长期稳定与安定。同时充分发扬社会主义民主,形成如毛泽东同志所说的一个又有集中又有民主,又有纪律又有自由,又有统一意志,又有个人心情舒畅、生动活泼那样一种政治局面。

另一方面,我国是社会主义国家,热爱世界和平,我们将严格遵守和平共处五项原则,团结一切可以团结的国家和人民,维护正义,保卫和平。因此,我国国家的作用仍然是:① 对外防止敌人入侵,建立起用高科技武装起来的现代化国防力量,使新型的解放军越过机械化军队阶段,成为一支精干的信息化军队,这是 21 世纪国际斗争和竞争环境所需要的。同时,加强国际竞争和斗争的战略、策略、战术的运筹,使我国永远立于不败之地。② 对内维持社会秩序,强化司法工作,组织管理社会主义物质文明、精神文明和政治文明的各项建设工作。

(三) 社会主义精神文明建设将达到更高水平

三次产业革命的到来也将引起意识的社会形态的变革,形成一次真正意义上的文化革命(其含义绝不同于“无产阶级文化大革命”),推动社会主义精神文明建设向更高境界发展,创造出更多更高水平的精神财富,满足人民的精神需要。

科技队伍的加强,科学技术的进步,文艺队伍的加强和文学艺术的繁荣都是史无前例的。我们提出的现代科学技术体系必将大大丰富和发展，使我们对世界的认识越来越全面，越来越深刻，改造世界的能力也越来越强。科学、教育、文化、艺术日益紧密结合起来，互相促进、互相渗透，向更高层次和水平发展。科学技术的发展为文学艺术提供了新手段，产生出新的文艺形式。同时，我国五千年辉煌的文学艺术传统也将结合最新科技成果，发扬光大！社会主义中国要把全世界全人类的智慧和精华统统综合集成起来。

在这次文化革命中，另一个革命性的变化是大成智慧教育的兴起。信息文化教育网络的建立，小孩子一入学就学会使用智能化终端机，采用人·机结合的教育和学习方式，不仅能大大缩短学习时间，而且理、工、文相结合的教育体制也将形成。这就有可能进行全才教育，使人越来越聪明，情操越来越高尚，达到全才与专家的辩证统一。另一方面，大成智慧学的产生，将大大丰富我们的思想。我国唯心主义哲学家熊十力曾提出过人的智慧的两个方面："性智"与"量智"，我们可以学马克思当年把黑格尔的客观唯心主义倒过来，并创建了辩证唯物主义的方法，把人们从实践总结出来的智慧，在文化艺术方面的称为性智，在科学技术方面的称为量智，而且把性智和量智真正统一和结合起来，这将在世界观、方法论以及思维上丰富了马克思主义哲学。大成智慧学也将使哲学教育大大普及，其意义和影响将是十分深远的。

（四）地理建设将进入协调发展的新阶段

三次产业革命引发的第三次社会革命，使中国社会系统内部进入持续、协调发展的时期，社会主义物质文明、精神文明和政治文明建设都有了飞跃发展，这三次产业革命以及三项文明建设的巨大成就又大大促进了我国社会系统的环境——地理系统的建设，使我国社会主义地理建设进入新阶段，社会系统和地理系统之间也进入持续协调发展的新时期，地理建设又为我国社会主义文明建设持续稳定地发展提供了物质基础。

通过环境保护、生态建设和基础设施建设以及地理系统工程的组织管理，在以下几个方面都将达到新的水平。

1. 环境保护和绿化　在创造生产力阶段，人们已有能力把工业化阶段造成的气体、液体、固体、噪声等污染降到最低限度，进行根本治理。同时现代大农业的发展，大规模植树造林，把森林覆盖率提高到50%以上，草产业、沙产业的发展，从根本上解决了水土流失、土壤盐碱化、沙漠化等问题，使戈壁沙漠变成绿洲，我国的环境保护和生态建设进入新阶段。

2. 资源系统建设　地下资源（包括深层地下资源）、地面资源、海洋资源和空间资源都能得到合理开发利用和保护。大规模南水北调工程的实施，将使水资源得到合理开发和充分利用，彻底解决北方干旱缺水问题。同时还要开发海水淡化技术，解决诸如大连市这样临海城市的严重缺水问题。此外垃圾行业作为一个产业部门（在第二产业中）的建立和发展，不仅解决了环境污染问题，还能达到资源永续利用。

3. 能源系统建设　可再生和清洁能源，如水电、风电、日光电、生物电等，将有极大发展。

4. 自然灾害防治　在自然灾害的监测、预报水平上的提高，在防灾、救灾能力上的增强，能使我们对自然灾害的斗争进入主动状态。

5. 城镇及居民点建设　在第三次社会革命中，已消除了工农业差别和城乡差别，特别是通过“山水城市”建设，使生活区园林化，我国城镇及居民点建设也将因此而达到新水平。

6. 综合交通运输体系和现代信息通信业的建设　以铁路、公路、河运、海运、航空运输、管道运输等为主体的现代综合交通运输体系，用高新技术装备起来，将进入现代化水平，这种高度发达的立体交通运输网络对社会生产和人民生活将带来极大的方便；第五次产业革命将极大地推动现代信息通信业建设，使我国的信息通信业达到现代化水平。现代计算通信网络和现代交通运输网络使信息流、物质流畅通无阻，使人与人之间，单位与单位之间，省与省之间的距离“近”了，整个国家变“小”了，而人的作用则变“大”了。

许多在第一、第二次社会革命中无法解决的问题，在第三次社会革命中得到了彻底解决，如所谓的“轿车文明”问题。人们的生活工作需要轿车，但过多的轿车又带来污染、噪声和交通拥挤，这也是一直困扰现代发达国家的问题。但在中国第三次社会革命中，这类问题是可以解决的。首先由于第五次产业革命的发生，使多数劳动者可以通过信息网络在家办公和劳动，不用外出乘车了；其次，由于建设“山水城市”和生活区园林化，在一个建筑区中，中小学校、商店、医疗中心、文化场所及其他服务设施都已具备，人走路可达，不用坐车；而建筑小区之间的林草花木公园，人们可以休息散步，锻炼身体。远离小区的必要出差、访友、游玩，又有城镇的高效公共交通网可用，需要去更远的地方，还有民航、高速铁路、水路等现代交通运输网可以使用。这就是我们没有必要去走今天发达国家那种发展家用小轿车的道路，因而也就避免了“轿车文明”所带来的社会问题。

7. 中国人口问题将会得到解决　在第三次社会革命中，中国的人口控制问题，由于人民物质生活和文化水平的提高，各种社会保障体系的建立和完善，必将取得巨大成就。到下个世纪中叶，我国人口规模可稳定在15亿左右，妇女生育率保持在临界生育水平上，人口发展进入零增长状态。由于第七次产业革命的推动，中国人口质量也将大大提高，人口年龄结构也会进入合理分布状态。

地理建设的巨大进展，大大促进了人与自然之间的协调发展，也就是实现了人口、经济、社会、资源和生态环境的协调发展，使中国进入可持续发展的新阶段。

四、世界社会形态

今天，由于第五次产业革命的推动，世界范围内的市场经济发展，经济上全球一体化趋势日益增强，世界正逐渐形成一个相互联系的大社会，哪个国家也不能闭关自守。另一方面，从世界各国情况看，在经济上有发达国家、发展中国家、不发达国家；在政治上有社会主义国家、资本主义国家、封建主义国家；在意识形态上有以马克思列宁主义居统治地位的国家、以资产阶级自由民主观念居统治地位的国家、以各种不同宗教信仰居统治地位的国家等。这将是资本主义社会形态之后，实现共产主义之前的一种过渡的世界社会形态。它将打破地区、国家的界限，在促进全球经济一体化的同时，也会一步一步地向政治一体化的方向发展。在这个阶段上，由于三次社会革命成功的推动，中国已经强大起来，人们从中国的发展和繁荣中看到了社会主义的优越性，社会主义将战胜资本主义，人类最终将走向世界大同的共产主义社会！

关于人·机结合*

今天说两件事。

一件是上月底本月初，涂元季同志到甘肃参加一个沙产业讨论会，甘肃省和该省张掖、武威两个地区的领导同志和有关人员参加了这个讨论会，并得到宋平同志的大力支持。宋平同志从前是甘肃省的领导，这次亲自去了，所以这个会开得很好。推动这件事的，是中国科协书记处书记刘恕同志，她是搞沙漠治理的，后来担任过甘肃省的副省长。这个会很热烈，开得很好。在干旱的戈壁沙漠地带搞沙产业，就是要充分利用阳光。但是缺水怎么办？他们采用以色列的做法，在地下先铺一层塑料，挡住水的渗漏，然后上面用滴灌，水一滴滴下去，很节省，上面再搭一个塑料大棚，封闭起来，又能防止水分蒸发，在冬季还可以保暖。这样，无论种菜种果，都丰产，而且水用得很少。就是这么一套技术，给我一个启发，这实际上就是把高技术、高新技术用到农业生产上来了。因为以色列进行滴灌都用计算机控制，效率非常高。这一点过去我们的农业工作者从来没有想到，灌溉的方法都是大水漫灌，现在用这个方法大概可节省 90%的水，这在农业上可是一件了不起的大事。在我国，农田面积约 20 亿亩，戈壁沙漠的面积与农田面积差不多。这就给我们一个启发，就是要把高新技术用到农业生产上，把农业改造成现代化的大农业。1984 年我在中国农业科学研究院提出，大农业应包括五个方面：一个是传统的农业；一个是林业；一个是草业；一个是海里生产，叫海业；还有一个是沙业。所以我说的是五业：农、林、草、海、沙。一旦采用高新技术，又是一件了不起的事，我叫第六次产业革命。现在已经看到这个苗头，下一个世纪如果搞得好，可以大发展，所以第六次产业革命又有了新的内容。

说了第六次产业革命，回过头来再说第五次产业革命。联系到脑科学，我想深入一点谈这个问题，就是人脑，人与机器，即计算机的关系。大概在一个月以前，中国科学院的香山会议，主题是“脑科学复杂性问题”。这个会议有一个缺点，参加讨论的人都说人脑很复杂，但是怎么处理这个问题，没有办法。这个情况也难怪，外国人也是这样。最近一期《科学美国人》，即 1995 年 12 月号有一篇文章，叫 *Problem of Conscious Experience*，认为人脑是个问题，弄不清楚。他把这个问题分为两部分，一部分是可以解决的问题，所谓可以解决就是用微观分析的方法能够解决的问题。美国一位物理学家说神经到最细处就要用量子物理来解决，这是彻底的微观分析方法。这个方法不讲整体论，但实际上所谓意识就

---

* 本文是 1995 年 12 月 11 日与王寿云、于景元、载汝为、汪成为、钱学敏、涂元季 6 人的谈话。

是一个整体问题。为什么人的意识不一样？因为人的经验不一样。同样一件事情，人脑袋里形成的概念可以是不一样的。因为人从前的实践在脑子里积存的信息要和新的东西结合、融化来考虑，然后才有意识。所以，我从前提出人脑也是开放的复杂巨系统，要用微观和宏观结合的办法来解决。但是我们多次宣传的这个宏观和微观相结合的办法来解决复杂性问题，许多人还没有真正搞懂。对于这样一个基本学术问题，还尚待努力。我看第五次产业革命的核心问题，就是人脑跟机器，也就是跟计算机、信息系统怎么结合起来。我跟戴汝为同志说过很多次了，其实计算机是一个很初步的东西，要利用它，人得想办法编制各种软件。说得通俗点，就是软件得伺候计算机。现在搞的人工智能这些东西实际上是要寻找一条出路，让计算机伺候人，而不是人伺候计算机，这要慢慢地搞。从前日本人搞的那个第五代计算机其目的也是这个，但是没有找到办法，以失败告终。所以，将来第五次产业革命的核心问题就是让计算机伺候人，这样人才能够跟机器更好地结合起来。有没有可能？最近看到也有些希望，在国外有人提出了一些办法。在北京也有一个叫聪明电脑技术中心的陈刚，他不用那些编码，完全用汉语拼音，输入进去，然后打出来的字就是汉字。这个方向还是可以的，有希望，慢慢地做。最后要做到无论哪个人要用计算机都很顺手，做到这一步才是人跟机器真正结合起来了，那时候人的脑筋一下子就扩大了，整个人类的知识都可以吸收进来。第五次产业革命目的就是要做到这一点。如果真正做到了这一点，那人就不是现在的人了，人类进化了，人与机器结合在一起，就是进步。从前人与机器结合，是搞机械加工，那是人力的扩展和延伸；今天人和计算机结合，是人脑的扩展和延伸。我相信，这个结合对人类社会的影响将更加深远。所以从这一点看，我们又加深了对第五次产业革命的认识。

这里我要着重指出，第五次产业革命给我们带来的，必将是人・机结合，即人必须和信息网络结合在一起工作，人离开了信息网络的终端机将无法工作，这一天很快就要到来了。原始人怎么工作？全靠自己的四肢，那时没有什么工具，后来有了工具，人学会使用工具，这是一个进步。到了发明机器，使用动力驱动机器工作，那是一个更大的进步。当然，这已经是人・机结合了，不过人占据很重要的位置。现在人又进入一个新时代，即人要工作，必须使用计算机网络，终端机就像我使用的笔一样。这个思想应该在文章中突出地讲一讲。教育要大大地改革，小孩子一入学就要学会使用终端机，就像现在小孩子入学学会用笔写字一样，从小就是人・机结合的。目前我们国家距离这样的发展还有较大差距，但是我们要看到这个时代，迎接这个时代的到来。不仅做技术工作是人・机结合，甚至文艺工作也是人・机结合的，如美国《基督科学箴言报》报道的《一个人一个乐团》。这就是说，信息时代改造了人，人将会有一个飞跃，并进化到一个新的层次。

在香山会议上的书面发言*

在这次主题为“开放的复杂巨系统的理论与实践”的香山会议上，我做如下简短的书面发言，向同志们报告我最近在这个问题上的一点想法。

关于开放的复杂巨系统，由于其开放性和复杂性，我们不能用还原论的办法来处理它，不能像经典统计物理以及由此派生的处理开放的简单巨系统的方法那样来处理，我们必须用依靠宏观观察，只求解决一定时期的发展变化的方法。所以任何一次解答都不可能是一劳永逸的，它只能管一定的时期。过一段时间，宏观情况变了，巨系统成员本身也会有其变化，具体的计算参量及其相互关系都会有变化。因此对开放的复杂巨系统，只能作比较短期的预测计算，过了一定时期，要根据新的宏观观察，对方法作新的调整。

这样说来，开放的复杂巨系统理论及方法有其局限性，但这样认识是实事求是的，这种理论和方法也是有效的，因为它比那些脱离现实的所谓“理论”更合乎实际。

---

* 本文是在1997年1月6日召开的香山会议上的书面发言。

在“军事系统工程研究发展20年报告会”上的书面发言*

在80年代初王寿云和我开始注意到现代科学技术在军事作战参谋上的运用，我们提出要建立军事运筹学和军事系统工程学。后来我又进一步构建了现代科学技术的体系：在整体上由马克思主义哲学、辩证唯物主义作指导，在军事方面有军事科学这个大部门；与之并列的有自然科学、社会科学、数学科学、系统科学、思维科学、人体科学、行为科学、地理科学、建筑科学和文艺理论，加军事科学一共十一个大部门。每个部门又分三个层次：基础理论层次、技术理论层次和应用技术层次。在军事科学，基础理论层次是军事学，技术理论层次是军事运筹学，应用技术层次是军事系统工程；当然还有其他学问。这是人类知识的体系了。

当然每一大部门也不是孤立的，大部门之间还有相互的联系：显然军事系统工程与系统科学有关。

所以我们这次报告会也是进一步明确上述这个人类知识体系的会议。我因行动不便，不能亲临会议，谨写以上这么几句，献给会议。祝会议成功！

---

* 本文原载于总装备部科技委1998年8月编印的《军事系统工程研究发展20年文集》。

以人为主发展大成智慧工程*

1978 年 9 月 27 日，著名科学家钱学森和许国志、王寿云在本报发表了一篇被我国系统科学界誉为“具有里程碑意义”，并广泛影响到科技、经济和社会等各个领域的文章：《组织管理的技术——系统工程》。跨入新世纪后，钱学森院士对系统工程和系统科学的发展，又有什么新的思考？最近，在钱老秘书涂元季的大力支持下，本报记者赴京进行了专访。

记者：1978 年 9 月 27 日，您和许国志、王寿云一起在我们报上发表了一篇重要的文章：“组织管理的技术——系统工程”，在全国产生了很大的影响。现在，系统工程、系统科学概念已被大家广泛地接受和理解，并有了许多成功的应用。我想，这与您的直接倡导是分不开的。能否介绍一下，当时您为《文汇报》撰写这篇文章时的缘由和考虑？

钱学森：这是 23 年前的事了，当时，正逢国家拨乱反正、百废俱兴，迎来科学的春天。而无论是科学研究，还是经济建设，都亟须一套科学的组织管理技术，我们根据国际上这方面发展的情况，尤其是我们在从事国防科研上的一些成功的做法和经验，写了“组织管理的技术——系统工程”这篇文章，在《文汇报》发表。那是我们为了迎接改革开放的新时代，推动我国社会主义现代化建设事业，在中国第一次宣传系统工程这门科学技术。

《文汇报》是一张很有影响的报纸，当时以一整版半的篇幅发表了这篇文章，对此我们一直很感激。我是《文汇报》的老读者了，每天都要看你们的报纸。听说你们还将组织一个关于系统工程和系统科学的版面，我认为这很有意义。

记者：非常感谢您对《文汇报》的关心。《文汇报》在经历了 20 世纪的大半个世纪，跨入 21 世纪后，如何适应新世纪的要求，办出新的特色，对我们也是新的挑战。从整个社会看，在新世纪中，无论是科学技术领域，还是社会经济等各个领域，都将面临许多新情况、新问题，肯定也会越来越需要系统科学提供新的理论和新的技术手段。

钱学森：对 21 世纪，有各种各样的讲法，譬如说生物科学的世纪、脑科学的世纪等。但不管怎样，概括起来说，人们一方面要深入到微观层次，揭示物质的本质；另一方面又要上升到系统的层次，研究事物的整体功能。所以不管哪一门学科，都离不开系统的研究。系统工程与系统科学在整个 21 世纪应用的价值及其意义可能会越来越大，而其本身，也将不断发展，如现在的系统科学已经上升到研究复杂系统，甚至是复杂巨系统了。像人的

* 本文由姚诗煌、江世亮撰写，原载于《文汇报》2001 年 3 月 20 日第 1 版上。

大脑、因特网等，就是复杂巨系统。这在国外也是一个热门，叫复杂性科学研究。

记者：因特网的发展，在带来了全球网络化、信息化的同时，也暴露了许多问题，如信息安全、信息堵塞等等，现在，人们从技术层面上去研究、讨论这些问题比较多，而从复杂巨系统的角度，来研究、解决这些问题，是一个新的思路。在这方面，系统科学将大有作为。

钱学森：现在与因特网有关的问题，国际上都在加紧研究。中国至少已经有 1 000 万台计算机和它连接了，全世界更是有几亿人在上网。因特网的单元和子系统的数量巨大，各子系统之间或者单元之间的交互作用非常复杂，而且还有人与因特网的联系，以及以因特网为基础的经济所引发的种种问题等。所以，因特网正好生动地体现了开放的复杂巨系统的概念。这方面的研究非常有现实意义。

社会经济系统也是复杂巨系统的重要研究对象，这是跨社会科学和自然科学的领域。我想在新的世纪里，系统科学的思想会在社会经济系统得到更多的应用。

记者：我们有这样一个感觉，您不仅仅是一位杰出的科学家，而且是一位科学思想家。您提出了很多重要的科学思想，而且相应有一套可操作的方法，一直到技术上的实施。譬如您提出的“大成智慧”和“综合集成研讨厅体系”，就既有很深邃的内涵，又有很具体的可操作性。

钱学森：我是从搞工程技术走向科学论的，技术科学的特点就是理论联系实际。因而我思考问题，一方面在理论上要站得住，另一方面在工程上还要有可操作性。23 年来，系统工程和系统科学已经有了很大发展，我们已经从工程系统走到了社会系统，进而提炼出开放的复杂巨系统的理论和处理这种系统的方法论，即以人为主、人・机结合，从定性到定量的综合集成法，并在工程上逐步实现综合集成研讨厅体系。将来我们要从系统工程、系统科学发展到大成智慧工程，要集信息和知识之大成，以此来解决现实生活中的复杂问题。

记者：目前的全球网络化，确实带来了许多新的课题，譬如在网络带来的海量信息面前，如何发挥人的独立思维能力和智慧的作用，不至于使人淹没在信息海洋之中，成为一种“信息奴隶”？因此，您提出的人・机结合，以人为主的观点，以及“大成智慧工程”，确有很重要的现实意义。

钱学森：系统科学的这一发展，结合现代信息技术和网络技术，我们将能集人类有史以来的一切知识、经验之大成，大大推动我国社会物质文明和精神文明建设的发展，实现古人所说“集大成，得智慧”的梦想。智慧是比知识更高一个层次的东西了。如果我们在 21 世纪真的把人的智慧都激发出来，那我们的决策就相当高明了。

我相信，我们中国科学家从系统工程、系统科学出发，进而开创的大成智慧工程和大成智慧学在 21 世纪一定会成功，因为我们有马克思主义哲学作为指导。

书信篇

致方福康

方福康教授*：

离上次相见已半年多了吧，好久没通信，不知您那里对系统理论的研究工作进展如何？甚念。

我总是想建立系统科学的基础科学——系统学，认为素材是有的，而且很丰富，就等着人去把它组织起来。这情况我想和我30多年前搞工程控制论差不多。当时我就是不管它三七二十一，先在研究生班开课，自己是一面学一面讲，一面写讲义。讲了两次，心中有点数了，就着手写书。在北京师范大学，条件似乎比我那时要好，能不能就这样建立系统学呢？也许您已经在干了，那就好极了！

这是门一日千里的学问，所以希望能听到您那里的好消息。

此致

敬礼！

钱学森

1983.12.13

方福康教授：

我很高兴能得到您去年12月28日的信，完全赞同您的教学和写书计划，也赞成在您系开个系统理论专业。系统理论也就是系统学了，至少是系统学的开端，这正如自动控制理论是工程控制论的开端，所以我赞成您的设想，如有人问及此事，我就会这么说的。

我也同意您说的：单纯的物理或数学专业，都不大全面。但我们也要不断吸取各方面的研究成果，如数学家的微分动力学，如系统分析等工程技术。您以为如何？

此致

敬礼，并贺新春！

钱学森

1984.1.7

---

* 方福康教授时任北京师范大学物理系主任。

方福康教授：

3 月 26 日下午能听到您全面概括而又简明地讲了巨系统的动力学问题，使我得益甚多，十分感谢。我这里把名词改了，因为虽然工作是从非平衡态开始的，但问题已发展到系统科学的基础理论，即系统学了。而且数学家也在搞他们所谓微分动力系统，也是向系统学走的。当然，您在物理系，称非平衡理论也是合理的。

我想您说到的基本规律问题非常重要，系统学就是要阐明系统、特别是巨系统的基本规律。您说基本规律是"对称"，或说是中国古典哲学的"阴阳"学说。但这与马克思主义哲学中的"对立统一律"又是什么关系？再就是 Feigenbaum 数是不是基本规律？这些基本规律之间又有什么联系？我还想，如果从微观角度看巨系统，一个突出的问题是巨系统总会组织成不同层次；层次之间似乎都有微观、宏观的关系——下一个层次是微观，上一个层次是宏观。比如流体，到分子运动是一个微观层次，上面一个层次是经典的流体运动，这对分子运动来说是宏观的了。但到一定的 Reynold's Number，出现混沌，即湍流；湍流有不稳定的细节，但又有长时间稳定的宏观运动。湍流的细节是不是可以作为相对于稳定宏观运动的微观层次？这就是三个层次了：分子运动、湍流细节、湍流长时间运动。当然，分子内部，分子层次下面还有层次。这是不是巨系统的又一条基本规律？

我记得在 40 年代，法国著名数学家 Hadamard 曾建议直接从 Boltzmann 方程推导出湍流的运动规律，我当时感到很兴奋，认为值得探讨。但现在看来，Hadamard 忘记了巨系统的层次特性，他的设想是不对的。

我这些想法，有无道理？请指教。

此致

敬礼！

钱学森
1984.3.29

又：是什么控制层次的分立的？又一大问题。

方福康教授：

4 月 30 日信收到，很高兴，因为我们的看法很一致。

（一）泛系分析病在于"泛"，就如中国古代的哲学，只讲态体，不进行态体内部的研究，终不能深入，最后也就解决不了什么问题。数学只是工具，不能决定本质，所以泛系分析是空洞的。我写信给您时已有此意见，但没有把握，也不想给您不良影响，所以上次未说明。现在我们不约而同，大概不会错了。此事我又问过中国科学院系统科学研究所许国志同志，他来不及向我细说，但也认为泛系分析太一般。

（二）我想非线性相互作用的巨系统，包括社会现象，其理论要解决的问题是：在环境影响下，系统的结构（即慢变过程）和这个结构的功能（即快变过程）。您说的"信息"似乎包括在其中了。从前物理学研究的问题中，环境太简单（绝热、孤立），相互作用太单一，所以情况也就比较单调。系统学的任务是结合更现实的条件、更现实的系统,并扩展到整个客观世界,自然科学和社会科学。

下面说说您提的两个具体问题:

(1) 我不能去北京师范大学做什么报告,不是对贵校见外! 我只去过中央党校讲课,其他学校一概没去过。不能开例呵。请谅!

(2) 您的研究生想同我谈谈,我倒是欢迎的,但我不宜去你们学校,你们能不能来我这里? 就如您上次来谈那样?

此致

敬礼!

钱学森

1984.5.8

方福康教授:

前次您带学生来谈,我们说到系统学的任务不仅在于解释已知的系统功能,还要发现新的系统功能。这一点我近来感受更强了。

最近读到 H. Haken 等编的 *Synergetics of the Brain*(Springer Verlag,1983)和一本较老的心理学书 *Experimental Psychology its Scope and Method*, *I. History and Method*(Basic Books lnc,1968)中 J. Piaget 论建立心理学理论的困难。两者都表明了脑科学、思维科学,以及心理学基本理论的突破在于找出人体巨系统的规律,这完全得靠系统学。我还看到一篇讲物理学家 D. Bohm 的文章,(附上复制件),Bohm 以为世界是整体的,一切物质的粒子都是相关的,他的"configuration space"也就是一个特大超巨系统。Bohm 理论将来构筑起来也得靠系统学。

因此系统学是今后科学发展中的主流之一,是科学革命的主力军!

您以为如何?

此致

敬礼!

钱学森

1984.7.31

方福康副校长*:

非常高兴地看到您 11 月 11 日给我的信。我向您祝贺,相信您会在新的岗位上作出重大成绩来的。过去七年仅仅一个非平衡系统研究室就以每年平均五篇有一定分量的论文报告你们的劳动成果,今后您在副校长的位置上,能组织更大的力量,贡献一定更大!

---

* 方福康教授时任北京师范大学副校长。

现在中国科学院系统科学研究所又有一点暂时的困难，我看系统科学的基础理论主要要靠您那里了。系统科学的实际应用，特别是国民经济方面，航天工业部信息控制所打开了局面，也有一支有能力的队伍，可以由他们去干。您那里可多搞系统学。

我以为系统学是研究巨系统的，而巨系统之不同于大系统在：大系统理论中规定了系统结构，而巨系统的结构是自组织的。所以自组织是系统学的核心，也就是您讨论班的中心题目。

关于自组织还有电子计算机模拟这条途径，复杂一点的情况下，这也许是唯一可行的途径。此即所谓 Cellular Automaton，我建议您那里开展这项研究。这也是打开局面，不可把人力都放在展不开的阵线上。

我近来读了点 David Bohm 的工作（他的书：*Wholeness and Implicate Order*，1980），认为他的思想是很有启发的：量子力学的不确定性是由于更基层的涨落，正如布朗运动是由于在显微镜下看不见的分于运动一样。他说的更基层是 10^{-34} 厘米的尺度，也就是在量子力学的微观尺度以下的一个尺度，是宇观、宏观、微观以下又一个什么"观"，又一个层次。叫"渺观"行不行？Bohm 说一切粒子（基本粒子）都是渺观中非永久性结构，就如人，生物是宏观世界中非永久性结构一样。可惜 Bohm 不知道您的系统学，不然他该说粒子就是渺观场的自组织。所以我想要完成 Bohm 的宏图，建立渺观物理，比量子力学还深的物理，要靠系统学。

系统学是当前科学革命的动力呀！这比我们在 507 所谈的又丰富了。

我还以为不止于微观下的渺观，还会有宇观（广义相对论的尺度）之上的什么"观"。现在宇宙学的研究提出了 inflationary universe 的理论，说明宇宙也是多个的，宇宙外有宇宙。那么多个宇宙组成的世界不又是一个更大的尺度，是宇观之上的层次吗？这叫什么？叫"涨观"？在涨观场中，我们的宇宙，大约几百亿光年大，也是个自组织，也当然是非永久性的。涨观物理学也离不开系统学呀！

现在回到我们自己，人脑是个巨系统，人体是个巨系统，其中的自组织表现为人体的功能态。这就是我讲 Mind 的研究最终还得靠系统学。见附上抽印本。

我这是把系统学吹得太大了吗？请您指教。

此致

敬礼！

钱学森

1984.11.21

致陈步、曹美真

陈步、曹美真同志*：

曹美真同志 11 月 29 日信及张慧春译太平圭拮《通过泥煤地区的综合开发建设新城市的设想》都收到，谢谢。

你们要到雁北左云县搞农业系统工程的试点，我自然赞成，因为我也认为这是具有我国特色的社会主义大农业的前进道路。当然我也感到这种想法恐不为正统的农业科技人员所接受，农艺师们不接受，农业工程师们也可能不接受。关于后者，我知道中国系统工程学会搞了一个农业系统工程的分会，就很难吸取农业工程师们来参加。所以诚如曹美真同志在信中说的，实现你们的设想并不容易。但这也没有什么，农业系统工程也得有农艺师和农业工程师的合作才搞得成，所以还是要做耐心的说服工作。

对于农业系统工程，我所认得的热心人是张沁文同志，他现在又是山西省农村发展研究中心的负责人，我想他应能帮助你们实现你们的设想。陈步同志上次来信曾提到他与张沁文同志谈到你们的想法。您二位最近有没有再和张沁文同志联系？为此事我还能作(做)什么，请直说。

总是万事开头难呵！

此致

敬礼！

钱学森

1983.12.20

附上《农村发展探索》两期。

* 陈步、曹美真同志时任中国社会科学院数量经济与技术经济研究所工作人员。

致胡传机

胡传机同志*：

2月15日信和前一封信及您与乐老教授的文章都收到，我已向乐老教授去信表示感谢并附拙作《保护环境的工程技术——环境系统工程》打印稿。

（一）现在讲生态、生态学、生态经济学，都是国内外一批生物界、农林界同志喊出来的，而其实只是人生活和工作环境的一部分学问。眼界太小了。

（二）用马克思主义哲学作指导，是做学问的普通原理，大概不会有人公开反对。而说研究环境也要用系统科学，会有人不理解，因为系统的概念对很多人来说还很生疏。这可用持久的宣传来解决。近来国家计委的同志对系统工程感兴趣了，是大好事，我们应加倍努力，促使国家计划用系统工程。

（三）系统科学是现代科学技术的一个大部门，就如自然科学或社会科学。它的基础科学是尚待建立的“系统学”，它的技术科学（应用科学）是运筹学、控制论、信息论，它的工程技术是各种系统工程（如环境系统工程、价值工程……）。从系统科学到人类知识的最高科学概括——马克思主义哲学，有一座桥梁是“系统论”。所以“三论”云云，真是牛头不对马嘴，是不懂控制论、信息论、系统论的人讲的；他们望文生义，以为都是“论”，就平列、并排起来。

（四）事物总有自己的规律，中国不是美国，也不是西欧，您是搞社会科学的，当然懂得这个道理。懂得了，就不以为怪了。

请向乐老教授致意，问安！

此致

敬礼！

钱学森

1984.2.20

---

* 胡传机同志当时为西北大学经济系教师。

致乌家培

乌家培同志*：

4月10日信和您在贵阳系统论、控制论和信息论在经济管理中的应用第一次讨论会的闭幕词都拜读。您对青年人的文章很认真，对此我十分赞同，并认为这是知识分子的美德。您也有同感吧。

以下提几点感想，请您指正。

（一）一般爱提什么三论，即系统论、控制论和信息论，我认为不妥，我国译作控制论和信息论的实是控制学（控制理论）和信息学（信息理论），而系统论作为系统科学的概括、作为马克思主义哲学（核心是辩证唯物主义）的桥梁则已经包括了控制的概念和信息的概念。我记得查汝强同志在《哲学研究》上讲这个方面的文章，其实质也是如此的。

（二）我们以前提社会工程，即社会系统工程。您现在又加了两个字，叫"社会经济系统工程"，实际上是"宏观经济系统工程"。它比社会工程窄得多。

（三）传统管理方法与现代化管理方法的矛盾不在于管理方法本身，两种方法的目的应该是一致的，现代化无非是提高工作效率和效果而已。现在出现矛盾，根子在于思想不解放，老一套"左"的东西，不肯丢！

我还是希望有人对社会工程及其理论基础、社会主义国家学感兴趣。

此致

敬礼！

钱学森

1984.4.17

---

* 乌家培同志时任中国社会科学院数量技术经济研究所所长。

致吴世宦

吴世宦同志*：

文稿已经过修改，随函附上一份打印后再修改的稿子。请您再仔细推敲一番，就写在这份稿子上，然后寄还给我，我再看看。最后由我定稿送编辑部。

现在表示要用这篇东西的是《法制建设》。另一个通俗刊物《法律与生活》也说要登摘要。由他们去办吧！您有什么意见？另外寄上十份打印稿，供您自由使用。

这次您花了很大工夫把我们在书信中讨论过的意思写成初稿，文字还不错，我很感谢！我是用您的稿子作为素材，改组了一番，只是改组，材料是您写的，我加的很少。为什么改组？理由是：

（一）首先题目改了，只说明这篇文字想讲的内容。

（二）开场白简化了，把“法制”“法治”一开始就阐明。

（三）把您原稿的最后一部分搬到前面，成了第一节：“现代科学技术与社会主义法制和法治”。也就是先回答为什么可以用现代科学技术来为社会主义法制和法治服务。不然后面讲的就没有基础了。

（四）第二节讲“使用电子计算机和系统工程方法”，这是就技术论技术，先讲比较显而易见的东西。我不主张在严肃的文章中用“电脑”这个词，它不科学；还是用“电子计算机”，多三个字而已。

（五）第三节“社会主义的法制系统工程和法治系统工程”，与第二节不同，这是社会主义制度下才能办到的。单独讲，以示其重要性，有原则性。

（六）第四节“社会主义的法制体系与法治体系”，是在第三节阐明原则后，讲具体的工作了，这里我加入了太空法（即您的宇宙空间法，用字简练些），因为已经讲了人造地球卫星了嘛。我也加一段国家法制和法治的总体设计部，这是我近年来一直呼吁的。希望您能同意。

（七）最后第六节“马克思主义法治科学体系”。图一我做了调整，把法治系统工程学去掉了，因为那是一般系统工程的基础，不在法治科学体系之内，在系统科学那个科学技术大部门中。我也把法制系统工程和法治系统工程移动了位置，因为它们有综合各法的特点。您的原图一我删去了，因为没有必要把电子计算机突出起来，它不过是个工具！最

---

* 吴世宦同志时任中山大学法律系教授。

后加了一小段文字，讲开放体系，强调一下大力协同。

以上请您考虑。

此致

敬礼！

钱学森

1984.4.18

吴世宦同志：

10 月 15 日信及来件都收到。

我以前说为湖南人民出版社写书的事由您自定，是因为我对法学的确不懂，不能当您的参谋。而“法治系统科学”一词更使我莫名其妙！系统科学是现代科学技术九大部门之一，怎么还有一个“法治系统科学”？我想到的“法学”与“系统”相联的有：一、法治系统工程、法制系统工程；二、法学的体系，见我们合写的文章。可没有什么“法治系统科学”呀！

现在看了您的《写作计划》才知道您要写的书实际是讲用系统科学和系统论（系统科学到马克思主义哲学的桥梁）的观点看法科学（技术）的论述。也是法科学（技术）现代化的论述。所以不宜用“法治系统科学”，那将引起混乱。建议用《论法学现代化》或《论法科学现代化》。

具体内容我不加评论，因我不懂法学。但《写作计划》中提到什么“新三论”、“老三论”，这是您忘记了我多年来一贯的观点，没有“三论”，只有一论，即系统论，其他都是系统科学的基础科学或技术科学的组成部分。

“新三论”的说法也是不完全的，其中就没有非常重要的“混沌”“非整几何”“微分动力体系”等等。宣传这种“论”的人，一知半解而已。

总之，以上是愚见。您完全可以不受此约束，请您放手写书，千古自有评说。

您学生的信及《写作计划》附还。

此致

敬礼！

钱学森

1985.10.19

致邹伟俊

邹伟俊同志*：

3月29日信早已收到，我也把您的信送湖南医学院黄建平同志看了，他会给您写信讨论开展学术活动的问题。我很赞成你们的学术活动。也可见多年来我国知识界闭关自守、老死不相往来，大家实在感到不是办法。必须活跃学术空气！

近来我想：中医之所长恰恰是西医之所短，而中医之所短又恰恰是西医之所长。中医讲"天人相应"是其所长，但只抓住"天人相应"行不行？我看不行，不是几千年还这个样子吗？"天人相应"要上升到我说的人天观，也就是把系统科学的基础科学——系统学（巨系统、超巨系统理论）用到人和人的环境，把微观同宏观统一起来。不要希望只搞宏观，只限于中医传统理论，不分解、不解剖，能创造出新的医学吗？人体科学是中西医、是全部科学的综合上升，即扬弃。近来也有人抓住传统的"阴阳学说"大做文章，用数学的集合论、群论等，形式上很"堂皇"，其实是空的！

我这绝不是不重视"天人相应"，而是说贩卖老古董是没有前途的。我们要创新！

请考虑。

此致

敬礼！

钱学森

1984.4.26

邹伟俊大夫：

10月23日信及所附材料都收到。

好久不写信了，有必要向您通报我们最近的一些想法。《自然杂志》1988年5期上有一篇陈信同志和我写的文章，那是代表我们去年的认识。自那以后在北京的系统学讨论班上对人体的认识又有了新发展：人体不但是开放的巨系统，而且是开放的复杂巨系统；它比许多物理和化学的巨系统要复杂得多。复杂在于组成巨系统的子系统花式繁多，相互作用又各式各样。物理和化学的巨系统相比之下可称之为简单巨系统，这有协同学的理论来处理。人体这类开放的复杂巨系统现在还没有合适的理论。

---

* 邹伟俊同志当时为江苏省江浦县人民医院医生。

这个认识是重要的，它指出人体科学的进程中还有障碍；所以我们不能性急，不能想一步一步通过努力就能搞通人体科学的理论。来日方长，也许是几十年的事！由此得出的结论是：人体科学的唯象学非常重要，准备干几十年；不可小看。因此：

（一）唯象中医学的工作要搞下去，要通过学员们的临床经验来验证其完备性。几天前我在北京系统学讨论班听了北京联合大学中医药学院临床部主任李广钧大夫讲："中医与系统科学"。我的体会是，中医理论就是把几千年的临床经验用阴阳五行干支的框架来整理成唯象学理论，这个框架一方面有用，因为它把复杂的关系明朗化了；另一方面又有局限性，因为框架太僵硬了。你们搞中医唯象学就是一面要发扬传统中医的优点，一面补其不足。

这项工作没有一二十年不能完成。而您以前搞的多学科讨论，我看不会在短期内出重要成果，因为人体是开放的复杂巨系统。这种讨论还有时会出"副作用"，有人乱说。

（二）"新祝由科"的想法是好的。一般人们看病吃药，是用与外界交换物质来改变人体功能状态；而改变人体功能状态还有其他途径，如信息途径：心理疗法、催眠术、音乐疗法等，以及物理疗法、电子治疗仪法。还有矿泉疗，黑龙江省五大连池每年夏季要接待上万人来治病。

（三）《中国食养学》范围很广，包括了美食学。我不知此书是否就这样写，请您问问您认得的扬州江苏省商专的行家吧。

以上所陈，是否有当，请指教！

此致

敬礼！

钱学森

1988.11.4

致黄麟雏

黄麟雏同志*：

6 月 2 日信及邀请信等均收到。您这次会我也不能去参加，请谅！

系统科学辩证法实际是我所说的从系统科学到马克思主义哲学的桥梁——系统论的一部分。我看其中的重要问题是结构与功能、还原论与整体论等辩证关系。总之，不讲整体不行，只讲整体也不行。

我国科学技术发展战略问题是个难题，以前大家讨论很多，但实际上各说各的，介绍局部情况，用外国的局部模式来套！这不是我国所要的发展战略，也不成其为战略。希望您的会议对此有所突破。为此奉上李昌同志在 6 月 9 日北京的中国自然辩证法研究会“技术发展战略思想”学术座谈会上的《讨论稿》，供参考。如果你们认为题目太泛，也可集中到科技人才的培养问题。

我能说的就是这些，因此汪副校长也不必劳驾，我实在帮助不了。

祝会议成功！

此致

敬礼！

钱学森

1984.6.11

黄麟雏同志：

10 月 9 日信及您和李继宗、邹珊刚两同志所著《系统思想与方法》都收到。

书初读后，感到你们写得深入浅出，很能引人入胜。是成功之作！现在要再版，也证明是如此。

但我认为似可在再版时，再加一章，说明系统科学在解决今天经济、科技和社会发展的极为复杂问题时，还必须有个工作体系，包括理论工作（如微分动力体系、混沌、协同学、突变理论、模糊数学、非整几何等），情报资料信息网，专家咨询（即实践经验），大型电子计算机等。这样读者就可以有一个现实感，真实感，而不是只在道理上明白而已。

---

* 黄麟雏同志时任西安交通大学社会科学部自然辩证法研究室主任。

我们要使读者认识到：在马克思主义哲学的指引下，系统思想与方法是认识客观世界、改造客观世界的一个锐利武器！

此建议当否，请酌。

此致

敬礼！

钱学森

1985.10.21

致何善堉

何善堉同志 * **:**

8 月 10 日信收读。

您有志于复杂系统(我称巨系统、超巨系统)的理论(我称系统学——系统科学的基础科学),我认为是大有可为的,而且以为,系统学是一门很重要的学问。它的任务在于从组成系统的单元的性能和相互作用推导出整个系统的结构(有序化)及功能,而这是受外界影响的。即外界影响→系统结构→系统功能。我国今天农村的巨变不正是如此? 即政策→生产结构→生产大发展!

因此不是控制论的老路子,不从给定结构开始! 而是从更基本的单元开始。您若有志于系统学,请与许国志同志谈谈,他和邓淑慧同志想在中关村搞个系统学的研究集体,会欢迎你去的。

您说的心理活动"坡"理论,可能是重要的。但心理学在国外,多年来在机械唯物论和唯心论之间徘徊,所以总是不得要领。近年来的所谓"认知心理学"是从人工智能发展起来的,我看又是机械唯物论! 心理学是研究人的,因此必须以马克思主义哲学,即辩证唯物主义为指导,不然一定陷入歧途! 您以为如何? 思维科学是宣扬出去了,积极者甚多,但由于上述原因,弄不好要犯错误。这是我担心的!

此致

敬礼!

钱学森

1984.8.18

---

* 何善堉同志时任中国科学院自动化研究所研究员。

致唐明峰

唐明峰同志*：

9 月 24 日、25 日信收到。对您的《关于计划体制改革的方案》谨提几点外行的看法，供您参考。

（一）我们国家的事务要有一个总体单位，也就是国务院的参谋部，这是我说的“总体设计部”。这个总体设计部不仅管经济，还有科学技术、文化教育、法制法治、国际交往和贸易、国防、环境等。是总体，不能分割，各搞各的。

（二）在总体设计部之下，各大部门再设各自的“设计部”。经济工作看来有两个部分：长远（15 年、5 年）规划（滚动式的）和年度计划，及年度实施中的调节控制。我看两者虽然有关，但不一定在一个单位；前者是国家计委的事，后者是国家经委的事。前者需要深思熟虑，要冷；后者，“门市”很热闹，十万火急；所以分设为好。名称不重要，我看不必争。

（三）这个总体设计部和各设计部都要用系统工程。都要靠信息情报，都要靠电子计算机。所以国家要建立信息产业，搞信息建设，但不必属哪一个部门，是大家共同使用的。统计业务也自然在内。

（四）这种设想再深入下去工作量很大，我看您和哈工大的那位研究生是忙不过来的，要有一个班子。如果您能说动您的领导，决定找这样一个班子，那我建议您找航天工业部信息控制研究所，这个所是很强的。

此致

敬礼！

钱学森

1984.9.27

又：我看方案还不够成熟，暂不上送。

唐明峰同志：**

2 月 14 日信、5 月 4 日信及附来稿件都收到。

---

* 唐明峰同志当时在国家计委计划经济研究所工作。

** 唐明峰同志当时在国家经济体制改革委员会工作。

您提出的问题是很重要的，应该认真研究；但也不容易，的确“还要长时间的研究”。我现在想，什么是社会的明确概念？似乎还是用马克思早就使用的“社会形态”一词为好。社会形态是个综合的概念，从不同的角度去观察，又可分解为“经济的社会形态”“政治的社会形态”“意识的社会形态”等等。这都是社会总体的重要侧面，不是生产力等社会基础。用这个概念我想我从前说的科学革命和技术革命都属生产力的发展过程中的事，还不涉及全社会，不是“社会革命”。

社会革命是社会形态的飞跃。而经济的社会形态飞跃是产业革命；政治的社会形态飞跃是政治革命；意识的社会形态飞跃是文化革命（不是过去所谓的“文化大革命”）。产业革命、政治革命、文化革命都是社会革命，是全社会的。

从这样的看法来分析，我们说“社会主义国家”或“资本主义国家”是指这个国家的“政治的社会形态”是社会主义式的或资本主义式的。因此中央已称苏联是社会主义国家，但苏联还不是成熟的社会主义社会。我们称之为社会主义社会的，应是经济的社会形态、政治的社会形态、意识的社会形态等都是最先进的，即具有高度社会主义物质文明和高度社会主义精神文明的社会。这样的社会现在世界上还未出现。我国将在 21 世纪中叶实现它。

我们的任务是把过去和现在的国家，以这个观点来分析一遍，他们的社会形态是怎么一回事，定性又定量。特别是要明确：社会主义式的政治的社会形态比起资本主义式的政治的社会形态，对社会的发展有无优越性。我认为是有优越性的。

这以上都是讲一个国家，当然还不够。国家是在世界中的，无法独立于世界之外，也不应闭关自守。这一点童大林同志的报告讲得清楚，也已是我们的国策。“一国两制”是从这一“世界社会形态”中产生的。从我们讲，这是一种策略，不是说两种社会的政治的社会形态可以永远调和下去。小平同志也讲过：我国 10 亿人口是社会主义的，实行资本主义的极少数嘛。请您注意这一点！

总之，世界在前进，我们要研究新事物。我也想：列宁写《帝国主义是资本主义的最高阶段》是 1916 年，快 70 年了，该有一部新著作了。谁来写？我们都应该思考这一问题。

此致

敬礼！

钱学森

1985.5.9

又：附上拙作稿一篇，请指教。

致刘则渊、王续琨

刘则渊、王续琨同志*：

10月7日信及《社会工程专业课程体系设计(初稿)》收到。根据航天工业部信息控制研究所(710所)几年来的实践(人口计划问题，粮油价格倒挂问题等)说明，培养社会工程(即社会系统工程)的专业大学生要做到：

(一) 能运用系统工程及电子计算机(大型机，每秒百万次以上)定量地对社会经济问题作出方案，供领导决策；

(二) 能听取在社会经济问题上有经验的专家们的定性的各种意见，听得懂；并由此组成分析问题的模型。

也就是在(一)，他们(社会工程师)是专家，在(二)他们不可能是专家，但能和行业专家们亲密合作。我以为这样就能明确学习的范围，订课程，而不致太泛而无边。

因此我有两点建议：

(1) 你们来北京走访一次航天部710所；

(2) 请该所的专家去您系兼课。

这个所的负责人是于景元同志。

此致

敬礼！

钱学森

1984.10.21

---

* 刘则渊、王续琨同志当时在大连工学院社会科学系自然辩证法教研室工作。

致郭治安

郭治安同志*：

10 月 11 日来信及《协同学》目录、第十三章文稿都收到。

我认为协同学处理的问题是一个由千千万万个子系统所形成的开放系统的统计行为，所谓自组织也是统计意义上的；其实对某一子系统来说，它的经历是在不断变化中的。您的书写到十二章也就可以了。

系统工程处理的系统包含的子系统数目不太多，几十、几百而已，因此用统计法没有多大意义，涨落太大，所以还是用决定论方法。其中涉及优化问题是以比较不同系统结构的性能来解决的，即所称系统分析。因此系统工程与协同学不属同一类学问。

混沌现象又超出协同学的范围，是远远超出协同学子系统相互作用之上的现象。例如协同学可以从分子运动得出流体力学的运动规律，但得不出湍流（流体的混沌运动）的规律。

所以您写《协同学》，可止于第十二章，加上后两章，似有画蛇添足之嫌！

以上供参考。目录及第十三章稿奉还。

此致

敬礼！

钱学森

1984.10.25

又：我从来不为别人的书写序言，这次也不例外。请谅！

---

* 郭治安同志当时在大连铁道医学院工作。

致普绍禹

普绍禹同志*：

11 月 20 日来信及大作《从思维史的角度看我国医学发展的趋势》都收读。

我认为您讲的是我国医学界的情况，分析也很透彻。但并不是世界的情况。世界科学技术在近 20 年有许多新的发展，局面大不一样了。

（一）系统科学及其基础理论系统学的创立，把恩格斯在 100 年前讲的普遍联系道理变成了定量的科学；它可以用于人体，建立我称之为人体学的学问。

（二）国外有许多医学和生物学的科学成果，如时间生物学（时间医学）、心理生理学、环境医学、血液流变学、免疫学、磁疗、人体第一信使、人体第二信使……都验证了中医理论的正确性。

所以我以为情况比您讲的要好得多！把西医和中医经过矛盾的斗争达到“扬弃”，上升到新医学是完全可能的，而且搞得好，不会要多久！

此致

敬礼！

钱学森

1984.11.30

---

* 普绍禹同志时任云南中医学院教师。

致王铮

王铮同志*：

元月 14 日信及《理论地理学进展》两册都收到，十分感谢！

我不是地理科学的专业工作者，配不上当您的老师！您的老师是黄秉维先生、张丕远先生。关于您提的两个问题，只说点看法供参考：

（一）“地缘政治学”“地缘经济学”从词义上看都不够全面。实际上是一个国家为了完成它的任务，所要研究的世界系统工程，也就是战略决策。这世界系统工程涉及的远超出地理科学，还有自然科学、社会科学、军事科学；有科技、政治、经济及军事等。从前用“地缘政治学”一词是不妥的，请您不要赶时髦，跟着洋人跑。也请注意：国与国不同，特别是社会主义与资本主义不同。通过世界系统工程制订的国家战略是有国家特色的。

（二）什么是地理科学的突破口？您说是“地理工程”。我说，为了加强社会主义建设必须协调发展，实是社会主义物质文明建设、社会主义精神文明建设、社会主义政治文明建设及社会主义地理建设，必须协调进行。见附上于景元、王寿云、汪成为的文章。地理建设靠地理系统工程，而地理系统是开放的复杂巨系统（见附文）。

此致

敬礼！

钱学森

1991.2.2

王铮同志**：

您 12 月 3 日来信及尊著《地球表层科学进展》《理论地理学概论》《区域科学原理》都收到，我十分感谢！

您信中讲的困难，即我提出的基于竺可桢老院长思想的“地理科学”，未能被接受！这是他们落后！因为：

（一）国外已萌发了用系统学的观点研究地理问题；

（二）我国地理界大师如黄秉维院士、吴传钧院士都支持我们的想法。

---

* 王铮同志当时在中国科学院、国家计委地理研究所攻读博士后。

** 王铮同志当时在中国科学院政策与管理研究所工作。

我看可能问题还在于你们工作还有差距，还没有真正把“地球表层”，即地理科学的研究对象，作为开放的复杂巨系统来处理，（说水就只讲水，说农就只讲农，说工就只讲工）这是不行的。我建议您读一读我和我的合作者写的关于开放的复杂巨系统的文章。

以上请酌。

此致

敬礼！

钱学森

1994.12.8

王铮同志：

元月30日信及尊著复制材料今日见到。谨作复如下：

（一）看了材料之后，认为这部书是我国地理学家们比较习惯的认识，还不是我宣传的地理科学。我认为地理科学是一个大学科部门，包括基础学科、技术理论学科及应用学科三个层次；还有到马克思主义哲学这一人类知识最高概括的桥梁——地理哲学。地理科学的研究对象是人类社会活动的环境，包括自然的和人改造自然的种种设施（其中有交通、通信、供水供电等）。

（二）“地球表层学”是地理科学的基础学科，它要用开放的复杂巨系统理论才能建立起来，任务十分艰巨。

（三）所以您这部书一共十章还不是“地球表层学”，原来的书名可能更合适，不要改了，还是理论地理学。

（四）《青年地理学家》要不要变动？因我对此中情况不清楚，不能说什么。

我能讲的只是这些，祝您

春节快乐！

钱学森

1992.2.2

致浦汉昕

浦汉昕同志*：

12 月 5 日来信及文章都收到。

自从您写了那篇发表在《自然杂志》上的文章，大概有两年了吧？但从《论区域的系统研究》来看，进展不大，空话多，定量的东西少。您老师的文章也好像如此。这怎么行呵！要定量，用数学来决定问题。

现在我国进入一个新的大发展时期，说以中心城市管县，全国可能有几百个这样的小区域。再往上是什么？是现在的省、市、自治区吗？还是更大一点的区域？这么大的问题不定量分析怎么行！您信中说要组织起来，是对的，具体怎么办？请您提意见呀。为此附上乌家培同志准备在中国科学院研究生院和中国社会科学院研究生院联合开的会上用的文章，请参阅。

以前听说上海交通大学有位同志用“人口势”理论来划分区域，您知道这项工作吗？

总之我们国家从几万个小集镇到几千个小城市，到几百个中心城市，到区域，怎么组织？这不是地理学吗？

此致

敬礼！

钱学森

1984.12.13

浦汉昕同志：

昨寄两封我接到的信，供您参阅。昨晚读理论地理学教材《地理学的性质和体系》，深感正如您说的：地理学虽然是门古老的科学，但理论体系一直不完善。我认为问题可能在于：

（一）人们一直没能真正用马克思主义哲学的观点来分析问题，没有辩证唯物主义和历史唯物主义。这包括苏联的学者在内。

（二）人对地球表层的认识是发展得比较晚的，地球物理的大突破还是近几十年的事；在此之前，不可能有今天对地球表层动态的观点。

---

* 浦汉昕同志当时为中国科学院地理研究所研究人员。

（三）从前人改造地球表层的可能性不清楚，甚至没有察觉人类社会活动对地球表层的影响。因此是一种被动式的地理学观点，只说地理环境影响人，不考虑人反作用于地理环境。其实，展望21世纪，人可以改造地球表层。所以地球表层也和人的社会活动密切相互作用着！

（四）人的社会活动就不只是经济，也不只是生态，也不只是生态经济，是物质文明和精神文明，全部文化活动。

（五）这就是系统科学、系统学的观点，这在30年前也是不可能有的。

我想明白这几条，争论就可能逐渐解决。还是要靠马克思列宁主义啊！请教。

此致

敬礼！

钱学森

1985.4.19

浦汉昕同志：

11月23日信及大作都收到。

我认为现在您工作的这个领域很混乱，什么生态学、生态经济学、数量地理学、区域规划理论……其实我们必须分清作为人类社会活动环境的学问的地理科学，和研究行星的地学（或行星学）。当然有交叉，如地震就是地理科学必须考虑的，但地学（行星学）是自然科学，地理科学就不能算是自然科学、地理科学也许要作为现代科学技术体系中又一个大部门，第十大部门。

地理科学必须用系统科学的方法，因为我认为地理系统是一种复杂巨系统，开放的复杂巨系统。这不同于激光器中那种简单巨系统。简单巨系统可以用协同学方法处理，而复杂巨系统不能用协同学方法。熵的概念对简单巨系统有用，对复杂巨系统就不够用了。我们有个系统学讨论班，每月一次。下一次就在明天，再下一次在1988年12月27日，讨论开放复杂巨系统。您若愿参加，请与航空航天部710所于景元同志联系。

此致

敬礼！

钱学森

1988.11.28

浦汉昕同志＊：

您托人带交的大作《地球表层的性质与地理研究》，一直走了两个月，前几天才收到！

地球表层学是尚待建立的地理科学的基础学科，要抓住地球表层是开放的复杂巨系

＊ 浦汉昕同志当时在中国科学院生态环境研究中心工作。

统这一概念，这是根本。有了这个概念，那自然看到只讲“熵”是不够的，太大而乎之了。英国 University of Reading 的 James E. Lovelock 十几年来一直在鼓吹 Gaia 的说法（见 *Atmospheric Environment* Vol.6（1972）pp.579～580；*Tellus* Vol.26（1974），pp.2～10；*Planet Space Science* Vol.30（1982），pp.795～802），是把地球表层作为一个整体的、自我调节的“生命”。这比较形象，是“生命”了，当然是开放的复杂巨系统。但在具体问题上，Lovelock 仅仅解决了大气演化中地球生物的作用，只是地球表层学的一个章节，远远不够。但从这一情况可以想到文献中关于地球表层学的材料还是很多很多的，您应该下功夫，收集整理，逐步建立地球表层学。我劝您下决心，用二三十年功夫把地球表层学搞起来。行不行？

至于地理科学的体系，您文稿 10 页上的表很不全——现在天天说的环境保护就未列入。但此事一个人干有困难，可以由地理学会组织大家讨论，在加深对地理科学的认识中，地理科学体系也就出来了。

此致

敬礼！

钱学森

1990.5.11

致涂序彦

涂序彦同志*：

关于您的《大系统控制论》，前函已寄钢铁学院，想已见到。系统工程学会西安年会事，已请王寿云同志办了。

6月28日信中提到的几个问题，作答如下：

（一）大系统控制论还是大系统设计理论，诚然是属于系统科学这一现代科学技术大部门的技术科学层次的。这是大系统控制论的本质。它引用了A.I.P.R.、知识工程，只是方法上的扩展，或说引用了人实践经验的成果，不必说是同思维科学和人体科学有什么交叉；大系统控制论当然也用了数学，也不必说它与数学科学有什么交叉。在一切现代科学技术大部门的技术科学层次和工程技术层次，说交叉都有交叉，因此不必多说了。但大系统控制论主要的思想是系统思想，所以归系统科学。

（二）在我的现代科学技术体系中，“计算机科学”不是一个与自然科学、社会科学、数学科学、系统科学、思维科学、人体科学、文艺理论、军事科学、行为科学九大部门平起平坐的，它分散于这九个大部门中。所以您也可以说，我讲的系统科学是广义的。因此我一听您讲的大系统控制论概念就非常高兴，认为是发展了系统科学。

（三）《工程控制论》二版的序写于1979年年底：过了一年1980年年底的中国系统工程学会成立大会上，我就纠正了自己，取消“理论控制论”，竖起系统学，系统学是系统科学的基础科学。现在还是如此。

（四）有了控制论，自然也就包括了控制理论，这我在1954年就讲清了，控制论是控制理论的扩展与发展。所以我同意您说的：控制理论是工程控制论的一个组成部分或分支。

由以上可见：现代科学技术体系学这门学问是重要的。您以为如何？

此致

敬礼！

钱学森

1985.7.6

---

* 涂序彦同志时任北京科技大学计算机系系主任，教授。

致卢侃

卢侃同志*：

8月24日信及B.B.Mandelbrot书的复制件都收到，十分感谢。复制书我慢慢看，容后奉还。这次您、徐京华同志及诸同志来京讲学，我们学到不少东西，大开眼界。近日来我一直在消化、回味，现在我的认识如下，对不对？请指教。

（一）徐、李论文以为只是神经细胞不能产生混沌，恐不严密。因神经细胞千千万万，组成的网络体系是巨系统，量变参量大大超过两个变数，由此产生混沌是完全可能的。您论文引用的理论中，方程的变数也有大大超过两个的。因此说非引入胶质细胞不能发生混沌，似不妥。

（二）当然由这个数学上不妥的想法，使陈丽筠同志发现胶质细胞的确参与了大脑的功能，超出过去的认识。这是意外的收获，而科学史上这类例子也是不少的。

（三）您认为脑电图(EEG)可以分为周期性部分、噪声部分和混沌部分，但我想噪声与混沌不好分。因如何描述混沌的特征还是个待解决的问题；而且人往往将他暂时不需要的信息归为噪声，不处理。那这就是，说归说，具体做就不好办。

（四）FFT可以把三部分分离吗？我想一切线性过滤处理是无法把噪声和混沌分开的，何况还有上述(三)的问题。

（五）就是撇开这个问题，EEG的电极数就那么几个，要想就EEG去找出脑在干什么，真如盲人摸象，是在猜谜。如果谜底比较简单，像一般医院用脑电图，或进而如梅磊同志用脑电图观察人体大致的功能状态，或如您在原来论文中那样，用脑电图(结合其他人体测量手段)于临床观察，这些还容易些。当然后面这两种已经大不简单。但如真想从分析EEG去了解人脑是怎么思维的，我看是太难了，非一朝一夕之功！

（六）非整几何理论如何同混沌理论结合？Mandelbrot也没有解决。这也许同上述(三)中混沌特征的描述有关。

（七）所以我在8月15日上午提的思维科学、智能课题，太难了，一时尚无清晰的前景。现在如何评价您在8月16日上午提出的12点？也难，只能作为探索的猜测而已。

（八）综上所述，我认为您和徐京华同志开创的工作尚处于基础科学研究阶段，不是应用研究，更不是开发研究。所以放开与各方面交流，与国外交流，比保密要更有利。也

---

* 卢侃同志当时在南京军区总医院工作。

因为是基础科学研究，国防科工委就不宜直接管，分工不同呀。

（九）但您特意提醒我们有这样一项重要脑科学发展，我们非常感谢；我们一定努力同你们保持联系，向你们学习。希望你们的基础科学研究早日进入应用研究阶段！

此致

敬礼！

钱学森

1985.9.2

卢侃同志*：

好久未通信了。近见《自然杂志》1991 年 1 期上您和合作者的文章，使我又想起前几年我们在北京 507 所的争论：脑电图的混沌显示了什么？而正好*Scientific American* 1991 年 2 月号上有美国 Waiter J.Freeman 的一篇讲知觉的文章，今复制奉上供参考。

知觉不同于感觉，是几百万脑细胞集体协同的结果，是开放的复杂巨系统的整体表现，脑电图只是其一个侧面。当否？请教。

即此恭贺

春节！此致

敬礼！

钱学森

1991.2.12

* 卢侃同志当时在南京军区卫生部工作。

致赵定理

赵定理同志＊：

9月6日来信收到，谢谢您给我的抽印本及文稿。两份“申请书”退还，因为我以为您的看法不见得很妥当。理由如下：

（一）我们不应该在现代科学技术及其最高概括的马克思主义哲学所形成的科学体系之外，再树立什么东方物理学、时空医易学。中国的古老遗产有珍贵的东西，我们要用马克思主义哲学来鉴别并提炼，然后把它们结合到现代科学技术体系中去。结合的过程也就是发展和深化科学体系和马克思主义哲学的过程，这是辩证的。

（二）推行结合的一个重要方法是我所谓系统学，系统科学的基础理论。Prigogine的非平衡态理论，耗散结构理论，H.Haken的协同学，以及von Bertalanffy的“一般系统论”都是系统学。您似乎对这些理论不熟悉。若然，您要下功夫学。

（三）从系统学（协同学）可以严格地推导出开放系统下的日珥光谱。而您和朱灿生同志的工作却不是这样，是半经验式的，是猜想加实验观察，不能令人满意！在一百年前可以，现在是20世纪80年代了呀。

（四）我的看法详见三篇附上的拙作。请指教。

此致

敬礼！

钱学森

1985.9.16

＊ 赵定理同志时任南京紫金山天文台研究人员。

致郑应平

郑应平同志*：

听王寿云同志说您准备约集同道讨论系统学，对此我非常高兴。我想讨论学问最好先树立一个目标：如，定下要写一本系统学的书，一章一章讨论，随着讨论也就一章一章地有专人执笔写。这样讨论完了，比如一年之后，也有了系统学的第一稿了。

下面我先提个章节的初案，供您参考：

《系统学》章目

一、系统、控制、信息——控制论原理；

二、简单系统；

三、大系统理论——（Ⅰ）；

四、大系统理论——（Ⅱ），“灰色系统”及经验因素的“专家系统”；

五、微分动力体系理论——（Ⅰ）；

六、微分动力体系——（Ⅱ）正常吸引子，Kolmogorov Arnold Moser 理论，奇怪吸引子；

七、正常吸引子——有序化的统计理论——“协同学”；

八、正常吸引子——有序化的统计理论——“协同学”；

九、正常吸引子——有序化的统计理论——“协同学”；

十、正常吸引子——有序化的统计理论——“协同学”；

十一、混沌；

十二、混沌的统计理论——非整几何（B.Mandelbrot：fractal geometry）、鞅及非线性过滤；

十三、混沌的统计理论——非整几何（B.Mandelbrot：fractal geometry）、鞅及非线性过滤；

十四、混沌的统计理论——非整几何（B.Mandelbrot：fractal geometry）、鞅及非线性过滤；

十五、混沌的统计理论——非整几何（B.Mandelbrot：fractal geometry）、鞅及非线性过滤……；

---

* 郑应平同志当时为中国科学院自动化研究所研究人员。

十六、巨系统及超巨系统中的层阶结构；

十七、结构及功能的转移……。

从十二起是探索性的，是正在发展中的，也最难。协同学的那几章不难，已有 H. Hoken 的书和文章了。

以上请您指正。

如果讨论会能搞起来，我愿来旁听学习。

近接尊大人来信，我还未复他信。

此致

敬礼！

钱学森

1985.9.26

致吴之明

吴之明同志*：

10月15日信收到，大作《"管理机体说"初探》也看了。我读后的体会是：

（一）您正确地指出任何两个体系都会有其相似之处，都是系统，也必然都服从系统学的规律。因此管理可以参考医学。

（二）但体系也不是都一样，系统的复杂程度是差别很大的：有一般控制论处理的简单系统，几个、十几个参量；有所谓大系统，几十个、几百个、几千个参量；有我称之为巨系统的，亿万个参量。生物中的高等动物、尤其是人，就是巨系统。如果把人和环境加在一起，那就成为超巨系统了。这是系统的不同层次，层次各有其特征。

（三）医学是处理超巨系统的，最难了。我想一个大国，像我们这样的十亿人口的国家也许称得起是巨系统，而现在我们对外开放，搞好了就是全世界的超巨系统。所以国家管理，我称这门学问为社会主义国家学是可以向医学求教的；但可惜医学中还有许多系统的问题没有搞清楚。

（四）因此您的文章也就只能那样，显得很浅。

三峡工程问题还好，看来是个大系统，比巨系统低一层次，但又比单纯水利系统高一层次。现在许多议论都太简单了，不是大系统的系统工程。应该把三峡工程看作是建设三峡省及邻近地区的系统工程，至少涉及81 800平方公里和1 590万人的问题。我看搞好了，三峡省可以建成为中国的"瑞士"。这个看法我已和国家科委、中国科学院地理研究所、北京大学地理系的同志们说了，他们都很感兴趣；中国科学院地理所的浦汉昕同志和北大地理系的蔡运龙同志还去三峡地区做了调查，写出了《未来三峡省开发的初步研究》。您有意于此，何不同他们联系？

以上供参考。

此致

敬礼！

钱学森

1985.10.24

---

* 吴之明同志当时为清华大学水利系教授。

致张沁文

张沁文同志*：

向您拜个晚年！

您去年 12 月 22 日来信中对我讲的那些话，我不敢当，也受不了！以后千万请不要再讲了！

附上《光明日报》1986 年 1 月 17 日 1 版的一条消息，很有意思。如果您提倡的农业系统工程是宏观的话，那这个农家系统工程就是微观的了。群众创造了微观的农家系统工程，那就促使我们想想如何推进宏观的农业系统工程。从《农村发展探索》近来发表的文章看，农业系统工程的确不能局限于只谈农业，必须以农业为基础，扩大到包括加工业、交通运输业、采掘业、商业、服务业等。这个看法以前也说过，但现在是要真正干了。

您以为如何？

此致

敬礼！

钱学森

1986.1.18

* 张沁文同志当时在山西省农村发展研究中心工作。

致匡调元

匡调元教授*：

由您写，由您和黄建平同志、张瑞钧同志署名的 3 月 20 日信早已收到，非常感谢你们提的意见。我那天的发言的确注意团结不够，说得过于简单，没有充分肯定搞中西医结合的工作者的积极性。这一点将来我一定要改正。

但我想搞中西医结合的人大都是先学西医的，所以免不了先入为主，而且现代科学的辉煌成就，更使人以为用“科学的方法”，即现代科学的现成方法，就能把中医现代化。这至少是搞中西医结合的多数，所以根子里是用西医或西方兴起的现代科学改造中医。这条路我认为试过了，但遇到困难，几年前在和邝安堃教授的一夕谈中，他就表示积三十年之经验，此路不通，走不下去了。他那天对我提出的系统科学观点很赞同，认为是个出路。

这就是说第一，老一套科学方法有局限性，现代科学也要创新路子，一定要用辩证唯物主义来作指导，处理好物质与精神、客观与主观的辩证关系；第二，科学也要在中医现代化中革新，很可能要爆发一场科学革命，系统科学是个引火。如果说中西医结合完全包括了上述内容，那我就拥护中西医结合；如果不完全如此，那我就要提请中西医结合工作者注意方法论上的缺点。这不能不说明白。

说到底，这是个马克思主义哲学的问题。

以上请指教。此致

敬礼！

钱学森

1986.5.1

匡调元同志：

非常高兴能接到您 4 月 20 日的信和大作稿《从东西方传统思维方式探讨中医理论的特色及其前景》。文章很好，所以我看后即转给陈信同志和张瑞钧同志，他们也在写一篇中医现代化的文章，应研究您的观点。

我想向您报告的是我们这些在北京的人近一年来的新认识，有以下几点：

（一）系统科学的哲学概括，也就是系统科学到马克思主义哲学的桥梁，是系统论。

* 匡调元同志时任成都中医学院教授。

但这并不是时贤们从 von Bertalanffy 那里抓来的所谓"系统论",那太简单了。我们讲的系统论是整体论与还原论的辩证统一。

（二）人体科学的哲学概括,也就是人体科学到马克思主义哲学的桥梁,是人天观。人天观的核心思想是把人这个巨系统作为开放于宇宙这个超巨系统中的,所以人是发展变化着的。

（三）人这个巨系统比起一些物理巨系统,如由亿万个分子组成的气体要复杂多了。物理巨系统用 H.Haken 的协同学能处理,很成功。但协同学只能解决简单巨系统的问题,人体是复杂巨系统,协同学无能为力。人体之复杂是由于组成人体的单元,生物分子,花色繁多,它们之间相互作用又各不相同,从而形成复杂的结构和功能,又是在不断变化的结构和功能。

（四）复杂巨系统还可以举出其他例子,如生态系统、地理系统。人类社会也是复杂巨系统,而且更难处理,因为人有意识,不像分子间的相互作用那样有一定的规律。

（五）对复杂巨系统,如人体,我强调功能状态,因而这是我们最关心的。另外,尽管复杂巨系统的结构变化可能不大,但功能状态还可以有大不同。

（六）目前处理研究复杂巨系统还没有从子系统一步步组合到整个巨系统的理论。将来能不能？也不敢说！因为太复杂了。但现在也不是束手无策,可以用我们所谓"定性与定量相结合的方法",这是近年来从处理社会系统问题发展起来的(见复制件),这就引入直观的认识了。这是非常重要的。

（七）定性与定量相结合处理社会系统还告诉我们另外一点：是复杂巨系统,所以不能"简单化",理解和处理人体,确定其功能状态不能用几个参量、十几二十个参量,要用上百个、几百个参量。这一条是近年来搞经济社会系统工程的实践经验。这是人体科学工作中必须遵守的。

以上供您参考。

陈信同志、张瑞钧同志有什么要说的,他们也会给您去信(我这封信也就请他们转寄给您了)。

希望您来京时见面。

此致

敬礼!

钱学森

1988.4.30

所谓东西方传统思维方式,必须用马克思主义哲学来统一!

致任继周

任继周同志*：

5 月 3 日信收到，您和蔡子伟同志、张季高同志在全国政协的书面大会发言也早已拜读。我想：

（一）农牧渔业部起码应该有个草业局，您何不向中央建议？

（二）现在我国人民的营养就是动物蛋白质少了些，所以发展草业是建国大计，是三个面向所必需的。

（三）草业系统工程的呼声现已喊出去了，所以应继农业系统工程委员会之后，在中国系统工程学会中成立草业系统工程委员会。此事无非找个支持单位，而您的所就可以作为支持单位啊。中国系统工程学会的秘书长是顾基发同志（北京中国科学院系统科学研究所，北京海淀区中关村），可向他联系。

（四）草业的英文词似可仿农业的 agriculture（agri 拉丁文为田野，culture 是种植经营），而用 pratuculture 或 prataculture，因 pratum 拉丁文为草原，而罗马文的草原为 prataria。请酌。

能否在 2000 年把我国的 60 亿亩草原单产值提高到 80 元？年产值 4 800 亿元？

此致

敬礼！

钱学森

1986.5.9

* 任继周同志时任甘肃草原生态研究所所长。

致王明昶

王明昶同志*：

7 月 15 日来信及大作稿《草业系统工程》都收到。关于文稿我谨提以下几点意见供您参考：

（一）称我为“教授”不合适，中华人民共和国从来没有给我这个职称，所以称“同志”为妥。

（二）系统工程是处理复杂组织管理工作的现代化科学方法，而草业是一个新的产业概念；所以不能说系统工程在农学范围、范畴的应用就出了草业，出不了。

（三）草业也就是草产业，是以我国北方大面积草原为基础，以种草、收草开始，用动物转化，多层次深度加工，包括食品工业、生物化工等综合利用的知识密集型产业。草业立足于草原，以草为主干。将来实现了，生产净值会到每亩草原年一百元。这是要经过长期努力的，可能要到建党一百周年之后。

（四）我国南方的草地，也要种草养畜，但那是附属于另外两个知识密集型产业的，农产业或林产业。所以按我的想法，只有你们开始干的才有可能发展为草产业。南方草地，不是草原，只能作为农产业或林产业的一个组成部分。

（五）这样认识草产业（或草业），草产业就是一个非常复杂的生产体系，为了管好，就一定要用系统工程的科学方法。这才是草业系统工程。所以草业系统工程实际是草产业的组织、经营、管理的学问。

您的文稿我将转给任继周同志，请他看看。

此致

敬礼！

钱学森

1986.7.22

---

* 王明昶同志当时为中国农业科学院草原研究所研究人员。

致王者香

王者香同志*：

7 月 18 日信及大作《辩证唯物主义系统论与系统刑法学》《我国经济犯罪问题的时代特征》都收到。讲法，我实在不懂，没有下过功夫，怎么能评价您的专著？所以我把论文和您讲了您处境的信都转给了北京政法大学校长和国家司法部长邹瑜同志了。

我也有两点意见，写在下面供您参考：

（一）我不赞成用“系统刑法学”这种标新立异的做法。我们的刑法学当然要用马克思主义哲学的方法论，其中也就包括了系统论。如用“系统刑法学”，那是否还要另立什么“辩证刑法学”？您要把刑法学来一次革新，不妨直接标出“刑法学新论”或更谦虚点，称“刑法学新探”。“系统刑法学”不但不利于团结人，而且正如上述，也不科学。

（二）系统是动态的、发展的，因而也是辩证的，所以提出“正反对立系统”“非正反对立系统”“系统方法论”“反系统方法论”是不好的，容易导致形而上学的观点。此外，我以为现在还不宜多谈辩证唯物主义系统论，因为它引以为据的系统科学基础科学——系统学尚未建立，您怎么能讲清系统论的内涵是什么呢？我也不同意提出什么历史唯物主义系统论，因为我已多次讲过：系统论和历史唯物主义，还有自然辩证法、数学哲学、认识论、人天观、美学、军事哲学和社会论都是最高概括的马克思主义哲学的基础及组成部分；系统论和历史唯物主义是并列的，不能把历史唯物主义冠于系统论之前。相反，可以用辩证唯物主义系统论，因为这样就表明了我们讲的系统论是马克思主义的。

您如来北京，可以来谈谈。

此致

敬礼！

钱学森

1986.7.28

另：马克思主义哲学的核心是辩证唯物主义。

---

* 王者香同志当时为西南政法学院教师。

致沙莲香

沙莲香副教授*：

在《中国社会科学》1986 年 5 期上见到您的论文《论社会心理学的理论基础和总体框架》，读后很受启发。下面我想写几点看法，向您请教：

（一）个人是社会中的人，社会是人的集体，包括人们集体创造的东西。因此，人是社会组织的单体，社会是由人组织起来的系统。社会这个系统作用于个人，个人又反过来作为一分子，作用于社会。所以有个从单体到集体、集体到单体的系统理论问题，社会心理学要用系统科学（特别是系统学）的方法。

（二）文化程度低的人，遇事反映是“条件反射”式的，从输入的信息及事态，到他的行为比较公式化（数学公式），系统科学中处理这种系统的理论比较成熟可用。搞这种社会的社会心理学，系统方法是具备了的。

（三）但文化程度比较高的人，遇事则要思考，进行抉择，也就是用运筹学的组合最优化，根据收到的信息及事态“运筹”一番才行动。这种系统比较难处理，现在的系统理论还不成熟。搞这种人的社会心理学，系统理论还有待发展。

（四）当然，真实的社会中两种人，文化程度低的、文化程度高的，都有。所以搞社会心理学想用系统理论方法，是行、而又不行，目前只部分地可行，将来会越来越可行。

（五）系统科学的观点对社会心理学是重要的：人本身就是一个由细胞形成的多层次庞大的系统，所以人的行为不是简单地由遗传因子 DNA 结构所决定。大的系统、一个开放的大系统，其功能不是简单地由组成该系统的细胞的性能所决定。因此国外那些“遗传工程论者”是荒谬的，可笑的。

（六）我认为在现代科学技术九大部门之一的行为科学部门中，社会心理学是一门重要学科（见《哲学研究》1985 年 8 期拙文）。而行为科学在社会主义精神文明建设中有非常重要的地位。

根据以上讲的，您似应与搞系统科学的同志联系，您似也应与搞行为科学的同志联系。您校有同志在研究行为科学，也许您熟悉。总之，社会心理学是社会主义精神文明建

---

* 沙莲香同志时任中国人民大学哲学系副教授。

设的重要学科，大有可为！

此致

敬礼！

钱学森

1986.10.3

沙莲香教授*：

这几天才有时间看您在9月12日送给我的书：郑杭生、贾春增和您编写的《社会学概论新编》。读后颇受启发。

我在以前就向您说过，我们系统学讨论班上认为社会是一个开放的、特殊复杂巨系统，特殊在于组成系统的人是有意识的，其行为不是简单的条件反射。我们讨论班称之为"社会系统"。

社会是社会系统。那系统学就认为核心问题是社会系统的总功能状态。这里我们应该用马克思用过的词：社会形态 Gesellschaftsformation，那社会学就是社会形态的现况及其发展变化的科学。也可称之为马克思主义社会学，当然包括科学社会主义。

马克思主义社会学是高层次的综合性科学。在略下一层有研究经济的社会形态的经济科学；有研究政治的社会形态的政治科学；还有研究意识的社会形态的科学体系。这最后一个问题孙凯飞同志和我写了篇东西，可能在近期将见《求是》杂志；刊出后请翻阅、指教。

我在这里描述社会科学的体系，可谓大胆，因我不能算是搞社会科学的。所以向《社会学概论新编》的作者们请教，有什么意见，务恳告知！

此致

敬礼！

钱学森

1988.10.31

---

* 沙莲香同志时任中国人民大学哲学系教授。

致张在元

张在元副教授*：

9月29日信及材料都收到。

我提的城市学是：① 以马克思主义哲学为指导的；② 用系统科学的观点和方法的。

所以不是只讲一个城市的内部结构，兼及与周围的关系，而是首先讲一个国家的城市体系，小到几户的居民点，大到千万人口的城市。而且要研究这个体系的动态变化，随着生产力发展、文化进步而产生的变化。

我认为我国的改革和现在正在世界范围出现的新的产业革命（“第五次产业革命”），以及下个在世界将出现的，以知识密集型的农业型产业为主导的“第六次产业革命”，必将逐步使我国95%以上的人口居住在万人以上的各类城市、集镇。万人左右的小城镇最多，然后是小城市、中心城市、大城市、特大城市。而这又构成一个密切协作的体系。它们之间有高度发达的交通运输网和邮电信息网。研究这个变化和实施这个变化是城市学的任务。

城市学的又一方面任务就是一个城市、集镇内部的组织管理。这才是外国的所谓“城市学”。

所以我们搞城市学要站得高些，看得远些，要看到建国100周年！

以上是我的看法，请指教。

此致

敬礼！

钱学森

1986.10.4

---

* 张在元同志当时在武汉大学城市科学系筹备组工作，副教授。

致高庆华

高庆华同志*：

12 月 1 日信及尊作前言、目录都收到。

像您这样一位 50 岁开外的中年科技人员，又有著作，怎么自称为“小人物”？那“大人物”是什么呀？请勿过谦！

“地球表层学”仅仅是个设想，现在工作还未开始，我只是希望我国地学工作者能重视这门基础学科。但地学自李四光先生始，刚慢慢进入定量分析阶段，现在还远未完成这个转变。因此用系统科学的定量分析恐尚有困难，还要做大量预备工作。您以为如何？

我想现在地学工作者可以先读些系统科学的书，吸收一些系统学（系统科学的基础科学）理论，作为准备。我推荐两本近期出版的书：

（1）伊·普利戈金：《从存在到演化》，上海科技出版社，1985 年。

（2）尼科里斯及普利高津：《探索复杂性》，四川教育出版社，1986 年。

至于您的大作，我不在行，不敢妄评。我只见过有人把模糊数学用于矿藏预测，您大概是知道的。

我们没有什么系统论的研究组织。系统论是哲学范畴的学问，现在连系统学都在建立中，当然说不上更高层次系统论了。您听到的是误传吧。

此致

敬礼！

钱学森

1986.12.10

---

* 高庆华同志当时为地质矿产部五六二综合大队科技人员。

致黄秉维

黄秉维教授[*]**：**

5 月 21 日信及材料都收到，十分感谢！您 14 日在地球表层学讨论班上讲话，我因早有其他工作安排，所以没能去听，很抱歉！

26 日的会我不去了。这是因为这样的会议很多，我去了一个就得去第二个、第三个、第四个……就实在受不了了！请谅。

当然，对开这样的会我很赞成。因为地理科学的信息工作是非常重要的。5 月 12 日北京大学地理系朱德威教授在系统学讨论班上讲"数量地理学"时，就说，目前风起云涌的城市及区域发展规划（亦称发展战略）工作，本来要三个方面的协同：

（1）地理科学家；

（2）系统工程工作者；

（3）地理信息工作者。

但朱说，在北京大学他们很困难，尤其缺地理信息。我当时就说，这件事在地理研究所可能可以解决，因为国家计委也是领导地理研究所的。

但那天我还不知道你们已经有"资源与环境信息系统实验室"，有了这个实验室再联系国家计委的经济信息中心，我看地理信息问题就打下基础了。但下一步还请考虑发展横向联合，例如报载国家测绘局测绘科学研究所还有一套利用人造地球卫星及高空飞机影像信息的设备及人员，中国科学院也有进口的利用 Landsat 卫星遥感信息的"中心"。全国可能还有其他？为什么不能联合起来组成"地理信息公司"？

再就是上述发展规划及发展战略工作实际是"地理系统工程"，现在你也搞，他也搞，分散经营。有的我看不一定在行，力量不足。如北京师范大学数学系汪培庄教授近日交给我一份福建省永安市的规划报告（附上），而汪教授的专长是模糊数学！所以我想您应该考虑利用地理研究所的比较强大的力量把散兵游勇组织起来，成为一支地理系统工程的劲旅。

有了上述的实际工作打底子，提炼升华为地球表层学就不会落空了。

---

* 黄秉维同志时任中国科学院、国家计委地理研究所教授。

以上当否？请教。

此致

敬礼！

钱学森

1987.5.24

致高介平

高介平同志*：

9 月 5 日信及大作《系统层次性和系统运动性之关系》(英译名不妥)都收到。您在信中称我为教授，还有其他一些话，我均不敢当；中华人民共和国并没有授我教授职称，我的职称是研究员，不是教授。

我看了您的文章后，感到您搞的不是现代科学，倒有点像欧洲古老的自然哲学；因为您是用一部分事实和一些凑起来的现代科学已知理论，加上您自己的猜想，混合成为一篇论文。这种做法的毛病和欧洲自然哲学相同：可能在某处碰对了，但在另一处就会是胡说八道。对自然哲学的功过，恩格斯在《路德维希·费尔巴哈和德国古典哲学的终结》这篇名作中有一段很重要的话(见《马恩选集》第四卷 242 页)，您应该认真读一读，好好领会。

今天研究系统科学只能从几条非常清楚的前提出发，如：① 系统是由子系统组成的；② 子系统各有一定的性能；③ 子系统之间的关系；④ 子系统与环境的相互作用。在此四条基础上，整个系统的一切性能都要从严密的理论推导出来。当然，目前的系统科学还未完成上述全部任务，像 H.Haken 等人，还得引入一些另外的假设，但那也是说得非常明确的。这跟您的做法大不一样。您真读了 Haken 的书吗？吃透了吗？

以上供您参考。原稿奉还！

此致

敬礼！

钱学森

1987.9.15

---

* 高介平同志当时为江苏省常州市纺织工业学校教师。

致于景元

于景元同志*：

按昨日所论关于复杂巨系统的看法，要建立复杂巨系统的系统学宜从实践系统工程的手法出发，即从

（1）社会系统工程的定性、定量相结合的几百个参量的方法；

（2）医学（西医、中医）的临床方法；

（3）地理（生态）的区域规划方法开始，然后上升到理论。

所以不是没有材料，而是材料极为丰富，是提炼成理论的问题。

钱学森

1988.4.20

于景元同志：

6月27日信看到。天气热，大家跑来跑去也辛苦，不如写封信吧。我想的是以下几点：

（一）使用复杂巨系统和社会系统用定性与定量相结合的方法分析时，要认识巨系统中的第一个层次的子系统。几百个、上千个从测量及社会统计得来的参数要先进入子系统；子系统也有子系统的模型，叫"子模型"吧。全系统的总模型是由子模型的体系组成的，是子系统的输出把整个系统组合起来。所以

实测参数	子系统一	
	子系统二	总的巨系统
	子系统三	
	……	
	……	

也就是实测参数一般不直接进入总的巨系统。

（二）其实你们过去就是这么做的，大模型不是分好多块吗？每一块就是一个子系统。这样，很显然，子系统也是宏观的；如社会系统中的"社会行为"子系统，就是全体人民所造成的，不是哪一个人。

---

* 于景元同志时任中国航天工业总公司710研究所副所长、研究员。

（三）Forrester 的系统动力学方法把我们这里说的子系统作为一个参量(即我们子系统的输出)，这个参量怎么确定呢？教授先生只能靠拍脑瓜儿，他没有子系统模型，也没有法子用实测大量数据。最后只有唯心了！

我们以上阐述，是指出系统动力学的缺点，提高了我们对复杂巨系统和社会系统理论的认识。

（四）6 月 22 日信中送去的两个材料，我只想提供建立社会行为子系统的一点线索。我以为这个子系统在社会系统中是重要的，在以前这方面工作做得很不够。沙莲香的社会心理学对建立社会行为子系统的模型一定有帮助，但还不是建立社会行为子系统工作的本身。

我一点没有要想把附上的材料作为代替你们工作的意思，他讲的是局部、子系统，不是全局。

请你们认真考虑以上四点，有何高见，待 9 月中旬后再面谈。

此致

敬礼！

钱学森

1988.7.4

又：您参加了中国决策科学研究会吗？(《人民日报》1988.7.2，Ⅲ版)

于景元同志：

王兆强同志的生态经济区划实际是社会系统工程的一部分。由于生态的变化不太快，时间常数可能是几年，而不是小时，所以可以认为这部分社会系统是“复杂巨系统”而不必视之为“社会系统”。但即便如此，也不是用处理简单巨系统的方法，即协同学方法，能解决的。如您同意，请您同他谈谈。

此致

敬礼！敬礼！

钱学森

1988.10.8

于景元同志：

从概念上说，社会系统当然包括人自己，也包括地理和生态环境。但我们可以把这个大的社会系统分解为几个方面或几个子系统(一级子系统)来处理：社会经济系统、地理生态系统、人体系统……社会经济系统算是最难的，因为有复杂多变的人的行为直接在系统中起作用，我们以前称之为“社会系统”。

前信提到地理生态系统，认为好办点，因为人的行为在此中由于时间参数长，是若干年，而成为一个不太变化的系统“外部条件”。因而地理生态系统可以作为复杂巨系统来处理。

现在我想：对人体来说，因为时间参数比较短，是小时或分钟、秒钟计，心理因素又可作为系统的“外部条件”来处理，所以人体也可以看作是复杂巨系统。

即社会系统的三个一级子系统，只有社会经济系统最难，也是要攻坚的；其他两个还好办一点。这样，地理生态系统和人体系统可以由别人去搞，我们是不是专攻社会经济系统。

这就是：今后大讨论班上除了为了写《系统学》书这件事还有什么要澄清的问题外，集中搞社会经济系统的问题。请酌。

因此附上梁惠民同志文章，那是社会经济系统问题。但他的认识似乎还不是我们的“社会系统”，太简单。请你们研究如何答复他。

专攻社会经济系统是个大任务。你们所可不可以广收人才？也搞除硕士生、博士生之外的，博士后研究进修生？710所要扩大，大干！

以上请考虑。

此致

敬礼！

钱学森

1988.10.17

于景元同志：

我已去信给朱照宣同志，认为：

(1) meta-analysis 只是开了个头，提出了指标 Δ；Δ≫1，没问题，而当 Δ≈1 或 Δ<1 时，工作就不能说全面，只是“一得之见”。

(2) 我们针对开放的复杂巨系统和社会系统，需要的是“系统综合”，即把众多的“一得之见”论文汇总，“集腋成裘”。

(3) 方法还是定性与定量相结合。“一得之见”即专家意见。

(4) 请考虑继续讨论系统综合。对 meta-analysis 文献再搜索一下。这也是社会系统学。

此致

敬礼！

钱学森

1989.5.8

于景元同志：

近读《中国社会科学》杂志 1989 年 1、4 期有几篇文章值得注意。分三个问题讲：

(一) 1 期与 4 期有吴学谋“泛系方法论”的文章，我想实是系统学的概论部分内容和系统论。系统论当然应是马克思主义哲学的组成部分。

(二) 涨落与自组织,这原是 Prigogine 和 Haken 的贡献,文章讲的还可以。但我们应和朱照宣同志的文章结合起来读:涨落即低层次的混沌,所以是开放的巨系统的一个低层次的混沌带来它紧接的高一个层次的自组织——"有序"。微观的混沌、"无序"带来宏观的自组织——"有序"。但这个"有序"只是相对的,用更高一层的观点看,它又属于微观了,又会出现更高层次的混沌。而这又带来再高一层次的自组织和"有序"。

(三) M.Eigen(他得了 Nobel 化学奖?)的超循环理论也实际是开放的巨系统,特别是开放的复杂巨系统中的层次划分。但划分方法更具体了,而且又有了层次间的相互作用。

因此这些文章对我们说的开放的巨系统,特别是开放的复杂巨系统,以及社会系统的研究有用。建议在"大讨论班"上讨论讨论。主讲人不必找什么大专家,请你们手下的人讲更好:一可以提高这些年轻人,二可以自由些。

以上请考虑。来信已阅。

此致

敬礼!

钱学森

1989.7.31

于景元同志:

12 月 11 日信读了,感到如何搞社会主义建设的计划的确是个尚待回答的问题。我想有两条原则:① 社会系统的概念要落实;② 用定性与定量相结合的综合集成法。第二个问题在我们三人送《自然杂志》文讲了,而第一个问题还要进一步明确。请您考虑再写篇文章。

社会主义建设之所以是社会主义的,在于坚持四项基本原则。这样,社会主义建设包括三个方面,即社会主义物质文明建设,社会主义政治文明建设和社会主义精神文明建设。但还有一个基础或环境,是以上三个社会主义建设所依赖的,这就是社会主义地理建设,也即地理系统的建设。社会主义地理建设包括:

(1) 资源考察;

(2) 交通运输建设;

(3) 信息事业建设;

(4) 能源(发电供电、供气)建设;

(5) 水资源建设;

(6) 环境保护及绿化;

(7) 城市、镇集建设;

(8) 气象事业建设;

(9) 防灾;

(10) 其他。

这其他也许包含金融事业。地理建设是我国现在最得不到注意的,因为好像都是 10

年、20年后的事！王任重同志在不久前的七届全国政协常委八次会议上讲："我们不只是看到今后10年到20世纪末的问题，而是看得更远一点，看它一百年，几百年、上千年，我们国家到底怎么建设？没有这样的战略考虑，将来对我们的后代贻害无穷，说明我们这些人短见，近视！"对此我完全赞同。王任重同志举的事例就是铁路、发电、水资源等，都是上面讲的社会主义地理建设。

社会主义建设要持续、稳定、协调地发展，就要求四个社会主义建设配套，不只是以前说的三个社会主义建设。这个原理要深入人心才行。所以请您写文章。

请酌。

此致

敬礼！

钱学森

1989.12.14

于景元同志：

你们与王寿云同志的长谈情况，王寿云同志已大致告我。我看关键是领导下决心，所以马老的工作很重要。近日有好消息吗？

全国政策咨询工作会议您大概参加了吧。江总书记提到定性分析与定量分析相结合，但不知是否指我们的那一套。

您三个文明建设加地理建设的大作，写出来了吗？附上我的拙作两件，供参阅，请指教。

一个理论大题目是如何搞好计划经济与市场调节相结合。我看除了我们的总体设计部以及"信息集成工厂"外，就靠法制和法治了。而后者要搞好，又要引用系统科学，是法治系统工程。所以系统科学真是社会主义治国之本！您下一步是否研究计划经济与市场调节相结合？

此致

敬礼！

钱学森

1990.4.16

于景元同志：

附上周传典同志文，供参阅。我很赞同他的观点，我们的问题就是各管各的，没有总体的设计经营！

我们要坚定不移地在中国共产党领导下建设具有中国特色的社会主义，必须以公有制为主体。但在具体经济制度及方法上应该采用资本主义最先进的那一套：国家创造控制市场，市场引导企业。现在说的计划经济与市场调节相结合只是过渡，三种经济（指令计划、指导计划、市场）也是权宜之计。

国家要创造和控制市场，也就是要市场去引导企业达到国家社会主义物质文明建设的计划。这就要求：

(1) 公有制为主体的多种所有制；

(2) 总体设计部，特别是党中央的总体设计部；

(3) 法规及执法的建设，或社会主义政治文明建设；

(4) 社会主义精神文明建设；

(5) 社会主义地理建设。

总之，党和国家把宏观经济紧紧抓住，微观放开，由大家去干。

以上当否？请酌。

垄断资本家也力图控制市场，也是由他们控制的国家去干，但他们做得不可能全，人民也不让他们尽如他们的心意。我们则不然，可以干好，彻底干好！

此致

敬礼！

钱学森

1990.5.12

于景元同志：

原来称作是“定性与定量相结合综合集成法”，请考虑可否改称为从“定性到定量综合集成法”？实际是综合集成定性认识达到整体定量认识的方法。可简称“综合集成工程”，英文为 Metasynthetic Engineering。

综合集成工程虽然是新技术，犹如 20 年代的航空工程，但那时 MIT 就在 Hunsaker 领导下成立了航空工程系。所以我们现在就应该筹备综合集成工程专业，争取早日开班。培养人是急事。

以上请考虑。

此致

敬礼！

钱学森

1990.5.16

于景元同志：

看了《北京大学学报(哲学社会科学版)》1990 年 5 期 99 页孙小礼同志文，以及《百科知识》1990 年 10 期胡济民教授(也在北京大学)文《近四十年来对物理学看法的变迁》，感到无论是社会科学还是自然科学，现在人们(主要是外国人，中国人跟着人家跑而已)终于认识到还原论方法之不足，这是件大事。但他们又不如我们，我们提出了开放的复杂巨系统的概念和解决问题的方法：从定性到定量综合集成法，引用信息技术、知识工程。所以我们走在全世界的前头了！

以上请酌。

此致

敬礼！

钱学森

1990.11.19

于景元同志：

三位的文章我复制了些，分送了一些人。也给宋平同志送去了。

我看从定性到定量综合集成法，实质上体现了辩证思维，是应用知识工程及信息技术来完成陈云同志提出的“不唯上、不唯书，只唯实，交换、比较、反复”。送上李泽民文，请研究。这一点已告戴汝为同志，请研究。

此致

敬礼！

钱学森

1991.1.28

于景元同志：

近日来我一直在宣传于、王、汪的文章，把文章的报刊剪贴复制十几份分送：上至中共中央政治局常委宋平，下至中国科学院国家计委地理研究所的一位博士后。

附上的复制件请阅。它给我启发，既然知觉（perception）不同于初级的感觉（sensation），是几百万个脑细胞的整体行为，那就是说：局部的、一个侧面的表现不足以说明问题。这给我们启示：开放复杂巨系统的行为需要一个新的概念（哲学家用“范畴”）来描写。几年前我注意到中医的“辨证论治”，“证”非“症”，是什么？我说中医的“证”即系统或人体复杂巨系统的整体功能状态。如果从局部微观看，可能是混沌，表现为无序，但很可能有吸引子，可称为功能态，eigenstate，这个问题 1988 年 11 月 1 日李广钧同志在讨论班上讲中医与系统科学时也涉及，您大概记得。

由此可见开放的复杂巨系统的整个行为描述要用“系统状态”这个词（system state）；如有吸引子即“系统态”（system eigenstate）。微观混沌（无序），宏观有序，社会经济巨系统的什么“良性循环”、什么“协调发展”就是系统态。我国的社会巨系统的系统状态正在从改革开放前的系统态转化为改革开放成功后的系统态。

这样“开放复杂巨系统学”有了第一步了！我们要勇往直前呵！

我谨以此恭贺春节！敬礼！

钱学森

1991.2.13

于景元同志：

4月11日信已阅。

社会系统当然是自组织的，没有神仙，也没有上帝嘛。组织者主要是在社会中的人，特别是认识了客观规律的人。

从定性到定量综合集成法只是方法，用于认识世界、用于改造世界都可以。但我以为总体部的工作是认识与改造相结合的；即便在研究地理系统的工作中恐怕也有地理建设的打算，还是认识与改造相结合。

以上请酌。

您信及图已送王寿云同志，并附此信复制件。

此致

敬礼！

钱学森

1991.4.13

于景元同志：

你们讨论中国社会主义政治文明建设似应考虑以下几个问题：

（一）指导思想是中共中央《建议》中的12条主要原则，其中第一条是基本的政治文明要求；还有第三条、第九条、第十条、第十一条和第十二条。

（二）从前我们提出的13项社会主义文化建设事业，现有国家机构的是教育事业、科学技术事业、文学艺术事业、建筑园林事业、新闻出版事业、广播电视事业、体育事业、旅游事业、宗教事业等9项；而博物馆、科技馆……事业、饮食事业（美食事业）、花鸟虫鱼事业、群众团体事业等4项还无专管的国家机构。

（三）社会主义民主建设实是民主集中制的贯彻落实，这是中国共产党的事，党中央直接抓。

（四）社会主义法制建设责任在人民代表大会，在人大常委；其参谋业务工作在国家法制局。

（五）凡要与阶级敌人作斗争，要直接接触阶级敌人的部门应由中国共产党直接领导，体制为政治委员制。中国人民解放军及武装警察已如此，公安干警、司法干警等也应改为政委制。

（六）法制建设要大大加强，人员太少。

请与孙凯飞同志研究，一定要结合中国实际！

此致

敬礼！

钱学森

1991.5.16

5 月 15 日信已读。下个月 4 位在京时应讨论一次。

于景元同志：

再说点关于社会主义政治文明建设的事。

（一）据中共中央办公厅秘书局邱敦红同志讲（见中央党校《理论动态》1990.12.10 期[总 932]），历年国务院机构数如下：

1950 年 35；1952 年 42；1954 年 64；1956 年 81；1959 年 60；1965 年 79；1970 年 32；1975 年 52；1981 年 100；1982 年 61；1987 年 72（又有非常设机构 77 个）；1988 年 65。

为什么多了砍，又多又砍？就因为没有社会主义政治文明建设的理论。

（二）现在因为大家认识不统一，又要安定团结，所以政治体制改革只能迈小步。但这是搞清理论的好时机，这才是社会主义政治学。

（三）建立社会主义政治学要用系统科学。总的一个思想是：社会主义中国是一个整体，不是分散、各自为政的省（市、自治区）的集合；省（市、自治区）也不是分散、各自为政的县、市的集合。国家管全国的事，下面各级有分工，不能搞上下一统的机构设置。我们现有的做法是封建主义制度的影响，决不能说是现代化的。

（四）将来国务院办公厅有系统中心，是指挥中心、信息中心、行政中心，也是总体设计部。国务院总理、副总理、国务委员是指挥员。

（五）社会主义国家的官是为人民服务的，官的权是为人民服务的职权。所以官受法制的约束，受人民的监督。

（六）社会主义政治文明建设就是要构筑这个完全人造的大系统或巨系统。系统科学也将在这一伟大实践中充实和发展。所以是社会主义中国对人类的贡献。

请与孙凯飞同志研究。

此致

敬礼！

钱学森
1991.5.22

又：附上杨国权同志文两篇，请考虑其与从定性到定量综合集成法之关系。下月我们再面谈。

于景元同志：

您来信说要我去“科学技术是第一生产力”的讨论会，而我想有你们这五位出场，我就可以不去亮相，反正要讲的就是那些。

近日来我在读毛泽东同志的《矛盾论》，有些感受：

（一）从前我们只是把从定性到定量综合集成技术与《实践论》结合起来，阐明了这项技术是在现代科学技术条件下,《实践论》的具体化。

(二)但在建立模型及成果定量化之后,如何提出领导概念中的方针政策,似未讲清。当然,有数字,但怎么说清楚?我想这部分思维方法就是《矛盾论》,因此要完善提高从定性到定量综合集成技术要引用《矛盾论》。

以上当然只是个感受,不成熟,提出来请你们考虑。也应请教马宾老。

此信已复制送王寿云、汪成为、戴汝为及钱学敏四位。

此致

敬礼!

钱学森

1991.7.22

我们中心观点是事物的矛盾及矛盾的不断发展变化。西方的经济学派就不懂这一点。

于景元同志:

8月2日信收到。近日来报刊上讲“科学技术是第一生产力”的文章很多,低层次的、原则性的话他们都说了,所以你们在准备的大作,一定要是深入而又理论性的。

近日报刊上讲“三角债”的议论也很多,看来我们的认识正在深化。我想还是三个社会主义文明建设一起抓的问题,您和孙凯飞同志的文章要强调这一点。我希望这要成为党和国家的决策,只说“两手”不够。

来信中讲到用《矛盾论》的问题,很好。我们的从定性到定量综合集成法是建筑在《实践论》的基础上的。现在要说:从定性到定量综合集成法的工作过程是以《矛盾论》为指导思想的。

这就是说,在建立数学模型的曲折过程中,要发现主要矛盾及矛盾的主要方面,而且要千万记住:矛盾是一个发展运动,会转化的。我们的许多失误都在于未跟上实际,思想僵化,不知道矛盾已经转化,出现新矛盾了。

最后,用以上观点看几本讲系统哲学的书,则似都差劲。《系统辩证论》就是不讲《矛盾论》怎么行!“泛系理论”太形式化,一数学形式化就僵。将来我们的系统科学哲学概括,“系统论”,可不要再犯此错误。

此致

敬礼!

钱学森

1991.8.12

于景元同志:

五位大作在12月28日《科技日报》上见到了。

附上《政协会刊》1991 年 4 期，请读王任重同志文，可见我党老一辈革命家成功的经验。我们应结合现代科学技术使之成为建设中国社会主义的科学方法和实用技术。也就是汇合以下几个方面：

(1) 从定性到定量综合集成技术；

(2) 人·机结合的智能系统；

(3) 作战指挥用 C^3/I 技术；

(4) 信息技术包括通信、资料数据库等。

过年了，您可能会有时间想想这一至为重要的问题，故写此信。

向您拜年！并致

敬礼！

钱学森

1991.12.29

于景元同志：

6 月 28 日信收到。我对信本身没有什么意见，而且认识问题也只能在实践中逐步搞清楚，现在把工作开展起来是最重要的。

我对附图表有点看法：太僵化了，没有表达出将来这个“厅”是专家集体（在一位带头“帅才”领导下）与书本成文的知识、不成文的零星体会、各种信息资料，以及由以上“情报”激活了的专为研究问题的 supporting software 之间的反复相互作用，不是单向箭头，是双向箭头。其中还要用电子计算机试算，算出结果又引起专家要查询资料、要新的激活了的“情报”，就连“命题”也会要修订，不是从一开始就定死了的。在一轮讨论中，这种交互作用出现可以很快，所以电子计算机要高速、并联工作。由于这些道理，图表要重新画。Seminar 的经验就在于此！

您和王寿云同志、汪成为同志、戴汝为同志要多多讨论。因此我把来信连图表转王寿云同志了。王寿云同志对作战模拟有研究，但“厅”比那更高一层，要复杂。我希望你们经过讨论，能搞出一个工作方案，要报上级批示呀。

此致

敬礼！

钱学森

1992.6.30

于景元同志：

7 月 16 日信早收到，我与涂元季同志一起研究了。我们觉得人口控制在我国的确重要，您对此也做了重要理论工作，不容忽视。但比起全国整个人口的体质来说，人口控制又是个局部问题了。所以原稿中的人民体质建设包括人口控制、食品构成及食品工业，着重提出医疗保健事业。前见一个材料，说美国花在医卫的费用远大于教育事业。由于这些考虑，我们决定不动文稿了，您以为可以吗？

附上刘国光同志寄给我的一个材料，我也写了几条意见在扉页上，请参阅。总之，他们看问题层次不够高，不单是深圳市嘛。是那里方圆 70 公里～80 公里的整个地区！

此致

敬礼！

钱学森

1992.7.25

于景元同志：

听涂元季同志说您几位还有马宾老，正准备奉召向罗干秘书长的班子讲解从定性到定量综合集成法及总体设计部。这是件非常重大的事！

我建议：将来去讲的时候，可以说：没有综合集成法，没有总体设计部，国民经济发展年递增率只能定在 9％，不敢再高了，因为吃不透。但有了真正的充分发展了的综合集成法，有了真正的总体设计部，年递增率可达 15％、20％。我们靠这套科学方法能搞好高速发展中的全方位协调。要敢讲！

请酌。

此致

敬礼！

钱学森

1992.8.28

于景元同志：

读了您 8 月 31 日来信又有启发：

（一）现在人们在总结我国 40 余年社会主义建设的经验与教训之后，终于悟到中国社会主义建设是一项极为复杂的系统工程；而且认识了邓小平同志是我国新时期社会主义建设的“总设计师”。那我们就可以说：根据“两弹一星”的实践经验，及周恩来总理要把经验扩展到其他社会领域的教导，我们一定要建立中国社会主义建设的总体设计部。中国社会主义建设总体设计部是为“总设计师”服务的，是在“总设计师”指导下工作的。

这是我们的理论根据。这正如 A.Einstein 广义相对论的理论根据是运动的时空相对性。

（二）这是大道理，我看一般人是难以理解的：A.Einstein 的广义相对论只有到实测星光在引力场中弯曲完全符合理论预见时，才转变看法，认可广义相对论。说服群众要靠实绩。

那我们的总体设计部、定性到定量综合集成法、定性到定量综合集成研讨厅这一大套创世纪的思想，也只有当我们的社会主义建设总体设计部能设计出并经实践证明中国新时期的社会整体发展年增率不是6%，也不是9%，而是15%或更高时，广大群众才会认可我们的理论。这大概是建党100周年了！但此前景是十分明确清楚的！

此致

敬礼！

钱学森

1992.9.2

附言：我的思想近日又有提高，已告王寿云同志。

于景元同志：

10月20日信及您与凯飞同志著作都收到。

附上东北财经大学前校长章梦生的来信复制件，请阅。从金融活动来看，社会巨系统中大概也有混沌，时间尺度大致是几小时。很值得研究。我从前就想开放的复杂巨系统一定有混沌，后来见脑电研究中确实有混沌现象。现在是社会系统了。当否？请酌。

此致

敬礼！

钱学森

1992.10.22

于景元同志：

10月27日信收到。

（一）社会系统中出现混沌，从数学上看当然是由于非线性关系，经典数量经济学理论中的线性关系是不会有混沌的。但也不是一有非线性关系就必然出现混沌。这里面的道理在数学上是清楚的；在有粘性流体的力学中，也就是湍流只在雷诺数到达一定临界值后才出现。因此洋人的nonlinear economics是用词不当！

（二）社会系统中出现混沌是要在微观放开到一定程度才有。而社会系统中有混沌则表示微观是放开了，系统有了活度，所以混沌代表系统的灵活度，是个好现象。当然，灵活也不是不管了，还要宏观控。

（三）我们国家走向社会主义市场经济是合于世界形态及时代特征的。您记不记得我在前几年就讲过？不是商品经济，是市场经济！商品早在两千年前就有了，封建社会也有一定程度的商品经济，那时有所谓士、农、工、商嘛！现在世界是一个大市场，经济受市场的影响极大，所以才活，才有混沌。所以我们要的是今日的经济，市场经济，而不是往日的商品经济。活了，才能最大限度地调动每一个人的积极性，才能高速度向前发展。

（四）是向前发展，走社会主义道路，还是停滞不前，那就看宏观调控了。

（五）要微观放、宏观控，当前的大问题是：①“换脑筋”，教育干部；② 体制改革，搞“小政府，大社会”。

所以社会主义政治文明建设中的大任务是体制建设。到“八五”末能大致有个眉目吗？任务艰巨呵！

（六）市场经济的世界加上第五次产业革命，那可真是瞬息万变的世界，可谓“四海翻腾云水怒，五洲震荡风雷激”。不用总体设计部，不用从定性到定量综合集成研讨厅能行吗？

（七）什么是龙头？国家安全是非常非常重要的，所以宪法规定要有中央军事委员会。再有呢？科学技术是第一生产力嘛，而现在部门分隔，形不成统一集中的科学技术力量！所以仿照中央军委的做法，最好设立中央科学技术委员会，主席由党的总书记兼，第一副主席由国务院总理兼。中央科委设总体设计部。把过去成功的“两弹一星”经验发扬出来。

写了七条，对不对？请教！

此致

敬礼！

钱学森

1992.10.29

此信复制件送王寿云同志。

于景元同志：

您现在是人民政协第八届全国委员会委员，明天会议就开始了，所以此信您开完会才会见到。我们的开放复杂巨系统学和大成智慧工程要十几年后才能为人们所接受，太新奇了嘛。一切开拓者都会有这种遭遇，心放开吧。

但放开心，并不是逍遥，是审时度势地工作。您在政协就要利用机会宣传我们的观点。这我已干了多年了，仍需努力而已。

程极泰教授的名字好，表示了 chaos。但他用“浑沌”，这在 1990 年已经国家自然科学名词审定委员会定为“混沌”，教授落后了！一笑。美国有一帮搞所谓 complexity 的人，主要似在 Santa Fe Institute；前已附上一复制件，*Scientific American* 常有这方面的文章，今年 1 月号又有一篇。我还没有搞透他们这一套是什么，所以非常愿意听听您的意见。可否以此为中心题目，到 4 月初我们七人小组谈一次？

国家科委要设国家系统工程研究中心，我当然赞同。但这是第三个中国的研究机构了：第一个是您现在当副所长的 710 所，老大哥。第二个是国防科工委的，汪成为领导的系统工程研究所。

我很高兴知道您同意“巨型工程”的概念。从前我们还有一个词：“尖端技术”。后来我把它扩展为“尖端科学技术”。现在该怎样把这两方面协调起来？是否国家抓的重中重科学技术开发为“尖端科学技术”。如50年代开始的导弹卫星则似应归入“巨型工程”，因科学技术原理性研究较少；而核弹则似兼有“尖端科学技术”性质。我们提倡的人·机结合智能巨系统，则为“尖端科学技术”。

但不论“巨型工程”还是“尖端科学技术”，都是国家级的项目，要国务院总理直接抓。这不是什么社会主义市场经济，不是产业。请您写篇大文章，或你们几位共同执笔？请酌。

我不去会场，在家读文件。

此致

敬礼！

钱学森

1993.3.12

于景元同志：

再说说“尖端科学技术”和“巨型工程”。这方面我们也有过失：

（一）在60年代一下子把反导弹导弹作为“巨型工程”，所谓“五年不行十年，十年不行十五年，总要搞出来的”，就是失误。现在用“863”是对的，改正了。

（二）在80年代初，我们本来应该把大规模集成电路作为“巨型工程”来搞，但“市场化”了！至今后患无穷！

（三）现在“863”中，有电磁流体发电，到2000年要1亿元（见《高技术通讯》1993年2期5～4页居滋象文），这就有问题，现在成熟的技术有：

（1）用煤通过化工、发电、供城市燃气的“三联供”。

（2）一座大楼，自设发电供热系统，不排废热。它们工效都不低于磁流体发电。

（四）民用汽车一定要电气化，用蓄电池。而在“863”中我们已突破氢化物、镍电极电池，已在开发中。那为什么不立即下决心搞电动汽车，跳过汽油车这一阶段？

一定还有其他。

总的看来，我们只有一大群专家，没有总体设计部，可叹！

我们不要再犯（一）项的错误。

以上请考虑。

此致

敬礼！

钱学森

1993.3.14

马克思逝世纪念日

于景元同志：

4 月 28 日信中您提的意见很好。

我认为 SFI 的先生们开创了用巨型电子计算机直接去探索开放的复杂巨系统，从“半微观”入手，找出可能出现的宏观行为，是对我们很有用的。是我们专家中的一位“SFI 机器人专家”。所谓“半微观”是说在建立计算机程序时，已经引入我们对微观混沌的认识，所以比微观层次高一些，但又不是系统的宏观规律。至于怎样去抓“半微观”而建立计算机程序，我们要从深入学习他们的工作中，逐步总结出此中学问。所谓 genetic algorithm 是其一。

这位“SFI 机器人专家”对活人专家来说，它更“理论”些，不那么靠实践的感性认识，对探讨高速发展变化的系统更能给我们些启发。但又因为巨型电子计算机也不够真正模拟复杂巨系统，所以它又只是一位“专家”之一得之见。但我们需要这一得之见为综合集成用。因此我建议开展这一工作。

此致

敬礼！

钱学森

1993.4.30

于景元同志：

近日见到有不少关于国有企业自主经营的议论，其中有的说，所有权同经营权要统一，因此提出什么“企业法人”之说。您以为如何？马老有何看法？

我看这个说法没有道理。在资本主义美国，一个公司的所有权在由股东组成的董事会。但董事长并不直接经营公司，而是由董事会任命公司总经理负责经营。这不是所有权和经营权分离了吗？

在我们社会主义市场经济体制下，国有企业的所有权在国家，是国家通过企业职工大会任命厂长或总经理负责经营，这有什么不可以？企业职工大会又体现了人民民主，劳动人民对国家负责。这有什么不对？

当然国有资产的管理是件大事，现有的国务院国有资产管理局似乎不够，应是国务院国有资产管理部。还有资产评价等问题，以及有关法律待解决。总之，我们走我们的路。

以上请教。

此致

敬礼！

钱学森

1993.10.8

于景元同志：

这封信是表示欢迎您访美成功回国！

我们六个在 12 月 11 日座谈得很愉快，就缺您了！

下面我向您报告这几天的一点思考：

前些年在我们的研讨班上就听过北京师范大学汪培庄讲过模糊系统，后来还看过他的一个表演倒立摆的模糊控制的录像；我们讨论班上也听过同志讲灰色系统，等等。但在我脑子里，一直没搞通这是怎么回事？要害在哪里？有什么长处？

前几天买到：① 周光亚、夏立显编著《非定量数据分析及其应用》（科学出版社 1993 年 8 月出版，定价 8.10 元）；② 徐昌文编著《模糊数学在船舶工程中的应用》（国防工业出版社 1992 年 10 月出版，定价 7.65 元）。翻看之后，又联系最近有轰动的方开泰、王元创立的“均匀设计”测定未知系统高效方法，我想：

用到模糊控制，这个方法的优点在于它不要求知道受控系统的动力学性能，只要求知道或测定其瞬间状态。此方法设计出的控制有极强的适应能力。这是处理复杂系统的一个非常重要的优点。

所以我们研究调控开放的复杂巨系统要考虑用此理论。这个想法对吗？请指教。

此致

敬礼！并恭贺新年！祝您全家欢乐！

钱学森

1993.12.21

于景元同志：

近读您参加编辑的《系统工程理论与实践》1993 年 6 期 23～28 页昝廷全的《关于系统学研究的若干问题》，才知道那位搞“泛系论”的吴学谋原来还有此位同道。

我现在想：“泛系论”的确是从系统宏观上、整体上看问题的，所以不同于还原论的方法。在这一点上对系统学研究有启发。但从吴、昝的工作看，他们是“宏观过了头”，变得大而乎之地什么问题也解决不了。例如：对社会，他们的研究结果是：社会总会进步的。这没有错，但不解决问题，是“宏观过了头”！我们对社会主义市场经济搞宏观调控还得深入系统内部，这大概不是泛系论的研究范围了。

我以上观点是给泛系论定位。您看对吗？

还是那句老话：只用还原论不行，只用泛系论也不行，要从整体上看问题，但又必须深入到系统结构考虑问题。定性与定量相结合。

此致

敬礼！

钱学森

1994.1.23

您说《工程控制论》又得奖了，是《工程控制论》又有新版吗？

于景元同志：

附上周生炳、戴汝为文《标记逻辑程序理论研究：说明语义》，请阅。

戴汝为同志附信说，这方面的工作的目的是使在综合集成过程中的矛盾能得到处理。这当然是很好的，因为各方意见中难免有相矛盾之处。

但我也想这样处理还是"微观"层次的，恐怕还不够。毛泽东同志在1957年就说过："我就是这么一个人，要办什么事，要决定什么大计，就非问工农群众不可。跟他们谈一谈，跟他们商量，跟接近他们的干部商量，看能行不能行……中共中央好比是个加工厂，它拿这些原料加以制造，而且要制作得好，制作不好就犯错误。"我想"要制作得好"就是在"微观"层次的处理之上，还得有马克思主义哲学和社会科学大道理的"宏观调控"。我们从前犯错误就在于未"宏观调控"好。

这个思想是否应纳入大成智慧工程的理论？请教。

此致

敬礼！

钱学森

1994.2.13

于景元同志：

3月24日来信收到。"结构重组"与"系统重建"这两个词也可以用于渐进的系统改造。是"状态跃迁"与"功能巨变"才有震撼法的意思。震撼用于社会，其难处在于要明确知道震撼的结果功能状态是什么样的，不然会搞乱的，后果就只有失败。1949年改造上海，那时我们党是心中有数的，要怎么改造，改造成什么样子，都清楚，所以成功。叶利钦失败，就在于他的设想是脱离实际的。社会千差万别，也不能做试验，那会损失太大，这与治病不同。我们今天在中国搞改革，只能渐进，因为社会科学理论没跟上。

我们启动研究现代中国的第三次社会革命，如果理论上搞清了，也许到21世纪我们能来一次震撼改造。

您在全国政协八届二次会议的大会发言稿我看了，讲得很好。您信中说，政协会议中大家提了不少好意见，但没有集中。我见一个文件说：这次全国政协会议最后将整理一个委员意见的文件上报。这也许稍好一点。当然这还不是总体设计部的工作。

马宾老报告已上送，是件大事。马老最好也向宋平同志报告一声，因为是他的建议。

此致

敬礼！

钱学森

1994.3.27

于景元同志：

我近得作者马名驹给的书：《系统观与人类前景》（书由中国社会科学出版社 1993 年 12 月出版，定价 5.20 元；作者在北京大学科学与社会研究中心），翻看后有以下几点意见，写下来请教。现附上此书，请用后退我。

（一）书的优点在于明确系统观为系统科学的哲学，也认定马克思主义哲学是最高指导思想。他不采纳前几年流行的“三论”、“新三论”等，也不采纳“系统辩证论”，也不讲“泛系方法”。

（二）但此书又有不足：他不讲小系统、大系统、巨系统的区别，不讲巨系统又分简单巨系统、复杂巨系统。巨系统又有层次结构，混沌与有序交替。

您要去参加系统工程学会的会议和专题香山会议，要涉及上述问题的。

此致

敬礼！

钱学森

1994.5.22

又：今见一篇自 1990 年以来发展的混沌控制文章，现附上其复制件，供参阅。您读过这篇原文论文吗？您能找出这篇原文并复制 1 份给我吗？谢谢了！

于景元同志：

6 月 5 日信收到。

开放的复杂巨系统中的序与混沌应再深入研究。我们看社会，则序的存在并不一定要有局部层次的混沌。如在正常的计划经济中，社会一切都按部就班，有序，但没有局部的混沌。只是在市场经济，在单个市场的运转中常会有混沌—局部混沌；而局部混沌又是有利的，它促使整体之序走向更有效。这样看也许更全面。

所以序是开放的复杂巨系统的宏观稳态特征。局部也可以有混沌，也可以没有混沌。局部混沌的时间常数可以用您说的办法计算；但整体序形成的时间常数则是另外一个问题。

序在开放的复杂巨系统学是一个重要概念，因此它在系统科学的哲学——系统论，有重要位置。说到此为止，比较稳当。是否再上升到马克思主义哲学，则不着急，等等看。

总之，开放的复杂巨系统的序与混沌是巨系统学中的重要问题，您在香山会议上要讲讲。请酌。

此致

敬礼！

钱学森

1994.6.7

又：在巨系统的下面微观层次当然也会有微观的混沌。

于景元同志：

您刚开完“香山会议”，印象感受如何？香山饭店我住过，那是开全国政协的会，我很喜欢那个地方。

写这封信是想讲讲合肥市安徽工学院周美立教授著《相似系统论》（科学技术文献出版社 1994 年 3 月出版，8.00 元）。我翻看后，觉得周美立教授一说相似就只说相似，不顾相异了。客观实际是：两个系统或一个系统的不同层次，有相似也有相异，而且系统发展运动中相似与相异也会动态地变化。所以全面讲系统，应是讲“系统的相似与相异”，不能只讲什么《相似系统论》！你们写大作《系统学》时，应有一章讲这个问题。

相似是宏观的，相似对人认识客观世界有很大的推动力。形象思维的基础即在于此。再加辩证法，讲系统的相似与相异，就全面了。这也实际是我们工作中经常用的思维方法。我这些话对吗？请指教。因想周美立的书您可能已有，所以不附呈该书了。您如要此书，告我，我再寄送。

此致

敬礼！

钱学森

1994.6.23

又：近读《中国科学报》1994 年 6 月 17 日 4 版有篇怀念原北航教授高为炳的文章，他是搞控制论的。您知道他吗？他的工作中有什么我们可以吸取的吗？

于景元同志：

新年有几天假，也许您有时间读点材料，故附上戴汝为同志送来的李世辉同志文，请阅。我看：① 他的隧道工程恐怕还算不上复杂巨系统，所以他论述的实是系统工程方法论；② 但他也用了定性到定量综合集成。这说明从定性到定量综合集成法有更广阔的用处。请酌。

话又说回来，毛主席早在《实践论》中讲了，人的认识总是从定性到定量的，是一般规律。区别在于对系统的复杂程度与此过程反复次数，对比较简单的系统，不必反复，或反复一次即成；而对复杂巨系统则要反复多次，所以要综合集成研讨厅了。您看呢？

您 12 月 22 日信中讲的情况很重要。从报纸报道看，总书记在软科学会议上 24 日讲，软科学是综合自然科学工程技术与社会科学的，这是一语道破了！好极了！

此致

敬礼！

钱学森

1994.12.25

于景元同志：

元月26日信收到，我还翻看了顾海兵和俞丽亚著《未雨绸缪——宏观经济问题预警研究》，感到有以下问题：（现奉上顾、俞的书供参阅）

（一）从我们的认识出发，宏观经济预测必须依靠对社会经济这一开放的复杂巨系统的知识，从定性到定量，用大系统模型。这是理想的方法。马老和您们就成功地用过。

（二）如果像你们那样干没有条件，如现在的国务院发展研究中心，或国家统计局，那也应该用过去我国经济统计资料，引入宏观模型试算，最后得出过去的、历史的统计规律。然后假设：这个历史规律，在近期未来还能基本有用，试算预测。他们，发展研究中心或统计局这样干了吗？

（三）顾海兵和俞丽亚则是用了统计数据的系列分析，完全没有一点宏观经济规律或社会经济系统的概念，可以说是“凭数算命”！这怎么行！外国人“算命”，我们也跟着“算命”吗？

这类问题您比我更有经验，请审核我以上讲的对吗？定了看法后，再上书严陈看法于张塞局长。（我去年上书张塞局长，提出要甄别虚假统计材料，不能让假数字进入国家统计。至今未得回音。）

此问题比较重要，我们要严肃对待。

另一个看法也向您说说：春节前（元月25日）温家宝同志、宋健同志、路甬祥同志、张玉台同志来寓，我向他们讲，今年国家就动手解决企业改革的问题，估计到“九五”期间一定能解决好。到2000年当能使科学技术真正成为社会主义的第一生产力，第四产业也将成立发展，当今的一大难题，如何使科学技术成为第一生产力，也就解决了。这是我的看法，您以为如何？

就写到这里，此致

敬礼！

钱学森

1995.2.3

附《未雨绸缪》书。

于景元同志：

您2月8日信收到。

从来信最后一点说起：今天我们说的第四产业搞不起来，门庭清冷，毛病在于企业浑身是病，连活下去都难，还说什么开发新技术！但今年国家把整顿国有企业作为重点工作，现在报刊上议论甚多。我想到2000年，有6年工夫问题该解决了，届时一年几万亿的产销，1/100就是几百亿；用百分之几像发达国家那样投入新技术开发，就是千亿的新技术开发费。科学技术将真正成为第一生产力了。再过 6 年就行！我是乐观的，第四产业一定将于 21 世纪在社会主义中国兴起！

相反，对社会宏观经济理论，虽然我们讲的我相信是对的，但因没有一位经济界的权威出来讲话，使我们憋了多年了；没办法啊！何年何月?!

但有一件事是可以做的：统计打假。我记得从前胡耀邦同志就讲过："统计不如估计！"我们社会主义中国的统计怎能允许有假？假统计数据应该甄别纠正。能不能甄别？利用数据之间的关联性，应该可以。这总是国家统计局的事了吧？但我以前曾去信张塞同志，专讲此事，但无回音！这次如您同意，可否再用我们二人署名去信给他讲统计打假问题？先请您起草此信。就说到此。

此致

敬礼！

钱学森

1995.2.12

于景元同志：

昨日畅谈，我很高兴！你们在 5 月 23 日～25 日开的"第一届美—日—中系统方法论会议论文集"，我翻看后，结合昨日聚谈所得，想起一个问题，陈述如下：

我们的从定性到定量综合集成法，已向世界同行介绍，并得到大家首肯，那我们就该乘胜前进，同时团结系统学的工作者，把从定性到定量综合集成法作为系统学的主干，说明其他系统方法作的是适合其他特殊条件的特例，是分支。即不是由提高简单系统、大系统、简单巨系统，来建立开放的复杂巨系统理论，而是从复杂巨系统按级作的特例来分化出其他系统理论。把其他理论工作者团结在我们的周围。这是先讲大的总观点，然后讲特例；先树立总理论，然后讲各种条件下简化的特例。也是从开放的复杂巨系统学建立系统学。从繁到简。你以为如何？

此致

敬礼！

钱学森

1995.6.2

于景元同志：

您 9 月 18 日来信收到，看来我们这几个人的想法还是有其可取之处的。近一个时期报刊上对我国社会上出现那么多不正之风也有不少论述，但还没有看到一篇比较全面地提出全面解决的办法。所以我们要研究。

下面我提点想法供讨论。

（一）我们应该用历史唯物主义来看今天我国的社会情况。我记得我曾说过，在一次社会革命之后总有许多事情，由于人们跟不上变化了的环境，会出现大量怪现象。在莎士比亚的许多戏剧中就讲英国社会由封建社会转入资本主义社会的第三次产业革命后，爆发出来的丑事。在我国现代中国的第一次社会革命中，毛主席是有远见的，多次讲了“入城”后要主观上有准备，所以在新中国成立后，能较快地解决了领导干部中的一些不正之风。现在是现代中国的第二次社会革命了，而且在经济体制上有这么大的变化，由政府全面管死到全面放开，只有政府的宏观调控。所以问题就来了！不必大惊小怪，但要用科学的态度、用马克思主义哲学为指导，设计出全面解决的方案。

（二）在我们面临现代中国第二次社会革命时，全世界已进入世界社会形态。这是客观条件。

（三）在设计全面解决的方案时，我们要用最先进的方法——科学的方法、现代科学的方法。不能像18世纪解决技术问题时用的纯经验方法、瓦特式的方法！我们要用MIT首创的把科学理论同工程实际结合起来的理工结合的方法，这方法后来在CIT更进一步结合成为理工结合的技术科学方法。对我们来说，这就是系统工程的观点：我们要用系统工程去攻现代中国第二次社会革命出现的问题。

（四）但社会是复杂巨系统，所以方法也必须是从定性到定量的综合集成法。这又是国家级的总体设计部了。

（五）目前是现代中国的第二次社会革命，但也要预见现代中国的第三次社会革命，为它做准备而不是设置障碍。

（六）要明确：现代中国的第二次社会革命要造就一个社会，其中每一个人都能为全社会的利益而行动：团结合作，不单干，不做不利于集体的事。方法用行为科学的办法，也就是一靠教育、二靠法。

以上当否？请酌。

我们现在宣传我们的思想是时候了。

此致

敬礼！

钱学森

1995.9.24

于景元同志：

您7月14日来信和大作稿《从工程系统总体设计部到社会系统总体设计部体系》都收到。我也看到7月16日《中国军工报》1版有关于710所的报道《走向科技经济一体化》，讲到在您这位副所长领导下，已成功地运用从定性到定量综合集成法解决了不少重要“软科学”课题，这是我们的工作有了实用的成果，我要向您和710所的同志们表示祝贺！

您的文稿写得很好，是宣传总体设计部工作的好文章！我现在想请您考虑的有以下几点：

（一）您在文稿一页倒数第3行讲了江总书记主持的政治局常委会议，那是否就在这句“1991年3月……”前加上一句“这一意见得到宋平同志的支持”。

（二）我们对系统总体设计部的认识源于导弹总体设计部的实践，而那时领导我们工作的是周恩来总理和聂荣臻元帅，他们都强调中国共产党在领导革命过程中的斗争经验，包括大规模集团军的战斗经验，如周总理就提出“三高”（高度的政治思想性、高度的科学计划性、高度的组织纪律性）。所以我们的总体设计部是中国社会主义思想指导下的总体设计部。它实施党的民主集中制。这是我们的特点，也是优越性所在。

（三）有了这样的中国导弹卫星总体设计部的实践经验，才使我们可能提出社会系统总体设计部体系。这是中国的，资本主义国家是学不了的！

（四）您在信中讲到中国当前研究工作的多头分散问题也就在于此。所以总体设计部问题是中国社会主义建设的大课题，不是可有可无的小事！

以上几点，请酌。

此致

敬礼！

钱学森

1996.7.21

又：《求是》杂志1996年14期43～44页辛涉同志文可一阅。

致刘觐龙、韩湘文

刘觐龙同志、韩湘文同志*：

4月23日信及大作稿《大脑与思维》节前都收到。有这么几个问题：

（一）原来向您约稿的人，其情况已由涂元季同志向您说了。其实写了一部好书，总可以找到出版社的，例如上海人民出版社不是在出新学科丛书吗？

（二）中华人民共和国没有给我“教授”职称，请你们不要对我用这个词，用“同志”不是很好吗？第一章、第六章引用我的话是可以的，我是那么讲的。

（三）从大脑到思维的关键问题是从神经元的微观到思维这一宏观现象，微观是 10^{12} 个神经元，每个神经元又有众多的突触，所以大脑是一个巨系统。气体是一个个分子的巨系统，所以从微观的一个个分子上升到气体的宏观就很不容易；气体的描述用压力、容积、温度、熵等等，这都是一个个分子的描述中所没有的。因此多年来争论不少：Marvin Minsky 在 *The Society of Mind*（Published by Heinemann）就说过，想从神经元的组合一下子达到思维现象不大可能。去年美国一位搞 connectionis 的研究生 Matthery Zeidenberg 有篇文章（见附件，用后请退我）就强调网络或系统的整体作用。整体作用就是系统的观点，神经元里没有思维现象，思维现象是整个大脑巨系统的。

（四）气体分子一般种类不太多，而且分子间相互作用的规律比较简单，所以气体这个巨系统是“简单巨系统”。有很多其他物理的巨系统也是简单巨系统。简单巨系统的理论是 H.Haken 首创的协同学 synergetics，很成功。但协同学对巨系统中那些单元种类繁多、相互作用又五花八门的，即“复杂巨系统”，如人类社会、生态问题、人体，就不够用了，不灵了。从上述（三）讲的看，大脑其实也是复杂巨系统，所以现在要从大脑联系到思维，理论工具还不具备，不容易。

（五）你们也可参看 *New Scientist* 1987年12月17日 Paul Davies 文。

（六）建议你们能把这些观点写入书中，不就能把从大脑到思维的难、难在什么地方讲清楚了吗？请酌。

此致

敬礼！

钱学森

1988.5.2

---

* 刘觐龙同志、韩湘文同志当时为507所科研人员。

致黄建平

黄建平同志[*]**：**

7 月 25 日信收到，因用了一个多月去黑龙江省休假，上星期才回北京，复信迟了，抱歉！

信中所述中医“证”的观点我同意。“证”是高层次、整体性的。但系统论也不是元气论，只强调整体，不考虑微观原子论、还原论，系统论是整体论与还原论的辩证统一。这是近两年来我们在“系统学讨论班”上反复强调的。所以系统论是发展了马克思主义哲学，这一点请您注意。

在黑龙江省时，我们也去了五大连池市，了解到每年暖季五个月，那里有近一万人各种慢性病患者去接受矿泉浴治疗，颇有疗效。泉水温度低，不到 10℃，泡头能降血压、浸脚能升血压。我想这又是一种改变人体功能态的外界信息法：用矿泉水给人体皮肤以某种刺激。每年一万人在实践，可惜当地疗养单位未能认真总结提高，不然岂非人体科学的又一重大发展！

所以真是各处都有作科学发现的机会，人类前途无限光明！

北京已转凉，一系列会议就要开始了。长沙大概还热，秋老虎呀。

此致

敬礼！

钱学森

1988.8.26

黄建平同志[**]**：**

元月 9 日信悉。前几次的信，凡有关人体科学的转陈信同志或张瑞钧同志，凡有关思维科学的转中国科学院自动化所戴汝为同志(思维科学筹备组副组长)。大概他们都没有复您信。

关于这两门科学我们现在的一个基本认识是：人体和人脑都是开放的复杂巨系统，而协同学能处理的只是开放的简单巨系统。这里“巨”的涵义是子系统的数量极大，上亿、

---

* 黄建平同志当时为湖南医学院教师。

** 黄建平同志当时在海南石油开发总公司发展部工作。

几十亿……“复杂”与“简单”的涵义是子系统的种类，后者少，几种、十几种，前者多，成千上万。所以处理开放的复杂巨系统，目前还没有从微观到宏观的严格理论，如果到21世纪能出现这样的理论那将是科学技术的又一次飞跃！现在我们要处理开放的复杂巨系统只有用定性与定量相结合的方法，我们说的唯象理论就是这个方法。

这个方法的核心是找到适合一类实践经验的框架：气体定律的框架是□×△=常数×○，一维的元素周期律的框架是

……

……

……

……

……

二维的，复杂多了。而人体和思维的框架还要复杂，是几维的？不止三维吧。古典中医理论提供了一个以阴阳、五行、干支启发出来的框架，这是一大发明，但我们还只能说是启发，不是结论。到底框架该是什么，我们应该实事求是，用中医的临床实践去检验，不合适的地方要修改，最后达到合适的框架，这时唯象中医学也就出来了。我现在想，中医的名医都实际在根据他自己的临床经验修订了医书上的框架的。

其实，建立这种根据人体是开放复杂巨系统认识的唯象医学，用的临床经验可不必限于中医，西医的也可以吸收，但不用西医的解释，而用我们的框架。这才是中西医结合的新医学！也可以把气功也结合进去，就更全面了。

以上当否？请教。

此致

敬礼，并恭贺春节！

钱学森

1989.1.14

致马洪

马洪同志*：

承示有关新国民经济核算体系的文件，十分感谢！谨提以下几点意见供参考：

（一）一个国家的社会集体是一个开放的、与世界有交往的复杂巨系统，“巨”是说组成这个系统的子系统数量极大，上亿、十亿；“复杂”是说子系统的种类极多，而且其相互作用又各式各样。尤其是子系统中有人，而人是有意识的，能根据环境信息作出判断，决定行动，不是简单的一定规律的反应。这样的复杂巨系统可以称为社会系统。

（二）国民经济核算体系是能正确反映国家社会系统经济功能状态的统计（即宏观的）参量体系。

（三）怎么叫“能正确反映”？这就要看我们对国民经济有什么目的和要求，所以我们要考虑到：

（1）我国社会主义建设的目标；

（2）核算体系要能正确解决国民经济核算所要求解答的问题；

（3）统计工作能取得最大工作效率。

第一点是带原则性的，在资本主义国家，政府为了他们资本家统治者的利益，有时故意设计一些核算参量以掩盖事实真相，我们当然不能那样干。

（四）国民经济当然不只是关系到社会主义物质文明建设，而且还关系到社会主义精神文明建设；精神文明搞好了也会促进国民经济的发展。所以国民经济核算体系也要注意那些与精神文明建设如文化建设、思想建设有关的参量。这个问题比较难，因为过去我们不注意，但现在必须注意！目前一方面教育经费、文化事业费严重不足，另一方面又大建效益低的设施，就与没有关系到文化建设与思想建设的国民经济核算参量有联系。

（五）根据以上认识，建立国民经济核算体系的理论实是一门系统科学理论，即社会系统理论，所以建立新国民经济核算体系工作应有系统科学、系统工程的专家参加。

此致

敬礼！

钱学森

1988.8.29

---

* 马洪同志时任国务院发展研究中心主任。

致乔培新

乔培新同志 * ：

承转曹金仓同志信及《中国金融经济学提纲》，阅后有以下几点意见供参考：

（一）金融经济学讲的是金融作为相对独立的经济活动，而这一社会现象是马克思时代还不显著的。所以我们要建立一系列从现实生活中提炼出来的概念和范畴。

（二）金融经济学绝不是讲金融单位业务技术工作的金融学，那是低层次的。

（三）金融经济是全球范围的活动，只说中国的金融经济是讲不清问题的，所以也是没有意义的。

（四）我知道在写金融经济学一书的，就已经有东北一家，云南昆明一家。大家应该合作，努力写好，不要各干各的！

（五）我从来不为别人写的书写序，曹金仓同志的书也不例外。

（六）我对金融经济学也有些想法：① 先要明确金融的载体是什么？载体有：货币（纸币、硬币）、银行存款，支票邮汇等，股票，信用卡……。每一种又各有其特性。② 金融载体与物质财富的关系，这是非常重要的，但又是复杂的，要认真处理好。③ 金融是不是一种可能的物质财富？风险投资的股票在一夜间可以上长几十倍、几百倍，公司可以是尚未投产！④ 因此世界上的金融经济表现为游资数万亿美元，还没有与之对等的物质财富，是金融的游动宏流。但此宏流又有创造和破坏物质财富的巨大动力。金融经济学的中心任务就在于阐明此中规律。

这最后一点看法是我为什么说要搞金融经济学的理由，是联系我国社会主义建设的实际的。我国金融经济学工作者要为改革、开放作贡献！

曹金仓同志信及附件奉还。

此致

敬礼！敬礼！

钱学森

1988.10.12

* 乔培新同志当时在中国人民银行总行工作。

致乌杰

乌杰同志*：

10 月 4 日信及大作均收到，十分感谢！您以“老”称我，我认为只是说我年近 80 岁，其他涵义我不敢当！

在收到此信前，710 所于景元同志已把《内蒙古社会科学（文史哲版）》1988 年 3 期交给我，后来王兆强同志又转来打印的新稿。这次又得您亲自寄来的两篇文章。对这些我一直在学习。

这几年来我一直在考虑科学技术的体系问题，当然要联系到人类知识最高概括的马克思主义哲学。但我自己对马克思主义哲学没有研究，不敢进此殿堂，只在外围观望而已。我看到马克思主义哲学殿堂之外似有九架通道桥梁，各通往科学技术的一大部门。即：

通往自然科学工程技术的自然辩证法；

通往社会科学和社会技术的历史唯物主义；

通往数学科学的元数学（或称数学哲学）；

通往系统科学的系统论（不是所谓“三论”）；

通往思维科学的认识论；

通往文艺理论的美学；

通往军事科学的军事哲学；

通往人体科学的人天观；

通往行为科学的“社会论”（暂名）。

这九架桥梁中只前二者比较完整（当然也还在建），后面这七个，现在还在构建；像“社会论”，那是还看不见轮廓！殿堂加桥梁合成马克思主义哲学的一体建筑。详见附书。

由于这样一个认识，我是保守的。

您能大胆开拓进取，我很佩服！不过，“文章千古事”，也要仔细严肃。

于景元同志的集体在构建系统学（系统科学的基础理论），一定会好好学习您的文章，吸取其中营养。

---

* 乌杰同志当时在内蒙古自治区包头市人民政府工作。

我从来不为他人写的书写序，所以您的要求我不能完成了。请谅！

此致

敬礼！

钱学森

1988.10.14

致周士一

周士一教授*：

12月8日来信及大作《读谢焕章教授〈气功的科学基础〉》均收到。

《基础》一书对人体的科学仪器测试有了开端，但人体是一个开放的复杂巨系统，书中的记述只是点滴而已。就是再加上全部气功内省和中医的浩瀚临床实践也是堆积如山的零金碎玉，未成大器。如何构建人体学的殿堂？这需要一个结构框架，而您在文章中是提出了这样一个框架。今后工作就是去验证这个框架与经验是否合适，不合适的地方要做修改。经过一段时间的工作，一切安放就位，唯象的人体学也就有了。

所以您的文章是重要的。我已将文稿送谢焕章教授。不知上述是否有当，请教。

此致

敬礼！并贺

新年！

钱学森

1988.12.22

* 周士一同志时任湘潭师范学院教授。

致成思危

成思危同志*：

12月16日信及尊作10篇，以及 cool water 材料都收到，十分感谢！

因为您关心系统工程的实践，所以我送上中国系统工程学会的一个材料供参阅。我想中国系统工程学会似尚缺少一个专门搞生产流程的委员会，而生产流程的系统工程对化学工业特别重要。您如同意，您可作为发起人向学会的秘书长或副秘书长建议成立这个委员会。我已把您的10篇论文转给中国系统工程学会副秘书长王寿云同志了。

至于 cool water 的那项工程，我以前亦有所闻，这次看到来件，更具体点了。他们是美国联邦能源部支持，由搞煤气化化工的、搞火力发电的和搞燃气轮、汽轮机的多家企业联合开发的，是系统工程。但他们的工作范围还太小，未包括煤气的化工加工，也未包括煤渣的加工利用，硫的进一步加工利用等等。我想我们国家现在就应该开始搞一项系统工程论证：以一个大煤矿区的生产、全部生产为对象，不是 cool water 日处理原煤1 000吨，而是日处理原煤10万吨，或更多，系统的产出包括电力、燃气、化工产品、建筑材料等。系统论证的目的在于到21世纪初能建设这样的产业。

我以为在我国现在就有搞这项论证的科学技术力量，但分散在各部门没能组织起来。所以要由国家计委和国家科委牵头，组织能源部、化工部、环保局、建筑部、交通部等，以及机械电子工业部和各有关企业，才能办这件事。如您对此生产流程大系统工程有兴趣，那何不向有关方面倡议？我想国家环保局曲格平局长是会感兴趣的。

如何？请酌。cool water 材料奉还。

此致

敬礼，并贺

新年！

钱学森

1988.12.23

附：（1）中国系统工程学会通讯手册。

（2）cool water 材料。

* 成思危同志当时在国家化学工业部科学技术局工作。

致李福利

李福利教授*：

12 月 10 日信及大作均收到。我十分感谢！

人体科学是现在全世界感兴趣的课题，而且许多人都觉得近代科学 300 年来习惯的老方法是不够用的。所以像 I.Prigogine，H.Haken 都在倡导新的，即系统科学整体论方法。但这些人近年来搞的耗散结构理论和协同学，原是从处理简单巨系统（即物理巨系统）发端的，他们没有认识到人体不是简单巨系统，而是复杂巨系统。简单与复杂的区别在于子系统的种类及相互作用的规律：前者少，几种、十几种；而后者有成千上万种。因此这些人都把人体问题过于简单化了。例如，在人的思维和智能问题上，他们就碰壁！

所以不能天真！搞物理的人，好处是大胆，但毛病在于过于天真！您说的五维，也只是一定条件下，好像是五维；千万不要以为真是五维的人体了。中医理论不只是五行，还有阴阳，还有干支，绝不是五维。所以研究人体科学应把人体作为开放的复杂巨系统来探讨，切忌简单化！以上当否，请指教。

附上一复制件供参阅。

此致

敬礼！并贺新年！

钱学森

1988.12.26

---

* 李福利同志时任中国科学技术大学物理系教授。

致丁忠言

丁忠言同志*：

我是《科协论坛》的一个忠实读者，每期都使我学到东西，所以非常感谢你们！

最近我看到1989年1期，其中有一篇袁正光同志的《从社会大系统的全局看科协》，立意很好，要从整个社会的组成结构来看中国科协，而不能就科协自身来论科协。这一点我很同意。但袁正光同志对全中国党、政、企、事、群的划分，似乎是一个社会劳动者才能作为其中五大子系统的一员，而且一个社会劳动者只能是一个子系统的成员。我看这不符合我国的实际。例如：党这个子系统，不能把中国共产党看成是党的办事机关，整个中国共产党是由4 000多万党员组成的中国共产党，每个党员都受中国共产党党章的约束。所以党这个子系统的成员就有4 000多万。如果党这个子系统还包括中国共产党领导下与中国共产党团结合作的各民主党派，那党这个子系统的成员约有0.5亿。

政这个子系统也包括中国人民解放军、法院、检察院、公安干警、武警人员等，其中当然有党员，所以子系统的成员不是绝然分隔的，成员是交叉的。这样一个政的子系统在人数上可能比上述党这个子系统还大一些，可能是0.6亿。企这个子系统包括不包括个体劳动者？因为个体劳动者没有组织起来，不受一个组织管，所以我看不能算是企这个子系统的成员。这样企这个子系统只包括全民所有制企业、集体所有制企业和私有制企业，这样成员数估计为2.0亿。成员当然有党员，又说明社会大系统的子系统在其成员方面是交叉的。

袁正光同志说事业子系统包括新闻、出版、科研、教育、体育、卫生等等，那包括不包括学生？我想学生受学校规章的约束，不是独立于学校之外的，所以应该作为事这个子系统的成员。各类学校学生大约有2.0亿，加上教师和子系统中其他方面成员，事这个子系统成员总数可能是4亿。

群这个子系统的成员如工会又是企子系统的成员和事子系统的成员；共青团又包括了许多学生；妇联成员来自各界；科协成员主要来自事业子系统……所以群这个子系统与其他子系统交叉很多。当然群这个子系统的成员也会有不是其他子系统的人，如退休人员。群这个子系统的成员数可能不小，约有4亿。

在我国目前不在上述党、政、企、事、群五大子系统的，未参加社会组织的个人还不少，

* 丁忠言同志时任《科协论坛》主编。

如家庭妇女、个体劳动者等，人数也有 5 亿至 6 亿。这样上面五大子系统成员数加在一起已有 11.1 亿。再加五大子系统外的 5 亿至 6 亿，总数是 16.1 亿或 17.1 亿，比全国人口总数约 11 亿还多；这是由于社会五大子系统中成员有交叉。

以上陈述中我提出的数字是估计的，不是准确的统计，但它显示出两点，值得注意：

（一）企、事、群是社会子系统的大子系统，我们从前对它们注意不够。我们对群这个大子系统的重要性更要提高认识。

（二）全国还有大量未加入社会组织的个人，这是社会主义初级阶段建设中要认真研究的一个问题。组织起来的人总比同样数目的个人有更强的力量。

上面这些想法可以说是马克思主义社会学的研究分析，但因为它涉及群众团体这个重要社会子系统，所以又是中国科协学的开篇。如您认为这些话可供大家研究中国科协学的参考，可酌登《科协论坛》，作为袁正光同志文章的补充。

此信已复制送袁正光同志。

此致

敬礼！

钱学森

1989.1.30

致朱照宣

朱照宣教授*：

我想开放的复杂巨系统要一百、几百个参量才能描述系统的功能状态，而一般论文只用几个、十几个参量，所以是一得之见。如何把众多的一得之见汇总成真知？meta-analysis，只开了个头，只提出Δ的概念，$\Delta \gg 1$，没问题；$\Delta \approx 1$，$\Delta < 1$ 就是一得之见了。我们要的是综合，即系统综合。我想方法还是定性与定量相结合。每一项一得之见的工作都是一位专家的意见，要集腋成裘。

如何？请教。

此致

敬礼！

钱学森

1989.5.8

朱照宣教授：

从于景元同志处得到您1月9日报告的记录，读后很受教育。您真不愧为一位学者，读书广泛，而又能概括提炼出五个大问题。

我对混沌读书甚少，但脑子里总有个未解的问题：即混沌和有序的辩证统一，也可以说这是巨系统，开放的或封闭的巨系统，以及开放的复杂巨系统社会系统的一个带根本性的问题。这里说辩证统一就是说上面一级与下面一级不是绝对地谁支配谁，不是“层级”关系。

比如一个晶体，是有序的，但晶体中的电子云又是混沌的。再如层流是有序的，但层流中的分子运动又是混沌的；而且层流又能再演变为湍流是高一个层次的混沌了。所以巨系统的混沌与有序是辩证统一的。

这也就说明还原论与整体论要结合起来，是系统论。

巨系统混沌的再一个问题是：巨系统的混沌出现的机理、条件。能不能设计一个控制机制，不让它出现？再就是低层混沌怎样造成高层的有序？

至于混沌的维数，我想从以上分层观点来看，只能明确是讲哪一层次的混沌的维数，

---

* 朱照宣同志时任北京大学力学系教授。

不能泛泛而论。

这些问题提得对不对？请指教。总之“系统学讨论班”总要在国内外学者研究的基础上，更上一层楼。用马克思主义哲学。Lighthill 我认得，非大器也！

此致

敬礼！

钱学森

1990.2.8

致李铁映

李铁映同志*：

首先我和蒋英同志向您和秦新华同志拜年！

在报纸上读了您对我国教育问题的讲话，感到很好，好就好在明确了社会主义中国教育工作的目标，明确了要培养什么样的人。

我现在给您写这封信的目的是：在我国要开展教育理论或教育学的研究，要重新用马克思主义哲学为指导，创建马克思主义的教育理论或教育学。我几年前接触过国家教委的一些同志，感到他们习惯于老一套，以为那是“科学的”，是客观规律。其实现在流行的教育理论、教育学是以心理学为根据的，但心理学是科学的吗？

问题在于近代科学始于四百年前的文艺复兴，是 Copernicus，Kepler，Descartes，Galileo Bacon 和 Newton，他们创立了从实验观察出发，以推理为手段的所谓科学方法。为了在复杂现象中能定量测定，不得不分解事物，而且越分越细，生物学已到了分子生物学，但还不够，还要再分下去，到 DNA 结构！另外，推理就有综合，如何综合？人的主观不能不起作用。这一点 A.Einstein 早就指出过。总之建立在还原论基础上的所谓科学方法是有很大局限性的。这也是一方面自然科学中的物理学、化学等和工程技术虽然取得了不起的成就，但心理学这门研究人自己的学问却进展甚微。这一事实在国外也已公认。

所以教育理论或教育学要在辩证唯物主义指导下，撇开老一套，用正确的主观与客观相结合的方法，即在附呈拙文提出的定性与定量相结合的综合集成法，认真总结国内外、古代和近代的育人实践经验及教训，重新建立马克思主义的教育理论或教育学，这就是我的建议。

我自己受过 20 年代师大附小和师大附中的良好教育，那时期就出了许多有才干的学人，如您委的张维同志，如北京大学哲学系张岱年教授。我高中在师大附中高中理工科，学过伦理学、解析几何、微积分、大代数、非欧几里特几何、第二外国语德语、有机化学、工业化学等等，差不多把现在高等院校大学一、二年级的课都读了。这一经验不值得总结吗？

---

* 李铁映同志时任中共中央政治局委员、国务委员兼国家教育委员会主任、党组书记。

以上不知当否？请指示。

此致

敬礼！

钱学森

1990.1.27

附拙文请指教。

致牛志仁

牛志仁同志*：

3 月 13 日信、文稿及文章都收到，十分感谢！

灾害是人类社会及其环境中产生的复杂现象，当然是一个系统，但灾害系统也如社会系统，是开放的复杂巨系统；重在“复杂”及“巨”。见附上《自然杂志》文及《现代化》文。

我们是搞“国际减灾十年”，所以不能停在灾害系统的描述议论上，要进一步研究如何减灾，即认识灾害的规律，从而由政府采取有效的措施。这是系统工程了，灾害系统工程。而灾害系统工程只能用定性与定量相结合的综合集成法。您对地震学的研究是有用的，但只此当然不够。此中道理，您在省地震局工作，当然有体会。

总之，希望您能用系统科学新成就，开放的复杂巨系统理论去开拓灾害学。

此致

敬礼！

钱学森

1990.3.27

附文两篇。

---

* 牛志仁同志当时在陕西省地震局工作。

致平措汪杰

平措汪杰同志*：

4月25日信及尊作《辩证法新探》都收到，十分感谢！您对我的评价我不敢当，科学技术是无止境的，而对马克思主义哲学这一人类智慧的结晶，我更是一个学生，都不能说“有很高的造诣”。

所以您要我回答的问题我不能全面答复，还请您找马克思主义哲学的权威，如中国社会科学院哲学所的查汝强同志。下面我只讲讲我的一点体会，不当之处请指正。

我以为马克思主义哲学中的辩证法有“质”（即定性）与“量”（即定量）两个方面，两者不能同等看待，混为一体，但两者又辩证地相互作用，是统一的。此即我们常说的：量变引起质变，而质变又导致量变规律的发展。这在元素周期表中看得很清楚：质变是电子壳层的变化，量变是同一电子壳层中逐步填满。

如只考虑一个“质”，那就只能有“正、负”，“善、恶”，“0、1”等“二元”理论，这好像是您的理论基础。中国古代的《周易》“八卦”就如此，局限性太大。就连中医理论也不能只建立在“阴”“阳”的基础上，还要“五行”（金、木、水、火、土）和十二干支。而实际的人体是开放的复杂巨系统，这种中医理论还不够用，老中医大夫都要根据临床经验加以修补，总之，只讲“质”是不行的。

此致

敬礼！

钱学森

1990.5.5

---

* 平措汪杰同志当时在全国人民代表大会常务委员会民族委员会工作。

致冉乃彦

冉乃彦同志*：

3月19日信及大作《系统科学与品德心理结构》昨日才见到，迟复为歉！

您把人的品德心理放到社会系统中去考虑，不脱离实际，也就不搞唯心主义了，是一大进步——符合马克思主义。但我也要提以下意见，供您考虑：

（一）人是在社会中的人，而社会是一个开放的复杂巨系统（见《自然杂志》1990年1期钱学森、于景元、戴汝为文），研究人的行为、人的品德心理一定要先研究人、个人与社会系统的相互作用，这是根本。

（二）人当然受社会系统的作用，从品德心理讲，在我国就是社会主义精神文明建设的工作。对社会主义精神文明建设，党的十二大报告讲得很清楚，而且有创造，是马克思主义的发展。社会主义精神文明建设分两部分：思想建设及文化建设。两部分都与品德心理有关，而您在文稿17页上把这种作用分成可控教育与不可控教育，似不妥。我们是中国共产党领导的社会主义国家，没有不可控的，只有尚未控的东西。“扫黄”不是颇有成效吗？就是学校教育中不也有因搞“创收”而出现许多不良后果吗？

（三）您似把“教育”限于学校教育，这是不完全的。该从社会主义精神文明建设的全部工作去考虑德育。而社会主义精神文明建设就是一个庞大的体系，在文化建设这一部分中就可以再分列出13个方面，学校教育只是其中之一而已。以上当否？请指教。

此致

敬礼！

钱学森

1990.5.10

* 冉乃彦同志时任北京教育科学研究院研究人员。

致姚依林

姚依林副总理*：

这次您主持的从7月6日到13日的三峡问题会议，我因健康原因而尚在治疗过程中，不能都每日到会，昨天就请假了。这要向您说明，请您谅解。

但我对三峡问题一直注意，看了不少材料；钱正英同志也向我介绍了不少情况。我不是搞水利的，但近10多年来一直在开拓系统工程的事。我现在认为大型水利工程都是系统工程，而且是处理开放的复杂巨系统的系统工程；看简单了，用十几个参数，二三十个参数是不够的。正确的方法是定性与定量相结合的综合集成法，要把各方专家的意见集腋成裘，最后要用几百个参数的复杂系统上大型电子计算机算，才能得出全面的、正确的方案，做到科学决策。

过去治理黄河，就争议甚多，以至有人称黄河为"争议之河"，决策也难科学，因而改动多次。现在三峡问题实是治理长江的问题，老方法太简单化了，各执一端，争议自然不可免。只有在认识上登上一个层次，用复杂巨系统的系统工程才能解决问题。这是我的意见。

附呈拙文两篇，更详细地阐述以上观点，供您审阅。处理这类系统工程的技术班子是有的。我的看法也仔细地向钱正英同志说过。

此致

敬礼！

钱学森

1990.7.7

---

* 姚依林同志时任中共中央政治局常委，国务院副总理。

致王东

王东教授*：

您给我的《中国社会科学》1990 年 3 期及大作《信息论新趋势和认识论现代化》已收到，很感谢！

《中国社会科学》上的文章我在读您的书之前已看过，当时觉得还可以，没有出格。在读到您的书之后，又感到与书的精神不太相合：即我直到现在，以为马克思主义哲学中并没有什么要丢掉的东西，马克思主义哲学并没有什么失去昔日光彩的东西。当然马克思、恩格斯、列宁、毛泽东都是人，不是神，他们都不可能看到今天的世界。所以马克思主义哲学需要深化与发展，但不是急于先去改造马克思主义哲学，像所谓“西方马克思主义者”那样！我猜想这两篇有关“信息论”的文章主要是柳延延教授的思路，被“三论”（信息论、控制论、系统论）牵着鼻子了！

什么“三论”！“三论”应是一论，即系统科学的哲学概括，系统论。原来发展起来的控制论（N.Wiener）和信息论（C.Shannon）都是在系统科学的技术科学层次，不是哲学。后来国外许多人赶时风，乱发挥，是不科学的。

我想问题在于：近 100 多年来，人类知识的发展绝大部分在自然科学、工程技术，要深化并发展马克思主义哲学必须注意从自然科学、工程技术中吸取营养。而这又不能从一些“二流哲学家”吐出来的东西中去找，要直接钻到自然科学、工程技术中去找。但这又有困难：哲学家不懂自然科学、工程技术，自然科学、工程技术的专家们又无暇钻马克思主义哲学！所以我一直宣传马克思主义哲学家要同科技专家交朋友，联合作战！

以上请考虑。

此致

敬礼！敬礼！

钱学森

1990.7.16

---

* 王东同志时任北京大学哲学系教授。

致高沈淮

高沈淮同志*：

7月27日信及大作稿《试论我国的经济运行机制与经济运行的稳定性》都收到，十分感谢！

经济是社会的一个侧面，还有精神文明和政治，以及社会活动的环境条件，即地理系统。所以是一个复杂问题，远比一般自动控制和系统工程处理的问题要难。近年来我们有个“系统学讨论班”，讨论了这方面的问题，我们认为概念要有新内容，理论方法要有创造：概念是开放的复杂巨系统；理论方法是定性与定量相结合综合集成法。不知您注意到没有？故附上几篇文字，供参阅。

宣传一个新思想要有耐心。我宣传社会主义建设总体设计部也有十几年了，直到去年秋天宋平同志才开始听我们汇报！但现在也未有结论。有一次汇报，甘子玉同志也在座。总有希望吧。您才40多岁，可以看到您的理想会实现！“博士”也未见得就灵。

“系统学讨论班”是开放的，您如有意参加，大家一定欢迎。主持人是航空航天部710所于景元同志，您可与他联系。

此致

敬礼！

钱学森

1990.8.7

又：李鹏总理最近说搞经济的不能只定性，还要逐步学会用定量方法。对我们也是鼓励！

---

* 高沈淮同志当时在国家计委经济研究所工作。

致戴汝为

戴汝为同志[*]**：**

8月10日信及附件收到，很高兴。我想，从定性到定量实际就是毛泽东同志讲的从感性认识到理性认识。而这一过程又受制于计算能力的制约。例如：

(1) 在20世纪40年代的延安窑洞里，理性认识受极初级计算工具的限制，只能搞个大轮廓而已。不太有把握，只好再实践、再认识。

(2) 吴文俊的成就在于他抓住了电子计算机这一强有力的计算工具，把解析几何早就指出的从定性到定量的途径走下去了，以至到今天他要扩大到整个数学领域。

(3) 于景元他们搞经济的宏观问题，在100年前是不可能从定性到定量的，没有必要的计算能力。

所以您说得对：解决开放的复杂巨系统问题，就连现代每秒几亿次的计算机，以至每秒万亿次的计算机都不够用。我们必须动脑子，出点子，使计算量控制到机器能力之内。这就是我们面临的问题。但也不是不能解决的，早有上述历史先例嘛！愿我等共勉之。

此信复制送王寿云同志。

此致

敬礼！

钱学森

1990.8.15

戴汝为同志：

这几天翻看了您9月送来的文集《综合各种模型的知识系统》(英文名似应是Knowledge Systems by Synthesizing Various Models)，也同时看了其他几本“知识工程”“知识表达”的书。我以为：我们的目的是设计制造能代替一部分人的脑力劳动的智能机，而这项工程技术就是人工智能，或称“人工智能学”。您提出并使用了“知识系统”这个词很好，因为的确是个“系统”。以前大家探索，提出各种模型，那都是“一得之见”，有其模糊之处，只有把各种模型综合起来，才能互补，才能从模糊到清晰。这是不是也可以说是一种“从定性到定量”？“从感性认识到理性认识”？这里系统的概念是很有用的。

---

* 戴汝为同志时任中国科学院自动化研究所研究员，博士生导师。

我以前说过：智能机是现在及今后50年我国的尖端技术。现在我想，智能机和人工智能是工程技术，属思维科学的实用层次；而上面提到的知识系统或知识系统学则属应用科学，是思维科学的中间层次；所以智能机的工作最终也将有助于思维学的研究，思维学属思维科学的基础学科层次。这一点我以前也说过，现在更清楚了。

我很希望你们的工作能应用到国家的大工程：综合集成工程，即从定性到定量综合集成总体设计部。而这里面也有许多子项目，如情报信息的提取与提炼，也就是国外叫data fusion，我称"情报信息的激活"（Information Inspiritment）的工作，这也要用你们的工作，以自动化。

以上请教。

此致

敬礼！

钱学森

1990.10.4

戴汝为同志*：

我很高兴地读了您3月4日来信及附文《人·机结合的智能系统》。马希文同志首先提出人·机结合的概念，功不可没！

日前我已告王寿云同志和汪成为同志，现在再向您说，我们的目标是建成一个"从定性到定量综合集成研讨厅体系"。这是把专家们和知识库信息系统、各AI系统，几十亿次/秒的巨型计算机，像作战指挥演示厅那样组织起来，成为巨型人·机结合的智能系统。组织二字代表了逻辑、理性，而专家们和各种AI系统代表了以实践经验为基础的非逻辑、非理性智能。所以这是21世纪的民主集中工作厅，是辩证思维的体现！

自本世纪初以来，发达国家中成功的科学研究中心，都有所谓seminar。我在Caltech就有幸参加过这种活动，印象很深，那真是民主集中！在我们社会主义中国，应该把这个宝贵经验与马克思列宁主义、毛泽东思想和现代科学技术结合起来，这就是厅。这个想法，请您几位讨论并指教。

此致

敬礼！

钱学森

1992.3.13

又：民主集中是中国老一辈革命家提出来的，但在他们的时代缺乏必要的科学技术手段来真正实现它。

---

* 戴汝为同志时任中国科学院院士，中国科学院自动化研究所研究员。

戴汝为同志：

3月18日信及Boden文均收到，十分感谢！

我想人脑之不同于计算机在于人脑是开放的复杂巨系统，是在实践过程中不断演化前进的，而计算机就是到了本世纪末的万亿次/秒也还是太简单。这里一个核心问题是：人脑是在实践中进化的，所以是辩证唯物主义的dynamic noölogy，而不是机械唯物论的static noölogy。洋人总是不明白这一点！

请酌。

此致

敬礼！

钱学森

1992.3.25

戴汝为同志：

您见此信时想是刚从海外归来，访问很成功吧？

尊作《关于智能系统的综合集成》定稿已收到，仔细读了之后，深感这是一篇重要论文。现在的任务之一是说服人、团结一切可以团结的人。因此想到那些搞模糊系统的人，那位搞灰色系统的邓聚龙。近日又见您的学会筹备组办的《思维科学通讯》1992年3期，上面有田运、叶眺新、徐章英、顾力兵等人的文章，也说到那位搞广义量化方法的郭俊义。所有这批人想的、说的，他们解决不了的问题，您的论文指出了唯一光明大道。我们有这个信心，就如同1921年中国共产党成立了，才几十人的党就看准了中国人民的前途，一条充满光明的大道！也正如党的方针之一是团结一切爱国自强力量一样，我们今天也要团结上述这些搞思维科学的各方面人员，组织“统一战线”，为建立从定性到定量综合集成研讨厅体系的伟业而努力。

我建议您的合作者，王珏同志写这样一篇文章，说服他们，讲明他们要干的，只能用我们的方法。您在“攀登计划”课题组中，对陈霖同志、何振亚同志也要如此。我们的事业是伟大的，我们是要把古今中外千亿人的头脑组织成为一个伟大的思维体系，复杂超巨型系统。可否称之为“大成智慧工程”？

此致

敬礼！

钱学森

1992.10.19

戴汝为同志：

从2月8日起，又有2月16日、2月19日两封，共4封信，还有您和王珏同志文，田捷同志信及ITDSS简介，都读了。很感谢！认识到的有以下几点：

（一）您提出“巨型智能系统”的概念是个突破；而且又明确分为四种方案，把一直到今天的各种设想系统化了。我赞成“自力型”与“社会型”的说法，而最后一种是把人包括进去了，是超巨型智能系统了。

（二）凡是“社会型”的巨型智能系统都有“进化”的特征，即系统不断成长、不断提高。我们的 HWSMsE 就是如此的。这一点是否要强调？请考虑。

（三）既然机器还不能认识形象，田捷同志的 ITDSS 用人来干这件事，那是否在我们的 HWSMsE 超巨型智能系统中就请专家们干这件事？这是把形象（直感）思维半机械化了。

其实我说的“情报的激活”也是这回事。汪成为的 OO 软件技术办不了，就把人引进去。我 1983 年就是这么说的，见附上复制件。请教。

（四）当然人还可以创造出“库”里没有的形象，这是“悟”了。现在我想灵感（顿悟）思维就是这么一回事。灵感、悟都是“无中生有”。自然这“无”也不是真空，是有一切过去之“有”为基础的。可是一旦灵感来了，悟出来了，又成为一种入库的形象，增加库容了。这就是成长。

以上当否？请教。

此致

敬礼！

钱学森

1993.2.25

又：近来我深感跨学科之重要性，R. Arnheim 就跨学科。所以大成智慧学是当务之急！

戴汝为同志：

前几天送上一个关于美国 Santa Fe Institute 的复制件，不知您是否熟悉他们的工作？我记得在去年曾送上一复制件是 *Scientific American* 1992 年 7 月号一篇讲 genetic algorithms的。他们认识到还原论对处理开放的复杂巨系统有困难，强调定性的宏观思考，这是对的。他们也在开拓一种博弈论的方法，如 genetic algorithms，对此我们不该吸取其有用部分吗？您和王珏同志的大文章，要不要说说他们的工作？有个评价？当然，美国人没有毛泽东的《认识论》！

请酌。

此致

敬礼！

钱学森

1993.3.4

戴汝为同志：

4月3日信收到。因为现在您参加的“攀登计划”中的课题组中有心理学的人，我想提一个问题请你们研究：在从定性到定量综合集成研讨厅体系中，核心的还是人，即专家们。整个体系的成效有赖于专家们，即人的精神状态，是处于高度激发状态呢，还是混时间状态。只有前者才能使体系高效运转。如是后者，那就难说了。您如问我，我最幸福的时刻是：

（1）在美国 Pasadena 参加 von Kármán 主持的 seminar；

（2）60年代在北京人民大会堂参加周恩来总理主持的“中央专委”会议。

原因我体会是，高度民主的气氛，所以思想活泼。至于我参加过的国内研讨会就差远了，死气沉沉！这是个大问题。请考虑。心理学家要讲清楚。

此致

敬礼！

钱学森

1993.4.10

戴汝为同志：

4月24日信收到。

智能机器人之所以智能，可能就在于能干点复杂些的事；所以要紧的是适应并反应比较复杂的环境。机器人本身则是比较简单的，不是复杂巨系统，连简单巨系统都够不上，至多至多是个“小型大系统”而已。

我们研究的是开放的复杂巨系统，开放的对象环境也会是复杂的。如中国社会本身是复杂巨系统，而现在要向世界开放，世界社会也是复杂巨系统。AI 进化主义派的论点有局限性。以上对吗？请教。

此致

敬礼！

钱学森

1993.4.28

戴汝为同志：

收到您7月11日信后，读了好几遍，对我启发至深！您从中国传统文化中的“意”与“象”的关系，把它们都作为整体宏观的思维来考察，把“意”作为最高的理性认识，“象”则为感性认识，这是注入了从定性到定量综合集成的思想，好极了！

Arnheim 的《视觉思维》只说到“象”。中医的“望、闻、问、切”是经过医生用学问和经验综合判别为医象，但怎么治病，还要进一步用中医的人体宏观理论，阴阳和金木水火土相生相克的理论，加临床经验，再上升为治病的“意”。您最后的 $P^i(I^i, S^i)$ 是思维认识的简洁表达。我们的大成智慧工程与大成智慧学就是这个思想。您把形象思维和抽象思维融为一体了。用此理论培养学生，就可以适应我前次给您去信提出的问题：如何迎接即将到来的多媒体技术和灵境技术世界，当然讲辩证统一，还靠马克思主义哲学。

以上请教。

此致

敬礼！

钱学森

1993.7.16

又附上朱梧槚同我的通信，供参阅。

戴汝为同志：

7月24日信及关于复杂性问题的讨论稿都收到。

我在以前给您的信曾对SFI先生们鼓吹的ANN法有过评价：这个方法能借助于大型电子计算机把复杂巨系统的整体行为，在只知巨系统下一级子系统的性能条件下，表达出来，这是一个突破。在面对一个开放的复杂巨系统，要是专家们还不熟悉，对其整体宏观行为毫无把握，那ANN法不失为一得之见，即一位“ANN+计算机”构成的“专家”。但也只不过是一得之见，因为子系统下面还有更下一级的子系统，子系统也是复杂的。例如：在股票市场模拟中的学生，就受其文化思维的影响。

因此SFI的ANN法有用，可以作为从定性到定量综合集成法中的一位“专家”。我们还要靠真正的其他专家。ANN法也要“综合”进来。

此致

敬礼！

钱学森

1993.7.27

戴汝为同志：

这几天读到《中国科学报》1993年7月27日二版上李衍达同志的文章，题目是《智能控制》。文章也说到8月会议，即何毓琦教授来京参加的那个会。文章使我想到：

如果真要解决复杂巨系统在开放环境中的有效控制，李文说的“智能控制”可能还不够，要在系统中用我们的从定性到定量的综合集成法。其实我们的HwsMsE就是一个“智能控制”体系，只是十分庞大而已。对小一点的复杂系统能不能设计出有信息内储的“智能控制”全自动化体系？在理论上把“智能控制”提高一步？并为今后发展打下坚实的基础？请考虑。如有不当，请指教。

李衍达同志是清华大学的教授吗?

此致

敬礼!

钱学森

1993.10.3

戴汝为同志:

10 月 8 日信收到,也得所附四份材料。

我看您和王珏同志主编的文集,还是由您自己写开篇吧,不要让我劳神了,行不行?我看您说的 Hiroaki Kitano 的 massive parallel computing,何毓琦教授的 Heuristios, Rules of Thumb, and the 80/20 Proposition,还有 Santa Fe Institute 的 genetic algorithm 都是不用"纯理论"的"微积分法(calculus-based methods)",而是宏观调试法。但这些方法论都要先有一个明确的目标,即说得清楚的目标要求。如果连目标要求都还不是"理性认识",而是"感性认识",专家们的一得之见,那就只有用我们说的从定性到定量综合集成技术和 HWSMsE 了。我们是在攻最艰难的堡垒。

当然,从我们站着的高度去看他们的工作,也就更清楚了。您以为如何?

此致

敬礼!

钱学森

1993.10.10

戴汝为同志:

今天翻看了何毓琦教授寄来的材料,我想他们没能理解 metasynthesis,其原因可能在于他们没有开放的复杂巨系统的概念。头脑中没有开放的复杂巨系统,当然也不会懂专为解决开放的复杂巨系统问题而构建的 meta-synthesis。

当然 meta-synthesis 也可以说不新鲜;过去有许多有成就的工作组织就不自觉地使用过。我们只不过把它总结了,系统化了,规范化了,理论化了。何教授一旦承担开放的复杂巨系统的研究任务,他就会领悟的。我们不也是逼出来的吗?他们提出质疑也是好事,使我们在今后讲解时,强调从定性到定量综合集成法的使用对象是什么,绝不是简单系统。

此致

敬礼!再向您及您的班子拜个早年,恭祝新年好!

钱学森

1993.12.12

戴汝为同志：

我读了《标记逻辑程序理论研究：说明语义》一文后，想到：

（一）你们现在开展这种有一定程度容错性能的逻辑推理，是一大进步，它使理论更接近现实了。

（二）但我想在从定性到定量综合集成中，实际是有非常重要的人的判断，即参与人从自己的知识素养中，提取高层次、大跨度的理论判断来改造计算结果。这也可以把计算机的计算作为“微观”的，而人要作“宏观调控”。

以上不知是否有当，请指教。

奉上我致吴远同志信的复制件，供参阅。

此致

敬礼！

钱学森

1994.1.13

戴汝为同志：

附上一篇胡懋仁论文复制件，请阅。

我觉得作者把神经系统与思维系统混在一起了，所以也发生前送上那篇论文讲的，把认识与认知混在一起。我现在想到开放的复杂巨系统也会有层次，上一层次的开放的复杂巨系统又会包含着下一层次的子系统，而子系统又是开放的复杂巨系统。请看：

宇宙——地理系统——社会——人——人脑一共有五个层次，每一层次都是开放的复杂巨系统。而因为人脑工作的产物有思维，思维是我们从人脑的活动中概括出来的，思维不是脑细胞！所以把神经网络的工作直接作为思维的模型是不对的。不同的层次嘛！研究思维还是要用思维学。前次送上论文所讲的认识—认知问题，可能也在这里。对吗？请教。

此致

敬礼！

钱学森

1994.5.30

戴汝为同志：

于景元同志遵马宾老之嘱，将马老的《〈人工智能与人类社会〉读后》转给我。我读后认为此文也同我们一样，强调人・机结合的观点，故奉上请阅。

近日来，我们的思想似又有点发展，即：“机”不是代替人，而是协助人，是人・机结合，而人・机结合又分两个阶段：

(1) 目前的信息革命会导致人・机结合的第一阶段；

(2) 灵境技术的发展将导致人・机结合的感受，是更高层次的结合，也是人・机结合的第二阶段，这是马老文还未论及的。

我们能不能设想：第一阶段在我国于2010年实现？这也是进入发达时代所需要的。

以上当否？请指教。

蒋英和我也向瑞令同志问好。

此致

敬礼！

钱学森

1996.3.10

戴汝为同志：

您7月1日来信及大作稿《从现代科学技术体系看今后智能系统的工作》都收到。

先谈您文稿2页那张体系图的问题：行为科学的哲学概括改用现在我国哲学家们喜欢用的“人学”；而这也是声明“人学”要用马克思主义哲学为指导。建筑科学的哲学概括暂用“建筑哲学”，有待于今后建筑家们和城市规划专家们定。

这也说明这张表不是我一个人搞的，是集体创作。我在20世纪80年代首次在中共中央党校讲课时只把原来人们心目中的自然科学和社会科学两大部门扩展到8个，加上数学科学、系统科学、思维科学、人体科学、军事科学和文艺理论。过了几年才加上地理科学、行为科学。今年6月4日才提出建筑科学的设想，而这还是受到台湾叶树源教授《建筑与哲学观》一书的启示；后来又与建筑专家顾孟潮同志和城市规划专家鲍世行同志谈过，请大家研究。这都说明这个现代科学技术体系是我们经过实践经验的累积，用马克思主义哲学作指导总结出来的，是毛主席《实践论》的结果，也是不断发展的。

现在有了计算机信息网络，那我们就该用这个现代科学技术体系来建立这一信息网络。

人要用这一信息网络，达到运用自如，真正成为人·机结合的“新人类”。这样回顾人类的历史，我们就感到第五次产业革命的伟大意义！智能系统的建立及运用就如古代人开始有了语言文字！

以上供您加工您论文初稿时参考。

此致

敬礼！

钱学森

1996.7.7

戴汝为同志：

我一直在读李夏和您写的《复杂性、概念系统的结构和知识发现技术》，我想我们提出的从定性到定量综合集成法及综合研讨厅体系(包括专家集体和设备)就是您们说的知识发现技术了。

您5月18日信中提到文中对社会科学的一些说法可能是错误的，的确如此。文中批评的是唯心主义的社会科学，而马克思主义是辩证唯物主义。我们的从定性到定量综合集成法正是以辩证唯物主义为指导的。

什么叫复杂性？我们现在可以说：复杂性是开放的复杂巨系统的特征。对它不能用还原论的方法，还原论方法只能在简单巨系统有效。复杂性来源子系统种类多，而且子系统的行为又依系统的子系统形成的环境来定，高度的非线性关系。

根据对此特征的认识，马宾老和于景元早在十多年前就提出了"从定性到定量综合集成法"。他们不但正确认识了复杂性，而且设计了一套有效的方法。这是 Santa Fe Institute 他们没有做到的！

5月19日至23日有第73次香山会议，主题是脑科学，您和李夏同志去了吗？

此致

敬礼！

钱学森

1997.6.30

戴汝为同志：

附上于景元同志、汪成为同志近日来信请阅，是交流情况。

近一个时期我一直在翻看 M.盖尔曼的《夸克与美洲豹》一书，我深感这位诺贝尔奖获得者并没有深入解决复杂性问题，他没有提出处理开放的复杂巨系统的方法。他只是从一位理论物理学家的观点上来试图解释客观世界（特别是自然界）的复杂现象，只定性不定量；所以观点太不全面，似是而非。前一阵子，在美国就有人批评他们 SFI 这帮人是 from complexity to perplexity！看来他们的缺点在于：

(1) 只从自然科学观点入手，没有从社会科学、系统科学、行为科学、地理科学等多个方面来考察复杂现象；

(2) 也没有认真深入考察人体科学，而正是在这里还原论的方法之局限性表现得很突出；

(3) 也因此他们就找不到从定性到定量的综合集成法。

以上观点请考虑。书也奉还供您使用。我也想我们的方法是深得益于马克思主义哲学的，资本主义世界的科学界可能认为我们不科学，他们才是科学！世界观的问题啊！

最后我还是补充一句，从定性到定量的综合集成法源于马宾同志，他的功劳不可忘记！

此致

敬礼！

钱学森

1998.1.2

戴汝为院士:

您5月16日来信及大作《Internet——一个开放的复杂巨系统》都收到了,我也拜读了。我很感谢!

您的文章很好,是我辈多年来一直在研究的。现有如此成果,很了不得。我近日来也在报章上多次读到江泽民总书记讲的“三个代表”的要求,这不就是处理一个开放的复杂巨系统吗?您们正得此方法,真是大好事!我希望成功!

我和蒋英要向您和詹瑞令大嫂请安!敬礼!

钱学森

2000.5.21

致章维一

章维一同志*：

10 月 24 日信及《系统的定义与系统的逻辑》都收到。

您讨论的问题属于系统科学最高层次——系统科学的哲学概括，它是马克思主义哲学的组成部分。我一直把这部分学问称为系统论(不是所谓“三论”之“系统论”)。我自己还没有顾得上研究系统论，因为现在对系统科学的研究还不够，特别对系统科学的基础学科——系统学还在建立中，怎么谈得上系统科学的哲学概括?

当然，国内也有人在搞系统的哲学，如吴学谋的“泛系理论”，如乌杰的“辩证系统论”等等。您读过他们的论述吗?

我们有个“系统学讨论班”，是个开放组织，各高校都有同志参加，主持人是航空航天部 710 所于景元同志。我已把您的信及文章转给于景元同志，他会同您联系的。

我对您的建议是：如您要搞系统科学的哲学问题，您应先对马克思主义哲学下一番功夫，因为马克思主义哲学是指导一切理论研究的。

以上请酌。

此致

敬礼!

钱学森

1990.11.29

* 章维一同志当时在清华大学精密仪器系摩擦学国家重点实验室工作。

致汪成为

汪成为同志*：

来信拜读了，很高兴；也请王寿云同志看了。这封信也先请他看后再寄给您。

您送来的两份复制件，一美、一日，对比之后给我启发：美国人实在些，日本人还会错下去！

人脑是一个开放的复杂巨系统，现在我们对它不认识。这在马希文同志为译出的 H. Dreyfus《计算机不能做什么》（三联书店 1986 年）写的序和全书都指出这一点。那就是说：研制智能机不能用老一套还原论的方法。那位 ICOT 的渊先生就是先入为主，所以他领导的工作未达到目的，失败了。理所当然！

MIT 的 Media Laboratory 大概也栽了不少跟头，现在接受教训，一点一点试验了。

既然如此，我建议对智能机问题搞个讨论班，从定性的点滴零散认识入手，如：

（1）幼儿大脑学习过程，儿童心理教育学；

（2）心理学；

（3）思维科学；

（4）文艺美学；

（5）各种专家系统，人工智能的工作；

（6）其他。

然后大家讨论，探索从定性到定量的道路。

我想如果“八五”能搞出点眉目就不错了。2000 年出理论，一方面是思维学，另一方面是智能机出现！十年规划！请酌。

此致

敬礼！

钱学森

1990.12.7

汪成为同志：

读了您 3 月 3 日信，感到您的确很用心，综合集成了国外工作，提出了您自己的看法。

---

* 汪成为同志时任总装备部系统科学研究所所长，总装备部科技委员会常务委员。

您说时间不够用，这是所有在一线的同志的困难，问题在于集中精力，提高效率：① 在您负责的前提下，放手让副手大胆地去承担一个方面的工作；② 用马克思主义哲学作指导。您千万避免陷于日常繁琐事务。当所长要会当所长！

我对来信中的细节确实不懂，那么许多花样的 technologies，我不了解其内容呀，我是外行人嘛。我只想说一点：我不以为能造出没有人实时参与的智能计算机，所以奋斗目标不是中国智能计算机，而是人·机结合的智能计算机体系。这是对我 1989 年讲的又发展了，我得益于近年来对从定性到定量综合集成的学习。我前次同您六位谈的就是这个认识。最近我向王寿云同志提出一个新名词，叫"从定性到定量综合集成研讨厅体系"，是专家们同计算机(可能要几十亿 Flop)和信息资料情报系统一起来工作的"厅"。这个概念行不行？请你们研究。

您 3 月 3 日信及此信已请王寿云同志阅。

此致

敬礼！

钱学森

1992.3.6

汪成为同志：

收到 7 月 26 日信及你复印的 *Artificial Life* Ⅰ、Ⅱ，我同意您关于我们工作的观察，"将会深刻地影响着人类的物质文明和精神文明"。

毛泽东同志在《实践论》中阐明的真理：人从实践经验的总结先在大脑中形成感性认识，那是点滴零碎的，然后再进一步分析综合，运用过去累积的知识，加工成理性认识。但这不过是一次认识的循环，还要把得到的理性认识运用于实践，开始第二个循环……无穷无尽。以此来考察思维，则抽象(逻辑)思维是人长期实践经验的总结，概括出的规律，一阶逻辑，比较成熟有把握，所以敢于用它"深加工"，从公理、定义得到可以信赖的定理，中间不需要再与事实核对，"抽象"即此而言。

但对一时还没有搞清的问题，只有零碎概念，那抽象(逻辑)思维是无法下手的。这时要根据《实践论》，把感性认识的点点滴滴用一个软件把它"缝"起来，如计算结果同实践经验能对上号，那这个"软件"就能用，范围只限于验证的范围，所以这个方法是每一步都离不开实践经验的"形象"的，因此称形象(直感)思维。但也因此可以应用于比抽象(逻辑)思维更广阔的范围。所以您说的各种软件是大有可为的，但它寸步离不开与实践经验的对比和纠正。这就是人的作用了，所以是人·机结合。将来软件设计得更好了，步子可以迈大一点，人的干预少一点，自动化程度高一点。neutral computing 也如此，其 intellegence 有限得很。

这样我们就用马克思主义认识论把思维学中的几种思维统一起来了。所以我赞成您在信中那一段话。

以上我讲得对不对？请教。书退还。

此致

敬礼！

钱学森

1992.8.12

(1) 此信已复制送王寿云同志及戴汝为同志。

(2) 灵感(顿悟)思维与形象(直感)思维有相似处，只是用梦境来解放思想。

致马宾

马宾同志*：

今值岁末，我谨向您拜年，祝您在1991年工作顺利，身体健康！

写此信还想说说公有制企业固定资产及流动资产的管理问题，原因是读了些在12月20日召开的首届国有资产理论研讨会的文章（看的是由国防科工委与会同志带回来的），感到思想很乱，亟待清理。但我是完全外行，没把握，所以写在下面请教：

（一）首先，是只对国有企业吗？我想社会主义中国的政府是对人民负责的、为人民服务的，这样除私有企业外，一切公有制企业，国有（即全民）企业和集体（集资）企业都应是国家管理对象。将来混合型——一部分国有、一部分集体所有，会越来越多。

（二）一个企业的流动资产是否分三部分，即进厂原材料及在制半成品、仓库存的制成品、流动资金？后者归金融管，好办。问题是前两部分的管理。

（三）固定资产的问题看来很大。一说40年来国家投入资金有数万亿人民币，但1988年底统计国有资产才1.615万亿人民币。是多大的折旧率？是合理的吗？

（四）资本主义国家的做法我们不能照搬，他们那里，在这些问题上都免不了用的方法为垄断资本家服务。我们要用马克思主义经济学，实事求是地分析，然后制定法规，建立管理体制。以上请教。

此致

敬礼！

钱学森

1990.12.28

* 马宾同志时任国务院经济技术社会发展研究中心顾问。

致马佩

马佩教授*：

蒙赐尊作《辩证逻辑教程》，十分感谢！拜读后深受启示，现将我的体会陈述如下，请指教。

（一）辩证逻辑实是辩证思维的规律，是思维科学的重要内容。

（二）辩证思维是什么？它是人们从事将感性认识上升到理性认识的思维过程。

（三）这一思维过程是高度复杂的，是我们一批搞系统学的同道称为从定性到定量综合集成法（以前称定性与定量相结合综合集成法），用来处理开放的复杂巨系统时的思维过程。定性就是点点滴滴、不全面的感性认识；定量就是全面的、深化了的理性认识。这一转变是一个飞跃，所以是辩证思维。

（四）我们从实践中，即在对开放的复杂巨系统的研究中悟到：这种思维过程是高度综合的，包括：1）抽象（逻辑）思维；2）形象（直感）思维；3）社会（集体）思维；以至4）灵感（顿悟）思维。所以辩证思维是高层次的，是思维科学中一大难题。现在离完整的理论尚远。您的书收集甚丰，是珍贵的资料。

（五）也因此，书后面的附篇，讲“辩证逻辑”的形式化，是对辩证思维的误解。

总之，研究学问，切忌脱离实际，从书本到书本！

此致

敬礼！

钱学森

1991.4.30

附呈拙文数篇。

* 马佩同志时任河南大学哲学系教授。

致杨国权

杨国权总工程师*：

5月间两次来信及附来大作和材料，都收到，十分感谢！惜当时因科协“四大”正在开会，未能面谈，甚歉！

您的《因素辩证分析图法》与我们近年来在搞的开放的复杂巨系统研究有联系，我们正在发展的从定性到定量综合集成法要吸取您的意见。因此我们在学术上也要感谢您！

附上拙文二篇，请指教。

此致

敬礼！

钱学森

1991.6.12

* 杨国权同志时任郑州市建筑设计院总工程师。

致梅磊

梅磊同志*：

去年 12 月 25 日(您写的是 11 月 25 日)信收到，同时也收到您对“开展人脑复杂巨系统研究的初步考虑”及书目。

我提点意见。

(一) 书的第二章似应对大脑的结构作一概括而全面的描写，如神经元、胶质细胞等，这是物质基础嘛，花点篇幅是必要的。

(二) 祝贺您建立了在科学会堂的“脑系统科学实验室”!

(三) 您要找于景元同志、戴汝为同志讨论人脑复杂巨系统当然应该。戴汝为同志还研究思维学，与脑科学关系更密切。但他们都不是社会科学工作者，都是技术科学家，您如真要找社会科学家，我建议您找兰州大学的刘文英教授，他著有《梦的迷信与梦的探索》。

(四) 宣传宣传您对人脑复杂巨系统的看法，自然很必要。写这类文章按科学文献惯例，注明观点出处就可以了，不要用什么“钱学森论脑科学”来宣传个人！不能搞帮派呀！

(五) 我现在太老了，已不去参加学术会议了，所以您组织经常性的学术活动我赞成，但我出席不了。

以上供参考。

此致

敬礼!

钱学森

1992.1.3

梅磊同志：

您 5 月 24 日信收到。

我看研究人体科学、研究脑科学，的确像您讲的，我们有个从经典的科学还原论逐渐进入开放的复杂巨系统学的过程。怎么办？还是要从实践经验中去总结，舍此无法了。但对人体科学、脑科学，又是谁天天面对人体、人脑活动的整体？是研究工作者吗？不是。

---

* 梅磊同志时任 507 所教授。

研究工作者总可以把问题割成小块，不行再割，直到割成小系统了，还原论就灵了。但医生却不同，医生要治病，而病人、病人的大脑是整体，不能分割的，分割就不是病人、病人的脑了，所以医生从临床实践中逐渐学会整体论方法，即开放的复杂巨系统方法。但临床医生这种心得却往往招致研究工作者的批评，说他们“不科学”！这是我近十多年来接触这两方面同志的感受。也许有的死硬派研究工作者会笑我“不科学”，“神”！

我知道您不是这样的，您在信中已说到去医院就遇到在研究所未遇到的难题嘛！临床医学是宝库！

以上当否？请指教。

此致

敬礼！

钱学森

1994.6.6

致王永锐

王永锐教授*：

近读尊作《作物高产群体生理》，深受启示。从书中知道，在1960年首次提出"作物群体"和"群体生理学"的是我20世纪30年代在美国的老同学殷宏章先生；他有此远见而我直到今天才知道，真是又愧又喜！

我所以写这封信是因为我以为：① 这门作物群体生理学是我不久前在人民政协全国委员会常委会上讲的，介于生物学与农业技术之间的一门技术理论学科(见附上复制件)，非常重要。② 这门学问又与系统科学有密切关系，而系统科学是我近10多年来一直在考虑的新的科学技术部门(见湖南科学技术出版社1982年《论系统工程(增订本)》)。在1960年还没有系统科学！

这里我首先要声明：在上述这本书中，张沁文同志和我提出过"农业系统工程"(见该书121页)。但那是指科学地设计整个农业生产及农业生产的科学组织管理，所以不是作物群体生理学。

作物群体生理学是什么？您的书已讲清了。我理解，它显然要考虑群体的环境：不但地上部分，而且还有地下部分，即"根圈 rhizosphere"；不但单一作物群体，而且还有间作、套种，以及"立体农业"等；不但是自然环境，而且还有人工措施(地膜、水、肥、农药等)。所以作物群体生理学的研究对象是系统科学中所谓"开放的复杂巨系统"。因此研究这门学问要用开放的复杂巨系统所特有的方法——即从定性到定量综合集成法(以前曾称为"定性与定量相结合综合集成法")，不能用老一套为人们所习惯的科学方法(详见附呈拙文两篇)。这里强调：认识基础是人们从实践中总结出来的感性认识，方法就是要科学地从感性认识上升到理性认识。

对作物群体生理学来说，代表感性认识的是老农经验、农作专家的意见等等，必须以此为基础。

我以上这些话可能都是外行话，写出来是向您请教！

此致

敬礼！

钱学森

1992.1.3

---

* 王永锐同志时任中山大学生物系教授。

致瞿宁淑

瞿宁淑同志*：

我近读苏联 B.Ъ.CoчaBa 著《地理系统学说导论》,(李世玢译,商务印书馆 1991 年出版。)有以下几点看法,提出来向您请教:

(一) 她在 20 世纪 60 年代就提出地理系统的概念,很早就引用了 von Bertalanffy 的理论,比我们领先了。

(二) 但她似又受自然地理和生态学的影响过深,在她的地理科学中未能包括全部人文地理、经济地理。

(三) 所以她的"地理科学"和"地理系统"还不是我们说的研究地理科学、地理系统的任务: 人类社会存在和活动的客观环境的研究。

(四) 她也没有讨论如何从定性论述走向定量论述的方法,未能贯彻系统学的科学理论。所以 B.Ъ.CoчaBa 的工作我们应该参考,但我们要更彻底,真正全面地认识地理系统(包括人为设施的人类社会生存和活动的环境),建立地理科学,为社会主义地理建设服务。

以上这些,是我这个地理学外行今天才知道的,也可能您早就清楚了!

再过几天就是 1992 年春节和立春了,"百年难遇岁朝春"啊,谨向您恭贺节日快乐!

此致

敬礼!

钱学森

1992.1.30

瞿宁淑同志:

7 月 3 日信和"地理科学研讨会"论文都收到,十分感谢!

我另外还附上一复制件: 余正荣的《生态发展: 争取人和生物圈的协同进化》(《哲学研究》1993 年 6 期)。这实际是我们说的地理科学之哲学概括: 地理哲学,值得参看。我之所以这样做,是看到我国地理科学工作者似尚缺少从宏观整体角度考察地理系统,而是零敲碎打的多。这不是研究地理系统这一开放的复杂巨系统的正确方法。因此,中国地

* 瞿宁淑同志时任中国科学院、国家计委地理研究所研究员。

理学会要宣传开放的复杂巨系统论，促使大家从宏观上研究地理科学。我上一次给您的信，实际也是讲这个问题。这些话对不对？请教。

此致

敬礼！

钱学森

1993.7.7

附件：余正荣文。

瞿宁淑同志：

我近日收到八届全国人大常委杨烈宇的关于建设大连经济特区及大连港的发言稿，这使我想到又一个地理建设的问题。

李鹏总理在八届人大一次会议上《政府工作报告》只是说了要加快环渤海地区的开放开发，并没有指明大连。环渤海地区还有营口、秦皇岛、天津、东营、蓬莱、烟台、威海等。开放开发环渤海地区，各方面要协调发展以求得最高效益。近见报端还有人要在唐山东南建“北方大港”。如此东一锤、西一棒怎么行！我国地理学工作者要把开放开发环渤海地区从地理建设角度，用从定性到定量综合集成法进行论证。请考虑。

地理科学大有可为嘛！

附上杨烈宇人大常委的建议稿。

此致

敬礼！

钱学森

1993.7.26

瞿宁淑同志：

8月2日信拜读。很感谢您给我讲了研讨会的情况。

我想根本的问题在于哲学，地理哲学。前奉上《哲学研究》论文复制件就是讨论辩证唯物主义的地理环境观。是人通过实践认识地理环境的客观规律，然后又以人的意志通过利用所认识到的规律改造地理环境使之更好地与人的活动相协调。

在古代，人的能力有限，所以我们的古人就强调人天合一，强调适应地理环境。后来工业革命大大提高了生产力，科学也发达起来，人们就自以为了不起，能为所欲为，结果破坏了地理环境。灾害频繁，为人敲了警钟，才又认识到环境不能破坏，只能建设、经营。

工业革命的又一后果是自然科学兴起，到上个世纪末地球科学——地学有较大发展。这也影响地理科学，把地理科学分割为两个部门，一个吸入自然科学成为地学的一部分，叫自然地理；另一余下的部分，叫人文地理。是竺可桢院长指出这个问题，才使我们恢复地理科学的本来面貌。

但研究地理科学要认识到地理系统是一个开放的复杂巨系统。只用还原论的方法，没有整体观是不行的。要用系统学，用从定性到定量的综合集成法。地理科学的同志们对系统学、对从定性到定量综合集成法，不熟悉，也是一个问题。

所以今后工作是：① 宣传马克思主义哲学的地理哲学以开拓视野；② 宣传系统学和系统方法论，运用从定性到定量综合集成法解决问题。这样我国地理工作者们才能更好地为我国社会主义建设服务。有了明确的大方向，能做出点重大的成绩，领导当然重视，地理科学队伍也就巩固了。

地理科学既然涉及人和社会，社会形态的发展也自然会为地理科学研究提出新内容。例如社会主义市场经济中，土地资源、矿产资源、水资源等都是国家所有，企业或个人使用必须是有偿的。国家地质矿产部、国家水利部都在研究制定这方面的法规。这当然影响地理建设。

邓小平同志讲大家要换脑筋。我们地理科学工作者是不是也要换脑筋？请酌。

此致

敬礼！

钱学森

1993.8.6

瞿宁淑同志：

我近读以吴传钧教授为顾问的“环渤海地区整体开发与综合治理”研究成果出版编辑委员会审定的《中国环渤海地区产业发展与布局》一书，系科学出版社 1992 年版。我有一个想法向您报告。

此书说明现有的一套方法对完成此“八五”重点研究项目是困难的，缺综合集成的技术。因此能不能考虑在今后几年，把从定性到定量综合集成法引入这项工作？使新方法通过实践得到理解并完善？

当否？请教。

此致

敬礼！

钱学森

1993.8.16

瞿宁淑同志：

您在节前写的信，今日见到。我们节日过得很好，想您和传钧教授也过了一个好节吧。

今年年景很好，只是北京市春、夏、秋三季都旱，农田灌溉要好好节水才行。

我近来注意看《中国科学报》二版上的关于地区规划研究课题的报道，深感问题复杂，涉及自然地理、经济地理、人文地理，农业建设、工业建设、交通建设、通信建设以及水利工程、水土保持等等。所以实际是开放的复杂巨系统，是地理建设系统工程。可惜专家们还没有用从定性到定量综合集成技术，结论恐有不够全面妥当。这就难以实施了。

宣传地理建设系统工程看来是当务之急了。您以为如何？

此致

敬礼！

钱学森

1993.10.8

瞿宁淑同志：

我首先要向您和传钧院士问安！你们1997年春节过得愉快！

我也感谢您1月28日来信及《中国地理学会〈地理建设与可持续发展学术研讨会〉纪要》、《关于赴广西河池、百色、南宁地区七县科技扶贫考察的报告》。不久前我也读了您和张超的在《系统研究》论文集中的文章《论地理系统与地理建设》。读了三篇文章，我有一个想法，地理科学还要深入宣传系统的概念：地理系统是一个开放的复杂巨系统，这是最大、最复杂的巨系统，而我们的许多同志对这一点了解得还很不够，习惯于就事论事，眼光不够宽广。

我曾向您讲过交通运输的重要性。在石山地区首先要打通与外界的连接，才能发挥本地自然优势，开发有特色的生产，不必一定在本地生产所有的食物，粮食可以从外地调。西南地区缺少铁路是个大问题，南昆铁路在今年年终可以投入正式运行，就是大事，是与香港回归祖国、党的第十五次全国代表大会一样的国家大事！今后入藏铁路也是发展西藏自治区的头等大事！此议当否？请教！

此致

敬礼！

钱学森

1997.2.16

致王寿云

王寿云同志*：

你们几位正在写作的文章可否以此为题：《从定性到定量综合集成研讨厅体系》？这是把下列成功经验汇总了：

(1) 几十年来世界学术讨论的 seminar；

(2) C^3I 及作战模拟；

(3) 从定性到定量综合集成法；

(4) 情报信息技术；

(5) “第五次产业革命”；

(6) 人工智能；

(7) “灵境”；

(8) 人·机结合智能系统；

(9) 系统学；

(10) ……

此致

敬礼！

钱学森

1992.3.2

请酌。这是又一次飞跃！

王寿云同志：

不知您是否已返京，先写这封信，因近日颇有所感，时不我待呀！

前日上送朱主任一个美国人要抓 systems integration 的材料，即全国乃至世界信息一元化，这是第五次产业革命的大事。这几天又从戴汝为同志那里得美籍华人华云生的论文数篇是讲几项 AI 技术的；从王元同志那里得到讲计算机辅助教数学(Computer Assisted Instruction,CAI)的论文集。由此深感我们的从定性到定量综合集成法和定性

* 王寿云同志时任国防科工委科技委副秘书长。

到定量综合集成研讨厅体系所表述的概念还要深化。您的论文《国防系统分析方法的新近发展》也指向这一点。

什么呢？是否是：把人类几千年来的智慧成就集其大成，把计算机科学技术、人工智能技术、作战模拟技术、思维科学、学术交流经验，加上马克思主义哲学，合成为“大成智慧工程，Meta-synthetic Engineering”。用这样一个词是吸取了中国传统文化的精华的，有中国味。

最后，这件事关中国社会主义建设的大业，领导怎样抓？请朱主任提出，请国防科工委领导酌定。大事啊！

此致

敬礼！

钱学森

1992.8.27

附文件二，“大成”释。

《辞海》释“大成”：

（1）大的成就。① 指事功。《诗·小雅·车攻》：“允矣君子，展也大成。”② 指学问。《礼记·学记》：“九年知类通达，强立而不反，谓之大成。”③ 指道德。《孟子·万章下》：“孔子之谓集大成：集大成也者，金声而玉振之也。”赵岐注：“孔子集先圣之大道，以成己之圣德者也。”

（2）《老子》：“大成若缺，其用不弊。”

王寿云同志：

8月9日上午我们与马宾老谈时，我就说到我近日一直在阅读薄一波著《若干重大决策与事件回顾（上、下卷）》，但心里总有一个难以解答的题目：

为什么掌握了马克思列宁主义、毛泽东思想的我国老一代革命领导人，既身体力行地走群众路线、虚心向人民群众学习，又能实事求是地从宏观整体角度分析问题，而决策的结果又有得有失。得到成功的有如：

（1）抗美援朝战；

（2）两弹一星尖端技术。

失误的事情更多，薄老书中都讲了。为什么会如此？

现在我想，上述成功的两例都属矛盾斗争的两方面情况容易看清看准，或说系统中大因素清楚，决策运筹比较清晰，能看准。而多次失误则都是直接涉及社会这一开放的复杂巨系统，用传统的分析方法，过于简单化了，等于猜测，没准了。以至陈云同志用“摸着石头过河”来形容。

现在我们在方法论上有了突破，提出：

（1）从定性到定量综合集成法；

（2）从定性到定量综合集成研讨厅体系；

（3）大成智慧工程及大成智慧学；

（4）作为领导决策的咨询机构——总体设计部。

我们从前几年710所的初步试用成果可以说：以上这4点不是胡说，是现代科学技术的重要发展。

我以上这些话，对不对？请您和你们几位研究。

此致

敬礼！

钱学森

1993.8.13

王寿云同志：

差不多是一年前了，而一年对我这样一个老人来说是多么长久啊！那时我们谈过第五次产业革命。现在看，产业革命的概念要比科学技术革命、即信息革命深刻多了。有以下几条：

（一）它改造了整个世界。今天是世界一体化，我们进入世界社会形态。这一点江泽民同志在亚太经济合作组织领导人非正式会议1993年11月20日的讲话中说得很深刻。这是我们考察一切问题的现实基础。

（二）社会主义物质文明建设是根底，而在今天一切经济活动都离不开信息。所以有"信息经济"之称。具体事实已见去年这时候送给您几位的《世界经济科技》复制件。今天经济的运行首先决定于世界信息。

（三）第四产业，包括金融，已成为或即将成为最大的产业。

（四）社会主义地理建设中，信息网络的建设，不论从重要性，还是从投资强度都将跃居首位。

（五）它改造了人的生活与工作，改造了教育与娱乐，因此它已引起或即将引起社会主义精神文明建设的根本变革。人将走向大智大德。

（六）社会主义政治文明建设必将有个飞跃。民主集中制将真正体现出来，集中全体人民的智慧与实践经验。同时用法制、法治使全体人民的行为纳入社会主义建设的大道。

（七）所以第五次产业革命将改造社会、改造人。

以上请考虑并指教。

此致

敬礼！

钱学森

1993.11.24

致章梦生

章梦生同志*：

我近日得到张天羽、曹金仓、赵红主编的《当代中国金融理论与实践》(陕西人民出版社 1992 年 3 月)，它是我学习金融学问的入门书，我受益匪浅。但此书讲的并不是我们说的“金融经济学”，书中也未提“金融经济学”这个词，也正因为如此，使我意识到金融经济学该是什么。现在写在下面向您请教：

(一) 金融经济学是我国社会主义市场经济中通过金融手段对国民经济实施宏观调控的理论。

(二) 根本的一条，要说明为什么有利息。

(三) 金融事业是第三产业，是社会这个开放的复杂巨系统中的一个亚系统。它本身又是一个大系统，包括上层的国家中央银行，中层的各专业银行，下层的各保险、信托、集体金融事业，以及交易场所的金融市场。金融经济学要讲清这一体系的内在联系和结构。

(四) 金融经济学然后要阐明金融体系与社会相互作用的理论，这理论是国家通过金融手段调控的基础。

(五) 最后还要用系统工程的观点和方法构建宏观调控的定量分析计算技术，而具体计算是要用巨型电子计算机的。这也就是我们研究金融经济学的目的。

(六) 以上包括国际金融交往，这是我们以前多次谈到的。

看来，现在改革开放，金融经济学愈显得重要了。祝您早日出书！

此致

敬礼！

钱学森

1992.6.29

---

* 章梦生同志时任东北财经大学教授。

致黄楠森

黄楠森教授*：

我写给您的前一封信是从中国社会主义建设的需要角度上，讲创立以马克思主义哲学为最高层次的科学技术体系的必要性。这也是树立马克思主义哲学为一门科学。在这封信里我想讲一讲，马克思主义哲学作为一门科学是时代发展的必然要求；而非马克思主义的哲学——思辨的哲学，应该被清除了。

在一开始，我引一段恩格斯在《路德维希·费尔巴哈和德国古典哲学的终结》(见《马克思恩格斯选集》4卷242页)中的话："由于这三大发现和自然科学的其他巨大进步，我们现在不仅能够指出自然界中各个领域内的过程之间的联系，而且总的说来也能指出各个领域之间的联系了，这样，我们就能够依靠经验自然科学本身所提供的事实，以近乎系统的形式描绘出一幅自然界联系的清晰图画。描绘这样一幅总的图画，在以前是所谓自然哲学的任务。而自然哲学只能这样来描绘：用理想的、幻想的联系来代替尚未知道的现实的联系，用臆想来补充缺少的事实，用纯粹的想象来填补现实的空白。它在这样做的时候提出了一些天才的思想，预测到一些后来的发现，但是也说出了十分荒唐的见解，这在当时是不可能不这样的。今天，当人们对自然研究的结果只是辩证地即从它们自身的联系进行考察，就可以制成一个在我们这个时代是令人满意的'自然体系'的时候，当这种联系的辩证性质，甚至迫使自然哲学家的受过形而上学训练的头脑违背他们的意志而不得不接受的时候，自然哲学就最终被清除了。任何使它复活的企图不仅是多余的，而且是一种退步。"恩格斯接着还说社会历史的一切部门和研究人类的(和神的)事物的一切科学的情况也是这样。

恩格斯写这些看法是在1886年初，现在又过了106年，事情不更是这样了吗？科学技术已演变成为一大体系，相互关联的大体系，十大部门、三个层次。不但如此，每一大部门又遵循马克思、恩格斯的示范所建立的部门科学概括，自然辩证法和历史唯物主义，各自建立或正在建立其部门概括。这样，最高层次的哲学，如果不是科学还能行吗？

而正好由于马克思、恩格斯、列宁、毛泽东的先锋示范，我们已有了一部科学的哲学，即马克思主义哲学，那我们还有什么顾虑呢？不把科学技术体系建立并充实完善，我们对得起时代对我们的呼唤吗？"第四次伟大尝试"，现代中国人的历史责任啊！

---

* 黄楠森同志时任北京大学教授。

要进行这项工作，不靠哲学家当然不行，这是他们的本行嘛。但只靠哲学家们恐怕也不行，要整个科学技术界的同志大力协同，共同奋斗。所以是一件大规模的科学技术工作，如同20世纪50年代后期开始的原子弹、导弹、人造卫星研制工作一样，要由党和国家来领导和组织才行。

以上如有不当，请指教。

此致

敬礼！

钱学森

1992.9.8

致聂力

聂力副主任[*]**：**

我读了您 9 月 15 日在军用计算机工作会议上的讲话，指出高性能计算机要向大规模并行处理的途径过渡，在 20 世纪 90 年代末实现每秒万亿次运算；要“深化应用”和“进入市场”；要军民结合、民军结合。

大规模并行处理计算机技术的攻坚战可能在于软件技术。我猜想日本 MITI 提出的“真实世界计算机”（Real World Computer，RWC）的老底可能就在于大规模并行处理软件技术。

另外，我也想到您负责的 CIMS 课题，这实际是下个世纪的自动化工厂技术，其中包括：

（1）将计算机辅助设计（CAD），计算机辅助制造（CAM）、计算机辅助测试（CAT）等的综合集成；

（2）为了实现柔性制造系统（FMS）还需要人工智能（AI）及专家系统（ES），也要用机器人；

（3）经营决策要能在多变的市场经济中克敌制胜，要运用战略战术的筹划，要用从定性到定量综合集成技术；

（4）管理业务中要用办公室自动化（OA）。

这些高技术我国都已开展研究，也有不少成果，但还未综合成实用的系统工程。要解决这个难题只有建一个自动化的“未来工厂”，让所有上述各项技术能综合起来，在实践生产中考验，发现的技术问题再反馈到各研究单位去求得解决。这还是“两弹一星”的理论、研制、试验的成功方法。

这个自动化的“未来工厂”规模不必很大，放在国防工业系统中是比较合适的。当然，它是为全国服务的。

此问题比较大，但我认为它非常重要，故向您提出。不当之处，请批评指教。

此致

敬礼！

钱学森

1992.9.21

---

* 聂力同志时任国防科工委副主任。

致王寿云等6位

王寿云同志及小组其他各位同志：

4月23日上午大家座谈讨论时，我忘了说以下各点，现在作书面补充。

（一）去年中国科学院召开的“复杂性”讨论会上，于景元同志参加后报告说：有同志认为“复杂性”只是人们在面对一个新问题、新领域时的初步感受，后来认识了，就不复杂了。从人认识事物的过程来讲，这也是正确的。由浅到深也就是由“复杂”到不复杂。但所谓“复杂性”实际是开放的复杂巨系统的动力学，或开放的复杂巨系统学，我们的这一定名，用词虽然长了点，但更准确。

（二）我们过去，作为开放的复杂巨系统的各类实例举了：

（1）社会系统；

（2）人体系统；

（3）人脑系统；

（4）地理系统；

近来因想到建设社会主义的高产、优质、高效农业（大农业）并同中国科学院李振声副院长交换意见，觉得“生态农业”的提法最近很流行（外国货），但有片面性。应该用开放的复杂巨系统的概念来推动高产、优质、高效的农产业。所以例子还要加：

（5）农产业系统；

（6）林产业系统；

（7）草产业系统；

（8）海产业系统；

（9）沙产业系统。

这五个方面都是第六次产业革命的工作对象。

还有什么开放的复杂巨系统？请大家研究。

（三）戴汝为同志近日说到智能机器人问题，给我启发。相对于要研究的系统，系统面对的开放着的环境，可以是“简单的”，也可以是“复杂的”。所以用此认识来分，可以有四大类：

（1）环境是复杂的多变的，系统却是简单的。如智能机器人。

（2）环境是简单的，即在研究问题的一段时间内变化不大；而系统本身却是复杂的巨系统。如人体系统，人脑系统，对国际关系交往极少的封闭社会系统。

(3) 环境与系统本身都极为复杂的。如我们今天改革开放的中国社会系统。

(4) 环境与系统本身都简单，这是大家熟知的系统学了。

这样分四类有助于我们分清问题吗？请考虑。

此致

敬礼！

钱学森

1993.4.30

王寿云、于景元、戴汝为、汪成为、钱学敏、涂元季诸同志：

以前我说到读薄老书的感受，我们必须在总结前人经验的基础上前进。现奉上复制件两篇，是说从定性到定量的问题的。请参阅。

用周恩来同志的话，我想帅才就要"举重若轻"，而落实工作又要"举轻若重"。我们的从定性到定量综合集成法或称大成智慧工程，就要把众人的"举重若轻"和"举轻若重"结合、统一起来；在定方针时居高远望，统揽全局，抓住关键；在制定行动计划时又注意到一切因素，重视细节。这可能是马克思主义哲学了，是大成智慧学了。对不对？请指教。

此致

敬礼！

钱学森

1993.9.16

王寿云同志、于景元同志、戴汝为同志、汪成为同志、钱学敏同志、涂元季同志：

我近读报刊上许多关于国有企业、集体企业和民营经济等的报道及文章，感到思想概念上有些混乱，我们应该加以澄清。

我认为国家的《全民所有制工业企业转换经营机制条例》是我国对社会主义企业理论的一个大突破：明确了企业所有权与企业经营权的区分。这是"有"与"营"的区分。我们一定要把握好这一重要理论概念。

我从前在美国，就知道股份制公司的经营权并不在公司的全体所有者，全体股东。一个拥有几股股票的人，并不去参加公司的股东会议（股东会议是决定公司经营的会议）。就是去了，也因为就那么几股股权，起不了什么作用；一切由大股东，即大资本家说了算。由此我认识到：资本主义的股份公司，是集体所有，但经营则是大资本家的"私营"。这是实事求是，理论联系实际。

在我们社会主义市场经济体制中，企业的所有者可以是国家，也可以是集体，也可以是个人；即国有、集体所有及私有。国有和集体所有又合称为公有。但经营则是公司企业的经理总负责。《企业法》规定企业还有党组织、党委，还有党领导的工会。企业经理的经营计划方案要由全企业的职工代表会议审定通过。这样从经营上讲，我们社会主义市场经济中的企业,不管是国有、集体所有、私有,都是“民营”的,是为全体人民的利益而经营的。就是“三资”企业也不例外;外资企业也要加强党组织及工会组织。

当然,企业所有权还是十分重要的,因为所有权是说对企业有最高的监督权,要审核其固定资产的增减运转情况。在我国社会主义建设的现阶段及今后一个相当长的时间内,国家一定要在关系到国家经济全局的企业中拥有这个权。这是我们强调国有企业即全民所有企业的原因。也因此,将来在国务院应设国有企业监督部(将现在的国有资产管理局提升、改组加强)(我以前提过国有资产部还不够全面)。

以上当否? 请诸位指教。

此致

敬礼!

钱学森

1993.11.10

王寿云同志、于景元同志、戴汝为同志、汪成为同志、钱学敏同志、涂元季同志:

现在已是1994年了。让我们七个共同祝愿:在这新的一年里我们能干得比去年更好!

您六位写的《关于第五次产业革命的思考(第二稿)》我读了,也在稿子上写了点意见,供你们考虑。稿子已送王寿云同志。这篇文章本来该在去年就发表,现在能不能请您6位努力,在1994年春节前定稿,并争取于3月要召开的“两会”前发表? 能办到吗?

我现在想的是我们今年的大文章。这个想法的背景是:

(一) 您6位在研究第五次产业革命。我在几年前也提出过第六次产业革命即将到来,而今天已有许多苗头。第六次产业革命是以太阳光为能源,利用生物(包括植物、动物及菌物)和水与大气,通过农、林、草、畜、禽、菌、药、渔、工、贸的知识密集型产业的革命。其社会后果是消灭工业与农业的差别、消灭城乡差别,农村、山村、渔村等都改造为小城镇了。

(二) 自从去年初,我还考虑,由于人体科学概念的建立,把人体作为一个对环境开放的复杂巨系统,那我们就可以用系统学的理论,把中医、西医、民族医学、中西医结合、民间偏方、电子治疗仪器等几千年人民治病防病的实践经验总结出一套科学的、全面的医学——治病的第一医学、防病的第二医学、补残缺的第三医学和提高功能的第四医学。这样就可以大大提高人民体质,真正科学而系统地搞人民体质建设了(一些观点见附上我去年12月10日的一个谈话记录稿)。人改造了,这将随着人体功能的提高而带来又一次产业革命——第七次产业革命。

(三) 所以是三次产业革命相继到来,都在21世纪! 第五次产业革命将大大推进消灭体力劳动与脑力劳动的本质差别的历史进程。结合(一)所述,那么这三次产业革命在21世纪将大大推进消灭人类历史上形成的三大差别。这不是在叩共产主义的大门了吗?

所以在社会主义中国的21世纪，第五次产业革命、第六次产业革命和第七次产业革命结合起来，将引发一次社会革命，新的一次社会革命。

（四）我在去年12月学习了好几篇讲学习《邓小平文选》第三卷和纪念毛泽东主席诞辰100周年的文章，体会到我们第一代领导人，以毛泽东为核心，开创并完成了在现代中国的第一次社会革命。这是在贫穷落后的中国，推翻三座大山，建立了社会主义新中国。我们第二代领导人，以邓小平为核心，开创了在现代中国的第二次社会革命，并将在第三代领导人，以江泽民为核心，继续下去。可能在建党100周年的时候，这现代中国的第二次社会革命、改革开放、建立社会主义市场经济的社会革命将会完成了。再下去呢？可不要再重复在现代中国第一次社会革命后期思想僵化，脱离实际的错误！实际情况是第五次产业革命、第六次产业革命和第七次产业革命相继到来，我们要解放思想、实事求是，认识到这是现代中国的第三次革命！

（五）现代中国的第一次社会革命是解放生产力的社会革命。现代中国的第二次社会革命是发展生产力的社会革命。现代中国的第三次社会革命是创造生产力的社会革命。

（六）我们的任务就是为现代中国的第三次社会革命作些思考，开始研究其理论。这是为了30年后，头脑清醒认识前进的道路。

（七）现在让我们看看现代中国的第三次社会革命将会带来什么变化。我们要注意三大差别消灭了。

（八）如果劳动力，体力劳动、脑力劳动合一，从18岁到65岁或70岁为一线劳动力，设那时社会主义中国有一线劳动力8亿。分配如下：

工作门类	一线劳动力百分比/%	所占人数/万
直接生产（一产业、二产业）	20	16 000
服务（三产业、四产业、五产业）	40	32 000
政府、解放军、及事业（包括教育）	4	3 200
科学技术	15	12 000
文学艺术	15	12 000
司法	6	4 800

上面解放军定员约100万，这是21世纪国际竞争与斗争所必需。事业包括教育及群众组织、宗教等。政府要大大比现在缩减：国家级主要是宏观调控，增加国际竞争与斗争的战略、战术。行政主要放到地方去办。司法非常重要，这是世界社会中有大约1 000个民族和200个国家的实际所决定的。教育当然用电化教育，卫星转播。

（九）现代中国的第三次社会革命，是第五次产业革命、第六次产业革命和第七次产业革命引发的。从（八）来看，则这次社会革命也包括了一次政治体制的革命，其中心内容是弱化政府的直接管制，强化人民自己各种组织的作用。这在一产业、二产业、三产业、四产业和五产业中则是由集团公司自己管理；在事业活动中则由事业组织自己管理。这是向共产主义社会迈出了一大步。

但由于世界社会中斗争的存在，有时还十分严厉，所以国家的作用还十分重要。国防力量的建设决不能放松。另外司法部门还必须大力加强，占一线力量的6%。

（十）现代中国的第三次社会革命也包括一次文化革命。科学技术和文学艺术队伍大大加强，这是史无前例的！科学技术的进步和文学艺术的繁荣也将是史无前例的。每一个人既是体力劳动者又是脑力劳动者，既是科技人员又是文艺人。因此生产力的创新也将是史无前例的，所以说现代中国的第三次社会革命是创造生产力的革命。

以上这10条只是我非常粗略的想法，提出来请您6位考虑、分析、批评。如果我们到1994年年终能有个更好的提纲，那就是成绩了。

就写到此为止吧，并致

敬礼！

钱学森

1994.1.2

王寿云同志、于景元同志、汪成为同志、戴汝为同志、钱学敏同志、涂元季同志：

从风云二号在发射前测试中的事故消息使我想到：大成智慧工程及从定性到定量综合研讨厅体系是要求作为参与者的每个人，除了遵行国际上seminar的精神，无保留地放开思想、与众交流、知错就公开宣布改正。还要更提高一步，按周恩来同志、聂荣臻同志领导"两弹一星"工作时，向参与人员提出的要求：

(1) 高度的政治思想性(即一切为了集体事业，不惜牺牲自己)；

(2) 高度的科学计划性(即一切按已知的客观规律办)；

(3) 高度的组织纪律性(即服从集体的决定，决不固执己见)。

这是周恩来同志、聂荣臻同志把打大规模解放战争的一套成功经验移植到"尖端技术"工作中来了。而这一套也实际是千百万革命者在中国的革命战争中流血牺牲的经验总结。所以我们的大成智慧工程和综合研讨厅体系是有革命性的，资本主义国家是想学也学不了的！我们真正贯彻民主集中。

此致

敬礼！

钱学森

1994.4.10

王寿云同志、于景元同志、戴汝为同志、汪成为同志、钱学敏同志、涂元季同志：

我近读《863航天技术通讯》1994年3期1～12页袁生学文《国外空天飞机研究现状》，受到启示，我们的大成智慧学中的从定性到定量综合集成法还可以扩展到高新技术领域。现附上袁文复制件，请参阅并考虑以下问题。

高新技术的设计开发工作也是人·机结合的大成智慧工程。因为：

（一）把整个设计开发工作分解为几个局部问题，每一局部问题，如在马赫数 8 以上的超声速燃烧冲压发动机，如气动力问题，如结构问题，如结构防热问题等等。

（二）再把某一局部问题分解为不同时刻的瞬时过程，如超声速燃烧的瞬时实验模拟，用 1/100 秒～1/10 秒，用两种研究方法：计算机模拟及实验模拟，以验证计算，考核理论。

（三）所有局部问题都经过实验证实得到可靠的理论计算方法了，就可以综合了。

（四）综合主要用计算机。计算机模拟全机全飞行过程，满意了，再进入全工程的真实实物试运转。这最后一段工作是耗资巨大的，力求一次成功。

袁文中对空天飞机的所谓 CFD 方法与 EFD 方法及其结合即此。我们在导弹技术中也早就用过计算机模拟，很成功。上述高新技术的设计开发工作的方法论只是个必然发展，但这也是人·机结合的大成智慧学与大成智慧工程的应用。大成智慧学与大成智慧工程有了新内容了。

以上请酌，不当之处请指教。

此致

敬礼！

钱学森

1994.5.3

王寿云同志、于景元同志、戴汝为同志、汪成为同志、钱学敏同志、涂元季同志：

这里我谈两个问题。

一个问题是你们几位都去参加的现代科学技术体系研讨会里讨论的，将是长期有争议的，因为人们思想没有一个中心。什么中心？中心是大成智慧和大成智慧教育，也就是第五次产业革命所爆发的人·机结合的劳动体系。因为没有人·机结合的思想，人·机结合的劳动体系所需的人的智慧之认识，就不会懂得现代科学技术体系的目的。无的放矢是乱发议论。请看我这样说对不对？

又一个问题是人吃什么，怎么搞吃的革命，这也是现代中国第三次社会革命的内容。对这个问题，我要多说几句：

（一）我们现在的农业和人们的饮食可以说是几千年一贯的模式，科学技术只是在生产过程中加以不断地改进，提高生产效力，做到“两高、一优”。但没有从根本上用科学技术加以改造。

（二）我在前几年宣传的第六次产业革命也只是这个老思想的引申，提出农、林、草、海、沙五个知识密集型农产业，搞农、工、贸结合，把乡村变成小城镇，消除农工差别、城乡差别。但还是几千年一贯的人们饮食模式。

（三）我们现在应该看到人体科学在21世纪将会有长足进步，会搞清楚人在不同年龄、不同性别、不同生活条件下的营养需要（如附上赵霖、鲍善芬、裘凌沧的文章）。另外对利用了日光、水和空气来生产营养成分的生物也有了充分认识（如附上剪报罗明典文）。这样对食物原料的生产就扩大了视野，不是传统的那一套了。特别对菌物（生物界中除植物、动物之外的第三大类）的开发利用。第六次产业革命还会更进一步深入发展。

（四）然后用这些饮食原料，运用营养学，设计出各种人所需要的花式多样的饮料及食品。

（五）开发食品原料工业。

（六）饮料及食品的生产都用工业生产方式，最后一道工序在快餐业（见附上讲何玉铭的剪报）。

（七）千百年来的家庭厨房操作基本消灭了，人们进一步解放了。

（八）整个体系中还有许多副产品，如沼气。

以上八条不是第六次产业革命在现代中国第三次社会革命中的进一步发展吗？请酌。

此致

敬礼！

钱学森

1994.5.20

又送上 *Scientific American* 今年5月的一篇文章是有关第五次产业革命的。

王寿云同志、于景元同志、戴汝为同志、汪成为同志、钱学敏同志、涂元季同志：

附上《参考消息》6月27日、28日7版的一则报道，我想大家应该重视，故奉上其复制件。理由是：

（一）现在我国也在开始信息网络建设，这是第五次产业革命的先声。

（二）但大家似尚未意识到信息网络加用户将构成一个开放的复杂巨系统，不是简单巨系统，更不是大系统、小系统等容易调控的系统。

（三）我前见英刊 *New Scientist* 就有文论及新加坡政府原来热衷于进入全球信息网络以促进其经济发展，现在也察觉到这会引入许多难以调控的问题。所以政府决定放慢此过程，要研究对策和措施。

（四）您6位可否再次合作写一篇要上报刊的文章？指出信息网络及用户是一个开放的复杂巨系统，对世界社会开放，是人造的。我们必须用系统学及开放的复杂巨系统理论来研究制定宏观调控的方案。在一个开放的复杂巨系统出现前就考虑其调控手段，还是历史上第一次吧？定会引起大家对开放的复杂巨系统的注意。这也是您6位才能干的，机会难得呵！

此致

敬礼！

钱学森

1995.6.29

（《参考消息》1995.6.27.P7；6.28.P7：《全球最大信息资源网——互联网络》）

王寿云同志、于景元同志、戴汝为同志、汪成为同志、钱学敏同志、涂元季同志：

我近得戴汝为同志赠浙江科学技术出版社 1995 年 12 月出版的《智能系统的综合集成》，书的作者为戴汝为、王珏、田捷。此书系《智能自动化丛书》之首册。丛书编委会由宋健同志任名誉主编，戴汝为同志为主编，编委共 24 人，其中有于景元同志、路甬祥同志、潘云鹤同志。浙江科学技术出版社在《出版说明》中，将此丛书与信息革命联系起来，想也是宋健同志任名誉主编的含意。由此我想到以下几点，写下来请诸位考虑对不对？

（一）信息革命实是产业革命，即我们说的第五次产业革命。所以宋健同志任名誉主编的这部《智能自动化丛书》，也可以说是一部第五次产业革命的丛书。

（二）戴汝为、王珏、田捷在丛书第一册就把一切智能系统都放在我们说的“大成智慧”和“从定性到定量综合集成法”来思考，从而把我们的理论同第五次产业革命连在一起了。

过去几十年世界的自动化科学技术发展，形成两大块，一是由所谓软件技术发展起来的，现在出现了 CIMS、CAE，以至灵境技术、virtual prototyping 等等。二是所谓 AI。而现在这两大块又趋于融合，都是人・机结合的智能系统。《智能系统的综合集成》自始至终都阐述了这个观点。所以几十年来自动化科学技术终于走入“大成智慧”和信息革命。这证实了第五次产业革命的到来。

（三）所以我想，大家能不能把诸位正计划要写的那部书：讲开放的复杂巨系统的专著也放到宋健同志任名誉主编的丛书中去？而且诸位计划要写的那篇讲第五次产业革命的文章也正好作为书的开篇？

此意诸位如觉得有道理，也可以托于景元同志就便问问宋健同志，看宋健同志有什么意见。

以上 3 条，是我读了戴汝为、王珏、田捷的《智能系统的综合集成》一书想到的，也是解决出书难的问题。就写这么多，请酌。

此致

敬礼！

钱学森

1996.1.14

王寿云同志、于景元同志、戴汝为同志、汪成为同志、钱学敏同志、涂元季同志：

附上《中国科学报》1996年3月11日3版讲混沌理论文章的复制件，请阅。文章最后说："混沌理论为人们认识世界、改造世界提供了有力的武器，混沌理论使'决定论'和'随机论'之间的沟通有了希望。无怪乎《纽约时报》把混沌理论同相对论、量子力学一起并列为20世纪的三大发现。"

我想这是有道理的，因为从马克思主义哲学的观点看，事物总是有运动规律的，是决定论，不是非决定论或随机论。看来是随机论的事物只是决定论事物运动中的混沌。在复杂巨系统中这是经常出现的。我也曾经说过量子力学的非决定理论一定是物质更深层次——渺观世界的混沌，所以基本粒子并不"基本"就是这个道理。好了，现在附上的另一《中国科学报》1996年3月8日3版文的复制件，不是报道原来认为的基本粒子夸克也不基本了吗？这是马克思主义哲学的又一胜利！

此致

敬礼！

钱学森

1996.3.17

（1.《中国科学报》1996.3.11.P3：《混沌学的应用》，一京；2.《中国科学报》1996.3.8.P3：《费米实验室发现"夸克间存在碰撞"——夸克并非基本粒子》）

王寿云同志、于景元同志、戴汝为同志、汪成为同志、钱学敏同志、涂元季同志：

我近见涂元季同志带来的第68次香山会议材料，得知这次会议开得很成功！

接着我送会议的短短书面发言，我近日想到对各种开放的复杂巨系统及其特征时间（一次综合集成模型的有效时间）大约如下：

(1) 人脑　　　　几分钟
(2) 人体　　　　1天
(3) 社会　　　　几年
(4) 生态地理环境　几十年
(5) 全球信息网络　?（待研究）

这样看，这次香山会议没有搞脑科学、人体科学的专家参加是个不足了。

以上请教。

此致

敬礼！

钱学森

1997.1.12

王寿云同志、于景元同志、戴汝为同志、汪成为同志、钱学敏同志、涂元季同志：

我近读李夏和戴汝为写的《复杂性、概念系统的结构和知识发现技术》，对开放的复杂巨系统又有了些想法，现报告如下，供诸位考虑，您几位可以再合写一篇文章。

（一）巨系统不同于大系统。大系统可能有几百个上千个成员，也比较复杂，但仍可以用计算机从一个个子系统成员的行为综合，得出整系统的行为。巨系统则子系统太多，上百万、亿万，只有用宏观统计来处理整个系统的行为。

（二）简单巨系统与复杂巨系统。简单巨系统是说系统的成员大致相同，可以用早在100多年前就发展起来的统计力学方法，像不均匀气体理论那样来处理。复杂巨系统则不然，其每个成员既参与整个系统的行为，它又受整个系统环境的影响，形成复杂的相互作用，高度非线性，这就是"复杂性"。

（三）"复杂性"并非混沌或混沌临界态。混沌有"奇异吸引子"在系统的相空间；而"复杂性"可没有"奇异吸引子"在系统的相空间。

（四）我们的从定性到定量综合集成法和综合研讨厅体系就是所谓"知识发现技术"。

（五）以上所述似比 Santa Fe Institute 的那群人要高明些，更一针见血。我们的成功在于开发了人・机结合的方法，而人・机结合不正是21世纪的科学方法吗？

此致

敬礼！

钱学森

1997.7.3

王寿云同志、于景元同志、戴汝为同志、汪成为同志、钱学敏同志、涂元季同志：

奉上近期 *Scientific American* 一篇讲第五次产业革命的文章 *Taking Computers to Task* 的复制件，请阅。

该期26页上还有一个世界 internet 用户分布图，每千人在中国（到1997年1月）不到1户，而日本、新加坡、中国香港有1到20户，而欧美发达国家的数字为20户以上。我们还很落后。回想对第三次产业革命，我们落后了约150年；对第四次产业革命，我们是20世纪80年代才起步的，落后了近70年；对第五次产业革命，我们要立即赶上去才行。

怎么赶上去？从文章看，目前互联网络只能有效地处理一些有定规的事务，如① 财务收支，② 纽约股市（NYSE）的交易业务，而对其他网络则不懂人的要求，总是答非所问，使用户浪费时间，工作效率极低。我想问题在于：

计算机不懂人脑的思维，人与机对不上号，各说各的！所以问题出在思维科学落后，我们不能设计出有效的计算机软件。要知道人脑的大量活动是在逻辑思维之外的，是形象思维，而现在的机器不会也不懂形象思维！

在逻辑思维之外的思维科学研究，戴汝为同志和汪成为同志都做了重要工作，今后还要深入下去。我们也要动员我国科技人员投入这一领域，理解人脑的思维，以开发出有效的计算机软件，使计算机和网络能有效地配合使用人的要求。这是第五次产业革命的大事。

以上这个意思，我从前也说过，现在读了*Scientific American*文章又加深了认识，写出来向各位请教。

此致

敬礼！

钱学森

1997.7.28

致钱学敏

钱学敏教授*：

五一节来信收到。

关于美国 Santa Fe Institute 学派我们要一分为二，他们不懂综合集成，即辩证统一；但他们认识到还原论之不足，主张从宏观去认识开放的复杂巨系统（即他们的 complexity），并从宏观得到粗浅认识；主张用从混沌的观点得到的相互作用，去建立计算机模型，从计算机构建更进一步宏观的认识，这是用我们的观点去解释 Santa Fe Institute 学派的工作。用他们的话表达则见前送上从 *New Scientist* 复制件的第 5 页右方。这是他们的贡献。

这个方法对实践经验不那么直接依赖，有超前的可能，比人的专家在这一点上有优越性。当然由于人能对开放的复杂巨系统从宏观得到的认识有局限，又因今天的巨型电子计算机也不够用，所以这一方法得到的结论也只是一家言，是"SFI 专家"。我们也只能把它作为我们综合集成专家言中的一家，但忽视这位"SFI 专家"也是不对的。我们是"大成智慧"嘛，是 meta-synthesic 嘛，必须集一切有用之"材"嘛！

此致

敬礼！

钱学森

1993.5.6

钱学敏教授：

昨日（7 月 7 日）信收读。

关于世界社会形态问题，首先是树立这个概念，然后再详细论证。中国人民大学在这方面人才很多，我希望他们对这样一个关系到 21 世纪的大问题有所树建。

熊十力先生是唯心主义者，但马克思在当年不也吸取了黑格尔的东西？辩证唯物主义不就是取唯心主义和机械唯物论之所长，弃其所误而形成的吗？核心的问题在于承认客观世界是不以人们的意志而存在的，是物质的；连人、人脑也是物质的。但（重要的"但"）人脑中所形成的对世界的认识则是人根据实践，个人实践和表达出来的他人（包括

---

* 钱学敏同志时任中国人民大学教授。

古人)实践而在脑中加工而成的。这是一种特殊的物质运动。也因为这个原因,人脑中的认识不等于客观世界本身,永远不会如此,只能经过曲折的道路逐步逼近。

人的认识过程是对客观存在的、开放的复杂巨系统的研究。方法有两种:

(1) 还原论的,即分解事物,加逻辑推断;

(2) 整体观的,即从事物的宏观现象出发,用形象思维去领会。

前者给出的可以借用熊先生的词,称量智;后者给出的则可以借用熊先生的词,称性智。所以也就是思维方法中所谓逻辑思维与形象思维之分。我记得看到过毛泽东同志批评那些认为人只有逻辑思维的人,说还有形象思维。这几年来,我考虑思维科学问题的过程中,这一思想越来越清楚:光用还原论的逻辑思维是不够的,一定要加上整体观的形象思维(包括灵感思维)。因此人的智慧是两大部分:量智和性智。缺一不成智慧!此为"大成智慧学",是辩证唯物主义的。

此致

敬礼!

钱学森

1993.7.8

又:《哲学研究》1993年6期26页高清海教授文可一读。

钱学敏教授:

7月13日信收读,因您说这几天您要忙于粉刷居室,所以这封信就付邮了。

(一) 关于历史正进入世界社会形态

(1) 我不写什么文章,您署名写就行了。

(2) 还是用世界社会形态为宜,概念重在历史的新阶段;似该用马克思主义的用词。社会形态似乎可以在不同政治制度内并立;如清朝,社会形态当然是封建社会形态,但除封建政治制度外,在少数民族地区也有更原始的政治制度。

(3) 要讲其形成过程,我们现在才进入世界社会形态;19世纪就有世界各地交往,但还不是邓小平同志重要谈话和江泽民同志在党的十四大报告中讲的世界。

(4) 要指出今后一段历史是以世界社会形态培育世界大同,即共产主义。

(二) 性智、量智、大成智慧学

(1) 有关文章也当然请您写。

(2) 事物的理解可分为"量"与"质"两个方面。但"量"与"质"又是辩证统一的,有从"量"到"质"的变化和"质"也影响"量"的变化。我们对事物的认识,最后目标是对其整体及内涵都充分理解。"量智"主要是科学技术,是说科学技术总是从局部到整体,从研究量变到质变,"量"非常重要。当然科学技术也重视由量变所引起的质变,所以科学技术也有"性智",也很重要。大科学家就尤有"性智"。

（3）“性智”是从整体感受入手去理解事物，中国古代学者就如此。所以是从整体，从“质”入手去认识世界的。中医理论就如此，从“望、闻、问、切”到“辨证施治”；但最后也有“量”，用药都定量的嘛。

（4）我们在这里强调的是整体观、系统观。这是我们能向前走一步的关键。所以是大成智慧学。

（5）我个人体会是埋头于细节、埋头于量变是“死心眼儿”，von Kármán 教我认识这一点。后来学了点马克思主义哲学才豁然开朗。近年来弄系统科学，真有了点整体观了，才搞了点“性智”。当然，我国老一辈革命家都是兼备“性智”与“量智”的“大成智慧者”。

（6）我们正进入第五次产业革命（信息革命）的时代，有全世界的信息网络（通过信息数据库、计算机、全球通信），还有多媒体技术和灵境技术，使人眼界大开。大量信息如大潮，人可不能被淹，要学会在信息大潮中游泳。这是否要求 21 世纪的人要是“大成智慧者”？那就要改造我们的教育制度了。

（7）前附知识体系图中，“性智”与“量智”用实线隔开不妥，要加个双向箭头，以示科学技术与文艺是相通的。

以上妥否？请教。

请代我问俞长彬教授好。

附上《马克思主义与现实》1993 年 1、2 两期，供参阅。

此致

敬礼！

钱学森

1993.7.18

致叶家明

叶家明教授*：

6月1日来信及尊著《社会仿生论》都收到，十分感谢！这本香港中华书局出的书，若用人民币买，将是40元吧，可谓厚赠。

您的信用文言写，措辞也很古典，所以也使我不敢当！其实我们都是社会主义中国的科学技术工作者，而且我祖籍杭州，还是同乡呢！何必那么客气！

我们在北京有个搞系统科学的小班子，连我在内一共七个人。我们在早期(10年前)也是向生物学学习的。系统科学的创始人L.von Bertalanffy本来就是生物学家。后继的I.Prigogine，Nobel奖获得者，用他的“耗散结构”理论，通过熵的概念，解释了许多生命现象。到70年代末H.Haken发展了这一理论，建立了“协同学”synergctics，引用了统计物理学的方法。Haken及其同事还把协同学试用到社会问题。到80年初M.Eigen更把这一理论用于解释生物进化演变。我们这些人是跟着他们学了近10年，向生物学找系统科学的理论。

但到了80年代末，我们终于觉悟到他们这套从热动力学概念出发的理论只能处理比较简单的巨系统(即系统有亿万个成员子系统)。所谓简单就是子系统的门类不多，几个、十几个。但是一个高层次的动物，特别是人，人的大脑，社会，地理环境等不是这种简单巨系统，子系统门类多到成百上千，是复杂巨系统，是开放的复杂巨系统。处理开放的复杂巨系统用协同学那种基于熵流的理论是不成功的(实际上Haken学派在处理社会经济问题也是不成功的)。

这就使我们另起炉灶，创立了一种用来处理开放的复杂巨系统问题的方法论——早期叫定性与定量相结合的综合集成法，现在改称更确切的从定性到定量综合集成法。请参看附上复制件4篇。

当然，从定性到定量综合集成法不能凭空臆造，还是从解决生物特别是人体、人的大脑、社会、地理环境等问题的实践中总结出来并逐步不断发展的。这样看，讲“社会仿生论”不妥，因为还有“仿生社会论”。是生物与社会相互启发，不是单向的。

用从定性到定量综合集成法去解决社会经济问题，我们已作了尝试，是成功的。

以上是我对“社会仿生论”的看法，不当之处请指教！

---

* 叶家明同志时任浙江大学生物科学与技术系教授。

对您的来信及赠书,再次表示感谢!

此致

敬礼!

钱学森

1993.6.20

致吕嘉戈

吕嘉戈大夫*：

7月25日来函及大作《易经新探》都收到，十分感谢！

从该书第十章的内容看，您也认为易的方法论还要发展，不是一成不变，永远完美无缺。这个观点是正确的，是马克思主义哲学的观点——事物总是不断发展的。当然，您对控制论、系统论、信息论还不能深入理解，随大流地也说什么“三论”。其实其中只是一论，即系统论，系统科学的马克思主义哲学概括，它也包括了控制及信息。控制论(cybernetics)是系统科学中属技术科学层次的一门科学；信息论(information theory)也是一门技术科学。我国有人提出“三论”之称，后来又有人把耗散结构理论、协同学和法国Thom的突变理论称为什么“新三论”，简直是胡闹！请您注意：不可人云亦云，犯错误。

既然易的方法论还要发展，而其实近年来系统的基础理论、系统学的研究，已经明确必须以整体观为基础，把感性的认识(一般用形象思维方法得到)经过分析定量的研究(一般用抽象思维即逻辑思维方法)，最后综合集成为理性的认识。我们把这一方法论称为“从定性到定量综合集成法”，认为这是处理像人体、社会、人脑等开放的复杂巨系统的正确方法。外国的什么非平衡态热力学、耗散结构理论只有整体，无法深入；协同学深入了，但只能用于巨系统的子系统种类较少(十几个)，即用于开放的简单巨系统。您对我们这些新发展熟悉吗？所以不只是说说易的方法论要发展，我们已经具体做了。

当然，和您处于相似地位的国内也有，我认识的就有南京市江浦区(邮码211800)中医院门诊部的邹伟俊大夫，一位家传的中医。他近年来一直宣传医易同源，辨证论治要用易之数理，并举办了国内国际研讨会，成立了学术组织，办了刊物，出版了一系列论著。您知道这位同道邹大夫吗？

我总是劝邹伟俊同志，易是中医方法论的基础，一定要学好用好，但决不能认为它就完善到了头，不需要发展了。我在1988年冬就听过北京联合大学中医药学院临床部主任李广钧大夫在一次报告会中讲：有丰富临床经验的中医，即名医，都有一套由长期治病的经验总结得出的对经典中医理论小而重要的修正。但这一宝贵财富往往只向传人弟子讲授。这不是名医都在对医易理论的修补？实际也是发展中医理论吗？

您书中79页上引我写的那段话，其意就是上面讲的。您恐怕是误解了！我意是：到

* 吕嘉戈为中国哲学方法、中医学与气功医学研究者。

最后，阴阳五行等字都可舍去。

另外，您认为形象思维应称为“形象整体思维”。对此，我要说明：① 我并没有用过您说的“形象直感思维”，我是说形象思维也可称为直感思维，它不用逻辑推理。为此我为了省几个字，写成形象（直感）思维。② 形象思维是从整体上对对象认知，所以不必再把“整体”二字加上。③ 针对一个开放的复杂巨系统的认识，只用形象思维是不够的，还需要运用抽象（逻辑）思维，要综合集成，如 2 页所述。

最后，您对“数”似有神秘感。其实这都包含在数的自身规律中，包含在代数这门学科中。例如，在书的 47 页上讲到“幻方”，您似有此感觉。当然在过去，不论外国人还是中国人都有把数的关系看神了，并制造出一套从数的关系预见宇宙现象的法术。这就是荒谬的“数术学”。所以对“易之数理”要谨慎，不要走邪了路。古人如此，不过是没有今日系统科学时，无可奈何而已，在今天，我们不能用这个没有把握的方法！

以上说了很多，我是同您讨论，因为您称我为“钱老”，而其实我只是的确比您老 40 岁。至于人体科学这一领域，我是从 1980 年与尊大人通信后才开始学的；而您自幼家传，比我学得早，所以您在人体科学方面是我的长辈了。让我们一起探讨现代科学中一门重要学问：人体科学，最后建立一门不用阴阳五行的学问。

此致

敬礼！

钱学森

1993.8.2

致张汝翼

张汝翼同志*：

4月6日来信、大作《试论中国水利的特色与道路》及介绍《黄河志》的材料都收到。您称我为“老”，自称“学生”，使我不敢当！对水利问题，您是行家，而我才是学生。

您的文章提出了一些独自的看法和意见，特别在53页右下方提出大流域综合治理开发工作的体系，是大胆突出的，水利界可能不理解。我想问题可能出在您没有讲清为什么大流域综合治理开发要用与现行体制不同的新体制：即地理系统是开放的复杂巨系统，犹如国民经济系统。我提出地理科学应是现代科学技术体系中一个与自然科学、社会科学、数学科学、系统科学、思维科学、人体科学、军事科学、行为科学、文艺理论相并列的一个科技大部门，就是为了从根本认识上解决这个问题。

地理系统是人类社会活动的客观环境系统，不但包括水利，还有水土保持，地震预报及防治、交通建设、信息建设(包括通信、计算机网络等)、海口海岸建设等等。它是内容复杂的巨系统，又互相关联、互相影响。

我近来读了些治理黄河的书，看了《人民黄河》杂志，感到上述观点是正确的。例如减少黄河中下游泥沙，不是缺乏有效方法，而是其实施涉及农业、林业、工矿建设，以至整个国民经济。所以必须从复杂巨系统的观点及方法考虑才能解决。我曾和钱正英同志谈过，她也表示同意。

所以尊作论据第一要用马克思列宁主义、毛泽东思想和邓小平同志建设有中国特色社会主义理论，这是完全正确的。但还有第二：水利工作是地理系统建设，即地理建设的一个组成部分。只有这样才能把道理讲透。

以上所述供参阅，不当之处，请指教。

此致

敬礼！

钱学森

1994.4.2

《黄河志》是专业宏著，恐非我这个外行人所需。

---

* 张汝翼同志当时在河南省郑州市《黄河志》总编辑室工作。

致吴阶平

吴阶平同志*：

久未问候，只在报纸上见到您的许多活动，身体好吧？我感谢您和301医院大夫们的精心治疗。下面我想同您谈个我想到的医学问题。

这就是西医和中医要融会辩证统一成新医学。记得在1988年夏，我们在镜泊湖休假时，我就向您提出这个问题。当时您表示同意，并说回京后将与陈敏章同志商谈。后来您告我，有困难，意见不一。现在我奉上黄建平同志的书，《中西医比较研究》和他的近日来信，请审阅。他是在做中西医结合的事。是十多年前，我因偶然的机会认识了黄建平同志。他原是党派他到湖南医科大学任党委书记，当时他也不懂医学，是慢慢在接触中学习的。到了"文化革命"，他算是"当权派"靠边了，后又有病，又无条件就医，只得自己读中医的书，按自己领会给自己开药吃，居然有效。他就继续学习研究下去，逐渐成为一名医生。他又是一位华侨，所以近年他常常应邀去印尼、新加坡为当地华人看病治疗。就是这样一个人(同其他五位合作)写了《中西医比较研究》。从他来信中您也可以看到他在做什么。

书的另一位作者张瑞钧同志我也认得，他现已退休，原是国防科学技术工业委员会的航天医学工程研究所研究员，是学西医的。但他后来用中医药解决了乘船乘飞机的晕船病。

就是这么一些人写了这本《中西医比较研究》，现请您审阅并给以批评指正。

再一个问题是由您在今年初论那本《误诊学》引起的。您在给我的信中说，临床医生思维方法常有呆板之病。我就想：人体和社会都是与环境交流开放的复杂巨系统，处理开放的复杂巨系统是很不容易的。但人比起社会来讲，人的样本非常丰富而且医疗经验日积月累，为认识人体提供了条件。相比之下，观察社会的认识就少得多，而且社会的样本是很少重复的。所以医学比社会科学有其优越处。但临床医生又有他的难处，即对病人的诊视受时间及条件的限制，医生必须在信息不全的条件下给病人的病下判断。这就必须能运用丰富的经验知识，又能活学活用，思想方法切忌呆板。这是不是就要用辩证唯物主义了？这可能就是黄建平同志的长处。您以为如何？若然，那么医科大学的教学就应解决这个问题。

---

* 吴阶平同志时任全国人民代表大会常务委员会副委员长，中国科学院院士。

写了这么多,耽误您的时间了。

此致

敬礼!

蒋英和我都问高睿同志好!

敬礼!

钱学森

1994.5.29

吴阶平同志:

蒋英和我一起读了您7月27日来信,深受启示!您从医50多年,从自己的实践中,发现了医学、特别是临床医学的真髓,都在信中及大作《学习为病人服务的艺术》中讲了。这对我正在思考的中国人民体质建设是莫大的推动力!我表示对您的衷心感谢!蒋英和我也向您和高睿同志问候!

我现在认为到21世纪20年代,在人民中国将开展一场由医学大改革所导致的一场人民体质建设的革命,从而引起一场生产力的变革——社会主义中国的第七次产业革命!

怎么革命?这就是在医疗卫生中实施解决开放的复杂巨系统问题的正确方法,从定性到定量的综合集成法。具体说,则是:① 对病人有完整、有效、快速的测试系统,能用几分钟就准确地得到其身体状况。② 对人民有完备的卫生医疗信息记录,并送入人民体质信息网络,供临床医生随时提取。③ 医生临床一方面对病人通过对话艺术取得必要的信息,同时又通过上述①、② 两方面对病人,作为社会中的人,取得施治的全部信息,在此充实的基础上决定处方。④ 施治则根据需要用多种手段:西药、中药、针灸、按摩、电子治疗仪器等。

上述体质信息网络是当代电子计算机信息网络的发展,它包括以下几种功能:① 收集古今中外医案,按病人的身体测试数据、病情及生活习惯,按性别、年龄分类。② 能根据输入的病人情况作出治疗方案的建议。③ 临床医生与之对答交流,由临床医生最后决定实施治疗的方案,即处方。

实现这一设想,当然是一场革命了!您看这可能吗?有道理吗?这是建党100周年后的事,长远考虑。我恳请您的指教!再次对您向我写9页纸的长信表示感谢!感谢您对我的启示!

此致

敬礼!

钱学森

1994.8.4

附呈《中国气功科学》1994年6期,4~6页有篇东西供参阅。

致李新正

李新正同志*：

您5月23日来示及尊作《试论〈周易〉的科学性》都收到，对此我十分感谢！

您推崇《周易》，认为《周易》是指导我们认识客观世界，包括人自己的指导性理论。对此我不能同意！今天，指导我们认识客观世界，包括人自己的指导性理论是马克思主义哲学、辩证唯物主义，而马克思主义哲学也不是死书本，而是随着人类全部科学理论的发展而不断发展深化的。

也是从马克思主义的认识论出发，我们应该认为《周易》是中国古代人在观察宇宙事物的手段极为有限的情况下，对客观世界运动的一个出色的猜测。在当时历史条件下，的确很了不起，但从今天我们所掌握的知识看，《周易》中主观臆想的东西太多了，是不科学的。比如，举另外一个事例：

1304年，林辕在《元气说》一文中认为，宇宙万物起始于一小点元气，后逐渐扩散成为直径百里的混沌，后混沌又被胀破，形成天地，后天地又以10 800年为周期，间歇性地向外延伸或不断增厚。这是中国古代朴素的、思辨的而又十分精彩的关于宇宙膨胀学说（见《自然科学史研究》1994年1期27～31页）。然而这是在缺乏观测宇宙的手段情况下的创造，比起今天天文学中的宇宙膨胀论，那真是浅陋可笑的了，我们所在的宇宙，年龄已有80亿～120亿年了，是10 800年的100万倍！

我们今天研究宇宙、社会、环境、人体、人脑都应从开放的复杂巨系统的理论出发。《周易》是太简单化了，只靠《周易》是幼稚，要闹笑话的！

以上当否？请酌。

此致

敬礼！

钱学森

1994.6.3

---

* 李新正同志当时在上海医科大学联合公司工作。

致陈洪经

陈洪经同志＊**：**

您10月14日来信及尊作4篇都收到，我十分感谢！

地理环境是一个开放的复杂巨系统，它与经济社会是一样的复杂。因此地理建设也和经济建设一样，极需准确的信息。您指出这一点是非常正确的。但经济建设的信息有国家统计局，地理建设呢？有专门的单位吗？您室只是研究室，恐难承担此任务。

水资源及全国调水用水任务也是一项极其复杂的系统工程，它不是哪一项具体的水利设施的建设及运转，也不是什么中线或西线南水北调工程的建设及运转能比的，它要大得多，复杂得多。您习惯的思路恐未必能适应此巨大的地理建设工程，因为您是学水利专业的。面对这样重大的社会主义建设任务，我们都需要“换脑筋”呵！

地理科学的新概念可不是旧的地理学概念！

以上请酌。

此致

敬礼！

钱学森

1994.10.20

陈洪经同志：

您10月31日来信收悉。

我很高兴地得知您所就是国家的地理信息库。因为地理系统是一个开放的复杂巨系统，所以信息对处理好地理建设非常重要。但也不应因为这样就出“信息地理学”这个词，像您1992年CPGIS会议上的论文，那是本末倒置了。地理学还是地理学。讲地理信息可以有地理信息学。您1992年的那篇文章，实际上是讲地理信息的重要性和地理信息学。

用词要审慎！请酌。

此致

敬礼！

钱学森

1994.11.8

＊ 陈洪经同志当时在中国科学院地理研究所资源与环境信息研究室工作。

致李世烜

李世烜同志*：

您元月23日信收读。您强调在对系统的全局认识中运用典型的重要性，对此我同意。在没有现代科学分析方法的古代，这是人们能运用的唯一方法。这里有个突出的例子，即中医理论。但在今天，我们要运用现代科学技术，特别是系统学，要看到这个古老方法的局限性。有以下几点，请酌：

（一）用典型那就要求研究对象是相对稳定、无大变化的，如人体，如隧道地学环境，这都是上千年、几千年无大变化。只有这样，才说得上典型，典型才有意义。如果研究对象是在变化发展中，尤其对开放的复杂巨系统而言，典型也就难以肯定，我们没有经验呀。我们只能看大系统、巨系统的某一侧面，也许能找到典型，即过去类似的经验，看出对象的可能变化；但这只是局部的，能作为点滴参考，不能肯定就是如此。

（二）中医理论就是典型法，从病人各种典型概括出阴阳五行的理论。但就是对人体这一千百年事例中得出的中医理论也不能作为死教条，要按病人实际情况还应做适当调整。中国有名的中医都根据自己行医经验对医方做些适当变动，这才是名医，不是庸医。您在处理隧道工程中一定也是如此。

（三）对正在变化中的开放的复杂巨系统，如我国的社会经济，"典型"就更难了，史无前例嘛。在分析研究我国目前的社会经济，也可以先"摸着石头过河"！所谓"典型"是专家意见，一得之见，不可能全面。所以必须把这种宏观的专家意见，多方面的经验规律，用一个庞大的系统模型综合起来，再通过验算，看看结果，请专家们发表意见。如有看法，再修改系统模型。经多次修改试算，专家们都同意了，才算有了结果，形成对复杂巨系统的认识。这就是从定性到定量综合集成法，也就是综合研讨厅体系的工作。

（四）总之，对开放的复杂巨系统而言，"典型"有重要意义，应该重视，是专家意见；但又不能死抱着不放，否则，那就一定会犯错误！

因此对开放的复杂巨系统，我们应正确认识典型这一宏观思维方法，知道它的作用和局限。

此致

敬礼！

钱学森

1995.1.25

---

* 李世烜同志时任总参工程兵第四设计研究院研究人员。

致韩博平

韩博平同志*：

您2月16日来信及大作《生态网络与生态网络分析》、《从生态网络分析看生态系统的整体性和复杂性》都收到。读了您的信才知道：① 您年轻，才30岁；② 您是已故力学家钱令希教授的硕士生，而钱令希先生是我尊敬的同行；③ 您思想活跃，对新兴学科有很大兴趣；④ 您最新的研究课题是生态系统。

下面我讲讲几点意见。

（一）上次信中我建议研究红树等"红植物"的耐盐基因，用以引入其他植物，以增强其他植物的耐盐能力。这件事已有人在做，就在离您不远的海南省海口市海南大学。在那里林栖凤、李冠一教授已育成耐盐豇豆，用的就是红树基因。见《中国科学报》1995年2月17日1版报道，今附上其复制件。您认得林栖凤教授和李冠一教授吗？

（二）您在《自然杂志》的文章我读过。但对西方国家讨论得很热闹的生态系统我十年前就有不同看法。我认为生物是在自然环境中的生物，所以① 不能单讲生物（植物、动物、菌物），还有地理情况；② 最重要的是人对环境的作用。因此讲生态系统、生态网络不能全面地描述现实，现实是人类社会所在的除人之外的整个客观环境。我称此为地理环境，研究地理环境的科学是"地理科学"（不是古老的地学体系中的地理学）。见附上浙江教育出版社的《论地理科学》。

（三）地理环境是一个开放的复杂巨系统，一般系统分析方法，如您的生态网络分析是无法解决此中问题的。对开放的复杂巨系统，美国Santa Fe Institute也研究，指出一般系统分析方法是不能解决问题的，并强调要用整体观。但直到现在他们不如我们中国人！我们设计了独特的处理开放的复杂巨系统的理论：从定性到定量的综合集成法（见《论地理科学》94页），而且实际试用于社会经济问题，并取得成果。

以上请考虑。您有什么意见，请告我。

此致

敬礼！

钱学森

1995.3.2

---

* 韩博平同志时任中山大学生命科学学院教师。

致王寿云、汪成为

王寿云同志、汪成为同志*：

我很高兴能收到您二位 5 月 8 日来信及关于研讨厅的材料。我要向您二位祝贺已取得的成绩：已有了个能运转的研讨厅体系了。

但从定性到定量综合集成研讨厅是件新生事物，我们只是从过去于景元同志的工作悟出这个想法，理论是极有限的。所以发展研讨厅体系要靠实践，实际用它加专家们一起，在实干中发现改进的一条条可能，再一步一步改进。所以要多用，多探讨改进。

就是一个题目，也可以多次试用，找出最有效的工作方法。因此运转经费要多一些，也要有一帮肯下工夫同研讨厅“泡”的同志。“熟”才能生“巧”嘛。

以上也许您二位早想到了，那我就是废话连篇了！

此致

敬礼！

钱学森

1995.5.14

---

* 汪成为同志时任中国工程院院士。

致李乃奎

李乃奎教授*：

您托汪成为同志交给我的5月22日信及《汇报》都收到。首先我对您已经取得的成就要表示祝贺！在下面我讲点意见供您参考。

我们党在研究讨论问题时，规定要贯彻遵行民主集中制。这一原则在“局部战争战略的决策训练系统”中也必须能做到。这就是在第一步中领域专家们通过从定性到定量综合集成法构筑训练系统的过程中，一定要充分发扬民主，千万不可看“辈分”、看军衔级别，一得之见也是重要的！只有这样才能得到一个好的训练系统，一个有高级科研成果的训练系统。

也为了贯彻民主集中制，学员们在最后第三步完成计算机的评估和战略决策建议报告之后，再讲讲体会，自己原来是什么看法，而现在又是如何，有什么提高。这要讲心里话，不要怕丢脸。

总之遵行民主集中制才能真正把事情办好。

请酌。

此致

敬礼！

钱学森

1995.6.1

---

* 李乃奎同志时任国防大学训练部教授。

致于景元、涂元季

于景元同志、涂元季同志：

我近日在报刊上看了一些讲发展农·林·海产品的文章，结合前些日子读了姜春云同志讲生产、加工、销售一条龙的大农业结构，对我们说的第六次产业革命又有了点新的体会。现陈述如下，请考虑：

（一）今天有不少人鼓吹生命科学的新发展。我看这主要在于生命科学走向微观、走向分子层次所取得的成果，但生命、特别是植物、动物都是以细胞为基础的复杂组织，可以说除了单细胞的菌物，它们都是开放的复杂巨系统。因为人们对开放的复杂巨系统的研究还在初级阶段，我们对生命科学的新发展要有实事求是的认识：比起无机物的科学，它还差一个层次，还不到电子学、光子学那样能直接去开发高新技术。

（二）只有单细胞的菌物是例外，在菌物生产技术中可以直接利用生命科学的新成果。菌物生产是所谓"白色农业"，"白色农业"有高新技术。

（三）从这点看，农、林、牧、副、渔，"绿色农业"，"蓝色农业"（即海产业）还不能直接同生命科学的新成就挂钩，还是老的农、林科学的应用。这就如同本世纪初的机械电工制造技术，老的工程概念。所以第六次产业革命是主要把第一产业改造成为第二产业，让第一产业（小规模的农林业）从历史上消失。第六次产业革命的重点变革在于生产组织，大规模的集团式经营。换句话说，第六次产业革命是直接利用第四次产业革命的成果——集团式公司组织，于"绿色农业"和"蓝色农业"。

（四）只有"白色农业"不同，它是高新技术产业。我们应重视"白色农业"，并研究利用菌物的加工业。

（五）这样，第六次产业革命到21世纪中叶，我国能不能做到"绿色农业"（农林）占50%，"蓝色农业"（海产）占35%，"白色农业"占15%？

请酌。

此致

敬礼！

钱学森

1995.6.14

致钱意颖、时明立

钱意颖同志、时明立同志*：

我非常感谢你们7月8日来信及坝系农业研究的建议书，它使我得到很大的启发。我对水利工作实是一个门外汉，脑子里只有个中国水害多而又缺水的概念。近年来在全国政协遇到钱正英同志，是她这位老水利工作者给我讲了水利工作的复杂性。我的第一个认识是：比起治河，那发射人造卫星是件简单工作了！

在收到你们来信前不久，我还读了綦连安同志6月24日在《中国水利报》上的文章：《黄河治理的思考》(该报第2版)。

把这几件事归纳到一处，我现在认为：中国的水利建设是一项基础建设，而且是一项类似于社会经济建设的复杂系统工程，它涉及人民生活、国家经济。我们过去如在搞三门峡工程时恐怕就把问题看得过于简单。现在有了经验教训，而且还有在近十年来发展起来的新科学——系统科学，特别是处理复杂巨系统的理论，系统工程，那就不要再在老路上徘徊了，用新的思维和方法吧。

也就是说，对治理黄河这个题目，黄河水利委员会的同志可以用系统科学的观点和方法，发动同志们认真总结过去的经验，讨论全面治河，上游、中游、下游，讨论治河与农、林生产，讨论治河与人民生活，讨论治河与社会经济建设等，以求取得共识，制定一个百年计划，分期协调实施。这样，最终可能达到或接近自古以来人们心中的憧憬——"黄河清"！

以上是我这个水利外行人对水利问题的粗浅认识，请您二位批评指正。

再次感谢你们的来信及附件！

此致

敬礼！

钱学森

1995.7.13

---

* 钱意颖同志、时明立同志当时在黄河水利委员会水利科学研究院工作。

致于景元、戴汝为

于景元、戴汝为同志：

我给您二位拜个晚年！春节一定过得愉快！

在年前我分别从二位收到信件及文章、书，我读后深感有一个带根本性的问题需要搞清楚，故将二位来件交换送二位参阅，并写此信。

我想问题是：所谓“复杂性”能脱离解决开放的复杂巨系统问题吗？所谓“复杂性”能泛泛讨论吗？人认识问题只能从具体事例入手，而从解决一个个开放的复杂巨系统问题开始，有以下几大类：

(1) 社会环境、地理环境；

(2) 社会问题；

(3) 人体问题；

(4) 人脑问题。

每一个问题都要根据实践经验，通过具体工作，用开放的复杂巨系统方法来认识，空谈“复杂性”是无用的。将来问题解决得好，有了丰富的对上述四大类问题的经验和认识，也许到时候我们可以概括地讨论“复杂性”了。是毛主席的《实践论》嘛！

Santa Fe Institute 之所以陷入 perplexity，恐怕就在于此。我们还是要用辩证唯物主义指导我们的工作！

以上请您二位考虑。

此致

敬礼！

钱学森

1997.2.8

致涂元季

涂元季同志：

我读了您的便条和陈颙院士送的盖勒文章，有以下想法，写下来供您考虑。盖勒文附还。

从系统科学角度考察，地震是地壳运动的一个临界性局部现象，它应该是地壳这样一个开放的复杂巨系统中的局部现象。说开放，是指地壳也受地球外天体运动的引力作用的影响。说复杂，是指地壳构造十分复杂，也是随时间在不断演化的。因为地壳中发生的地震是一个局部现象，所以它不是什么宏观概念，与我们研究的开放的复杂巨系统学不同，我们这里要解决的是宏观统计量的预报。如在社会经济学中要预报的是一个国家或一个地区在短期内的经济发展预报，而不是某一个企业、某一个人的经济状况。又如在人口学中，像宋健、于景元他们能做到的只是一个国家在某一时期、某一年龄的男或女，死亡的概率，而不是某一个人在某一年会不会因事故而死亡，如行车被撞。要求不一样。

复杂巨系统学只能解决宏观问题，还不能解决微观问题。

以上只是从系统科学角度对地震问题做出一个界定。当然，您的意见是对的，科学是不断发展进步的，现阶段解决不了的问题，也不能就说永远解决不了——不可知论了。

文章附还。

此致

敬礼！

钱学森

1997.5.1

致吴全德

吴全德教授[*]**：**

您托戴汝为同志给我的两本关于中心的材料已收到，我十分感谢！（但《论文集》缺90、91页，文不连续。）我现在的认识是：纳米科学技术将会带来又一次产业革命，就如现在信息技术正在推动第五次产业革命。（此意我已向白春礼副院长陈述过）

作为纳米科学我们要研究：① 为什么不同结构如碳粉、石墨、金刚钻，C_{60}……能形成？② 不同结构物性如此不同，为什么？有什么规律？

作为纳米技术我们要设计出有突出性能的工程系统构件并生产此构件，这也包括改造生物。

至于理论，现在已有的耗散结构理论、协同学、突变论及开放的复杂巨系统论都可以有用，但也一定不够的，还要发展。这一点您和戴汝为同志在交谈中一定提到了。

总之，纳米科学与技术前途远大，我祝你们作出贡献！

此致

敬礼！

钱学森

1997.10.20

---

* 吴全德同志时任北京大学纳米科学与技术研究中心教授。

附录

社会主义建设的系统理论和系统工程*

于景元　王寿云　汪成为

一、引言

钱学森、孙凯飞和于景元在《社会主义文明的协调发展需要社会主义政治文明建设》的文章中曾指出，社会主义文明建设包括物质文明、精神文明和政治文明建设，这三个文明建设之间要协调发展。但在那篇文章中，还没有涉及社会系统环境——地理系统的建设问题。系统科学理论告诉我们，系统与其环境之间也是互相关联、互相制约、互相作用的，它们之间也必须协调发展。去年，钱学森又提出了地理系统及地理建设问题，并说明了社会主义文明建设离不开地理建设，它是上述三个文明建设的基础。

地理系统也是一个开放的复杂巨系统。由于这个系统时间参数比社会系统大，变化比较缓慢，其效果短时间内显示不出来，因而有关它的建设问题往往不能为人们所全面认识。大量事实表明，忽视地理建设已对社会发展造成了严重后果和威胁，重视和加强地理系统研究、规划和建设，是我们刻不容缓的任务。

这样看来，社会主义建设就不只是三个方面的文明建设，还应包括地理建设。当然，这四个方面建设具有不同的内涵和相互关系，又处在不同层次上。现在的问题是，如何使三个文明建设之间以及它们和地理建设相互配套并持续、稳定和协调地发展，以取得社会系统最好的和长期的整体效益。即钱学森提倡的要从整体上考虑并解决问题。这不仅是个科学理论问题，也是一个科学实践问题。

我国正在进行改革和开放，在体制和机制、政策和法制、规划和计划、发展战略、资源开发、环境保护、人口控制等方面，都提出了一系列重大问题，这些问题无不和上面提到的四个方面建设紧密联系在一起。因此，研究和探索这四个方面建设的相互配套和协调发展，不仅具有理论意义和实践意义，同时还有现实意义。

本文的目的是在马克思主义哲学指导下，应用系统科学理论，特别是钱学森提出的复杂巨系统及其方法论，来探索上述这个极其复杂的问题，同时还说明社会系统工程、地理系统工程以及实现它们的实体机构——系统总体设计部，为解决这个复杂性问题提供一种有效的科学技术方法和实践方法。

---

* 本文原载于1991年1月21、23日《科技日报》第3版。

二、社会系统环境——地理系统

钱学森等人的文章还谈到，社会系统是以有意识活动的人为子系统而构成的系统。这是迄今为止最复杂的巨系统，因而又称作特殊的复杂巨系统。人类社会系统随着时间的演化就是人类社会发展史。它的发展由低级到高级，由简单到复杂，从政治的社会形态来说，就有原始社会、奴隶社会、封建社会、资本主义社会、社会主义社会，按照马克思主义所揭示的规律，最终将进入共产主义社会。但是，人类的出现、生存与发展都和哺育着我们的地球紧密联系在一起。我们连同自己的血、肉和头脑都是属于和存在于自然界的。

地球的形成、演化和发展已有几十亿年的历史，先从无生命的地球进化到有生物的地球表层，再发展到今天居住着有高度文明的人类的地球表层。科学家把 40 亿年以来的时期称作地球的地质时期。这个时期的初期，地球地质熔融，喷溢出大量岩浆、气体和水蒸气，形成原始岩石圈（固态）、水圈（液态）、大气圈（气态）。大约 30 亿年前，广泛分布有机化合物的海洋中，终于合成了生命，这是地球表层进化史上的一次大的飞跃，从而改变了地球表层结构，开始逐渐形成生物圈。大约 4 亿年前，生物从海洋登上陆地，进入直接接受太阳辐射能的广阔天地，生物种类和数量开始大幅度增加，绿色植物覆盖了地球表层，土壤圈也形成了。陆地出现茂密森林。以后，生物界逐渐进化到现在的动植物区系，种类和数量空前增长。

200 多万年前，地球表层又出现了一个大飞跃，这就是人类出现在地球表层上，构成地球表层的一个新的组成部分。由于人类是以社会方式生产和消费，大范围地改变着物质、能量的流通和转化。特别是科学技术的发展和生产力的提高，人类活动极大地作用于地球表层，改变着它的面貌，而且大大加速了地球表层演化，使它进入一个新的时期。

从系统科学观点来看，地球表层是一个系统。它包括了非生物、生物和人，三个部分之间互相关联、制约和互相作用。钱学森把这个系统称作地理系统或地球表层系统。这个系统的空间范围上至对流层的上层（极地上空 8 公里，赤道上约 17 公里，平均 10 公里），下至岩石圈上部（陆地下约 5～6 公里，海洋下平均 4 公里）。从随时间演化看，先是以无机过程为特点的自然地理系统，包括岩石圈、水圈、大气圈等，后又进化到以有机过程和生命过程为特点的生态系统，包括土壤圈和生物圈等，最后进化到具有高级思维和意识活动的人类并以社会形态出现的人类社会系统，一个比一个复杂，一个比一个升级，呈现出鲜明的层次结构特点。从物质形态看，有固态、液态、气态三相共存以及它们之间的相互转化，又有无机、有机和生命的共存和相互转化。

除了层次结构特点外，还表现出地理系统内部有多种时间尺度的运动，从微观的秒—厘米量级的物质分子扩散、输运事件到宏观的 10^9 秒——全球尺度的大约百年运动。十几年、几十年的时间尺度是地理系统区别于地球系统或地学系统的特点，后者运动变化，如板块运动，时间尺度要长得多，以亿年计。这也就明确了地理科学与地学的区别，地学属自然科学;而地理科学是自然科学和社会科学的汇合。

地理系统又是开放的,它和外界有物质和能量的交换。它接收来自太阳的辐射能约为 1.73×10^{17} 瓦,进入这个系统的地能、潮汐能约有 3.5×10^{13} 瓦。此外,来自外层空间的各种粒子流,如宇宙线、电磁波,还有如流星、陨石等物体。另一方面,地理系统也有物质和能量输出到宇宙空间去,最大的一项是同太阳辐射能大致相等的红外辐射,以及少量轻质的气体分子溢至大气和外层空间,现在还有人造的空间飞行器被送到外层空间。

从上述地理系统概念中可以看出,它的内涵比现在经常使用的生态系统概念要广泛得多,也比目前国外把地球看成超级生态系统要深刻得多。

人类对地球的探索、开发和利用的研究,虽然由来已久,并形成了不同学科,如地理学、地质学、海洋学、气象学等,但这些学科都是针对地球某一部分分门别类进行研究的。随着这些学科日益深入发展,就越感到孤立地研究某一部分有局限性。例如,大气科学的发展,今天人们已经认识到海气相互作用、陆气相互作用、大气痕量气体的化学过程等,都对大气运动有重要影响。

近些年来,我国科学界已经认识到研究地球不能只限于地球本身,还必须和天文、生物科学联系起来,所以提出了天、地、生三方面综合研究。后来又认识到还必须把人加进来,提出天、地、生、人系统概念。钱学森曾明确提出,以地理系统为研究对象的科学叫地理科学,它是自然科学和社会科学交叉的学科,地理科学如同自然科学、社会科学、系统科学等一样,是一个大的科学技术部门。这是一门既很重要又是社会主义建设迫切需要的科学。

这里,我们还要提及我国著名的现代科学家竺可桢教授对地理科学的重要贡献。竺可桢教授在我国开拓了地理学、气象学、科学史、自然资源综合考察等许多领域。早在20世纪20年代,他对地理学研究就提出了“组织各种地理上要素成为系统,以人类为前提,而使之贯成一气”,到了60年代,他又明确提出“地理学是研究地理环境的形成、发展与区域分异以及生产布局的科学,它具有鲜明的地域性与综合性的特点,同时具有明显的实践作用,与国民经济建设的各个部门有着极其密切的关系”(见《竺可桢传》)。这些科学见解,早已超出了传统地理学的概念,而更符合现代地理科学的思想。

从上面的论述可以看出,社会系统从地理系统输入物质、能量(当然也从地理系统以外吸取能量,如太阳辐射能),经过加工、处理、转换来满足人类自身发展的需要,同时社会系统也向地理系统输出物质和能量。输入—输出,实际上涉及的就是社会系统和地理系统的相互关系问题,也就是通常所说的人与自然的关系或人与环境的关系。在人类尚处于蒙昧时代,由于对自然界的无知,人类只能被动适应于自然界,听任大自然的摆布。当人类社会经过四次产业革命,科学技术有了很大进步,社会生产力有了很大发展,人类对自然界已由过去的被动适应变成了主动索取和征服。到了20世纪下半叶,特别是最近一二十年,科学技术飞速发展,生产力高度发达,人类向自然界索取的物质和能量越来越多,而且越来越快。同时,向地理系统输出的物质和能量也越来越多(固态、液态、气态),其结果改变着地理系统结构和正常功能，形成了对地理系统来说的污染，也改变了地理系统和社会系统的互相关联、制约和作用关系，影响和威胁着社会系统本身的生存和发展。今天，人类正面临着一系列来自环境的严峻挑战，其根源皆来自社会系统内部人类本身的活动，例如：

1. 人口激增　由于科学技术的发展，人类改变了过去高出生高死亡的平衡而转变为高出生低死亡的递增。为了获取足够的食物、水以及其他需求，人类必然向地理系统进行大量索取，结果给环境造成了越来越大的压力。

2. 土地沙漠化　为获取食物，全球耕地面积在 300 年内由 4 亿公顷扩展到 15 亿公顷。而另一方面，森林面积急骤减少，目前森林正以 1 100 万公顷/年的速度从地球上消失，其直接后果是土地沙漠化。目前沙漠化面积已达陆地面积的 10%，还有 43%土地正面临沙漠化的威胁。

3. 温室效应　化石燃料的燃烧、森林的破坏以及其他工业活动，使大气化学成分发生了明显变化。连续 30 年的观测表明，大气中二氧化碳含量每年以 0.4%的速度增加。据预测，不久将来全球平均温度将上升 2℃，这样的变化将导致全球陆地植被类型和海洋生物物种分布发生显著变化，而这又反过来影响全球气候变化。

4. 臭氧屏蔽的破坏　同温层中的臭氧吸收了 99%的高能紫外线。测量表明，1978～1987 年全球臭氧浓度平均降低了 3.4%～3.6%，1985 年在南极上空观测到臭氧空洞。造成臭氧屏蔽破坏的主要原因是人类活动排放到大气中的氟氯烃的光化学反应。臭氧屏蔽的破坏，将对人类和生态系统造成灾难性后果。

5. 生态系统的破坏　人口激增和人类活动以直接和间接方式破坏生态系统平衡，其标志是生物物种正以几小时一种的速度从地球上消失，许多生物已濒临灭绝。物种分布的改变及物种灭绝对人类影响如何，今天还不清楚，但产生影响是肯定的。

以上事实表明，人类社会的生存和发展，必须正确地和科学地处理与环境的关系。如果说过去由于无知，人类和环境的关系经历了被动的“服从”到盲目的“征服”，那么，科学技术已有了巨大发展的今天，人类必须调整对环境的关系。我们应从地理系统整体演化规律，系统组成部分相互作用规律，特别是人类活动对地理系统的相互影响出发，来处理社会系统和地理系统的关系，使它们互相协调发展，形成良性循环，实现环境优化。这是摆在全人类面前一项迫切的历史性任务。

三、地理建设和地理系统工程

上一节关于全球层次上的地理系统概念以及和社会系统的关系，同样适用于国家层次和区域层次上的地理系统。但不管在哪个层次上，为处理好两个系统之间的关系，都要进行地理建设。所谓地理建设，就是为使地理系统和社会系统协调发展而进行的人类活动。我国是社会主义国家，我国的地理建设是社会主义地理建设。社会主义地理建设的任务和目标，应使地理系统既能为社会主义文明建设持续稳定地提供物质基础，同时又要利用社会主义物质文明、精神文明和政治文明建设的成就，加强地理建设，两者互相促进，协调发展，达到环境优化的目的。从这个发展目标来看，我国地理建设还存在许多问题，有的问题已相当严重，如不采取果断措施，必将造成更加严重的后果。

社会主义地理建设，根据钱学森的建议，主要包括以下几个方面：

1. 资源系统建设　资源系统包括地面资源（如土地、森林等）、地下资源（如矿产资源等）、海洋资源、空间资源（如风力、太阳能等）。我国地域辽阔，陆地面积约 144 亿亩，其中耕地面积为 20.42 亿亩，有林地 17.3 亿亩，森林覆盖率约 12%，天然牧场 53 亿亩。地下水约 0.8 万亿立方米。我国海岸线长约 3.2 万公里，海域面积大约 300 万平方公里。温带、暖温带、亚热带占国土面积约 69.5%，光热条件优越。我国矿产种类比较齐全，储量较大，就资源种类和总量而言，我国属于资源丰富的国家。但由于我国人口众多，人均资源占有量则较低，和世界各国比较，不仅在资源大国之后，也低于许多发展中国家。这是我国的基本国情。

自 1949 年以来，我国在资源勘查、开发和利用方面都取得了很大成绩，为社会主义文明建设作出了巨大贡献。但与四个现代化要求相比，还很不适应，很不协调。存在的主要问题是：① 资源勘查的科学技术水平较低；② 开发程度低；③ 开发利用的生产技术和工艺落后；④ 综合开发、利用的能力和水平以及经济效益低，突出表现在海洋开发和矿业开发方面；⑤ 资源保护差，浪费极为严重。例如，我国每年水土流失量为 50 亿吨，占全世界水土流失量的 21.3%；⑥ 再生资源的开发和利用落后。我国目前再生资源的开发利用，还没有统一的管理机构，处于放任自流、政出多头的状态。据统计，我国平均每年有 200 万～300 万吨废钢铁、600 多万吨废纸、200 多万吨废玻璃、70 多万吨废塑料、30 多万吨废化纤、30 多万吨废橡胶、4 000 多万吨粉煤灰等，未被回收利用而流失掉；⑦ 我国资源在管理体制、运行机制上还存在许多不合理、不完善的地方。

2. 能源系统建设　能源系统包括水电、火电、核电、风电、日光电、生物电以及供气等等。我国有丰富的能源资源，但人均能源占有量并不多，而且地理分布很不均衡，能源结构不合理，主要以煤为主，导致能源利用率低，运输紧张，环境污染严重。一次能源转换成二次能源的比例低，发达国家平均为 36%，而我国仅为 27%，结果造成电气化水平低。人均耗能为世界的 1/3，而单位产值耗能却很高，是世界最高的国家之一。农村生活用能 75%依靠薪柴和秸秆，年耗薪柴 2.7 亿吨，结果森林被砍伐、植被破坏、水土流失、生态平衡破坏。另一方面，能源科技（如先进节能技术、核电技术、新能源技术等）又落后于能源发展的需要。

3. 水资源建设　我国水资源也是丰富的，水面广、河流多。每年平均降雨量 6 万亿立方米，河川径流量为 2.6 亿立方米，水电、水运发展潜力大，但水资源人均占有量仅有 0.27 万立方米，相当于世界人均量的 1/4，而且分布不均衡，生产力布局和水资源分布不匹配。北方和沿海一些城市缺水日趋紧张，相继出现水危机，水污染也日趋严重。有些地方超量开采地下水，造成地面下沉、海水倒灌。水资源开发利用率低，可开发量为3.8亿千瓦，已开发利用的仅占8%，远低于世界平均水平。内河航道通航能力低，防洪能力差，洪水灾害不断发生。水产事业、水库养殖面积小。

4. 环境保护及绿化　保护环境、维护生态系统平衡，已成为我国社会发展的一个严重问题。主要表现为：① 植被破坏、水土流失、土壤盐碱化、沙漠化以及气候异常，结果导致农田、森林、草原和江河湖海、地下水生态系统自然生产力下降。② 农业污染遍及全国。1980年农业耕地三废污染面积达6 059万亩，农药污染面积超过2亿亩。粮食、农副产品质量下降。③ 水质污染严重，废水排放量已达349亿吨。532条河流中，受污染的占82%，有的河流已完全丧失生态功能。④ 以二氧化硫为主的煤烟型大气污染严重。1987年统计，烟排放量为1.445万吨，二氧化硫为1.421万吨，特别是大城市更为严重。酸雨遍及20多个省、市。⑤ 城市污染严重。我国1987年工业固体废弃物超过8 687万吨，综合利用不到1/4。1985年环境监测数据表明，全国55个城市颗粒物浓度年平均达630微克/立方米，是国外70年代浓度值的10～20倍。⑥ 森林大量减少，草原严重退化。草原退化面积80年代中期已达30%，产草量比60年代下降30%～50%。环境污染和生态平衡破坏，已对国民经济造成巨大损失。据统计，这方面的损失已达860多亿元，严峻的事实是，这个损失还在继续发展。

5. 灾害预报和防治　灾害有自然灾害和人为灾害之分，主要自然灾害有暴雨、洪涝、台风、风暴潮、干旱、冷霜等天气和气候灾害；有山崩、滑坡、泥石流、地裂缝、地震等地质灾害；还有农作物和森林病虫害、鼠害、森林火灾等。

我国是世界上蒙受多种自然灾害的国家之一。在灾害防御上，与发达国家相比，我们还有很大差距，主要问题是：① 在防灾方面，防灾工程的总体水平低，综合抵御自然灾害能力差。② 救灾技术基本是空白，主要靠“人海战术”，缺少防灾总体对策和救灾的应变能力。③ 对灾害的监测能力低，监测系统、信息处理系统和实验系统很不完善。

人为灾害如火灾、爆炸事故等等。我国每年火灾的损失就达8亿元人民币，我国人为灾害的频率很高，但至今还没有引起人们足够的重视。

6. 城镇及居民点建设　城市发展对繁荣城乡经济、促进社会主义物质文明和精神文明建设发挥着重要作用。但是，我国还没有完善的大城市、中等城市、小城市和建制镇的城镇体系，城市建设落后于城市的发展。此外，还面临着下列问题：① 城乡环境质量差，基础设施严重落后，普遍超负荷运转。城镇体系和一些城市的布局不合理，城市现代化水平和承载能力低。全国200多个城市缺水，40多个城市严重缺水，因供水不足，每年全国造成经济损失近200亿元。一半县城没有供水设施，40%农民没有卫生的饮用水。全国城市建成区内有一半以上没有排水设施，不少大城市下水道普及率仅30%；全国434个城市有燃气设施的不到10%，全国城市用气人口不到城市总人口的33%(发达国家在80%以上)；各种交通方式和工具之间缺乏合理衔接，城市交通拥挤，全国实际的城市人均道路面积不到发达国家的1/4，50%左右村庄到城镇没有铺设道路。② 城乡居住条件差，城市住宅严重短缺,无房、缺房和不方便户达 20%以上。③ 建筑工程质量差,1988 年全国抽查,房屋建筑工程质量合格率不到 50%。④ 管理体制不合理,城镇建设缺少科学的总体规划。

7. 人口控制　我国总人口已突破 11 亿,现在每年平均仍以 1 500 多万人口的速度继续增长。众多人口已给我国社会经济发展造成了严重困难,也给生态平衡带来了严重威胁。

地理建设还包括气象事业、交通运输(如铁路、公路、河运、海运、民航等)和信息通信(如电话、电报、光缆、无线电通信、卫星通信、导航等)。如果目光放开到 21 世纪,那么还有农产业、林产业、草产业、海产业、沙产业等产业的基本建设以及航天事业需要的测报“天象”事业的建设。

自 1949 年以来,虽然我国的地理建设取得了巨大成就,能以全世界 7%的土地面积养育了全世界 22%的人口,这是世界公认的,党和政府对地理建设历来也是重视的,把保护环境、控制人口增长、实行计划生育作为基本国策。但是,从上面所述的情况来看,我国地理建设的水平还是比较低的,适应不了社会经济发展的需要,同时又给环境带来了越来越严重的压力。这些事实表明,我国社会主义地理建设的任务还相当艰巨。

造成我国地理建设落后的原因是多方面的,例如,资金、人力、物力、科技投入不足,管理体制不合理,运行机制不协调。但最主要的原因恐怕是没有互相协调发展的总体战略以及互相配套的方针政策。过去,以部门为主的行业规划和政策以及以地方为主的区域规划和政策比较多,都希望自己达到最优,作为整个国家来讲,却缺乏总体分析、总体设计、总体协调和总体规划,以及相应的配套政策,结果是各部门、各地方达不到最优发展,国家也没有最优发展。例如,我国经济发展过去注重速度和产值,结果形成了高消耗、低效益的粗放型经济。以过分消耗资源和能源来换取发展速度,忽视科技进步对经济增长的重大作用,基本上走的是外延扩大再生产的道路,不是内涵扩大再生产的道路,而这又影响了科学技术本身的发展,造成了恶性循环的危险。类似的情况,从微观到宏观常有发生,而且在宏观层次上表现得更为严重,影响更为深远,这是值得我们认真思考和研究的。

那么,有没有办法组织管理好社会主义地理建设呢? 回答是肯定的,这就是地理系统工程。地理系统工程就是组织管理地理系统建设,使社会系统和地理系统协调发展的技术。

从上述地理建设内容来看,它们既涉及社会系统,又涉及地理系统。因此,进行地理系统建设的学问,既需要社会科学的支持,又需要自然科学的支持,是社会科学和自然科学的汇合。这就是地理科学,它是现代科学技术体系中一个大的科学部门。如同其他科学技术部门一样,它也有三个层次:处在工程技术层次上的就是地理系统工程,直接为地理系统工程提供理论基础的,处在技术科学层次上的有环境科学、生态学、地学、海洋学、国土经济学、城市学等,而处在基础科学层次上的就是地球表层学,这是正在建立的一门新兴学科。

四、社会主义文明建设和社会系统工程

解决社会系统和地理系统协调发展问题，关键在社会系统内部，靠人类自己解决问题。人类是从地理系统中演化出来的，又是这个系统中最复杂、最高级和最活跃的组成部分，人类有能力解决和环境的协调发展问题。但是，如何解决这个问题，是和社会系统的性质、结构与功能紧密联系在一起的。为此，我们对社会系统再作一些讨论。

钱学森曾指出，根据马克思创立的社会形态概念，从宏观角度，任何社会形态都有三个侧面，即社会的经济形态、政治形态和意识形态。相应地任何社会系统都有三个组成部分，即社会经济系统、政治系统和意识系统。那么这些系统内部以及它们之间是如何关联和作用的呢?

在一个有组织的社会里，存在着各种各样的社会关系。这些关系有直接的，也有间接的;有物质的，也有思想的;有微观的，也有宏观的等等。社会中每个人都生活在这些关系网中，正是这些社会关系，把人们联系在一起，互相关联、互相制约、互相作用，从而形成社会系统。但在这些众多关系中，有三种关系是基本的，它决定了其他的社会关系，这就是社会的经济关系、政治关系、思想关系。而在这三种关系中，经济关系又决定了政治关系和思想关系，这个规律是马克思和恩格斯首先揭示出来的。他们“从一切社会关系中划出生产关系来，并把它当作决定其余一切社会关系的原始关系”(《列宁选集》第 1 卷第 6 页)。这三种宏观关系就像纲一样联结社会关系网，把微观的人联系起来，形成了三种社会形态或社会系统三个组成部分。

社会经济系统的功能是生产社会需要的物质财富和创造社会物质文明，这个系统再往下一个层次，可划分为生产力系统和生产关系系统(包括生产资料所有制关系和生产、消费、交换、分配关系)。生产力是人们改造自然界获得物质资料的能力，它把来自地理系统的物质和能量变换成社会中人们需要的生产资料和生活资料。从今天来看，发展生产力，不仅要提高生产物质财富的能力，还要包括加强和环境协调发展的能力。那么，发展生产力的最重要因素是什么呢? 马克思和恩格斯都提出过“生产力中也包括科学”，科学是“一种在历史上起推动作用的、革命的力量”。人类社会的发展证明了这些论断是完全正确的。在人类社会的早期，生产力发展主要依靠劳动者的体力、经验和技能，科学技术还没能对生产力发展起大的推动作用，但近代科学技术的发展，生产技术的不断突破，而且综汇交织成巨大的技术体系，这就大大提高了劳动者的素质和智能，从根本上改造了劳动工具，拓广了劳动对象领域。进入 20 世纪中叶以来，以电子信息技术为核心的新技术革命兴起，遍及数、理、化、天、地、生以及核技术、航天技术、激光技术、生物工程、海洋工程、新材料、新能源等一大批新兴科学技术领域，使人类进入了科学技术新的巨大飞跃发展时代。如果说过去生产主要依靠体力劳动，那么现在开始转向主要依靠脑力劳动(有人称作生产力智能化)，智力密集型生产取代劳动密集型生产作为创造社会物质财富的主要

形式。科学技术已成为促进国家经济增长和劳动生产率提高的主要因素，是推动生产力发展的最活跃的、决定性的力量。人类历史上是先有生产，后有技术，再有科学。现在出现了根本性变化，由于科学上的重大发现，引起技术上的重大突破，从而导致生产力的更大发展和社会更大进步。邓小平同志提出“科学技术是第一生产力”，“科学是了不起的事情，要重视科学，最终可能是科学解决问题”，“四个现代化，关键是科学技术现代化”。这些论断都发展了马克思主义关于生产力的理论。

党的十三大提出，把发展科学技术放在经济发展战略的首要位置，要求经济建设转到依靠科技进步轨道上来，我国正在进行的科技体制改革，其目的也在于此。我们常讲“科技兴国”，即是说科学技术是富国之源。

在生产力系统基础上建立起来的生产关系系统，其中生产资料所自制的形式是生产关系系统的基础。在人类历史上有两种所有制的形式：一种是以公有制为基础的，另一种是以私有制为基础的。这两种不同所有制形式决定了生产关系系统的不同性质，从而决定了生产、消费、交换、分配系统具有不同的形式和性质。

根据马克思主义理论，生产力系统决定了生产关系系统，它是生产关系系统形成的前提和基础，而生产关系系统要适应生产力系统的发展，对生产力系统有强大的反作用。当生产关系系统适应了生产力系统时，它的反作用是推动生产力系统发展，否则将阻碍生产力系统发展。

生产力系统是经济系统中最活跃的部分，它总是处在不断运动、变化和发展之中，是一个快变系统，而生产关系系统相对生产力系统运动来说，是个慢变系统，它的时间系参数比生产力系统要大。这样，一方面要求生产关系系统适应于生产力系统的发展，另一方面，它本身时间系参数大，又难以适应生产力系统，这个矛盾构成了社会经济发展中生产力和生产关系的矛盾运动，这个矛盾贯穿人类社会系统全部历史，是推动社会生产方式变革的根本原因，是社会系统演化的内在机制。

对于以公有制为基础的社会主义社会来说，同样受这个规律支配。不过这个矛盾的性质和以私有制为基础的资本主义社会是根本不同的。后者是由社会私有制性质带来的结构性矛盾。而社会主义社会是在生产关系基本适应生产力情况下的动态发展中的矛盾，是可以在社会主义制度范围内采取科学的正确的措施加以解决的。

社会主义生产关系是一个新型系统，是人类社会发展到现在的最高级的系统形式。如果我们能自觉地、积极主动地运用科学方法不断地调整生产关系系统，使其适应并促进生产力系统的发展，那么，社会主义经济系统完全可以创造出比以往任何经济系统都要高的物质文明。但实践表明，我们还没有做到这一点。我国 40 年来的经济建设取得了巨大成就，但也暴露出过去的计划经济体制存在许多弊端，公有制的优越性没有得到充分发挥，在一定程度上影响了生产力的发展。我国正在进行的经济体制改革，其根本目的就在于改革生产关系使之适应并促进生产力的发展。只有通过改革开放，大力发展生产力，并不断地解决生产关系和生产力之间的矛盾，使生产关系适应并促进生产力发展，才能加速我国物质文明建设的速度，提高物质文明的水平。

然而，经济系统仅仅是社会系统的一个组成部分，它的运动和发展还受到政治系统和意识系统的作用和影响。按照历史唯物主义的观点，经济系统（主要是生产关系）的结构和性质决定了政治系统和意识系统的结构和性质。经济系统的运动决定了这两个系统的运动和发展的方向，而政治系统和意识系统对经济系统又有反作用。当它们沿着和经济系统发展方向一致作用时，能促进经济系统发展；当它们沿着反方向作用时，就会阻碍社会经济系统发展。这就要求政治系统、意识系统要适应经济系统。但经济系统的运动相对政治系统、意识系统来说是快变系统，而政治系统和意识系统则是慢变系统，再加上它们对经济系统来说又有一定的相对独立性，这就形成了通常所说的经济基础和上层建筑的矛盾。如同生产力和生产关系的矛盾运动一样，经济基础和上层建筑的矛盾运动也是贯穿人类社会全部历史，是推动社会形态发展的动力，也是社会系统演化的内在机制之一。

意识系统的功能是生产社会精神财富，创造社会的精神文明，这个系统再往下一个层次可划分为思想系统和文化系统。思想是精神文明的主观表现，文化则是精神文明的客观表现。

政治系统的功能虽然不直接创造物质文明和精神文明，但它处在组织管理社会系统的关键地位，政治文明建设对促进物质文明建设和精神文明建设有重大作用。这个系统再往下一个层次可划分为设施子系统（如国家机构、政党、军队、法院等）和制度子系统（如政治制度、法律制度等）。

在社会主义社会，上层建筑同经济基础是基本适应的，但两者之间的矛盾依然存在。不过和以私有制为特点的社会不同，这些矛盾是可以在社会主义制度范围内采取适当措施加以解决的。对我国来说，在政治形态方面，如社会主义民主和法制不健全，在意识形态方面，还存在资产阶级思想、封建思想和小生产意识的影响。在上层建筑中，还存在一些严重缺陷和弊端，严重影响了社会主义经济基础的建设，阻碍了社会生产力的发展。党的十一届三中全会以来，一方面大力调整和改革社会主义生产关系，使之适合并促进生产力的发展，进行经济体制改革，另一方面又大力调整和改革社会主义上层建筑，进行政治体制改革，加强社会主义精神文明建设，巩固和发展社会主义经济基础，推动社会主义现代化建设。

这样看来，从科技体制、经济体制、政治体制、教育体制改革直到社会主义精神文明建设，涉及了我国社会主义社会形态的各个侧面。但归根到底是为了发展社会主义社会生产力，体现出以经济建设为中心。这是我国社会系统前所未有的大调整和改革。如果这场改革取得了成功，必将大大提高我国社会生产力水平，物质文明建设、政治文明建设、精神文明建设也将得到很大发展。党的十一届三中全会以来的实践表明，改革开放是强国之路。

为了实现这样的目标，我们的改革开放必须在四项基本原则指导下进行，坚持社会主义道路就必须坚持公有制，才能保证经济形态的社会主义性质，在政治形态方面必须坚持党的领导和人民民主专政，在意识形态方面必须坚持马克思列宁主义。所以，坚持四项基本原则的实质是坚持我国社会系统的社会主义性质，而资产阶级自由化所主张的是变公有制为私有制（在经济形态方面）；改变中国共产党的领导为多党制，变人民民主专政为人民民主议政（在政治形态方面）；把坚持马克思列宁主义改变成全盘西化（在意识形态方面）。如果按这些人的主张去办，中国社会的性质将完全改变成为资本主义性质的社会形态。这将是中国社会的大倒退。所以，四项基本原则是立国之本，不可动摇。

综上所述，我们可以看到，马克思列宁主义哲学已给了我们有力的思想武器，它揭示了社会发展的内在动力和发展规律，对于社会主义社会来说，如果我们能自觉地有目的地和科学地运用这些规律，大力发展生产力，不断调整生产力和生产关系之间以及经济基础和上层建筑之间的关系，使它们互相适应并促进生产力的发展，社会主义文明建设必将得到快速发展。党的十一届三中全会所确立的“一个中心，两个基本点”的总方针，就是应用马克思列宁主义这些原理的典范。

但是，如何实现这个总方针，还需要有科学的方法，才能保证在实践中不走或少走弯路。那么，有没有这种科学方法呢？从系统科学观点来看，实现这个总方针的过程，实际上是一个开放的特殊复杂巨系统——社会系统的组织管理过程。在系统工程中，组织管理社会经济系统的技术是经济系统工程，组织管理社会政治系统的技术是政治系统工程，组织管理社会意识系统的技术是意识系统工程，而社会系统工程则是使这三个子系统之间协调发展的组织管理技术，使物质文明建设、政治文明建设、精神文明建设协调发展，以取得社会系统长期的和最好的整体效益。所以，社会系统工程对社会主义社会的发展和建设具有重要的现实意义。

五、系统总体设计部及其作用和意义

如何实现和应用地理系统工程、社会系统工程这两种系统工程，依然存在着一个科学实践问题。这里，我们要说明，系统总体设计部是实现系统工程的实体机构，是处理复杂巨系统的科学实践方法。

总体设计部的概念和实践起源于 50 年代后期我国开始发展原子弹、导弹的大规模科学技术研制计划的现代化组织管理。在周恩来总理和聂荣臻元帅领导下，我国科学技术工作者把当时苏联航空技术发展用的总体设计部和中国行政管理的实际结合起来，开始了后来称为航天系统工程的组织管理实践。30 多年来，我国航天事业从无到有，从小到大，取得了举世瞩目的伟大成就，成为世界上少数几个空间大国之一。在发展我国航天事业过程中，总体设计部起了重要作用。总体设计部所体现的科学技术方法，就是系统工程。它的成功实践，已总结、概括、提炼成系统工程理论。它不仅适用于航天系统，也适用于其他系统。航天系统工程方法包括：① 由总体设计部对航天工程进行科学的技术管理。总体设计部由熟悉大系统各方面专业的技术人员组成，在总设计师领导下，应用系统分析方法，根据任务要求，进行总体分析、论证、设计和协调，并采用计算机仿真技术，对系统方案进行整体优化、系统功能和结构的协调一致。② 管理机关应用管理信息系统对航天工程实行科学的组织管理，合理地使用人力、物力和财力，确保任务的完成。这就是航天系统工程中的两套指挥系统。前者体现了以科学技术和知识为基础的技术决策参谋和咨询作用，以保证决策的科学化和民主化；后者则体现了以权力为基础的决策执行作用，以保证决策实施的有效性(效率和效益)。决策者或决策机构则把知识和权力结合起来变成改造客观世界的力量。

在决策机构下面有总体设计部和执行机构两套系统，它们的功能和作用是不同的。总体设计部是一个科学决策的支持系统，执行机构是一个决策的执行系统。而在总体设计部和执行机构以下的数据、信息和知识系统，是对这两个系统的技术支持。这个方法体现了管理系统的现代化方法，特别是像社会系统、地理系统这样开放的复杂巨系统的管理，更需要这种现代化的方法。

早在70年代初，周恩来同志就希望把这种组织管理方法运用到国民经济其他工作上。1979年，钱学森提出建立国民经济总体设计部的建议。1989年，他又提出了社会主义文明建设的总体设计部体系的建议。

总体设计部所面临和解决的问题都是开放的复杂巨系统问题。它的研究方法就是从定性到定量的综合集成方法和信息综合集成技术。这是解决复杂的社会系统、地理系统问题现在能用的、唯一有效的、新的科学方法。这个方法的实质是将专家群体、数据和各种信息与计算机技术有机地结合起来，把各种学科的科学理论和经验知识结合起来。这三者本身也构成一个系统，它的成功应用就在于发挥这个系统的整体优势和综合优势，是真正的民主与集中的辩证统一。应用这个方法，把大量零星分散的定性认识、点滴的知识甚至群众的意见，都汇集到一个问题的整体结构中，达到定量的认识，是从不完整的定性到比较完整的定量，是定性到定量的飞跃。某一个方面的问题经过这种研究有了大量效果，又会再一次上升到整个方面的定性认识，达到更高层次的认识，形成又一次认识的飞跃。这个方法还可以用来整理千千万万零散的群众意见，人大代表的建议、议案，政协委员的意见、提案和专家的见解，以至个别领导的判断，真正做到"集腋成裘"。特别是当我们引用它把零金碎玉变成大器——社会主义建设的方针、政策和发展战略，以至具体计划和计划执行过程中的必要调节和调整时，就把多年来我们党提出的民主集中制原则科学地、完美地实现了。所以，这是科学方法的重大进步。

这个方法的应用和实现，必须有一个现代化的、以计算机为核心的、能进行信息综合集成的软硬件系统支撑。这是总体设计部工作的物质基础。在实际的系统中，则是从数据的处理和支持，到信息的处理和支持，到知识的处理和支持，逐步集成和完善的。数据处理是把数字和符号作为孤立的处理对象，信息处理考虑到数据对象间的语法结构关系，而知识处理才能考虑到处理对象的语义关系。只有这样，才能处理复杂巨系统中错综复杂的关系，及对实现从定性到定量的综合集成的技术支持。

根据这个方法，总体设计部应由多种学科的专家构成，社会系统、地理系统的研究涉及现代科学技术体系中几乎所有的科学技术部门，如自然科学、社会科学、数学科学、系统科学、行为科学、思维科学、军事科学、地理科学等。总体设计部是以研究为主的，在这个专家群体中，大家既要互相配合、大力协同，又要充分发扬学术民主，坚持科学精神和实事求是的原则。

在总体设计部内，对社会系统、地理系统的各种问题，进行总体分析、总体论证、总体设计、总体规划、总体协调，提出现实可行的具有可操作性的各种配套方针、政策和发展战略，为决策者和决策部门提供科学的决策支持。

从我国现行的体制来看，还没有总体设计部系统，有的机构有点像总体设计部，但其结构和功能都没有起到总体设计部的作用。因此，在决策机构下面的总体设计部和执行机构这两套系统，执行机构系统比较强，作用比较大，而总体设计部这个系统很弱，这部分工作被执行机构代替了，两套系统实际上变成了一套系统，两条腿变成了一条腿，结果是总体设计部应该做的事没有做好，实际上也不可能做好，这恐怕是我们过去某些工作造成失误、决策不能科学化的重要原因之一。现在是我们改变这种状态的时候了。否则，我们还将付出不必要的损失和代价。

历史的发展将我国人民推向了一个新的舞台，我们面临着比资本主义社会形态以前所有社会形态都更高级的社会形态——社会主义社会形态的组织管理问题。过去的历史能给我们许多知识，但我们毕竟面临许多新的问题，解决了这些问题，我们就会创造出人类社会前所未有的高度文明，我们应该有这种信念和信心。我们有马克思主义哲学的指导，有系统科学理论，特别是开放的复杂巨系统的研究，有系统工程技术，特别是社会系统工程和地理系统工程，再加上总体设计部的实践，就使我们有了一套有效的、可靠的加速社会主义文明建设和地理建设的科学方法和实践方法，在这个意义上，可以说，系统科学是治国之方！

六、结语

以上关于地理系统和社会系统的讨论，实质上是关于开放的复杂巨系统的研究和实践问题。这是系统科学中最重要和最复杂的研究方向。从上述讨论中，可以看到，对这类系统我们已经有了：

（1）在科学研究方法上不是还原论方法，而是从定性到定量的综合集成方法；

（2）在技术方法上，不是简单性处理而是系统工程技术；

（3）在实践方法上，是总体设计部的系统实践方法。

近些年来，国外出现了风行一时的所谓复杂性研究，这是由于他们在实践中也遇到了复杂性困难,认识到还原论方法已行不通,企图探索新的方法。然而至今不见解决困难的可行方法。

钱学森提出的复杂巨系统概念及其研究方法论,系统工程技术以及总体设计部的建议,却给出了行之有效的方法,这是钱学森在系统科学理论和应用方面的重大贡献。

科技是第一生产力和新产业革命*

钱学敏　于景元　戴汝为　汪成为　王寿云

生产力是人类社会历史发展的最终决定力量。生产力也就是社会生产力，它包括参与社会生产和再生产过程的各种要素。它的基本要素包括以生产工具为主的劳动资料、劳动对象、以及从事物质资料生产的劳动者。但不仅生产力的基本要素，而且生产劳动过程的组织管理，对生产力的发展也有着重大的作用。科学技术凝结于生产力的各个基本要素之中，通过劳动者、生产工具和劳动对象体现出来；也通过这些要素的技术结构，即通过生产劳动过程中的组织和管理体现出来。按照历史唯物主义观点，从科学革命、技术革命、产业革命的高度，从人类所创造的自然科学与社会科学等全部科学技术体系的角度，从当代科技发展中科研、开发、生产、应用及组织管理的一体化趋势来理解科学技术是第一生产力，就是十分自然的。以此为依据研究新产业革命对策，将在理论与实践上为丰富建设具有中国特色的社会主义的内涵作出贡献。

一、产业革命和第五次产业革命中的信息技术

马克思说："劳动资料是劳动者置于自己和劳动对象之间，用于把自己的活动传导到劳动对象上去的物或物的综合体。劳动者利用物的机械的、物理的和化学的属性，以便把这些物当作发挥力量的手段，依照自己的目的作用于其他的物"。马克思还指出："各种经济时代的区别，不在于生产什么，而在于怎样生产，用什么劳动资料生产。劳动资料不仅是人类劳动力发展的测量器，并且是劳动借以进行的社会关系的指示器"。直接推动生产力发展的，是劳动资料的技术革命。技术革命必然要引起生产力的革命，并导致经济的社会形态的飞跃，即产业革命。按钱学森的分析，历史上已经发生过四次产业革命，正在发生第五次产业革命。

第一次产业革命，也是第一次社会大分工，即人类从以采集现成的天然产物为主的时期，发展到经营畜牧业和农业的时期，大致对应于劳动资料的青铜器时代。

第二次产业革命，也是第二次社会大分工，即手工业和农业分离的时期和奴隶制成为社会制度的一个本质的组成部分的时期，大致对应于劳动资料的铁器时代。铁器使更大

* 本文原载于1991年12月28日《科技日报》。

面积的农田耕作、开垦广阔的森林地区成为可能；它给手工业工人提供了一种更坚固和锐利、非石头或当时所知道的其他金属所能抵挡的生产工具。

第三次产业革命，是从蒸汽机技术革命开始的以机器为基础的近代工业时期，大致对应于劳动资料的机器体系时代。

第四次产业革命，是生产走到最全面的社会化，特别是技术发明和改良的过程也社会化了的时期，科学——技术——生产，日益结合在一起。大致对应于劳动资料的电力技术革命以后的现代大工业时代。电力工业是最能代表 19 世纪末、20 世纪初的资本主义的一个工业部门。

当前正在发生的第五次产业革命是以现代科学技术特别是电子信息技术为先导的一场新的产业革命。从第一次产业革命到第四次产业革命，决定社会生产时代的具有决定意义特征的，可以说是劳动资料的机械的、物理的、化学的属性。但是劳动资料不仅具有机械的、物理的和化学的属性，而且也具有信息的属性。现代科学技术、特别是电子信息技术，促进了劳动资料信息属性的发展，从而促使科学技术与生产力比过去更加紧密地凝结在一起，构成我们这个时代社会经济发展的新特征，具有划时代的意义。这是由于劳动资料信息属性的发展，一方面是事实已经表明它本身发挥了巨大的作用。例如，可以把知识在计算机程序中加以体现，为知识的利用与传播开辟了新的途径，这是前所未有的大事；进一步的趋势是在计算机软件中体现智能行为，把人类从某些繁重的脑力劳动中解放出来将成为现实(生产软件这种信息属性劳动资料的产业称为软件产业)。另一方面，以劳动资料的信息属性为牵引，可以进一步把劳动资料的机械的、物理的、化学的及其他的属性，取长补短，有机地综合起来。这种属性的高度综合(或称为一体化)，各种属性相互配合，比原来单独运转时发挥更大的作用，充分体现出整体的综合优势。劳动资料的信息属性，以计算机、网络、通信相结合的形式，体现在变革社会协作方式的推动力量中；以计算机集成制造系统体现在生产单元、生产线和整个工厂的自动化中；以计算机化检测手段体现在检测出动力燃烧过程中的信息并对燃烧过程进行优化的过程控制中；以管理信息系统体现在掌握资金流通情况，大大压缩在途资金和货币投放量的金融管理中；体现在用物流管理系统掌握物资流动情况，大大减少库存，提高物资利用率的过程中；也体现在把信息处理手段嵌入到生产过程的最终产品，从而把人在生产过程中的作用，最大限度地延伸到产品出厂后的全寿命期中。电子信息技术大大促进了劳动资料信息属性的发展，从而为优化现代生产过程控制、物资流动过程控制、金融资金流动过程控制，提供了无限可能。计算机、网络和通信的结合，正改变着生产方式、工作方式、生活方式和学习方式。近年来发展起来的计算机集成制造系统就是一个例子，这是机械制造工业的综合自动化系统，把设计、生产及管理的各个环节，以计算机为核心建立子系统，再把这些子系统有机地集结成一个高度综合的整体，以达到最优的效果，这样使工厂企业以计算机辅助设计(CAD)和计算机辅助制造(CAM)在计算机管理下，直接根据订单生产，缩短加工准备时间，压缩中间库存，缩短机器实际运行时间，加速资金周转，从而带来巨大的社会经济效益。

如果说过去的生产主要是依靠体力劳动或者以体力劳动的机械化、自动化途径来进行生产，那么现在开始向主要依靠脑力劳动的过程转变，并致力于脑力劳动的自动化，智力劳动的份额大大增加，这是信息技术发展的必然结果。劳动者必须通过系统学习和训练，掌握科学技术才能从事生产劳动，这就对劳动者素质提出了新的要求。这种趋势也必将推动教育事业的发展。

现代科学技术，特别是电子信息技术的发展，使劳动资料的信息属性变得十分突出，生产工具向以计算机为核心的方向过渡。当代的生产是沿着充分发挥劳动资料的信息属性的途径，以各种信息装置与智能系统来代替劳动者的脑力劳动的部分职能，使他们从某些重复而繁重的脑力劳动中解放出来，去从事目前机器尚不能完成的智能活动。正是由于劳动资料信息属性的充分体现，自然而然地朝着管理、设计、生产、检验、销售高度综合的一体化的生产方式迈出，加以电子信息技术在社会各方面的渗透，从而促进使工业化社会向信息社会过渡。

相对于机械性的劳动资料的总和可称为生产的骨骼系统和肌肉系统，以及只是充当劳动对象容器的劳动资料的总和可称为生产的脉管系统，信息属性的劳动资料其总和可以称为生产的神经系统。它为经济的社会形态的飞跃和现代社会的经济时期，揭示了更有决定性的特征：由工业化经济，进入信息化经济。传统的工业化经济，表征经济增长的国内生产总值(GDP)的增长，与能源、钢铁、有色金属、水泥等基本能源和原材料的使用量呈平行增长趋势。而在信息化经济时期，国内生产总值持续增长，但单位 GDP 所消耗的基本能源与原材料使用量不是下降就是不再增长，这基本是广泛应用电子信息技术和新材料高新技术的贡献。进入信息化经济时代的参考性标志是：国内生产总值持续增长，单位国内生产总值的能源和原材料消耗量减少。美、日、德等发达资本主义国家这个转折点大致在 70 年代末。劳动资料信息属性的发展程度，信息技术革命的发展程度，是现代社会生产力发达程度的测量器。

劳动资料的信息技术革命对当代生产力发展产生的第一位变革作用，可以举例定量说明如下：

(1) 从 1800 年到 1978 年，日本经济的工业化时期，能源消耗量呈逐渐增长趋势；在 1978 年，日本半导体产值占工业产值 0.5%(我国 1989 年比值为 0.04%)，日本经济开始步入信息化时期，能源消耗呈逐渐下降趋势。日本从 1978 至 1986 年国民生产总值增长了 26.5%，而进口能源却减少了 30.6%；1978～1985 年，日本对占工业用电 60%以上的设备用电子技术进行了改造；到 1986 年，日本 75%以上的产业应用了电子技术。

(2) 1977～1986 年，单位国民生产总值的能耗，美国降低2.37倍，日本降低 2.6 倍，而我国增长 1.1 倍。与原联邦德国相比较，1986 年我国总能耗为原联邦德国的 2.35 倍，每单位国民生产总值的能耗为原联邦德国的 8.98 倍，而该年度原联邦德国国内生产总值为中国的 3.82 倍。1986 年各国年国民生产总值的能耗(万吨标准煤/亿美元)，美国是 5.44，日本是 2.12,原联邦德国是 3.45,英国是 5.50,而中国是 30.95。

不论是在社会生产的制造业、矿业、建筑业等"物质产品"部类中,还是在通信、金融、保险、房地产业以及传统服务业等"知识产品"部类中,信息已成为众多工业部门的一种实在。据对美国经济的社会形态的一项统计,在非农业的国内生产总值中所占的份额,物质产品部类从 60 年代中期的 45%,下降到 1984 年的 37%,而信息部类则上升到超出 60%;同一时期,在固定资产投入中,计算机、办公机器、通信装备、仪表、工业控制以及电气部件、机床等方面的高技术投入,从占 12%增长到 35%;同一时期,信息经济的从业人员,从占非农业从业人员的 10%,增长到 55%。经济的社会形态的这种重大变化,就是正在发生的第五次产业革命。第五次产业革命是最新一次社会大分工。直接推动生产力发展的是技术革命。在远古时代,还谈不上科学革命,但已有技术革命,如在历史上起过革命作用的铁犁、铁斧、铁剑。进入文明时代以后,人类遵循先认识客观世界再改造客观世界的规律,发展了科学。认识客观世界的革命,是科学革命。科学革命是技术革命的先导。科学革命、技术革命,最终要引起生产力的革命,并进而导致产业革命。所以在今天,科学技术是第一生产力。

二、第五次产业革命要打好组织管理仗

泰罗制、福特生产方式、系统工程,都是科学技术在社会生产的组织管理中的一些体现形式。如 20 世纪初期工业生产中的泰罗制,是按科学来分析人在劳动中的机械动作,省去多余的笨拙的动作,制定最精确的工作方法,实行完善的计算和监督制等等。列宁曾称这是资本主义的最新发明,是"一系列的最丰富的科学成就"。

在第五次产业生命中,世界各主要国家为了争取战略主动,正在打一场面向 21 世纪的"科技仗""技术贸易仗""知识产权仗""专利仗",而本质上是在打一场"组织管理仗"。打组织管理仗的生动实例是日、美两国的高技术竞争。

1986 年底,美国麻省理工学院成立了一个"工业生产能力委员会"。由 17 位知名专家组成的该委员会,领导 32 位专门工作人员和 114 位教授、博士组成的八个工业调查组,分别对汽车、化学、民用飞机、消耗类电子、机床、半导体、计算机与复印机、钢铁和纺织工业是如何被日本逐项赶超的情况进行了广泛调查,考察了美国、西欧、日本的 200 多家公司和 150 多个工厂,采访了 550 位业主和在产业界、政界、劳工组织、大学中的分析研究人员。委员会经过两年多调查研究,写出了题为《美国制造——恢复美国工业生产能力的锋芒》的调查报告,揭露了美国工业在组织管理方面的几种弊端。如:美国工业组织界限森严,企业之间、企业与用户或供应商之间、企业与政府之间,同行合作太少;与美国相反,日本工业赶超美国则有借助于同行的合作。虽然美、日经济体制同属市场经济,但美国政府迷信市场机制法则,强调竞争,经济的计划性和指导性逊于日本;在所调查的八个工业领域,美国的大多数企业都是各自为政,势单力薄,不能同有组织的日本和原联邦德国竞争;

日本则是在市场经济的基础上加强政府对经济的计划指导，强调政府干预和协调。此外，美国企业着重近期利益，日本强调长期发展战略目标和协作性科研发展计划；美国科学技术政策因循守旧，偏重基础研究，对应用研究注意不够；等等。

在第五次产业革命的各种争夺仗中，苏联经济的失败，已是有目共睹的事实。这方面的多种原因，还有待各方面专家深入研究分析，但从组织管理方面看，苏联在把握各种技术革命特别是电子信息技术革命的机遇方面的失误，几乎可以确定地说是重要原因之一。在一场费用巨大的军备竞赛和空间竞赛过程中，苏联经济承受了比美国更重的负担。

坚持改革开放，深化体制改革，提高全民的科技意识，是解放我国科技生产力的必要条件。在当今的“小世界、大科技”时代，科学技术生产力的系统性体现得更为突出。信息技术的倍增作用、渗透作用、催化作用和控制作用，都必须放在一个开放、复杂的巨系统的背景下才能得到充分的反映并获得正确的理解。国民经济、环境保护、军事中的指挥、控制、通信和情报系统等等都是这种巨系统。为了充分发挥社会主义制度的社会化、有组织的优越性，必须有意识地重视增加信息属性劳动资料的比例，重视信息科技生产力的发展。因为它不只是生产力中最活跃、最具有变革性的因素，也是改进生产管理、提高劳动者的素质、促进生产关系的变革的能动因素。

改革开放以来，我国电子信息技术和工业有了很大发展。但从迎接第五次产业革命挑战和打一场组织管理仗的角度考虑，仍有经验值得总结。如在最需要集中优势力量组成国家队主攻微电子和计算机关键技术的“七五”期间，分散了本应仍由国家进行直接监督与控制的战略性的重点电子企业。在激发消费类电子信息产品生产所需采用的市场经济机制和推动作为国家战略性工业基础的微电子、计算机关键技术发展所需采用的计划经济模式之间，没有实现适当的平衡；建立植根于国内的集成电路和计算机工业，是一项战略性尖端技术系统工程，在需要强化国家组织管理，实行集中统一领导，全国一盘棋，同心协力为这项系统工程奋斗的关键性的“七五”期间，出现了重复引进与建设，结果分散了国家财力与物力。

《中共中央关于制订国民经济和社会发展十年规划和“八五”计划的建议》“把发展电子工业放到突出位置”。深刻领会邓小平同志关于科学技术是第一生产力的论断，已经形成一种上下共识：我们必须打胜一场组织管理仗，把电子信息技术与工业视为促进国家经济增长、科学技术进步与保证国家安全的战略技术与工业，提升到强国、富国的国家战略层次，予以推进、落实。这是振兴我国电子信息技术与工业的一次新的机遇。我们一定要抓住这次新机遇，一定要有新的作为，新的突破。科学技术是第一生产力。管理也是生产力。上面谈到的计算机集成制造系统，其特点把管理、设计、制造、检验都集中在一个系统之中。管理是体现巨大生产力的计算机集成制造系统中不可分割的一部分。谈到决策管理，使人想到诺贝尔经济奖获得者，美国人工智能专家司马贺的论述：“所谓经济学、管理学和组织管理之间的界限是模糊的，但他们都有一个共同的主题，即人的理性问题，即人是怎样思考的，究竟应当如何思考，人的决策机制如何？”人的认知是有限的，研制计算机集成制造系统的深远意义在于发展新一代技术，克服人在错综复杂的环境中认知的局限性，进行有效的决策管理。

现代科学技术不是单纯的自然科学范畴，而是一个矩阵式的科学技术体系。目前，按照钱学森的见解，它至少包括十大科学技术部门，这就是自然科学、社会科学、数学科学、系统科学、思维科学、行为科学、人体科学、军事科学、地理科学、文艺理论。因此科学技术是第一生产力中的科学技术，是指人类所创造的全部科学技术的整体，自然也包括社会科学。《科学美国人》杂志今年 9 月号专讲通信、计算机、网络引起的信息革命，即第五次产业革命。该专刊讲到了信息革命为强化社会生产的协调提供一种全新结构手段的前景；后三篇文章，还涉及更大范围的社会政治问题。如美国参议员 A・戈尔在"计算机，网络和公共政策"一文中承认：计算机网络对资本主义的个人自由是一种威胁。我们可以想见，第五次产业革命与资本主义制度的私有制是有矛盾的；而与社会主义制度的公有制是协调的。这些新的问题、新的矛盾都需要我们，特别是社会科学工作者深入研究与探索。

三、迎接第五次产业革命挑战的一项具体对策

在当前蓬勃发展的新产业革命所引发的全球性的科技竞争中，无论是发达国家还是发展中国家，都面临着同样的机遇和挑战，都将受到冲击和影响。谁能掌握和运用最新科学技术，谁就能占领科技的制高点和国际市场，驾驭 21 世纪，成为时代的强者。江泽民同志指出"我们正处在新旧世纪交替的重要历史时期，我们面对的是一个充满矛盾和激烈竞争的世界。国际间的竞争，说到底是综合国力的竞争，关键是科学技术的竞争"。对这场关系到民族和国家命运的挑战和竞争，我们要有充分的信心去争取这场斗争的胜利。同时，这也是一次机遇，只要我们把握住时机，审时度势，采取正确的对策，真正把"科学技术是第一生产力"落到实处，我们就会创造出人间奇迹。而社会主义中国应该怎么落实邓小平同志提出的科学技术是第一生产力这一马克思主义的论断，这是一项综合的、系统的对策研究与实践。我们认为，钱学森最近提出的进一步推动全社会对第五次产业革命重视的建议，以及建立新技术、高技术、尖端技术企事业的建议，是属于其中的一项有现实意义的构思。他认为："现在来了第五次产业革命，如果我们抓紧信息、统计、总体设计部等工作，我看有可能加强科学的国家计划调控……，增强社会主义的整体性。这样 11 亿多人民的集体就组织成为一个钢铁的实体，而且是以最高效率工作的。"科学技术是第一生产力，新技术、高技术、尖端技术是 21 世纪国家力量之所在。钱学森认为，我国已经具有了一支强大的科研力量，我们现在的战略对策，不是走等待由工农业生产启动科学技术的道路，而是在党和国家的组织领导下，在用科学技术促进传统工农业的技术改造的同时，建立中国的新技术、高技术、尖端技术研究、开发与生产的企事业，作为社会主义建设的推动力。这样的企事业，不仅仅面向工业，而且面向农业、林业，面向社会经济发展所必需的一切生产业。建立我国的新技术、高技术、尖端技术企事业，一开始就是面向世界，要创立比

目前国内需求大得多的中国新技术、高技术、尖端技术企事业，面向21世纪，面向世界，打技术贸易仗，打科技仗。在国家统一组织计划下的新技术、高技术、尖端技术的各专门领导的研究、开发和生产公司，每个领域只设一个，由国家投资，属全民所有，在规定领域内专门开发新技术、高技术、尖端技术。以前讲的“研制”，是R&D，即结合应用研究，设计、试验和试制。在新技术、高技术、尖端技术的企事业中，要扩展为R-D&P，实际是把基础应用研究、应用研究、设计试验试制再加生产，全部一体化了。这不仅使组织管理成为重要工作，而且社会主义协同非常重要，所以，明明白白是发展“社会生产力”的问题。这种研究、开发、生产一体化专业公司，在进行单项技术的研究开发时，要依靠全国的科技力量，用课题任务合同承包给科研单位。整个组织协调工作要用系统工程。所以，每个专业公司要有自己的总体设计部。为了“运筹帷幄，决胜千里”，每个专业公司还应建立信息网络。钱学森还认为，对于大生产企业的技术改造和技术革新，单有这样的新技术、高技术、尖端技术专业公司还不够，因为单项技术还不是生产体系。生产体系是一项系统工程，要由总体设计部来研究设计，提出总体计划。这样的总体设计部可以设在工业部门的设计院，一方面与新技术、高技术、尖端技术研究开发公司合作，另一方面与大生产企业合作。如果把大生产企业、大产业作为工农业的一个经营层次，那么为大生产企业的技术革新、技术改造做咨询服务的总体设计部，就形成了工农业的又一个经营层次。这就是面向21世纪产业的“双层经营制”。这不就是具有中国特色的体现了宏观控、微观放、整体最优的社会主义的产业体系吗？第五次产业革命，再加上科学技术业，这就是赶上世界先进水平的一种对策构思。

我们正面临第五次产业革命*

戴汝为　于景元　钱学敏　汪成为　涂元季　王寿云

马克思、恩格斯关于科学技术对生产力发展、生产关系变革以至社会革命重大影响的思想，是他们所创立的唯物史观的基本内容。邓小平关于“科学技术是第一生产力”的论断，是对唯物史观的重要发展。依据这种唯物史观，钱学森认为，科学革命是人类认识客观世界的飞跃，技术革命是人类改造客观世界的飞跃，而科学革命、技术革命又会引起社会整个物质资料生产体系的变革，即经济的社会形态的变革，这就是产业革命。

在上古时代，当人们还是靠采集和狩猎为生时，是谈不上物质资料生产的，因而也就不存在什么“产业”。从这个意义上说，第一次产业革命大约发生在一万年前的新石器时代，即农牧业的出现。第二次产业革命是开始出现商品经济，即人们不再单纯为个人的自然需求、个人享用而生产，而是开始为交换而生产。这在中国，出现于奴隶社会后期，即公元前约一千年。第三次产业革命是18世纪末由于蒸汽机的出现，产生了大工业生产。第四次产业革命出现在19世纪末，即生产不再是以一个一个的工厂为单位，而是出现了跨全行业的垄断公司。第五次产业革命即目前正在发生的由信息革命所推动的经济的社会形态的巨变，全世界将逐渐构成一个整体来组织生产，出现世界一体化的生产体系。

在钱学森同志指导下，本文作者们近一年多来多次讨论信息革命引发的第五次产业革命的问题。得益于钱学森的许多启发，我们将关于第五次产业革命的某些思考整理成文字，形成了对以下几个问题的认识。

一、信息革命是第五次产业革命

从第一次产业革命到第四次产业革命，划分社会生产时代具有决定意义的特征，可以说是劳动资料的机械的、物理的和化学的属性。机械革命的核心是机械性的劳动资料(可控制的机械加工机)，它能加工任何形状的工件。在20世纪中叶，出现了数字电子技术。数字电子技术的基本特征，是以完美的控制和离散的方式快速处理信息，从而产生信息革命。信息革命的核心是信息性的劳动资料，如能处理任何离散形式信息的可编程数字计

---

* 本文原载于1994年2月23日《光明日报》。

算机。今天，又出现了纳米技术(nanotechnology 即 10^{-9} 米或 10 埃分子尺度的技术)。纳米技术的核心，是装配分子。持乐观态度的科学家，如 Stanford 大学的 K.Eric Doxler，深信利用这种分子制造方法能排布出几乎任何式样要求的原子结构(如分子尺度的开关器件、数据存储器和计算机——纳米计算机)。Xerox Palo Alto 研究中心的计算机专家 Relph Merkle 预测，2010 年到 2020 年间可能实现一个原子存储一位计算机信息。纳米技术革命的基本特征，是以完美的控制和离散的方式(原子和分子)快速排布原子的结构，从而将产生物质处理技术的革命。纳米技术革命，本质上是更深层次的信息革命。数字计算机一直是建立在微电子学基础之上的，而纳米技术则使数字计算机建立在分子电子学基础之上。虽然这种全新的计算机仍如 90 年代的计算机一样，使用电子信息来编制数字逻辑图像，但由于是采用分子器件制作，其数字逻辑图像可以建立在比 90 年代计算机小得多的尺度的基础上，而且速度更快，效率更高。如果说，90 年代计算机芯片的大小有如一幅巨大的风景画，那么纳米计算机就像画中的单个建筑物。

劳动资料的信息属性可以称为生产的神经系统。它们为现代社会生产揭示了比劳动资料的机械属性更有决定性的特征，如劳动资料的信息性在生产中占据主导地位，标志着现代社会生产已由工业化时代进入信息化时代。劳动资料的信息属性发展程度是现代社会生产力发达程度的测量器。劳动资料的信息属性增长是第五次产业革命的主要历史特性。

信息革命促进了劳动资料信息属性的发展，从而促使科学技术与生产力比过去更加紧密地凝结在一起，构成我们这个时代社会经济发展的新的特征，具有划时代的意义。它以计算机、网络和通信相结合的形式，体现在变革社会协作方式的推动力量中；以计算机集成制造系统的形式，体现在生产单元、生产线和整个工厂的自动化中；以计算机化检测手段的形式，体现在检测出动力燃烧过程中的信息并对燃烧过程进行优化的过程控制中；它还以管理信息系统的形式，体现在掌握资金流通情况，大大压缩在途资金和货币投放量的金融管理中；体现在用物流管理系统掌握物资流动情况，大大减少库存，提高物资利用率的过程中；体现在把信息处理手段“嵌入”生产过程的最终产品，从而把人在生产过程中的作用，最大限度地延伸到产品出厂后的全寿命期中。总之，计算机和通信网络的结合，正改变着人们的生产方式、工作方式、生活方式和学习方式。这样，信息革命必然引起经济的社会形态的变革，所以是又一次产业革命，即第五次产业革命。

二、第五次产业革命中的信息网络建设

信息网络，是使许多同时工作的不同计算机之间能方便地交换信息的通路。随着计算机应用多样化的增长，机器之间猛增的信息流量需要由更宽敞的通路来容纳。这样的通路，即人们习称的信息高速公路。利用信息网络，人们可以在数秒钟内实现与数千公里之外的联系，或者在世界范围内发送传真，或者在全国性网络内实现计算机对计算机的通

信。这是21世纪最伟大的通信技术奇迹的一部分。正在发展的宽频带综合业务数字网络(BISDN),使信息传输在数量与质量方面均有大幅度的提高,并很可能在21世纪初就取代传统的电话网络。与目前用于声音、数据和图像等不同业务的专用网络不同,它使实现适用于所有信息和通信服务的通用网络成为可能。到下世纪初期,单个电话机、电视机和计算机的数量将不再大幅度增长,取而代之的是集三种功能为一体的多媒体信息处理装置。

正如第三、四次产业革命需要铁路和高速公路建设一样,现在需要规划第五次产业革命的信息网络建设。这包括建立通信网、巨型计算机站、资料图书库(图书入磁带盘片),以及卫星定位、灵境和软件等工作。建立全国信息网络,将是一场推进第五次产业革命的攻坚大战。我国近年来在邮电发展方面的确很有成绩,但全国的通信基础设施仍然十分薄弱。我国地域辽阔,建设全国性的信息网络,特别是"干线"网络,需要极大的投资强度。现在,确实到了加速我国国民经济信息化国道建设的关键时候了。

人们真正认识到劳动资料信息属性的增长是第五次产业革命和信息社会的特征后,必须要深入地探讨:什么是表示、传送和处理信息的最佳技术途径?比较一致的看法是,能较完整地表示概念,能较迅捷地传递概念,能以符合人的认识过程的方式对概念进行加工的方法,就是较理想的信息表示和处理的途径。

与以往的表示、处理和传送信息的方法相比,计算机的发明使情况有了极大的改善,尤其突出地表现在数据类型的信息处理能力方面。但人类并不是仅仅依靠文字(或数据)这单一的形式来传递信息和接受要领的,这种信息的表示、传送和处理的单维性已成为影响劳动资料信息属性进一步增长的瓶颈之一了。客观上,人类是通过多种感官来接受外界信息的。例如,在最近几年内,人们对基于视频信息的依赖性正在与日俱增。因为依靠视频可以较方便地把声音、颜色、图像组合在一起,视频信息的压缩能力又很强。因此,为了改善表达概念的能力、缩短传递概念的途径、加强深化概念的能力等,单靠提高传递、处理文字和数据这一单维信息的能力是不够的,而应针对人类接受信息的多维性,实现信息维数的人类化(humanizing information 或称 information human dimension),即按照人类的习惯,提供各个感官所能接受的多种属性的信息,如通过磁带、磁盘、光盘等信息存储体,通过电话、电传、电视等信息传输设备,通过高性能计算机等信息加工装置向人类提供声、图、文集成在一起的,并能和人类作动态交互作用的信息,这就是近年来正在飞速发展的多媒体(multimedia)和灵境(virtual reality)技术。多媒体技术(multimedia technology),就是能对多种载体(媒介)上的信息和多种存储体(媒质)上的信息进行处理的技术。所谓承载信息的载体,即信息的存在形式和表现形式,如数值、文字、声音、图形、图像等。存储信息的存储体,是指用以存储信息的实体,如磁带、磁盘、光盘等。应用多媒体技术能够处理存储在多种存储体上的,由数值、文字、声音、图像和图形等多种形式所表示的信息。多媒体技术是目前正发展的灵境系统的关键技术之一。在灵境中,人和环境间的交互作用将得到更全面、更深入的体现。

随着信息技术的提高和各种信息应用系统的普及，人类对信息的获取、传送、存储和处理的智能化必然会出现更强烈的需求。人们既要充分发掘现有的冯·诺依曼式的计算机的潜力，又要设法克服或“软化”使用这种计算机所必须遵循的有关“可计算”的三个前提条件。例如，人们希望不仅可用定量的方法，也可用定性的方法描述被求解的问题；用户不仅可以向机器提供已有的成功算法、知识，也希望机器通过推理和学习向用户提供问题求解的途径；人们还盼望能研制出功能更为强大的计算机软硬件环境，以支持对更为复杂的问题的求解。这就是当前世界各国都在致力于研制各式各样的智能化计算机系统和智能应用系统的原因。但智能计算机系统和智能信息系统是一个相对概念，“智能化”是一个不断逼近的目标。一旦人们所追求的某个目标可以用严格的形式化方法来描述，并可以用当时的技术工艺来实现时，人们又开始不满足它的智能化程度了，又要去追求更高的智能化目标。每当我们在信息技术的智能化和网络化道路上前进一步时，计算机和最终用户间的鸿沟就被缩小，人和人之间的距离就近了。当前，人们对信息技术的最迫切需求之一是：拓宽传统的计算机只能处理文字和数字信息单一维数的能力，把计算机技术和通信技术紧密结合在一起，在广域内实现声图文一体化的多维信息共享和人机交互的功能。

总之，信息表示和处理的单维性与地域性是影响劳动资料信息属性增长的瓶颈之一。第五次产业革命的客观需求强烈地促进着通信技术和多媒体技术的发展，推动着多维化、智能化的广域信息网络的发展。这一网络的投资将达数千亿元，所需设备又值万亿元以上，所以它是一项庞大的基础设施建设。

三、第五次产业革命与信息经济

第五次产业革命使世界经济从工业化阶段进入信息化阶段，通常人们把这一阶段的经济特点概括为信息经济。如果说工业化经济是以物质生产为主的话，那么信息经济则是把物质生产和知识生产结合起来，充分利用知识和信息资源，大幅度提高产品的知识含量和高附加值，提高劳动生产率和经济集约化程度。知识和技术密集型产业将取代劳动密集型产业，并成为创造社会物质财富的主要形式。

农业经济创造物质财富的增值空间是以某一地域为主体的，工业经济是以某一国或某一经济区域为主体的，而信息经济则不同，它是以电子信息技术为基础的高新技术的广泛应用，使经济活动得以在广阔的空间，以经济、合理的方式运行，并创造出更多的物质财富。这就使信息经济财富的增值空间扩大到更大范围以至覆盖全球，甚至扩展到了宇宙空间。

信息经济又是“低耗高效”型经济。由于电子信息技术、计算机等在生产过程中的广泛应用，大大降低了生产中的物耗和能耗。在工业经济中，国内生产总值(GDP)增长是与能源、原材料如钢铁、有色金属等的消耗呈同步增长的。但在信息经济中，国内生产总值持续增长的同时，单位 GDP 所消耗的能源和原材料却是下降的。例如，1977 至 1986 年期间，每单位国内生产总值的能耗，美国下降了2.4倍，日本下降 0.6倍。日本从 1978 年至 1986 年国民生产总值平均增长了26.5%，而同期进口能源却减少了30.6%。高物耗、高能耗的经济，不仅加速了资源的消耗，而且还造成了环境污染和生态破坏，加剧了人与自然关系的紧张。而信息经济则促进了人与自然关系的协调发展，是人类社会发展中的又一大进步。

与工业经济相比，信息经济的体系结构，从宏观到微观都发生了根本性变化。首先，在产业结构上，除了原来的一、二、三产业外，在第五次产业革命中又创立了第四产业和第五产业。第四产业是科技业、咨询业和信息业的总称，科技也不限于自然科学和工程技术，而是整个科学技术体系。第五产业是文化业，或称文化市场，包括文化经济产业。第四、第五产业都是面向市场的。在信息经济中，科学技术在社会生产力中由开始占比重较小的份额，逐渐上升为一种独立的力量进入物质生产过程而成为决定性因素。据统计和测算，本世纪初，工业化国家科学技术在国民经济增长和劳动率提高中所占的比例仅为5%～10%，而今天的发达国家已达到60%～80%。由此可见，第四产业在国民经济中占有十分重要的地位。在这种情况下，产业结构关系也产生了重大变化。美国在 1988 年的国民生产总值中，仅信息业及其附加值已占到40%～60%，而农业只占2%，工业占24.3%。

随着产业结构的变化，就业结构也发生了相应变化，从事一二产业的人数在劳动就业总人数中所占的比例不断下降，而从事第四产业的人员比例则不断上升。据统计，70 年代美国新增加的近二千万就业人员中的 90%，都集中在知识信息服务业上。美国的知识信息业就业人数超过总就业人数的 50%左右，而日本约 40%，均超过一、二产业总就业人数。

在信息经济的微观层次上，以信息技术为基础的新技术革命，正在改变企业、公司的生产方式和工作方式，并创造出一些新的方式。在工业经济中，企业和公司是围绕物流和资金流来组织生产的，但在信息经济中，则是围绕信息流来组织生产的。这场信息革命为获得准确的世界市场信息，提供了前所未有的技术手段。市场信息技术不仅能使企业、公司清楚知道现实需求，如在什么地方，需要什么产品以及需要多少，而且还能使潜在需求明朗化，与各种高新技术相结合使之产品化并进入市场。这就是说，企业、公司不仅能紧密跟踪市场，还能创造市场。为了能迅速、灵活地跟上市场的变化和需求变动，企业和公司改变了他们传统的生产方式。例如，当前世界上的某些企业、公司实行了称之为“灵活制造”和“柔性生产方式”。灵活制造的企业是组合式的。机器可以重编程序，制造多种产品，按用户需要同步生产。在开发新产品方面，过去是按照研究—开发—设计—制造顺序进行的。但是在“柔性生产方式”中，从掌握市场需求信息到确定商品概念、开发、设计、生产、销售，是同步进行的，这就大大缩短了开发周期，降低了成本，提高了效益，快速适应了市场需求。在这里，库存只是产品的“中转站”而已。以上这些得以实现的根本原因，是信息革命、信息技术和系统工程的有机结合。

今天，一切经济活动都离不开信息，我们生活在世界信息的海洋中。信息技术为宏观经济信息的采集、传输、存储、共享、调用、处理、分析和综合等，提供了全新的技术手段，这就可以使市场经济和宏观调控建立在及时、准确、科学的基础之上，从而促进经济的发展。我国的电子信息技术还比较落后，经济的信息化水平还比较低。世界已进入第五次产业革命，中国没有别的选择，只能参与到这场革命中来，参加国际竞争，主要是世界市场经济竞争，这是一场经济战，是当今的“世界大战”。这就需要我们认真研究这场世界规模的市场经济战，以及如何打胜这场战争。

四、第五次产业革命与思维工作方法及社会文明发展

在即将到来的21世纪，人类必将在信息的汪洋大海中航行。我们的思维工作方法应该有一个飞跃，才能适应信息时代的要求。因此，总体规划我国第五次产业革命的思维工作方法就成为我们必须解决的一个重要课题。在这方面，钱学森在70年代中期，提出了建立思维科学技术体系的主张，并提出思维科学研究的突破口在形象(直感)思维。80年代初，他对处理“复杂系统”的定量方法学做了精辟的概括，提出将科学理论、经验和专家判断力相结合的半经验半理论的方法。此后，他又在社会系统、人体系统、人脑系统及地理系统实践的基础上，进一步提出处理“开放的复杂巨系统”的概念及方法论，即“从定性到定量的综合集成法”(meta-synthesis)。其实质是把各方面有关专家的知识及才能、各种类型的信息及数据与计算机的软硬件三者有机地结合起来，构成一个系统。该方法的成功之处就在于发挥了这个系统的整体优势和综合优势，为综合使用信息提供了有效的手段。按照我国传统的说法，把一个非常复杂的事物的各个方面综合起来，获得对整体的认识，称之为“集大成”。实际上，从定性到定量的综合集成技术，就是要把人的思维、思维的成果、人的经验、知识、智慧以及各种情报、资料、信息统统集成起来，因此可以称之为“大成智慧工程”(meta-synthetic engineering)。钱学森在提出“大成智慧工程”之后，又对开放的复杂巨系统及其思维工作方法提炼出“从定性到定量综合集成研讨厅”体系(hall for workshop of meta-synthetic engineering)。其构思是把人集成于系统之中，采取人机结合，以人为主的技术路线，充分发挥人的作用，使研讨厅的集体在讨论问题时成员间能够互相启发，互相激励，使集体的创见远远胜过一个人的智慧。通过研讨厅体系，还可以把今天世界上千百万人的聪明智慧和古人的智慧(这种智慧可以通过书本上的记载等，以知识工程中的专家系统体现出来)统统综合集成起来，以得出完备的思想和结论。这样，就给予了科学与经验相结合、从定性到定量综合集成的方法论以科学的现代表达形式。

“从定性到定量综合集成研讨厅”体系，可以看成是总体规划第五次产业革命思维工作方法的核心。它实际上是将我国民主集中制的原则运用于现代科学技术的方法论之

中，并寻求科学与经验相结合的解答。按分布式交互作用网络和层次结构建设这样的研讨厅，就成为一种具有纵深层次、横向分布、交互作用的矩阵式的研讨厅体系。这样的研讨厅体系将是思维工作方法上的第一次重大的变革。它将对于在我国的国民经济建设中设立总体设计部的方案，提供强有力的支持，使总体设计部有坚实的技术基础，并切实可行。

在信息革命的浪潮中，我国除改革经济体制、建立和完善社会主义市场经济体制外，政治体制改革也正在进行，如完善人民代表大会制、多党合作制和政治协商制等，努力发展民主政治。采用综合集成研讨厅体系，能集中全体人民的智慧与实践经验，使民主集中制真正体现出来。同时，用法制将全体人民的行为纳入社会主义建设大道。正在进行的行政管理体制和政府机构改革，转变职能、精兵简政，反腐倡廉、政企分开等等举措，都是我国当前进行社会主义政治文明建设的重要内容。这些措施的贯彻实行，将使我国从政治体制上逐步适应第五次产业革命的要求。

第五次产业革命还将改造我们的文化教育，改造人，推动社会的精神文明向更高的境界发展。今天，在第五次产业革命的推动下，实际上我们已经看到了理工文（即理工加社会科学）结合的教育体制的萌芽。这种教育体制到 21 世纪将会完全形成，那时又将仿佛回到西方文艺复兴时期的全才教育了，但会有很大不同：21 世纪的全才并不否定专家，由于在将来的社会条件下，信息极为丰富，又可以通过网络化、智能化的计算机信息系统，共享各种信息与知识资源，所以大约只需短期的学习和锻炼，就可以使人从一个专业转入另一个不同的专业，达到全才与专家的辩证统一。这就是第五次产业革命将要实现的集古今中外一切知识与智慧的教育。它将使人的思维能力飞跃到一个新阶段。

邓小平提出的“教育要面向现代化，面向世界，面向未来”，是教育改革的总方针，也是我们考虑如何培养人，使人能适应第五次产业革命的指导方针。而第五次产业革命的主要技术特征体现为微电子技术、计算机技术和通信技术的无缝隙的高度融合，体力劳动与脑力劳动的部分职能由机器加以实现；人与计算机各自发挥所长，和谐地结合在一起，从而将对人类的生活、工作、娱乐等社会生活方式产生深刻的影响。从这个意义上说，这次产业革命将改革人，造就一代比以往更为聪明的人，开创人的新世纪。

按照历史唯物主义的观点，人是劳动创造的。劳动创造了人，劳动又不断地改造着人，使人不断地进化，人类社会不断地发展。在第五次产业革命中，人又进入了一个新的时代，即信息时代。在这个时代，人要工作，就必须使用计算机网络，离开计算机网络的各种智能化终端机，人将无法工作，甚至无法生活和娱乐。因此，这个意义上的人·机结合又跨入一个新时代，上升到一个新台阶。所以，不久的将来，就必然会出现这样的情况：小孩子一入学就要学会使用智能化的终端机，就像现在小孩子入学首先要学会用笔写字一样。从小就自然而然地形成人·机的结合。

总之，信息革命就是第五次产业革命。由于社会主义的性质和根本利益是与信息的共享性完全一致的，因此，我国必将会以更自觉、更积极的态度，采取更符合客观发展规律的措施，去实现第五次产业革命。它必将推动我国社会主义政治文明和精神文明建设的大发展，社会主义的民主和法制建设将会迈上一个新的台阶，全社会的精神面貌将有极大改观，人的文化教育素养将有质的飞跃，一大批新的大智大谋的全才、帅才将会脱颖而出。让我们满怀信心和激情，迎接这辉煌的社会变革吧！

信息网络建设和第五次产业革命*

王寿云　于景元　戴汝为　汪成为　钱学敏　涂元季

一、引言

最近几年，世界上发达和比较发达的国家与地区，如美国、加拿大、英国、法国、澳大利亚、日本、新加坡、韩国等，都先后提出了信息高速公路建设计划(national information infrastruture)。我国也提出了国家信息基础设施计划(China national informationalized infrastructure)。作为跨国的互联网 internet，现已成为连接全球最大的计算机信息网络系统，通达 150 多个国家，连接 15 000 个网络，网上运行的计算机有 400 多万台，且以每小时 100 台的速度在增长，网上用户已达4 000多万个。

1995 年 2 月由欧盟组织的西方七国集团部长级"信息社会"会议在布鲁塞尔举行，专门讨论了全球信息高速公路建设问题(global information infrastructure)，确立了 8 项基本原则和 11 项示范计划。同年 5 月，亚太经济合作组织召开了 17 个成员国负责通信和信息产业的部长级会议，通过了"APEC 信息基础设施宣言"，确立了亚太地区信息设施建设的 5 个目标和 10 项核心计划①。

席卷全球的这场信息网络建设热潮实际上是一次新兴的产业革命，即人类历史上第五次产业革命。这次产业革命对于人类社会的影响，无论在广度、深度和规模上，都是空前的，比前 4 次产业革命要广泛得多，也深刻得多，将把人类社会逐步带入信息化社会，使人类进入一个新的时代——信息时代！

人类即将步入 21 世纪，中国也正在进入一个跨世纪的发展时期，开始实施"九五"计划和 2010 年规划，实现两项具有全局意义的根本性转变，一是经济体制由传统的计划经济向社会主义市场经济体制的转变，二是经济增长方式从粗放型向集约型的转变。前者是生产关系的改革，后者是依靠内涵发展生产力。在这种形势下，第五次产业革命的兴起，既为我们提供了一个难得的历史机遇，又是一种严峻的挑战。摆在我们面前的问题是，我们应该怎样认识和对待这次产业革命以及它对我国社会主义现代化建设的影响，中国将如何迎接这次产业革命的到来。很显然，这些问题不仅关系到现在，而且将影响到下个世纪中国的发展。正因如此重

* 本文是 1996 年由浙江科技出版社出版的《开放的复杂巨系统》一书的第一章。
① 见 1995 年第 10 期《中国信息协会通讯》。

要，它必然引起人们普遍的关注和思考，同时，也将成为党和政府面临的重大决策问题。

世界已进入第五次产业革命，而且正在迅速向前发展。中国没有别的选择，只能参与到这场革命中来，参加国际竞争。我们既不能有任何迟疑、观望和等待，也不能盲目行事，应该从我国实际情况出发，抓住这一历史机遇，研究和制订我国面向第五次产业革命的发展战略和总体规划，大力推进我国信息化进程。这就需要我们在马克思主义哲学指导下，综合运用现代科学技术体系提供的科学知识(也包括有用的经验知识)，充分发挥自然科学、社会科学和工程技术有机结合的综合优势和整体力量，去研究第五次产业革命所涌现出来的新问题。钱学森同志对信息网络建设和第五次产业革命极为重视，多次和我们进行书信讨论，提出了许多重要思想和观点，并指出要用系统科学的理论与方法研究这些问题[1]。

近些年来，在系统科学中发展起来的开放的复杂巨系统及其方法论，为我们探索这类复杂性问题，提供了一种有效的科学方法。本章的目的，就是从这个角度来研究信息网络建设和第五次产业革命问题。

二、信息网络建设是第五次产业革命的先声

国内外把以微电子、信息技术为基础，计算机、网络和通信等为核心的技术革命，以及由此引起的经济和社会发展称为信息革命。在“我们正面临第五次产业革命”一文中[2]，我们曾指出，通常所说的信息革命实际上是一次新的产业革命，即第五次产业革命。技术革命和产业革命，既有联系又有区别。这里，有必要讨论一下它们之间的关系。

根据马克思提出的社会形态概念，任何一个社会都有三种社会形态，即经济的社会形态、政治的社会形态、意识的社会形态，这也就是一个社会的三个侧面，它们相互联系、相互影响，并处在不断变化之中。社会形态的飞跃发展，就是我们通常所说的革命。从这个概念出发，经济的社会形态的飞跃发展就是产业革命。产业革命也会影响政治的和意识的社会形态的变革，从而最终引起社会革命。

引起产业革命的原因归根到底是科学技术的进步和发展。从马克思主义哲学观点来看，人类认识客观世界的飞跃是科学革命，而技术革命则是人类改造客观世界的飞跃。科学革命、技术革命又会促使整个社会物质资料生产体系发生变革，引起经济的社会形态的飞跃发展，即产业革命[3]。18 世纪末：由于蒸汽机出现而形成的技术革命，引发了人类社会第三次产业革命(即通常所说的工业革命)，出现了大工业生产。18 世纪末，由于电力技术革命又引发了第四次产业革命，生产不再以一个工厂为单位，而是出现了跨行业的垄断公司。这次由电子信息技术革命所引起的经济的社会形态的飞跃发展，就是上面所说的第五次产业革命①。

---

① 第一次产业革命发生在原始社会末期，人类从采集、狩猎发展到从事农业、畜牧业、林业等，出现了第一产业。第二次产业革命发生在奴隶社会，不仅农、牧、林业有了很大发展，手工业也有了很大发展，并出现了商品和商品交换。

标志和划分人类社会生产时代特征，具有决定意义的是劳动资料的属性。马克思曾经指出："各种经济时代的区别，不在于生产什么，而在于怎样生产，用什么劳动资料生产。劳动资料不仅是人类劳动力发展的测量器，而且是劳动借以进行的社会关系的指示器。"[4]在人类历史上，从第一次产业革命到第四次产业革命，都是劳动资料机械的、物理的和化学的属性。但是劳动资料不仅有机械的、物理的和化学的属性，而且还有信息属性。电子信息技术促进了劳动资料信息属性的发展，生产工具向以计算机为核心的方向过渡，使生产沿着充分发挥劳动资料信息属性的方向发展。劳动资料信息属性在生产中占据主导地位，标志着现代社会生产已由工业化时代进入信息化时代。劳动资料信息属性的增长正是第五次产业革命带有根本性的历史特征。

在第三次产业革命中，由于蒸汽机的出现，开创了人・机结合的物质生产体系，使社会生产力大为发展。现在的第五次产业革命，由于计算机、网络和通信技术的发展与普及，将使劳动资料信息化、智能化程度迅速提高，又开创了新一代人・机结合的劳动体系，它标志着现代社会经济已从工业化经济向信息经济转变。知识和技术密集型产业将成为创造社会物质财富的主要形式，物质生产力大大提高，创造出更加丰富的物质财富。与此同时，计算机、网络和通信技术的普遍使用，也改变了人们的工作方式、研究方式、学习方式、教育方式、消费方式和娱乐方式，又开创了人・机结合的精神生产力，计算机软件也将成为人类文化的组成部分之一。精神生产力所加工的劳动对象是信息和知识，精神生产力的发展又创造出更加丰富的精神财富。两种生产力相互影响，相互促进，从而最终将消灭人类历史上形成的体力劳动和脑力劳动的差别。

正在兴起的信息网络建设热潮，仅仅是这场产业革命的先声，同时，也是一场关键的攻坚战。我们应从产业革命这个角度去考虑信息网络建设问题。

目前，关于信息网络建设从技术层次上讨论的比较多，这无疑是很重要的。但我们必须看到，信息网络建设还要涉及更广泛和深层次的问题，用系统科学语言来说，它实际上是一个开放的复杂巨系统建设。

三、信息网络加用户是个开放的复杂巨系统

在这一节里，我们将从系统科学，特别是开放的复杂巨系统角度，来探索有关信息网络及其建设问题。为了叙述上的方便，先简要说明一下有关的概念，其详细的介绍将在下面的有关章节里进行。

在系统科学里，近些年来提出了开放的复杂巨系统概念，它是对自然界、人类社会以及人自身普遍存在的复杂事物的科学概括。按照系统的分类，若一个系统的子系统数量非常庞大，且相互关联、相互制约和相互作用关系又很复杂并有层次结构，通常称作复杂巨系统，如生物体系统、人体系统、人脑系统、地理系统(包括生态系统)、社会系统、星系系统等。其中以有意识活动的人作为子系统而构成的社会系统是最复杂的巨系统了，所以

又称作特殊的复杂巨系统。系统的开放性是指系统与其环境有物质、能量和信息的交换。例如，社会系统与其环境—地理系统之间，有物质、能量和信息的交换。

在社会系统中，物质、能量和信息及其流动是三种最基本的形式。历次科技革命所引起的产业革命，都是在物质、能量资源的开发及其流动方式上的变革，从而促进了生产力的大幅度提高。这次信息革命的出现，则是在信息资源开发及其流动方式上的重大变革。信息网络是使许多同时工作的不同计算机之间，能方便交换信息的通路。随着计算机应用多样化的迅速增加，机器间的信息流量也在迅猛增长，这就需要有更宽敞的信息通路来容纳和传输，这样的通路就是通常所说的信息高速公路。人们设想的高速、多功能一体化的信息网络，将计算机网、电话网和有线电视网集成起来，使之贯通全社会，通过多媒体终端可同时传输文字、语音和图像到社会系统各个层次，直到基层组织、家庭和个人，并实现双向信息交流，且把信息交流的时空差缩短到接近于零，这是本世纪在电子信息和通信技术领域中一项伟大的奇迹。

信息网络就其实质来说，是社会系统中信息资源和信息流动方式上的高度组织化、社会化、集成化和规范化，使得信息资源得以充分开发利用和共享，极大地方便国家之间、部门之间、人与人之间的信息交流。

如果把信息网络(包括信息源)和用户结合起来，就构成了一个系统，这是一个人·网结合系统。而用户本身又是社会系统的组成部分，这样一来，用户就把信息网络和社会系统耦合起来，使信息网络成为社会系统中信息流的载体，犹如人体神经系统一样，它是社会的神经系统。这就是说，信息网络通过用户进入社会系统，大大地加速了信息流通，推动了整个社会发展。社会系统的体系结构特点和复杂性通过用户也必然反映到信息网络中来，使这个人·网结合系统具有了社会属性。这里实际上涉及三大部分：信息资源、信息通路和信息用户。

信息资源来自社会系统以及社会系统的环境—地理系统。上面已经谈到，这两个系统都是有层次结构的复杂巨系统，它们具有大量的、不同类型的信息。就社会系统本身来说，前面已经谈过它有三个侧面，即经济的社会形态、意识的社会形态和政治的社会形态。在我国，相应于经济的社会形态建设，就是社会主义物质文明建设；相应于意识的社会形态建设，就是社会主义精神文明建设；而相应于政治的社会形态建设，通常称作民主和法制建设，也可称作政治文明建设。如再加上社会系统的环境—地理系统的建设—地理建设，那么就有四大领域建设的信息，而每个领域又有许多层次，直到微观的基层组织，如机关、企业、学校、研究所、家庭和个人等。在每个层次上又有大量的不同类型信息。这样，各个领域、各个层次，从宏观到微观都有各自的信息，形成了多领域、多层次、数量庞大的信息资源体系。信息资源提供了信息供给，早在 1984 年，邓小平同志就已明确提出“开发信息资源，服务四化建设”。上述这些信息资源的开发、利用和共享，将极大地推动我国社会主义现代化建设。用户是信息需求和应用部分，用户也是多种多样的，从政府机关、企业、学校、家庭直到个人，他们本身就是社会系统的组成部分，其数量之大、层次结构之复杂，和社会系统是完全一样的。

信息网络是把信息供给和信息需求在技术上连接起来的信息通路，这样，信息网络加用户这个人·网结合系统，就具有组成部分数量大、层次结构多且复杂的特点，构成一个典型的复杂巨系统。这里还应指出，这个人·网结合系统不仅具有信息采集、加工、存储、传输、调用、共享、分析、综合等功能，更重要的是还具有产生新信息的功能，是信息的生产系统。这些新产生的信息再回到系统中，使得这个系统具有信息自增长的特点，这是人·机结合精神生产力和人·机结合物质生产力所带来的必然结果。

进入信息网络的信息源是已经开发出来的信息资源，是信息的有效供给。尚未开发出来的信息资源经过开发后，还会不断进入信息网络。这就是说，社会系统、地理系统不断有信息输入信息网络，而用户得到信息后，又有信息不断输出到社会系统和地理系统中。如企业从网络上得到市场价格信息，及时调整产品生产，政府利用网络上信息制订管理社会系统和地理系统的有关政策等等。以上这些事实表明，信息网络加用户这个人·网结合系统与社会系统、地理系统之间有信息交换，既有信息输入，也有信息输出。这是该系统开放性的一个方面，可称作对内开放性。另一方面，一个国家或地区的信息网络与国际上联网后（如现在的互联网 internet），又会不断地从外部获得信息，同时也向外部输出信息，这是系统的对外开放性。所有这些都表明了这个人·网结合系统是个开放的复杂巨系统。

还应看到，信息网络加用户不仅是个开放的复杂巨系统，而且是由人设计、制造的开放的复杂巨系统，人又是系统中的重要组成部分。这就为系统研究、设计、生产、运行和管理带来了新的问题，出现了前所未有的复杂性。这个系统的建设成功和投入使用，将是第五次产业革命中具有重大意义的事件。

四、信息网络建设提出的新问题

通过上述的讨论，使我们认识到信息网络加用户是个开放的复杂巨系统，认识到这一点并不仅仅是个概念问题，更不是个名词术语问题，它的实际意义在于，能使我们根据复杂巨系统的特点从整体上去考虑和解决信息网络建设问题。国内外的实践表明，这一点是至关重要的。

从系统总体上看，信息网络建设必须把信息资源开发、信息网络和用户使用三者作为一个整体来研究、设计和建设。这个系统建设不同于以往任何系统，其空间分布范围之广，规模之大，结构之复杂都是前所未有的。

另一方面，信息网络建设还将涉及两个层次的问题，一个是技术层次，另一个是社会层次。这个系统建设必须把这两个层次有机地结合起来，相互协调和匹配，才有可能实现系统目标。

从技术层次上看，电子信息技术、网络和通信技术的集成与融合（convergence），为信息网络建设提供了坚实的技术基础和物质基础。信息技术革命为实现信息表示、传递和处理的理想技术途径开辟了新的道路。所谓理想技术途径，是指能比较完整地表示概念和迅速传递概念，并以符合人的认识过程的方式对概念进行加工的方法。计算机技术的出现和发展大大加强了人类处理数据类型信息的能力。但人类并不是仅仅依靠这种单一的文字（或数据）形式来传递信息和接受概念的。人类能通过多种感官来接受外界信息。因此，为了改善表达概念的方式，缩短传递概念的时间，加强深化概念的能力等，单靠提高传递、处理文字或数据这种单维信息的能力是不够的，而应针对人类接受信息的多维性，实现信息维数的人类化（humanizing information 或称 information human dimension）[2]，即按照人类的习惯，提供各个感官所能接受的多种属性的信息，如通过磁带、磁盘、光盘等信息存储体，通过电话、电传、电视等信息传输设备，通过高性能计算机等信息加工装置向人类提供声、图、文集成一体的，并能和人类进行动态交互作用的信息，这就是近几年来飞速发展的多媒体技术和灵境技术（virtual reality）。多媒体技术就是对多种载体上的信息和多种存储体上的信息进行处理的技术。承载信息的载体，即信息存在形式和表现形式，如数值、文字、图形、图像等。多媒体技术也是目前正在发展的灵境技术的关键技术之一。在灵境技术中，人与环境的交互作用将得到更全面、更深入的体现，这是一项有着巨大潜力的高新技术，很可能将引起又一场新的技术革命。

随着信息技术的发展和各种信息应用系统的普及，人类对信息获取、传递、存储和处理的智能化也必然提出更高的要求。人们既要充分发掘现有的冯·诺伊曼式计算机的潜力，又要设法克服或“软化”使用这种计算机所必须遵循的有关“可计算”的三个前提条件。例如，人们希望不仅可用定量方法，也可用定性方法描述被求解的问题。这又导致了人们研究各式各样的智能计算机系统和智能化应用系统。在信息传输方面，正在发展的宽频带综合业务数字网（BISDN）使信息传输在数量和质量上都有大幅度提高，它将使实现适用于所有信息和通信服务的通用网络成为可能。

计算机、网络和通信技术的快速发展，拓宽了传统计算机只能处理文字或数据信息的单一维数的能力，把计算机技术和通信技术结合起来，又可在广阔的区域内，实现声、图、文一体化的多维信息交流、共享和人·机交互功能，从而大大推动多维化、智能化的广域信息网络的快速发展。今天，人类终于有可能建设一个高速、多功能一体化的信息网络，覆盖一个国家甚至全球，成为社会的信息基础设施。本章开头所谈到的信息网络建设热潮，正是在这种技术背景下出现的。

但是，这样的信息网络通过用户必然要和社会系统、地理系统紧密耦合起来，才能充分发挥它的作用，推动社会的发展。所以，信息网络建设又必须考虑它的社会层次上的问题。

在社会层次上，从纵的方向上看，信息网络建设需要和以下四大领域建设紧密结合起来：

第一，信息网络建设和经济的社会形态相结合，必将促进国民经济信息化。第五次产业革命将促使经济从工业化阶段进入信息化阶段(信息经济)。如果说工业化经济是以物质生产为主的话,那么信息经济则是把物质生产和知识生产结合起来,充分利用信息资源和知识,大幅度提高产品的知识含量和高附加值,大大提高了劳动生产率和经济集约化程度。

在信息经济的微观层次上,以信息技术为基础的新技术革命和信息网络建设,正在改变企业、公司的生产方式和经营方式。在工业化经济中,企业和公司是围绕物流和资金流来组织生产的,但在信息经济中,则是围绕信息流来组织生产的。企业或公司可以从信息网络上获得自己所需要的信息,也可以发布自己的有关信息。无论是提供信息服务的企业或公司还是接受信息服务的企业或公司,都可利用信息网络来充分发挥自己的优势。信息网络为公司或企业获得准确的市场信息,提供了前所未有的技术手段,能及时知道在什么地方需要什么产品以及需要多少;同时还能使潜在的需求明朗化,再与各种高新技术相结合使之产品化并进入市场。这就是说,企业和公司不仅能紧密跟踪市场,还能创造市场。过去,开发新产品是按照研究—开发—设计—制造顺序进行的。现在从获得市场需求信息到确定商品概念,开发、设计、生产、营销可以同步进行;大大缩短了开发周期,降低了成本,提高了效益,快速适应了市场需求,库存只是产品"中转站"而已。

信息经济在宏观上也发生了根本性变化。首先在产业结构上,除原来的一、二、三产业外,在第五次产业革命中又创立了第四产业和第五产业。第四产业是科技业、咨询业和信息业的总称。第五产业是文化业或称文化市场,包括文化经济产业。而且第四产业在国民经济中占有越来越重要的地位,并导致产业结构关系也发生了重大变化。例如,美国在1988年的国民生产总值中,仅信息业及其附加值已占到40%～60%,而农业只占2%,工业占24.3%。随着产业结构的变化,就业结构也发生了相应变化。美国的知识信息业就业人数已超过总就业人数的50%,而日本约占40%,均超过一、二产业总就业人数。

信息网络建设还为宏观经济信息管理和调控提供了全新的技术手段,可以使市场经济的宏观调控建立在及时、准确和科学的基础上,从而大大促进了经济发展。

社会主义物质文明建设还包括人民体质建设,劳动者是社会生产力三要素中最重要、最活跃的因素,提高劳动者素质,特别是身体素质,也是提高和发展社会生产力的重要方面。利用第五次产业革命发展起来的信息技术,可以建立医疗卫生信息网络,利用这个网络可以科学而系统地进行人民体质建设。使用这个网络可以做到①:

(1) 收集古今中外医案,按病人的身体测试数据及病情、性别、年龄等分类,建立信息资料库。

(2) 能根据输入的病人情况,给出医疗方案的建议。

(3) 能与临床医生进行人·机对话,以便确定治疗方案。

这个网络可以对病人进行完整、有效、快速的测试,而医生则可以用人·机结合方法,

---

① 这是钱学森同志在给我们的一封信中提出的。

对病人进行综合治疗。

在建立和利用这个网络的同时，还要不断使网络扩充和改进，吸收新的医疗经验，加强它的功能。同时，还要培养新型医生，即能与医疗卫生信息网络进行人·机对话的"综合医生"或"全面医生"，他们能根据人·机对话结果确定治疗方案(包括中药、西药、手术、针灸、按摩、推拿等各种手段)。这个网络还可以使分布在不同地方的医生(包括名医)进行会诊，实现远距离医疗。显然，按照这种医疗方式，就必须改造现有医院的组织体系结构，建立新型医院和新的医疗卫生体制，这就为医疗卫生事业的革命开辟了新的道路。

第二，信息网络建设和政治的社会形态结合，将大大推动政体建设、法制建设和民主建设。利用第五次产业革命中发展起来的信息技术，使我们有可能建立起人民意见反馈给网络体系，可以随时随地了解来自人民群众的意见和建议。建立从中央到地方直到基层组织的行政网络体系，将大大提高国家行政管理效率，实现管理现代化，还可以建立全国法制网络体系，加强法制建设。

信息技术、信息网络建设，为决策科学化、民主化、程序化提供了强有力的技术手段。钱学森同志提出的"从定性到定量综合集成研讨厅体系"的科学构思，是实现上述目标的具体方案，其详细介绍在后面有关章节进行。这个研讨厅体系是把下列成功的经验和科学技术成果汇总起来的升华：

(1) 几十年来世界学术讨论的 seminar 经验。

(2) 从定性到定量综合集成方法。

(3) C^3I 及作战模拟。

(4) 情报信息技术。

(5) 人工智能。

(6) 灵境(virtural reality)技术。

(7) 人·机结合的智能系统。

(8) 系统学(systematology)。

(9) "第五次产业革命"中的其他各项信息技术。

……

上述研讨厅体系的设计思想，是把人集成于系统之中，采取人·机结合，以人为主的技术路线，充分发挥人的作用，使参加研讨的集体在讨论问题时，互相启发，互相激活，使集体创见远远胜过一个人的智慧。通过研讨厅体系还可把今天世界上千百万人的聪明才智和古人智慧(通过书本的记载，以知识工程中专家系统表现出来)统统综合集成起来，以得出完备的科学认识和结论。

按分布式交互作用网络和层次结构建设这样的研讨厅，就成为一种具有纵深层次、横向分布交互作用的矩阵式的研讨厅体系。把这个研讨厅体系和人民意见反馈给网络体系、行政网络体系、法制网络体系并结合起来，就可以用来整理千千万万零散的群众意见，人大代表的建议，政协委员的意见、提案和专家的见解，以至个别领导的判断，真正做到

“集腋成裘”。特别是当我们用它来把零金碎玉变成大器——社会主义建设的方针、政策和发展战略，以至具体计划和计划执行过程中的必要调节和调整时，就把我党传统的一些原则、方法，如从群众中来、到群众中去，民主集中制等，科学而完善地实现了，其意义已远远超出了科学技术的发展与进步。这样，国家宏观调控就可以做到小事不出日、大事不出周，最难最复杂的问题不出月，能妥善而有效地解决，做到正确而又灵敏。

信息网络建设和国防建设相结合，增强了打信息化战争的能力，促进了国防建设现代化，如 C^3I 系统的建设。

第三，信息网络建设和意识的社会形态结合，必将促进教育、科技、文化和艺术的发展。建立文化教育信息网络，将把教育推进到一个全新阶段。邓小平同志提出“教育要面向现代化、面向世界、面向未来”，这不仅是教育改革的总方针，也是培养能适应第五次产业革命一代新人的指导方针。第五次产业革命开创的人·机结合的物质生产力和精神生产力，使体力劳动和脑力劳动的部分职能由机器加以实现，人与计算机各自发挥所长，和谐地结合在一起，从而对人类的生活、工作、娱乐等社会生产和社会生活方式，都将产生深刻影响。人要工作和学习，就必须使用计算机网络，离开计算机网络的各种智能化终端机，人将无法工作，甚至无法生活和娱乐。从这个意义上说，第五次产业革命将改造人，造就一代比以往更为聪明的人，开创了培养人的新世纪。

人·机结合又开辟了教育的新时代。小孩子一入学就学会使用智能化终端机，就像现在小孩入学首先要学会用笔写字一样，从小就自然而然地形成人·机结合。采用人·机结合的教育和学习方式，不仅能大大缩短学习时间，而且信息网络上的丰富知识资源共享，经过短期学习和锻炼，可以从一个专业转入另一个专业，形成理、工、文相结合的新型教育体制，达到全才与专家的辩证统一。实现集古今中外一切知识和智慧的教育，将使人的思维能力飞跃到一个新阶段，这就是钱学森同志提出的大成智慧教育。人的聪明才智来自两个方面，即“性智”和“量智”。通过科学技术研究与开发，所获得的是“量智”，是微观定量的知识。通过文化艺术的训练和实践，所培养的是“性智”，是宏观整体知识。大成智慧教育的目标是培养出能掌握马克思主义哲学，一方面有文化艺术修养，另一方面又有科学技术知识，既有“性智”又有“量智”的新型人才。从这个角度来看，我们今天的教育体制、教学方式、教学内容等，都必须进行改革，这将引起一场新的教育革命。

信息网络建设还将促进科学、教育、文化、艺术日益紧密地结合起来，互相促进、互相渗透，向更高水平和层次发展。科学技术为文化艺术提供了新的手段，产生出新的文艺形式。同时，我国五千年辉煌的文学艺术精华也将结合最新科技成果，发扬光大！

第四，信息网络建设和地理建设结合，建立起地理信息网络体系，将促进地理建设的信息化。地理建设为我国社会主义建设持续稳定的发展，提供了物质基础，它包括环境保护和生态建设以及基础设施建设。地理信息网络体系对地理系统的组织管理以及和社会系统之间持续协调的发展，具有重大意义，它是实现可持续发展的技术手段和物质基础。这个网络体系对于环境保护和绿化、资源（地下资源、地面资源、海洋资源和空间资源）的合理开发、利用和保护、能源系统建设、自然灾害的监测和防治、城镇居民点建设、综合交通运输体系和现代信息通信业的建设、人口的空间分布和人口流动的管理等，都有重大意义和推动作用。目前国内外开发的地理信息系统（geographic information system）就是这方面的良好开端。

上述四大领域也就是我国社会主义现代化建设的四大领域。信息网络建设对这四大领域建设都有重大影响和推动作用，可见信息网络建设将推进整个国家和社会的信息化。它既涉及生产力、生产关系层次，又涉及上层建筑层次。在人类历史上，还没有任何一项技术革命能像信息革命这样，对社会及其环境产生如此广泛而深刻的直接影响。

以上是从纵向上看的。现在让我们再从横向上来看一下，可以看到上述四大领域的信息网络建设都将涉及以下这些问题：

第一，信息资源的开发、合理配置和有效使用，这就要有适合社会主义市场经济体制的信息资源管理体制和运行机制，还要有相应的法律、法规和政策体系来规范。

第二，信息市场的形成对促进信息化具有重要作用，它是连接信息供给和信息需求双方的桥梁。随着信息资源开发和供给的社会化、专业化，信息供给和生产者与信息需求者将分离，也将与信息营销者分离，从事信息采集、加工、营销的实体和部门构成了信息生产体系和营销体系，从而形成了信息服务业。信息服务业要面向用户，以服务社会化、营销企业化为目标。

形成与市场经济相适应的信息市场体系，并和国际信息市场接轨，需要加强信息市场管理，制订相应的法律法规和有关政策，规范市场行为，消除不法行为，加强国家对信息市场的宏观调控。

第三，信息网络安全保护和管理。信息网络要正常安全运行，必须要有技术的、法律法规的安全保护措施和手段，建立健全的安全保护管理制度。从目前 internet 所暴露出来的问题，如计算机病毒、计算机犯罪、偷窃数据、非法拷贝，甚至出现传播黄色图像等犯罪形式，都清楚地说明在信息网络建设上，必须要有防范措施。

据美国“防务新闻”报道，五角大楼官员称，信息战不久可能取代核威胁而成为遏制对方、保护美国利益的主要手段。信息战可通过破坏国家信息基础设施，包括军事、银行和电话系统、电力网和计算机网，达到兵不血刃、瘫痪敌人战争机器的目的[5]。从这个角度来看，我国信息网络建设要有对外防御信息战的措施。

第四，信息人才的培养，对信息网络建设和使用是非常重要的。当今世界上信息技术发达的国家已感到信息人才的短缺。据美国劳工部估计，到 20 世纪末，美国的生产和科研部门急需增加 50%以上的信息人才，目前尚无法达到这个要求。信息网络的应用普及需要大批人才，特别是需要培养出不仅懂得信息技术，还懂得管理的综合性人才。

第五，信息网络建设应有统一的国家网络标准、协议，否则，各地区、各部门各搞一套，技术不同，标准各异，将造成网络间不能连通，不能与国际接轨，资源不能共享的严重后果，导致资金浪费和影响信息化进程。

以上这些问题仅仅依靠技术措施是解决不了的，还必须有经济的、法律的、教育的和行政的手段综合运用，并有相应的体制和机制来实现，才能建设和管理好这个人造的复杂巨系统。这些也就构成了这个人·网结合系统的调控手段。从这里我们也可以看出，这个系统的设计、建设和使用，要比工程系统复杂得多。

新中国成立 40 多年来，特别是改革开放以来，我国在信息基础设施建设方面，已有了很大发展。例如：计算机装机量到 1994 年底已达 200 万台套，有数据库 800 个；电信网方面，截至 1994 年 10 月，全国干线光缆长度已达 5.49 万千米，干线数字微波达 4.35 万千米，公用数字数据网 Chinaddn、公用分组交换网 Chinapac、公用计算机交互网 Chinanet、蜂窝式移动电话网、专用通信网、广播电视网、卫星/ISDN 网、联合电信网等，都有了一定规模，这些都为我们进行信息网络建设奠定了技术基础和物质基础[6]。

但是，从总体上看，我国电子信息技术和通信技术还比较落后，与发达国家相比还有较大差距。信息应用水平也比较低，大体相当于美国 60 年代水平。清醒地看到这一点，应该成为激发我们奋起直追的力量，使我国在第五次产业革命的国际竞争中，立于不败之地。在新中国的历史上，有过从落后情况下追上来的先例，这就是发展尖端技术中"两弹一星"的成就。今天的情况虽然已有了很大的变化，但是以当年搞"两弹一星"那种开创精神，走出一条适合中国国情发展尖端技术的道路，对于今天进行信息网络建设和迎接第五次产业革命的到来，仍然具有重要的启迪意义。美国由于分散建网以及通信技术的快速发展，使它面临改造长达 400 万千米光纤网和原有电信网络的艰巨任务，将要付出沉重代价，而我们却没有这样大的负担。这也启发我们，不能再走西方发达国家已经走过的道路。在信息网络建设和迎接第五次产业革命中，我们应该走出一条具有中国特色的道路来。

五、信息网络建设是一项复杂的社会系统工程

上述信息网络建设所提出的新问题使我们看到，只把这个系统作为工程系统来研究、设计和建设是远远不够的，也是难以取得成功的。我们已经指出过，它实际上是一类开放的复杂巨系统建设。明确这一点也不是个概念问题，更重要的是，使我们清醒地看到这类系统的研究、设计和建设，在理论和实践上都向我们提出了新问题。这些问题不是用已有方法所能处理和解决的，需要有新的方法。看不到这一点，就容易把复杂性问题简单化。用处理简单性问题的方法去处理复杂性问题，那将导致严重后果。

从理论上来看，信息网络建设从一开始就具有综合性、系统性和动态性的鲜明特点，不容许我们孤立地和静止地去处理。它需要利用来自自然科学、社会科学、工程技术三个领域的科学知识，仅靠一个领域的科学知识，是难以科学处理和解决信息网络建设中的问题的。而且在方式上也不是仅靠有关领域专家座谈会和咨询一下就能胜任的。这里需要把来自三方面的科学技术知识甚至有用的经验知识有机地结合起来，进行系统的综合研

究,同时要按照一定的科学方法和科学方式进行研究,才有可能得到科学认识和结论。但如何把不同领域的科学知识甚至经验知识综合起来去研究和解决实践中的问题,这就提出了方法论问题。类似的问题也出现在其他方面,如人类共同关心的可持续发展问题。这些问题表明,复杂的社会实践在科学技术层次上,向我们提出了方法论的迫切需要。随着人类的进步,现代社会实践越来越复杂,这个问题也就越来越突出。

近些年来,国外出现了所谓复杂性研究,美国 Santa Fe Institute 还提出了复杂性科学。由两个诺贝尔奖奖金获得者(一个是物理学家,一个是经济学家)领导的这个研究集体,在生态系统、经济系统、人脑系统等方面都进行了大量研究工作,特别在把计算机应用到这些方面的研究中,取得了一定进展。但他们在研究中遇到了复杂性困难,明白了传统的还原论方法解决不了这些问题,但至今还没见到他们解决复杂性问题的方法。

在我国,钱学森同志和他的合作者对此进行了长期探索。80 年代初,他对处理复杂系统的定量方法,提出将科学理论、经验和专家判断力相结合的半理论半经验方法。此后,从 1986 年起,在他指导的系统学讨论班上,又开始了新的探索。他在社会系统、地理系统、人体系统和军事系统研究和实践的基础上,于 1989 年提出了开放的复杂巨系统及其方法论,即从定性到定量综合集成方法(meta snythesis),后来又发展到前面提到的"从定性到定量综合集成研讨厅体系"(hall for workshop of metasynthetic engibeering)。这个方法的实质是专家体系、统计数据和信息资料、计算机技术三者有机地结合起来,构成一个高度智能化的人·机结合系统。这个系统具有综合集成各种知识(科学的、经验的、定性的、定量的、理性的、感性的),实现从定性到定量认识的功能,为综合运用信息提供了有效的科学方法和手段。这个方法成功的应用就在于发挥这个系统的整体优势和综合优势,它把人的思维、思维的成果、人的经验、知识、智慧以及各种情报、资料、信息统统集成起来,从多方面的定性认识上升到定量认识。

综合集成方法是一种从总体上研究和解决问题的方法论。信息网络建设恰好需要这种方法论,把来自自然科学、社会科学和工程技术方面有关的科学知识以及经验知识进行综合集成,以解决复杂巨系统中的问题。

从这个角度来看,综合集成方法为研究和设计信息网络提供了方法论基础。有关它的详细介绍我们将在下面有关章节中进行。

从实践角度来看,信息网络建设是大规模、复杂的社会实践,它涉及的空间范围大,领域和层次多,需要投入大量人力、物力和财力,而且信息网络的建设过程又是一个动态的发展过程。如何组织、管理和协调好这样复杂的社会实践,以取得最好的实际效果和整体效益,也需要一套科学的组织管理方法。从目前国内外的实际情况来看,问题已开始陆续暴露出来,如美国当前的电话网、有线电视网、计算机网是三大独立经营的行业,在技术体制上互不兼容,各大部门、各大公司自成系统,难以协调。internet 互联网上的信息污染,已泛滥成灾,网络安全问题也引起人们的不安等等。这些问题很值得我们深思。从国内情况来看,也开始出现一些地方和部门建设自己独立的专用信息网,自行决定网络的系统总体，各自对外签约，各自决定引进设备，有的甚至就像当年铁路中的“阎锡山窄轨铁路”，这样发展下去，我国的信息网络建设将很可能不成“系统”，其后果是严重的。

在现代复杂社会实践中，国内外成功的经验都已表明，组织管理好复杂社会实践的技术就是系统工程，如美国阿波罗登月的计划，参与这项计划的有 42 万人之多，这项计划的成功，美国人首先宣布的是系统工程的胜利。在我国，“两弹一星”的研制，更是一项被广泛称赞的辉煌成就。当时我国经济、技术都比较落后，但在很短时间内取得了“两弹一星”的试验成功，使我国跨入了世界空间大国的行列，连外国人都承认，这是了不起的奇迹。取得这一成就的原因固然很多，但其中非常重要的一点就是成功地应用了系统工程。今天，我们所面临的信息网络建设，要比这些系统都更为复杂和艰巨，因而也就更需要系统工程。

系统工程是组织和管理系统的技术，是一项综合性的整体技术，用来组织管理系统的规划、研究、设计、制造、试验和使用的科学方法，是一种对所有系统都适用的方法。这里包括实践前形成的思想、设想、战略、规划、计划、方案、可行性等，都要进行科学论证，以使实践的目的性建立在科学基础上，而不是建立在经验基础上，更不能建立在感情和意志的基础上；也包括实践过程中，要有科学组织管理与协调，以保证实践的有效性（效率和效益）；还包括实践后的评估和总结，以检验实践的科学性和合理性，以利今后的再实践。

系统工程技术是从简单系统开始的，然后发展到大系统的系统工程。随着计算机技术的发展，处理的系统也就越来越大，今天已进入了诸如 CIMS 这样的系统。但是处理开放的复杂巨系统仅靠计算机是不行的，它是再大的计算机也处理不了的系统，这就要有新的思想和方法。这个方法就是上述综合集成方法。有了这个方法，使系统工程也可以处理复杂巨系统以至社会系统，从而使系统工程也进入了一个新的发展阶段，出现了复杂巨系统工程和社会系统工程。今天，人们广泛使用社会系统工程这个概念，其实这不仅是个概念问题，而是一套组织管理社会系统的技术方法。本文前面曾指出，社会系统有三个侧面，即三种社会形态，相应于三种社会形态有三种文明建设，即物质文明建设、精神文明建设和政治文明建设。社会主义文明建设应是这三种文明建设的协调发展。为使三种文明建设之间以及与地理建设之间协调发展，以取得社会系统长期最好的整体效益的组织管理技术，就是社会系统工程。由此可以看到，社会系统工程又为信息网络建设提供了组织管理技术基础。

实施系统工程需要有总体设计部这样的实体机构。所谓总体设计部就是使用综合集成方法或研讨厅体系的专家集体。它是从我国研制“两弹一星”过程中，发挥了重要作用的总体设计部演化过来的。对于复杂巨系统工程、社会系统工程的总体设计部来说，它的专家体系结构，所用的研究方法以及技术手段，都比过去大大发展了。前者是工程系统的总体设计部，后者是复杂巨系统的总体设计部。但它们的作用和功能是相似的。总体设计部由熟悉系统各方面专业知识的专家组成，并由知识面比较宽广的专家负责领导。总体设计部设计的是系统的总体，是系统的总体方案，是实现整个系统目标的具体途径。总体设计部把系统作为它所从属的更大系统的组成部分进行研究、设计，对它的所有要求都首先从实现这个更大系统的协调观点来考虑；总体设计部还把系统作为若干分系统的有机结合的整体来设计，对每个分系统的要求都首先从实现整个系统协调发展的观点来考虑，总体设计部对建设中分系统与分系统之间的矛盾，分系统与系统之间的矛盾，都首先从总体协调的需要来选择解决方案。总体设计部所体现的技术方法就是系统工程。

总体设计部是以科学为基础，为决策者或决策部门提供决策支持服务的，是决策咨询和参谋机构。它不是也不可能替代决策者或决策部门，后者是以权力为基础的决策机构。决策支持和决策部门以及决策执行部门的分离，是现代社会实践复杂性所需要的，也是现代社会发展进步的标志。

综合起来，总体设计部、社会系统工程、综合集成方法以及研讨厅体系，紧密结合形成了从科学、技术、实践三个层次相互联系的研究和解决复杂巨系统（包括社会系统）问题的一整套方法论。这也是我们进行信息网络建设的方法论。

对信息网络建设来说，首先应有这样一个信息网络建设总体设计部。它由熟悉这个系统各个方面专业知识的专家组成，这些专家包括来自不同部门、不同学科的自然科学家、社会科学家、工程技术专家，他们应用综合集成方法或研讨厅体系，对信息网络建设中的各种问题，如发展战略、规划、计划、方案等，进行总体分析、总体论证、总体设计、总体规划、总体协调，提出具有科学性、可行性和可操作性的总体方案和相应的配套方案，为决策者或决策部门提供决策支持或参考。

信息网络建设是关系到国家和社会全局的重大问题。因此，有关它的建设以及如何建设等重大问题，必须由体现国家意志，代表国家利益，具有权威性的机构集中统一进行，这是个决策机构。信息网络建设总体设计部，就是为这个决策机构服务的，以保证决策的科学化、民主化和程序化。一旦决策作出后，再由决策执行部门贯彻执行。

技术革命以及由它引发的产业革命，必然对组织管理问题提出新的和更高的要求。形象地说，这犹如随着计算机硬件的革新和发展，必须有相应的软件跟上才行。

钱学森同志提出，系统科学是20世纪中叶兴起的一场科学革命，而系统工程的实践又将引起一场技术革命，这场科学和技术革命必将促发组织管理的革命。以信息网络建设为先导的第五次产业革命，和以系统工程为先导的组织管理革命的有机结合，必将大大加速第五次产业革命的发展。从这个角度来看，本文的内容就是为了说明这种结合的必然性和紧迫性。对于我们来说，迎接第五次产业革命的到来，在加强“硬件”建设的同时，必须高度重视和加强“软件”建设，发挥两者结合起来的综合优势和整体力量。不能“硬件”硬抓，“软件”软抓，而应两者一起抓，两者都要硬。这既是信息时代到来的客观需要，也是为迎接信息时代到来所作的观念上和组织管理上的准备。

注释

[1] 钱学森：给王寿云等同志的信，1995年6月29日。

[2] 戴汝为、于景元、钱学敏、汪成为、涂元季、王寿云:《我们正面临第五次产业革命》,《光明日报》1994年2月23日。
[3] 钱学敏、于景元、戴汝为、汪成为、王寿云:《"科技是第一生产力"和新产业革命》,《科技日报》1991年12月28日。
[4] 马克思:《资本论》,《马克思、恩格斯全集》,第二十三卷,人民出版社,1973,第2004页。
[5]《信息战将引起安全事务的一场变革》,《国防科技简报(77)》1995年9月25日。
[6] 国家经济信息化联系会议办公室:《中国国家信息化基础结构(CNⅡ)建设进程》(内部资料),1995年4月。

钱学森系统科学和系统工程的成就与贡献

——从系统思想到系统实践的创新*

于景元

钱学森的一生是科学的一生、创新的一生和辉煌的一生。在长达70年丰富多彩的科学生涯中，钱老建树了许多科学丰碑，对现代科学技术发展和我国社会主义现代化建设，都做出了巨大贡献。

钱学森的科学成就与贡献、科学思想与方法、科学精神与品德，是留给我们宝贵的知识财富、思想财富和精神财富。我们应该认真学习、研究和应用并发扬光大，这也是我们纪念钱学森的最重要方面。

钱学森对我国火箭、导弹和航天事业的开创性贡献，是众所周知的。但从钱学森全部科学成就和贡献来看，这只是其中一部分。实际上，钱老的研究领域非常广泛，从工程、技术、科学直到哲学的不同层次上，在跨学科、跨领域和跨层次的研究中，特别是在不同学科、不同领域、不同层次的相互交叉、结合与融合的综合集成研究方面，都做出了许多开创性贡献。从现代科学技术发展来看，这些方面的成就与贡献，其意义和影响可能更大也更深远。钱学森系统科学和系统工程的成就与贡献就是其中的重要方面。

钱学森是我国系统科学和系统工程的开创者和奠基人。钱老从系统思想到系统实践的整个创新过程，都作出了开创性贡献。这些成就和贡献具有超前性、引领性和奠基性，也是目前国外所没有的。不仅对系统科学和系统工程的发展与应用，同时对其他科学技术的发展与应用，都有着重要科学价值和实践意义，并有非常重要的现实意义。

首先，我们从现代科学技术发展的整体上，来看一下系统科学和系统工程，以便了解系统科学和系统工程所具有的一些特点，以及与其他科学技术之间的关系。

从现代科学技术发展趋势和特点来看，以下几个主要方面都与系统科学和系统工程的产生和发展密切相关：

一是现代科学技术发展呈现出既高度分化又高度综合的两种明显趋势。

一方面，已有学科和领域越分越细，新学科、新领域不断产生；另一方面，不同学科、不同领域相互交叉、结合与融合，向综合集成的整体化方向发展，两者相辅相成相互促进。从这个发展趋势来看，系统科学和系统工程就是这后一发展趋势上的科学和技术；

---

* 本文原载于《中国航天》2021年第12期、2022年第1期。

二是复杂性科学的兴起引起国内外高度重视。

20 世纪 80 年代中期，国外出现了复杂性研究和复杂性科学。复杂性科学是处在高度综合这个趋势上，与系统科学有着密切关系。

复杂性科学开创者之一、诺贝尔奖获得者物理学家 Gell-mann，在他所著的《夸克与美洲豹》一书中曾写道："研究已表明，物理学、生物学、行为科学，甚至艺术与人类学，都可以用一种新的途径把它们联系到一起，有些事实和想法初看起来彼此风马牛不相及，但新的方法却很容易使它们发生关联。"Gell-mann 并没有说明这个新途径和新方法是什么，但从他们后来关于复杂系统和复杂适应系统的研究中，可以看出，这个新途径就是系统途径，这个新方法就是系统方法。所谓复杂性，实际上是系统复杂性，复杂性研究本来就是系统科学研究的重要内容。

三是科学方法论的发展。从近代科学到现代科学的发展过程中，科学方法论经历了从还原论方法到整体论方法再到系统论方法。系统论方法与系统科学和系统工程的产生和发展密切相关。

四是以计算机、网络和通信为核心的现代信息革命，引起了人类思维方式的变革，出现了人·机结合、人·网结合以人为主的系统思维方式。这种系统思维方式使人类更加聪明，有能力去认识和处理更加复杂的事物，同时也为系统论方法及其应用，提供了理论基础和技术基础。

五是创新方式的转变。由以个体为主向以群体为主的创新方式转变，出现了人·机结合、人·网结合以人为主的创新方式和创新体系，特别是国家创新体系已成为创新驱动发展的强大动力。

六是现代社会实践越来越复杂，越复杂的社会实践其综合性和系统性就越强。社会实践是系统的实践，也是系统的工程，任何一项社会实践都是一个具体实践系统的实践，因而也就更加需要系统科学和系统工程。同时，社会实践又大大地促进了系统科学和系统工程的发展和应用。

钱学森系统科学思想、系统论、系统科学和系统工程，集中地反映出以上这些特点。

一、系统科学和系统论

现代科学技术的发展已经取得巨大成就。钱学森指出，今天人类正在研究和探索着从渺观、微观、宏观、宇观直到胀观五个层次时空范围的客观世界。其中宏观层次就是我们所在的地球，在地球上出现了生命和生物，产生了人类和人类社会。

从不同角度去研究客观世界的不同问题时，就产生了现在众多的学科和领域。客观世界是一个相互联系、相互作用、相互影响的整体，因而反映客观世界不同领域、不同层次客观规律的科学技术也是相互联系、相互作用、相互影响的知识体系。（见图 1 和图 6）

在图 1 里还看不到系统科学，但正是这些科学技术的发展，蕴育和产生了系统科学。

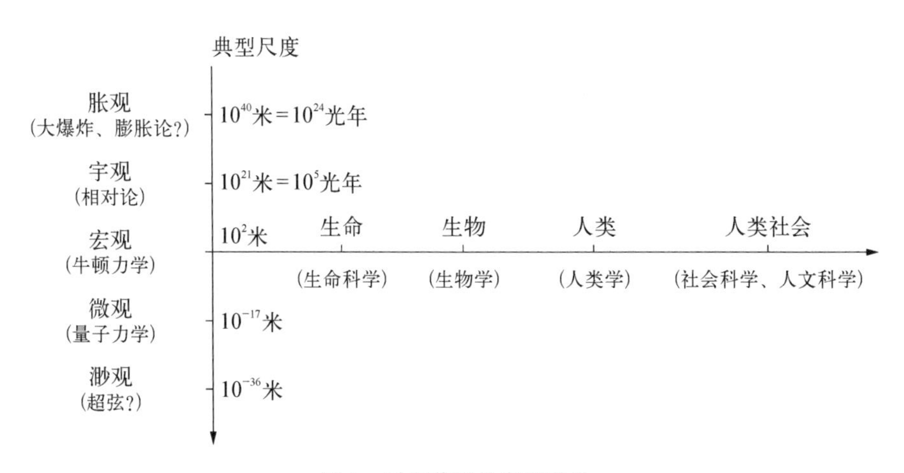

图 1　时空范围的客观世界

钱学森指出,系统科学的出现是一场科学革命,科学革命是人类认识客观世界的飞跃。那么,系统科学究竟是研究什么的学问,为什么如此重要?它和已发生过的科学革命又有什么不同?

从辩证唯物主义观点来看,客观世界的事物是普遍联系的,“世界是普遍联系的整体,任何事物内部各要素之间及事物之间都存在着相互影响,相互作用和相互制约的关系。”从辩证唯物主义这个系统思想来看,既然客观事物是普遍联系的整体,必然就有其客观规律,我们也就应该研究、认识和运用这些规律。

能够反映和概括客观事物普遍联系这个客观事实和本质特征,最基本和最重要的概念就是系统。所谓系统是指由一些相互联系、相互作用、相互影响的组成部分构成并具有某些功能的整体。这样概括和定义的系统在客观世界是普遍存在的,客观世界包括自然、社会和人自身。

正是从系统思想出发并结合现代科学技术的发展,钱学森明确指出:“系统科学是从事物的整体与部分、局部与全局以及层次关系的角度来研究客观世界的”,也就是从系统角度来研究客观世界,系统是系统科学研究和应用的基本对象。

自然科学是从物质、物质结构和物质运动的角度来研究客观世界的;社会科学是从人类、人类社会及其发展的角度来研究客观世界的。系统科学和自然科学、社会科学等不同,但有着深刻的内在联系。系统科学可以把自然科学、社会科学等领域研究的问题联系起来作为系统,进行综合性、系统性和整体性研究。这就是为什么系统科学具有交叉性、综合性和整体性的原因。也正是这些特点,使系统科学处在现代科学技术发展综合集成的整体化方向上,并已成为现代科学技术体系中一个新兴的科学技术领域。

系统结构、系统环境和系统功能是系统的三个重要基本概念。系统结构是指系统内部,包括系统组成部分及其关联关系。系统环境是指系统外部。系统最重要的特点,就是系统在整体上具有其组成部分所没有的性质,这就是系统的整体性,系统整体性的外在表现就是系统功能。

系统的这个性质意味着，对于系统应高度重视系统整体，如果仅着眼于部分，即使组成部分都认识了，并不等于认识了系统整体。系统整体性不是它组成部分性质的简单“拼盘”，而是系统整体涌现的结果，这就有个涌现机理和规律的问题。

系统研究表明，系统结构和系统环境以及它们之间关联关系决定了系统整体性和功能。这是一条非常重要的系统原理，也是系统研究和应用的核心问题。

从理论上来看，研究系统结构与系统环境如何决定系统整体性和功能，揭示系统存在、演化、协同、控制与发展的一般规律，就成为系统学，特别是复杂巨系统学的基本任务。国外关于复杂性研究，实质上是系统涌现性研究，也是系统理论方面的探索。

另一方面，从应用角度来看，根据上述系统原理，为了使系统具有我们期望的功能，特别是最好的功能，我们可以通过改变和调整系统结构或系统环境以及它们之间关联关系来实现。但系统环境一般是不能任意改变的，在不能改变的情况下，只能主动去适应。而系统结构却是我们可以组织、调整、改变和设计的。

这样，我们便可以通过组织、改变、调整系统组成部分或组成部分之间、层次结构之间以及与系统环境之间的关联关系，把系统整体和组成部分与环境辩证统一起来，使它们相互协调与协同，从而在系统整体上涌现出我们期望的和最好的功能，这就是系统控制、系统管理和系统干预(Intervention)的基本内涵，是系统管理、系统控制等学科要研究的应用理论问题，也是系统工程、控制工程等所要实现的主要目标。

从科学技术发展和工程实践来说，科学是认识世界的学问，技术是改造世界的学问，而工程是认识和改造客观世界的实践。从这个角度来看，自然科学经过几百年的发展，已有了三个层次的知识结构，即基础科学(基础理论)、技术科学(应用理论)、工程技术(应用技术)。在这一点上，系统科学和自然科学类似，也有这样三个层次的知识结构。

钱学森建立的系统科学体系包含下述三个层次的知识。

一是处在工程技术或应用技术层次上的是系统工程。这是直接用来改造客观世界的工程技术，但和其他工程技术不同，它是组织管理系统的技术，是对所有系统都适用的技术。

二是处在技术科学层次上，直接为系统工程提供理论方法的有运筹学、控制论、信息论等。

三是处在基础科学层次上，揭示系统客观规律的便是系统学和复杂巨系统学。

这个体系的建立，对系统科学和系统工程的发展和应用具有极其重要的意义。目前国外还没有这样一个清晰和严谨的系统科学体系结构。

在建立系统科学体系的同时，钱学森还提出了系统论。系统论介于哲学和科学之间，是连接系统科学与辩证唯物主义的桥梁。一方面，辩证唯物主义通过系统论去指导系统科学的研究；另一方面，系统科学的发展经系统论的提炼和概括，又丰富和发展了辩证唯物主义哲学。

对于系统论，钱学森明确指出：“我们所提倡的系统论，既不是整体论，也非还原论，而是整体论与还原论的辩证统一。”

根据系统论这个思想，对于系统问题首先要着眼于系统整体，同时也要重视系统组成部分并把整体和部分辩证统一起来，最终是从整体上研究和解决问题，它体现的是系统思维。整体论和还原论都有各自的长处，但也有各自的不足。在认识和改造世界过程中，要用整体论，但仅靠整体论还不行；要用还原论，但仅靠还原论也不行。系统论则把这两者的优势综合集成起来又弥补了各自的不足，既超越了还原论，又发展了整体论，这正是系统论的优势所在。

运用系统论去研究和认知系统，揭示系统客观规律并建立系统的知识体系，就是系统认识论。从这个角度来看，系统科学体系的建立就是系统认识论的体现。

综上所述，系统思想是辩证唯物主义哲学内容，系统论、系统科学体系的建立，就使系统思想从一种哲学思维发展成为系统的科学体系。系统科学体系是系统科学思想在工程、技术、科学直到哲学不同层次上的体现，它使系统思想建立在科学基础上，把哲学和科学统一起来，也把理论和实践统一起来了，这就形成了钱学森系统科学思想。

系统科学思想是对辩证唯物主义系统思想的重要发展和丰富。

二、复杂巨系统和系统方法论

在系统科学体系中，系统工程已被应用到实践中并取得显著成就，如航天系统工程。技术科学层次上的运筹学、控制论、信息论等也有了各自的理论和方法，并在继续发展之中。但系统学和复杂巨系统学是需要建立的新兴学科，这也是钱老最先提出来的。

20 世纪 80 年代中期，钱老以“系统学讨论班”的方式开始了创建系统学的工作。从 1986 年到 1992 年的七年多时间里，钱老参加了讨论班的全部学术活动。后来又以“小讨论班”的方式继续指导系统学的研究。

在讨论班上，钱老根据系统结构的复杂性，提出了系统新的分类，将系统分为简单系统、简单巨系统、复杂系统、复杂巨系统和特殊复杂巨系统。如生物体系统、人体系统、人脑系统、社会系统、地理系统、星系系统等都是复杂巨系统，其中社会系统是最复杂的系统了，又称作特殊复杂巨系统。这些系统又都是开放的，与外部环境有物质、能量和信息的交换，所以又称作开放的复杂巨系统。

在讨论班的基础上，钱学森明确界定，系统学是研究系统结构与功能，包括系统演化、协同与控制一般规律的科学。形成了以简单系统、简单巨系统、复杂系统、复杂巨系统和特殊复杂巨系统（社会系统）为主线的系统学的学科体系，构成了系统学的主要研究内容，提出了系统学研究的方法论和方法，奠定了系统学研究基础，指明了系统学研究的方向。

对于简单系统和简单巨系统都已有了相应的方法论和方法，也有了相应的理论，即自组织理论，并在继续发展之中。但对复杂系统、复杂巨系统和社会系统却不是已有方法论和方法所能处理的，需要有新的方法论和方法。所以，关于复杂系统、复杂巨系统和社会系统的研究，又称作复杂巨系统学。对于复杂系统、复杂巨系统和社会系统研究，首先要解决的是方法论和方法问题。

从近代科学到现代科学的发展过程中，自然科学采用了从定性到定量的研究方法，所以自然科学被称为“精密科学”。而社会科学、人文科学等由于研究的问题更加复杂，通常采用从定性到定性的思辨、描述方法，所以这些学问被称为“描述科学”。当然，这种趋势随着科学技术的发展也在变化，有些学科逐渐向精密化方向发展，如经济学、社会学等。

从方法论角度来看，在这个发展过程中，还原论方法发挥了重要作用，特别在自然科学领域中取得了很大成功。

还原论方法是把所研究的对象分解成部分，以为部分研究清楚了，整体也就清楚了。如果部分还研究不清楚，再继续分解下去进行研究，直到弄清楚为止。

按照这个方法论，物理学对物质结构的研究已经到了夸克层次，生物学、生命科学对生命的研究也到了基因层次。毫无疑问，这是现代科学技术取得的巨大成就，是在还原论指引下的科学革命。

但现实的情况使我们看到，认识了基本粒子还不能解释大物质构造，知道了基因也回答不了生命是什么。这些事实又使科学家们认识到“还原论不足之处正日益明显”(1999年，*Science*)。

这就是说，还原论方法由整体往下分解，研究得越来越细，这是它的优势方面。但由下往上回不来，回答不了高层次和整体性问题，又是它的不足一面。所以只着眼于部分，仅靠还原论方法还不够，还要解决由下往上的问题，也就是复杂性研究中的所谓“涌现”(emergence)问题。

著名物理学家李政道对于21世纪物理学的发展，曾讲过:“我猜想21世纪的方向要整体统一，微观的基本粒子要和宏观的真空构造、大型量子态结合起来，这些很可能是21世纪的研究目标”。这里所说的把宏观和微观结合起来，就是要研究微观如何涌现出宏观，解决由下往上的问题，打通从微观到宏观的通路，把宏观和微观统一起来。如果真正实现了这一点，这将是在系统论指引下的科学革命。

同样道理，还原论方法也处理不了系统整体性问题，特别是复杂系统、复杂巨系统和社会系统的整体性问题。从系统角度来看，把系统分解为部分，单独研究一个部分，就把这个部分和其他部分的关联关系切断了。这样，就是把每个部分都研究清楚了，也回答不了系统整体性问题。

更早意识到这一点的科学家是贝塔朗菲，他是一位分子生物学家，当生物学研究已经发展到分子生物学时，用他的话来说，对生物在分子层次上了解得越多，对生物整体反而认识得越模糊。在这种情况下，他于20世纪40年代提出了一般系统论，实质上是整体论，强调还是从生物体系统的整体上来研究问题。但限于当时的科学技术水平，支撑整体论方法的具体方法体系没有发展起来，还是从整体论整体，从定性到定性，论来论去解决不了根本性问题。正如钱老所指出的:“几十年来一般系统论基本上处于概念的阐发阶段，具体理论和定量结果还很少。”但认识到了还原论的局限性并能提出整体论，确是对现代科学技术发展的重要贡献。

20世纪80年代中期，国外出现了复杂性研究。关于复杂性问题，钱学森明确指出："凡现在不能用还原论方法处理的，或不宜用还原论方法处理的问题，而要用或宜用新的科学方法处理的问题，都是复杂性问题，复杂巨系统就是这类问题。"

系统整体性，特别是复杂系统、复杂巨系统和社会系统的整体性问题，都是复杂性问题。所以对复杂性研究，国外科学家后来也"采用了一个'复杂系统'的词，代表那些对组成部分的理解不能解释其全部性质的系统。"（1999年，*Science*）。这就使他们的复杂性研究也走向了系统研究。

国外关于复杂性和复杂系统的研究，在研究方法上确实有一些创新之处，如他们提出的遗传算法、演化算法、开发的Swarm软件平台，基于Agent的系统建模、用Agent描述的人工生命、人工社会等等。

在方法论上，虽然也意识到了还原论方法的局限性，但并没有提出新的方法论。方法论和方法是两个不同层次的问题。方法论是关于研究问题所应遵循的途径和研究路线，在方法论指引下是具体方法问题。如果方法论不适合，再好的方法也解决不了根本性问题，所以方法论更为基础，也更为重要。

如前所述，钱学森提出系统论是整体论与还原论的辩证统一。根据这个思想，钱老又提出将还原论方法与整体论方法辩证统一起来，形成了系统论方法。在应用系统论方法时，也要从系统整体出发将系统进行分解，在分解后研究的基础上，再综合集成到系统整体，实现系统的整体涌现，最终是从整体上研究和解决问题。

由此可见，系统论方法吸收了还原论方法和整体论方法各自的长处，同时也弥补了各自的局限性，既超越了还原论方法，又发展了整体论方法。这就是把系统整体和组成部分辩证统一起来，研究和解决系统问题的系统方法论。这是钱学森在科学方法论上具有里程碑意义的贡献，它不仅大大促进了系统科学和系统工程的发展，同时也必将对自然科学、社会科学等其他科学技术领域产生深刻的影响。

钱学森不仅提出了系统方法论，同时还提出了运用系统方法论的具体方法体系和应用方式。

20世纪80年代末到90年代初，结合现代信息技术的发展，钱学森又先后提出"从定性到定量综合集成方法"（Meta-synthesis）及其实践形式"从定性到定量综合集成研讨厅体系"（Hall for Work Shop of Metasynthetic Engineering），以下将两者合称为综合集成方法，并将应用这套方法的集体称为总体设计部。这就在系统方法论指引下，形成了一套可以操作且行之有效的方法体系和应用方式。

钱老指出，研讨厅体系是把下列成功的经验和科技成果集成起来的研究平台：

一是几十年来学术讨论会（seminar）的经验；

二是从定性到定量综合集成方法；

三是c^3I及作战模拟；

四是情报信息技术；

五是人工智能；

六是灵镜(virtural reality)技术；

七是人·机结合的智能系统；

八是系统学；

九是信息革命中的其他信息技术，如网络技术等。

从方法和技术层次上看，它是人·机结合、人·网结合以人为主的信息、知识和智慧的综合集成方法，也是人·机结合、人·网结合以人为主的从定性到定量综合集成技术。从应用和运用层次上看，是以总体设计部为实体进行的综合集成工程。

综合集成方法的实质是把专家体系、数据、信息与知识体系以及计算机体系有机结合起来，构成一个高度智能化的人·机结合与融合体系。这个体系具有综合优势、整体优势、智能和智慧优势。它能把人的思维、思维的成果、人的经验、知识、智慧，以及各种情报、资料和信息统统集成起来，从多方面的定性认识上升到定量认识。

钱老提出的人·机结合以人为主的系统思维方式是综合集成方法的理论基础和技术基础。从思维科学角度来看，人脑和计算机都能有效处理信息，但两者有极大差别。

关于人脑思维，钱老指出："逻辑思维，微观法；形象思维，宏观法；创造思维，宏观与微观相结合。创造思维才是智慧的源泉，逻辑思维和形象思维都是手段。"

从这个角度来看，现在的计算机在逻辑思维方面确实能做很多事情，甚至比人脑做得还好还快，善于信息的快速和精确处理。已有许多科学成就证明了这一点，如著名数学家吴文俊的定理机器证明，以及现在人工智能的发展。

但在形象思维方面，现在的计算机还不能给我们以很大的帮助，远不如人脑的形象思维，至于创造思维就只能依靠人脑了。然而计算机在逻辑思维方面毕竟有其优势。如果把人脑和计算机结合起来以人为主的思维方式，那就更有优势，思维能力也就更强，人将变得更加聪明，它的智能和智慧与创造性比人脑要高，比机器就更高，这也是 1+1>2 的系统原理，它体现的是系统思维方式。(见图 2)。

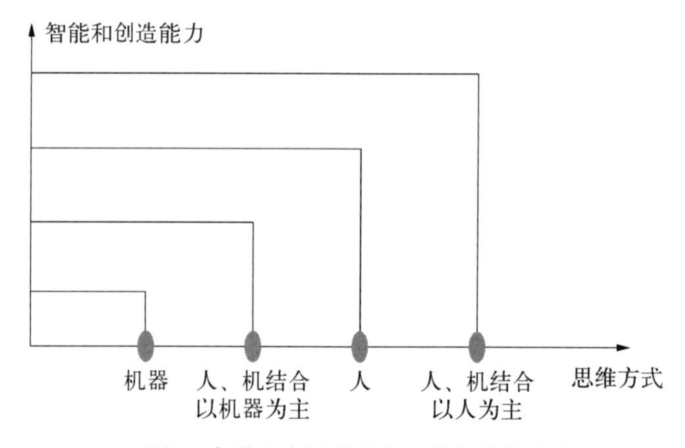

图 2　智能和创造能力与思维方式的关系

从上图可以看出，人·机结合以人为主的思维方式，它的智能、智慧和创造能力处在最高端。这种聪明人的出现，预示着将出现一个“新人类”，不只是人，是人·机结合、人·网结合的新人类，也是人·机结合、人·网结合“新社会”中的新人类，这个趋势已经出现并在继续发展之中。我们要高度重视这个“新人类”和“新社会”的研究。

信息、知识和智慧是三个不同层次的问题。信息有广度，知识有深度，智慧有高度。有了信息未必有知识，有了信息和知识也未必就有智慧。信息的综合集成可以获得知识，信息和知识的综合集成可以获得智慧。人类有史以来是通过人脑获得信息、知识和智慧的。现在由于以计算机为主的现代信息技术的发展，我们可以通过人·机结合、人·网结合以人为主的方式来获得信息、知识和智慧，而且比人脑还有优势，这是人类发展史上具有里程碑意义的进步，我们要高度重视和研究这一发展趋势。

综合集成方法就是这种人·机结合、人·网结合以人为主获得信息、知识和智慧的方法，它是人·机结合的信息处理系统，也是人·机结合的知识创新系统，还是人·机结合的智慧集成系统。

按照我国传统文化有“集大成”的说法，即把一个非常复杂的事物的各个方面综合集成起来，达到对整体的认识，以集大成得智慧，所以钱老又把这套方法称为“大成智慧工程”(Metasynthetic Engineering)，将大成智慧工程及其应用进一步发展，在理论上提炼成一门学问就是“大成智慧学”。

综合集成方法既可以用于理论研究，又可以用于应用研究。

无论是复杂系统、复杂巨系统和社会系统的理论研究还是应用研究，按着系统方法论，总体设计部运用综合集成方法对其进行研究。

首先是定性综合集成，这是在已有相关的科学理论、经验知识和信息的基础上与专家判断力(专家的知识、智慧和创造力)相结合，对所研究的系统问题提出和形成经验性假设，如猜想、判断、思路、对策、方案等等。这种经验性假设一般是定性的，它所以是经验性假设，是因为其正确与否，能否成立还没有用严谨的科学方式加以证明。

在自然科学和数学科学中，这类经验性假设是用严密逻辑推理和各种实验手段来证明的，这一过程体现了从定性到定量的研究特点，也就是精密科学的研究方法。

对于复杂系统、复杂巨系统和社会系统，由于其跨学科、跨领域、跨层次的特点，对所研究的系统问题能提出经验性假设，通常不是一个专家，甚至也不是一个领域的专家们所能提出来的，而是由不同领域、不同学科的专家构成的专家体系，依靠专家群体的知识和智慧，对所研究的复杂系统、复杂巨系统和社会系统问题，提出经验性假设。这就是为什么综合集成方法需要有专家体系。

但要证明其正确与否，仅靠自然科学和数学科学中所用的各种方法就显得力所不及了，如社会系统、地理系统中的一些问题，既不是单纯的逻辑推理，又不能进行实验。但我们对经验性假设又不能只停留在思辨和从定性到定性的描述上，这是社会科学、人文科学中常用的方法。

系统科学要成为“精密科学”，它的出路在哪里？这个出路就是人·机结合、人·网结合以人为主的思维方式和研究方式。采用“机帮人、人帮机”的合作方式，机器能做的尽量由机器去完成，充分发挥计算机在逻辑思维方面的优势。

在定性综合集成的基础上，通过人·机结合以人为主，再进行定性定量相结合综合集成。这里既有专家群体的智慧也包括了不同学科、不同领域的科学理论和经验知识、定性和定量知识、理性和感性知识，通过人·机交互、反复比较、逐次逼近，最终实现从定性到定量综合集成，获得系统的精确定量认识，从而对经验性假设正确与否做出科学结论。

无论是肯定还是否定了经验性假设，都是认识上的进步，然后再提出新的经验性假设，继续进行定量研究，这是一个循环往复不断深化的研究过程。

综合集成方法的运用是专家体系的合作以及专家体系与机器体系合作的研究方式与工作方式，也就是总体设计部的研究方式和工作方式。

概括起来说，就是定性综合集成到定性定量相结合综合集成，再到从定性到定量综合集成这样三个步骤来实现的。这个过程不是截然分开，而是循环往复逐次逼近的。

复杂系统、复杂巨系统和社会系统问题，通常是非结构化问题，现在的计算机只能处理结构化问题。通过上述综合集成过程可以看出，在逐次逼近过程中，综合集成方法实际上是用结构化序列去逼近非结构化问题。

图3是综合集成方法用于决策支持问题研究的示意图。

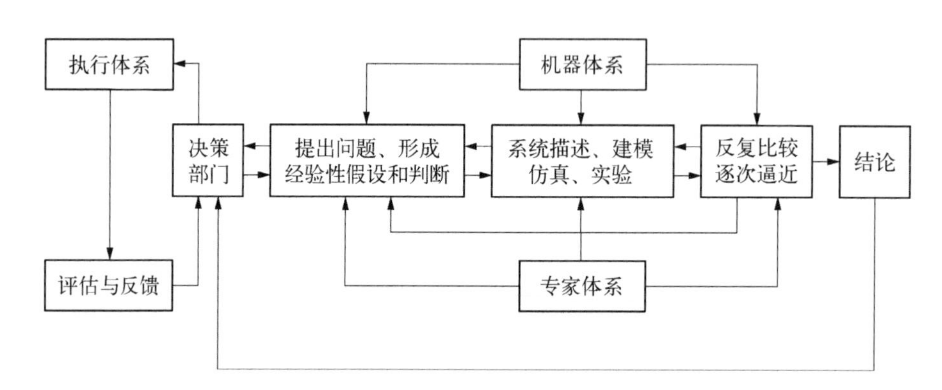

图3 综合集成方法用于决策支持问题研究的示意图

这套方法是目前处理复杂系统、复杂巨系统和社会系统的有效方法，已有很多成功的案例证明了它的科学性和有效性。

综合集成方法的理论基础是思维科学，方法论和方法基础是系统科学与数学科学，技术基础是以计算机为主的现代信息技术和网络技术，实践基础是系统工程实践，哲学基础是辩证唯物主义认识论和实践论。

从方法论和方法特点来看，综合集成方法本质上是用来处理跨学科、跨领域和跨层次问题研究的方法论和方法，它必将对系统科学体系不同层次产生重要影响，从而推动了系统科学的整体发展。

20 世纪 90 年代中期,钱学森提出开创复杂巨系统的科学与技术。

由于有了系统方法论和综合集成方法,便可以进行复杂巨系统的理论研究和应用研究。

在科学层次上建立和发展复杂巨系统理论,就是综合集成的系统理论,它属于复杂巨系统学的内容。现在这个一般理论尚未完全形成,但有了研究这类系统的方法论与方法,就可以逐步建立起这个一般理论来,这是一个科学新领域。

另一方面,在技术层次上,运用综合集成方法可以发展复杂巨系统技术,也就是综合集成的系统技术,特别是复杂巨系统的组织管理技术,大大地推动了系统工程的发展。

系统工程是组织管理系统的技术,是组织管理系统规划、研究、设计、实现、试验和使用的技术和方法,是对所有系统都适用的技术。它的应用首先是从工程系统开始的,称作工程系统工程,如航天系统工程。

但当我们用工程系统工程来处理复杂巨系统和社会系统时,处理工程系统的方法就暴露出了它的局限性,它难以用来处理复杂巨系统和社会系统的组织管理问题。在这种情况下,系统工程方法也要发展。由于有了综合集成方法,系统工程便可以用来组织管理复杂巨系统和社会系统了。这样,系统工程也就从工程系统工程发展到了复杂巨系统工程和社会系统工程阶段,是现在就可以应用的,用来组织管理复杂巨系统和社会系统的系统工程技术和方法。

由于实际系统不同,将系统工程用到哪类系统上,还要综合集成与这个系统有关的科学理论、方法与技术。例如,用到社会系统上,就需要社会科学与人文科学等方面的知识。

从这些特点来看,系统工程不同于其他技术,它是把整体和部分协调统一起来,从整体上研究和解决问题的整体性技术,一种综合集成的系统技术,也是整体优化的定量技术。它是从整体上研究和解决系统管理问题的技术和方法。正如钱老指出的:“系统工程在组织管理技术和方法上的革命作用,也属于技术革命。”这场技术革命必将引起组织管理革命。

钱学森开创复杂巨系统的科学与技术,实际上是由综合集成思想、综合集成方法、综合集成理论(基础理论和应用理论)、综合集成技术和综合集成工程所构成的综合集成体系,这就形成了复杂巨系统科学体系,在哲学层次上就是大成智慧学。这就把系统科学体系大大向前推进了,发展到了复杂巨系统科学体系。

从现代科学技术发展呈现出既高度分化又高度综合的两种趋势来看,前者是以还原论为主发展起来的科学和技术,后者则是以系统论为主发展起来的科学和技术。系统科学和复杂巨系统科学就是这后一发展趋势中最具有基础性和应用性的学问。它对现代科学技术发展,特别对现代科学技术向综合集成的整体化方向发展,必将产生重大影响,是在这个发展趋势上出现的科学革命和技术革命,从而成为 21 世纪一个新兴的科学技术体系。

三、系统工程和系统实践论

系统科学思想、系统论、系统科学和复杂巨系统科学体系，不仅具有非常重要的科学价值，还有极其重要的实践意义和现实意义。

从实践论观点来看，任何社会实践，特别是复杂社会实践，都有明确的目的性和组织性，并有高度的综合性、系统性和动态性。

社会实践通常包括三个重要组成部分：

一是实践对象，就是干什么，它体现了实践的目的性；

二是实践主体，是指由谁来干和怎么干，它体现了实践的组织性；

三是决策主体，它要决定干不干和如何干的问题。

从系统观念和系统思维来看，任何一项社会实践都是一个具体实践系统的实践，实践对象是个系统，实践主体也是系统且人在其中，把两者结合起来还是个系统，即实践系统。因此，社会实践是系统的实践，也是系统的工程。正如钱老所说："任何一种社会活动都会形成一个系统，这个系统的组织建立、有效运转就成为一项系统工程。"

这样一来，有关社会实践或工程的组织管理与决策问题，也就成为实践系统的组织管理和决策问题。在这种情况下，系统科学思想、系统论、系统科学和复杂巨系统科学理论、方法与技术，应用到社会实践或工程的组织管理与决策之中，不仅是自然的也是必然的，它体现的是系统观念和系统实践论。而系统实践又推动着系统工程和系统科学的发展和应用。这就是为什么系统科学和系统工程具有广泛应用性和强大生命力的原因。

但在现实中，真正从系统观念和系统思维去考虑和处理社会实践和工程的组织管理，并用系统工程去解决问题，还远没有深入各类社会实践和工程之中。

人们在遇到涉及的因素多而又复杂、且难于处理的社会实践或工程的组织管理问题时，往往脱口而出的一句话就是：这是系统工程问题。这句话是对的，其实它包含两层含义：一层含义是从实践或工程角度来看，如上所述，这是系统的实践或系统的工程；另一层含义是从科学技术角度来看，既然是系统的工程或实践，这个实践系统的组织管理就应该用系统工程技术去处理，因为系统工程就是直接用来组织管理系统的技术和方法，是对所有系统都适用的。技术和工程是辩证统一、不能割裂的。

可惜的是，人们往往只注意到了前者，相对于没有系统观念的社会实践和工程来说，这也是个进步，但却忽视或不了解要用系统工程技术去解决问题，还没有把系统观念贯穿到社会实践的整个过程。结果就造成了什么都是系统工程，但又没有用系统工程去解决问题的局面。

要把系统工程技术应用到实践中，必须有个运用它的实体部门。我国航天事业的发展就是成功地应用了系统工程技术。

以导弹、卫星、载人航天等航天科技为代表的大规模科学技术工程，如何把成千上万人组织起来，并以较少的投入在较短的时间内，研制出高质量、高可靠的型号产品，这就需要有一套科学的组织管理方法与技术。

大规模科学技术工程是这样一类工程：既有科学层次上的理论问题要研究解决，又有技术层次上的高新技术要开发，同时还要把这些理论与技术应用到工程实践中，生产出产品来并实现产业化或向其他产业扩散，以推动国民经济和社会发展与国家安全。从创新角度上来看，它是把科学创新、技术创新、产品创新、乃至产业创新有机结合起来，实现了综合集成创新。

这类工程的特点是：规模大、投入高、影响大，难度也大，具有跨学科、跨领域、跨层次、跨部门的特点。由于研制周期较长，通常采取使用一代、研制一代、预研一代、探索一代的并行发展战略。

航天系统中每种型号都是一个工程系统，在组织管理上是总体设计部和两条指挥线的系统工程管理方法。实践已证明了这套组织管理方法是十分有效的(见图 4)。

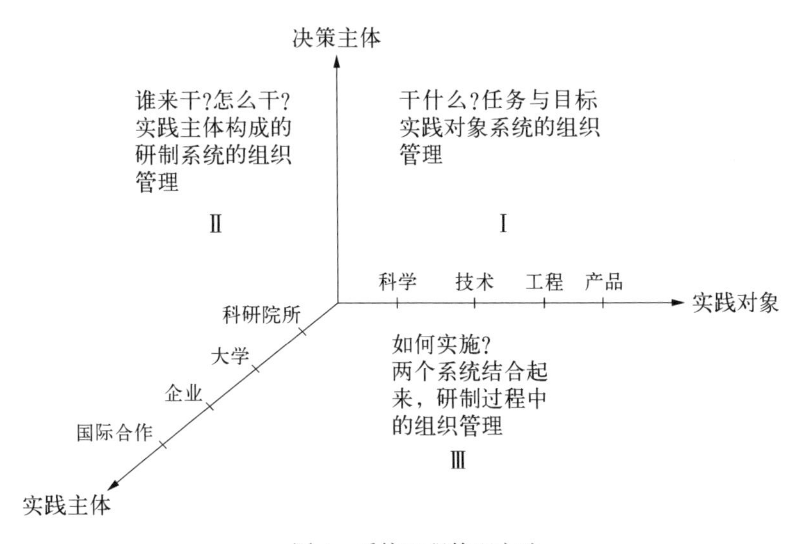

图 4　系统工程管理方法

对于实践对象系统(第一平面Ⅰ)，首先是从整体上研究和解决问题，即用哪些科学技术成果组成一个对象系统(工程系统)，使其具有我们期望的功能。这就涉及工程系统的系统结构、系统环境和系统功能。完成这项工作需要有个研究实体，这就是工程总体设计部。

工程总体设计部是由熟悉这个对象系统的各方面专业人员组成，并由知识面较为宽广的专家(称为总设计师)负责领导。根据系统总体目标要求(型号系统的系统功能)，总体设计部设计的是系统总体方案，是实现整个系统的技术途径。

总体设计部把型号系统作为它所从属更大系统的组成部分进行研制，对它所有技术要求，都首先从实现这个更大系统的技术协调来考虑(型号系统的系统环境)；总体设计部又把型号系统作为若干分系统有机结合的整体来设计，对每个分系统的技术要求，都首先从实现整个系统技术协调的角度来考虑(型号系统的系统结构)。总体设计部对研制中分系统之间的矛盾，分系统与系统之间的矛盾，都首先从总体目标（型号系统的系统功能）的要求来协调和解决。

运用系统方法并综合集成有关学科的理论与技术，对型号系统的系统结构、系统环境与系统功能，进行总体分析、总体论证、总体设计、总体协调、总体规划，把整体和部分与环境协调统一起来，给出系统总体方案。其中包括使用计算机和数学为工具的系统建模、仿真、分析、优化、试验与评估，以求得满意的和最好的系统总体方案，并把这样的总体方案提供给决策部门，作为决策的科学依据。一旦为决策机构所采纳，再由相关部门付诸实施。

航天型号工程总体设计部在实践中已被证明是非常有效的，在我国航天事业发展中，发挥了重要作用。

再看第二平面Ⅱ，根据已确定的总体方案，需要组织一个研制系统，这个系统涉及科研院所、大学、企业以及国际合作等，要投入人力、物力、财力等资源。对这个研制系统的要求是合理和优化资源配置，以较低的成本，在较短的时间内研制出可靠的、高质量的对象系统（工程系统）。这也需要系统工程来组织管理这个系统。但和上述工程系统不同，这里组织管理的是研制系统。这个系统也有系统结构、系统环境和系统功能的总体问题，还涉及研制体制、机制等问题。

在计划经济体制下，这个系统是靠行政力量进行组织管理的。在市场经济体制下，仅靠行政系统已不完全行了，还需要市场这个无形的手。研制系统是由不同利益主体构成的，如何组织管理好这个系统，在今天来看就显得更为复杂，这也正是需要我们创新发展的地方。

第三平面Ⅲ，是把工程系统和研制系统结合起来进行研制，这是个动态过程，既有工程系统科学技术方面的组织管理与协调，又有研制系统研制主体的组织管理与协调，这就形成了两条线，一条是总设计师负责的技术指挥线，另一条是工程总指挥负责的调度指挥线，这两条线也是相互协调和协同的（见图5）。

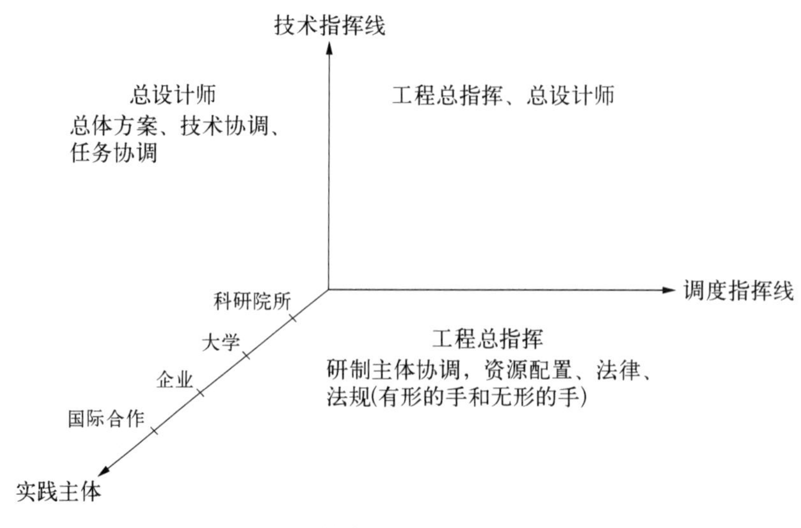

图5　技术指挥线与调度指挥线

上述工程总体设计部所处理的对象还是个工程系统，即工程系统工程。但在实践中，研制系统如何合理和优化资源配置等问题，也需要总体设计。这两个系统是紧密相关的，把两者结合起来又构成了一个新的系统。这个新系统还涉及体制机制、发展战略、规划计划、政策措施以及决策与管理等问题。

显然，这个新系统要比对象系统复杂得多，属于社会系统范畴。如果说工程系统主要综合集成自然科学技术的话，那么这个新的系统除了自然科学技术外，还需要社会科学与人文科学等。

如何组织管理好这个系统，也需要系统工程，但工程系统工程是处理不了这类系统的组织管理问题，而需要的是社会系统工程。应用社会系统工程也需要有个实体部门，这个部门就是前述运用综合集成方法的总体设计部。这个总体设计部与航天型号的工程总体设计部比较起来已有很大的不同，有了实质性的发展，但从整体上研究与解决系统管理问题的系统科学思想还是一致的。

总体设计部运用综合集成方法，应用系统工程技术，研究和解决系统实践和工程的组织管理问题，也就是把系统整体和组成部分与环境协调统一起来，从整体上解决问题的系统工程管理方式，它体现的是系统思维和系统实践论。

1978 年，钱学森、许国志、王寿云发表了《组织管理的技术——系统工程》一文，并大力推动系统工程在各个领域中的应用，特别是致力于把社会系统工程应用到国家宏观层次上的组织管理，以促进决策科学化、民主化和组织管理现代化。

1991 年 10 月，在国务院、中央军委授予钱学森“国家杰出贡献科学家”荣誉称号仪式上，钱老在讲话中说：“我认为今天的科学技术不仅仅是自然科学工程技术，而是人类认识客观世界、改造客观世界的整个知识体系，这个体系的最高概括是马克思主义哲学。我们完全可以建立起一个科学体系，而且运用这个体系去解决我们中国社会主义建设中的问题。”

这里所说的科学体系，就是钱学森建立的现代科学技术体系和人类知识体系，包括自然科学、社会科学、数学科学、系统科学、思维科学、人体科学、地理科学、军事科学、行为科学、建筑科学、文艺理论等(见图 6)。

现代科学技术体系和人类知识体系，为国家管理和建设提供了宝贵的知识资源和智慧源泉，我们应充分运用和挖掘这些知识和智慧，以集大成得智慧。而复杂巨系统科学中的综合集成方法和大成智慧工程又为我们提供了有效的科学方法和有力的技术手段，以实现综合集成得大成智慧。

这就是钱学森把系统科学、复杂巨系统科学和社会系统工程技术，运用到国家宏观层次组织管理的科学技术基础。为了把社会系统工程应用到国家层次上的组织管理，钱老曾多次提出建立国家总体设计部的建议，受到中央领导的高度重视和充分肯定。

目前国内有的部门有些像总体设计部，但研究方法还是传统的方法。总体设计部也不同于目前存在的各种专家委员会，它不仅是个常设的研究实体，而且以综合集成方法为

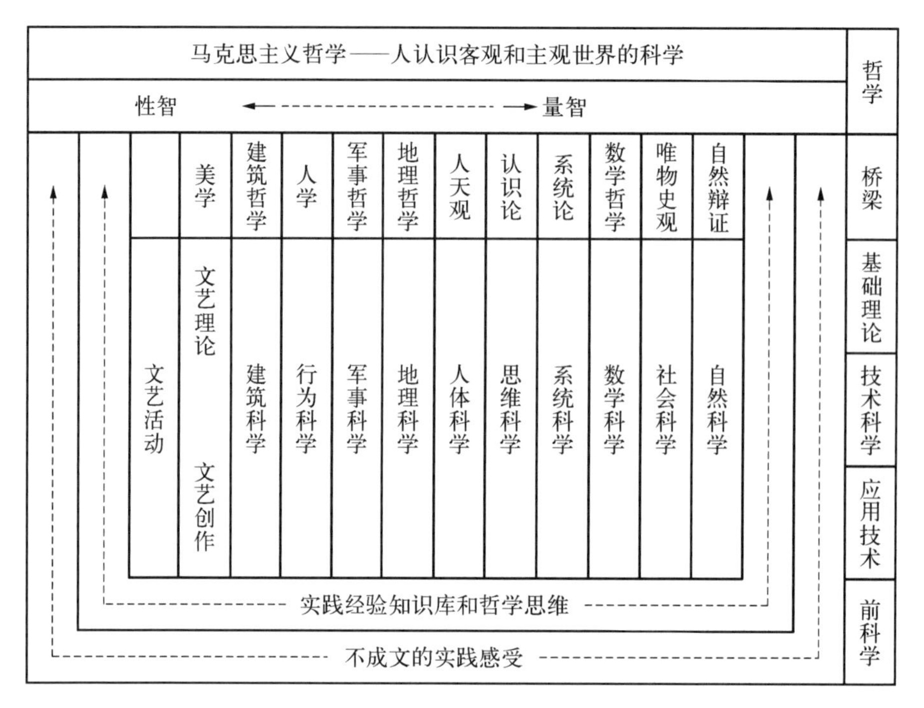

图 6　人类认识世界和改造世界的知识体系

其基本研究方法，并用其研究成果为决策机构服务，发挥决策支持作用。

从现代决策体制来看，在决策机构下面不仅有决策执行体系，还有决策支持体系。前者以法律、法规和权力为基础，力求决策和决策执行的高效率和低成本；后者则以科学为基础，力求决策科学化、民主化和程序化。

两个体系无论在结构、功能和作用上，还是体制、机制和运作上都是不同的，但又是相互协调和协同的，两者优势互补共同为决策机构服务。决策机构则把两者结合起来，形成改造客观世界的行动和力量。

从我国实际情况来看，多数部门是把两者合而为一了。一个部门既要做决策执行又要作决策支持，结果两者都可能做不好，而且还助长了部门利益。如果有了总体设计部和总体设计部体系，建立起一套决策支持体系，那将是我们在决策与管理上的体制机制创新和组织管理创新，其意义和影响也是重大而深远的。

一个项目、一个工程、一个单位、一个部门甚至一个国家的管理，都是不同类型系统的管理。系统管理的首要问题是从整体上去研究和解决问题，这就是钱老一直大力倡导的"要从整体上考虑并解决问题"。只有这样才能统揽全局，把所管理系统的整体优势发挥出来，收到 1+1>2 的效果，这就是基于系统思维和系统实践论的系统工程管理方式。

但在现实中，从微观、中观直到宏观的不同层次上，都存在着部门分割、条块分立，各自为政、自行其是，只追求局部最优而置整体于不顾。这里有体制机制问题，也有部门利益问题，还有还原论思维方式的深刻影响。

这种基于还原论的分散管理方式，使得系统整体优势无法发挥出来，其最好的效果也就是$1+1=2$，弄不好还可能是$1+1<2$，而后一种情况可能是多数。

综合以上所述，系统科学和复杂巨系统科学体系是系统认识论的体现；综合集成方法及其体系是系统方法论的体现；系统工程则是系统实践论的体现。

系统认识论、系统方法论和系统实践论，便构成了钱学森系统论的主要内容，它不同于贝塔郎菲的一般系统论，后者还是整体论。正如钱老所说："我们说的系统论不是贝塔郎菲的'一般系统论'，比一般系统论深刻多了。"

系统认识论与系统科学和复杂巨系统科学体系反映了钱学森的系统科学思想；系统实践论与系统工程反映了钱学森的系统实践思想也就是系统工程思想；系统方法论与综合集成方法体系反映了钱学森的系统综合集成思想。

系统科学思想、系统实践思想和系统综合集成思想，就构成了钱学森系统思想的主要内容。钱学森系统思想大大地丰富和发展了辩证唯物主义系统思想。

综合起来可以看出，钱学森从系统思想到系统实践的整个创新链条中，在工程、技术、科学直到哲学的不同层次上，都作出了开创性贡献，并取得重大成就，这些系统性的创新成就，具有理论与实践的统一、哲学与科学统一的鲜明特色。这是一场在系统论指引下的科学革命和技术革命，它不同于以前发生过的历次科学革命和技术革命，具有更加广泛和深刻的影响，这是钱学森对现代科学技术发展的重大贡献。

1995 年，在《我们应该研究如何迎接 21 世纪》一文中，钱学森明确指出："系统科学是本世纪中叶兴起的一场科学革命，而系统工程的实践又将引起一场技术革命，这场科学和技术革命在 21 世纪必将促发组织管理的革命。"并进一步指出："系统科学、系统工程和总体设计部与综合集成研讨厅体系紧密结合，形成了从科学、技术、实践三个层次相互联系的研究和解决社会系统复杂性问题的方法论。它为管理现代化社会和国家，提供了科学的组织管理方法与技术，其结果将使决策科学化、民主化、程序化以及管理现代化进入一个新阶段。"

从以上论述中可以看出，系统科学和复杂巨系统科学不仅是 21 世纪一个新兴的科学技术领域。同时，系统科学革命和系统工程技术革命还将在 21 世纪引起一场组织管理革命，这场组织管理革命对现代化社会和国家管理的推动作用将是广泛而深刻的，其意义和影响也是重大而深远的。我们应高度重视系统科学和系统工程的发展和应用。

2017 年 9 月 22 日，习近平总书记主持召开中央军民融合发展委员会第二次全体会议上，在讲话中明确指出："推动军民融合发展是一个系统工程，要善于运用系统科学、系统思维、系统方法研究解决问题。"

我国社会主义现代化建设已进入新时代，这也为系统科学和系统工程的发展和应用带来了新机遇。党的十九届五中全会明确提出坚持系统观念，用系统观念来指导实践和推动工作。我们要大力发挥和推进系统科学和系统工程的革命性作用，为这个新时代的发展和进步，做出我们应有的新贡献！

钱学森系统科学和系统工程的成就与贡献，不仅充分反映出他的科学创新精神，同时也深刻体现出他的科学思想和科学方法。从知识结构来看，钱老既有学科和领域的深度，又有跨学科、跨领域的广度，还有跨层次的高度。如果把深度、广度和高度看作三维结构的话，那么钱学森就是一位三维科学家。从科学视野来看，钱学森是一位名副其实的科学大师、科学泰斗，也是一位极具远见的科学帅才。

钱学森的科学成就与贡献来自他具有坚定的信仰与信念，高尚的情操与品德。钱老曾说："我作为一名中国科技工作者，活着的目的就是为人民服务。"钱老的一生就是为此而奋斗的一生。从人民视野来看，钱学森也是一位名副其实的人民科学家。

一代宗师，百年难遇。钱学森是中国现代史上一位伟大的科学家和思想家，是中华民族的骄傲，也是中国人民的光荣！

编后记

钱学森是一位杰出的科学家,同时也是一位杰出的思想家。

在长达70多年丰富多彩的科学生涯中,钱学森曾建树了许多科学丰碑,对现代科学技术发展和我国社会主义现代化建设做出了杰出贡献。钱学森对我国火箭、导弹和航天事业的开创性贡献,是众所周知的,人们称他为“中国航天之父”。但从钱学森全部科学成就与贡献来看,这只是其中的一部分。实际上钱学森的研究领域十分广泛,从科学、技术、工程直到哲学的不同层次上,在跨学科、跨领域和跨层次的研究中,特别是不同学科、不同领域的相互交叉、结合与融合的综合集成研究方面,都做出了许多开创性的独特贡献。而钱学森在这些方面的科学成就与贡献,从现代科学技术发展来看,其意义和影响可能更大也更深远。

钱学森的科学历程大体上可分为三个阶段。第一阶段是从20世纪30年代中期到50年代中期。这二十年是在美国度过的,主要从事自然科学技术研究,特别是在应用力学、喷气推进以及火箭与导弹研究方面,取得了举世瞩目的成就。与此同时,还创建了物理力学和工程控制论,成为当时国际上著名的科学家,这些成就与贡献形成了钱学森的第一个创造高峰。

第二阶段是20世纪50年代中期至80年代初。这一时期钱学森的主要精力集中在开创我国火箭、导弹和航天事业上。这个时期工作主要是工程实践,要研制和生产出型号产品来。航天科学技术与工程具有高度的综合性,需要广泛地应用自然科学领域中多种学科和技术并综合集成到工程实践中。钱学森在自然科学领域中的渊博知识以及高瞻远瞩的科学智慧,使他始终处在这一事业的“科技主帅”位置上。在周恩来、聂荣臻等老一辈无产阶级革命家的直接领导下,钱学森的科学才能和智慧得以充分发挥,并和广大科技人员一起,在当时十分艰难的条件下,研制出我国自己的导弹和卫星来,创造出国内外公认的奇迹,这是钱学森的第二个创造高峰。

第三阶段是20世纪80年代初至21世纪初。80年代初,钱学森从科研一线领导岗位上退下来以后,把自己的全部精力投入学术研究。这一时期,钱学森学术思想之活跃、涉猎学科之广泛,原创性之强,在学术界是十分罕见的。他通过讨论班、学术会议以及与众多专家、学者书信往来的学术讨论,提出了许多新的科学思想和方法、新的学科与领域,并发表了大量文章,出版了多部著作,产生了广泛的学术影响,这些成就与贡献也就形成了钱学森的第三次创造高峰。

在这个阶段中，钱学森花费心血最多、也最具有代表性的是他建立系统科学体系和创建系统学的工作。从现代科学技术发展趋势来看，一方面是已有学科不断分化，越分越细，新学科、新领域不断产生，呈现出高度分化的特点；另一方面是不同学科、不同领域之间相互交叉、结合与融合，向综合性、整体化的方向发展，呈现出高度综合的趋势。这两者是相辅相成、相互促进的。系统科学就是这后一发展趋势中，最有基础性的学问。钱学森不仅善于从各学科、各领域吸收营养来构建系统科学，如创建系统学、发展系统工程技术等，还能从系统科学角度和综合集成思想去思考一些学科和领域的发展，从而提出新的学科和新的领域。如把人脑作为复杂巨系统来研究，提出了“思维科学”；把地球表层作为复杂巨系统来研究，提出了“地理科学”；把人体作为复杂巨系统来研究，提出了“人体科学”等等。这些新的学科和领域不仅与原来相关的学科和领域是相洽的，同时还融入新的科学思想和科学方法。

在钱学森的科学理论与科学实践中，有一个非常鲜明的特点，就是他的系统思维和系统科学思想。在这个阶段，钱学森的系统科学思想和系统方法有了新的发展，达到了新的高度，进入新的阶段。特别是钱学森的综合集成思想和综合集成方法，已贯穿工程、技术、科学直到哲学的不同层次上，形成了一套综合集成体系。综合集成思想与综合集成方法的形成与提出，是一场科学思想和科学方法上的革命，其意义和影响将是广泛而深远的。

钱学森的科学成就与贡献不仅充分反映出他的科学创新精神，还深刻地体现了他的科学思想和科学方法。这是我们宝贵的知识财富和精神财富，值得我们认真学习和研究，以便把他所开创的科学事业继续发展下去并发扬光大。正是由于这个原因，我们编辑出版《创建系统学(典藏版)》。

《创建系统学》(第一版)由山西科学技术出版社出版。当时为了赶在2001年底出版此书，编者虽尽最大努力，但因为编辑时间实在太短，以致书中一些本可避免的错误没有得到纠正。为纠正这些不足，使全书编排体例更为合理，在该书出版仅五年后，上海交通大学于2007年1月出版了该书的新世纪版。

在《创建系统学》(新世纪版)出版时，编者除了对个别文章做了增删外，还对原书的体例做了变动：把原书的讲话篇、论文篇二者合一为讲话与论文篇，按时间顺序编排，使读者更能清晰地看到钱学森院士的系统科学思想发展的过程；书信篇根据钱学森院士致函的时间顺序编排，若致同一收信者有两封以上信函，则集中编排，以便读者更为方便地了解钱老与收信者之间讨论的进展情况。全书从一个侧面展现这位科学家晚年在系统科学领域孜孜不倦的探索历程。

该书附录收录了由王寿云同志负责的系统科学小讨论班撰写的四篇文章，四篇文章均发表于20世纪90年代。按照这四篇文章发表的前后顺序，它们是：《社会主义建设的系统理论和系统工程》《科技是第一生产力和新产业革命》《我们正面临第五次产业革命》《信息网络建设和第五次产业革命》。需向读者交代的是：这些文章从命题的提出、主题的确立、提纲的拟定、成文后的修改直至定稿，无一不是在钱老的指导下进行的，反映出他本人对这些问题的思考，也是他创立系统科学思想的组成部分。以附录的形式出现，仅仅表示钱老本人未在这些文章署名而已。中国系统工程学会原副理长于景元研究员欣闻本书典藏版出版在即，专门撰写《钱学森系统科学和系统工程的成就与贡献》一文，阐述了钱老从系统思想到系统实践的创新所在，此即附录的第五篇文章。

编者相信，《创建系统学》（典藏版）的出版，将给新老读者以新的启迪，这无论在系统科学理论的探索、创新上，还是在系统工程的推广、运用上都是很有意义的。